普通高等教育机电类专业系列教材

机床数控技术与系统

主　编　蒙　斌
副主编　王　强　张会民
参　编　李鹏祥　李振威

机械工业出版社

本书共8章；第1章简要介绍数控技术与数控机床基本知识，第2章详细介绍数控加工工艺与编程，第3章详细介绍 CNC 装置的软、硬件结构及工作原理，第4章介绍数控机床的位置检测装置，第5章介绍数控机床进给运动的控制，第6章介绍数控机床主轴运动的控制，第7章详细介绍数控机床的机械结构，第8章较为详细地介绍典型数控系统及其相应的驱动装置。

本书的内容力求前后呼应、系统连贯，对于抽象、不容易理解的内容，均用图形、图表来说明，便于学习者理解和掌握。数控编程和插补原理部分，均配有例题。为了便于学习者系统掌握数控编程知识，数控车床和铣床的编程均以 FANUC 系统为例来介绍；同时考虑到学校使用更多的是华中系统，所以也介绍了华中系统的编程。为了解决这门课程学习时原理性太强的问题，在第8章安排了典型数控系统及其驱动的内容，和第3~6章的内容形成呼应，以便感性地理解和掌握数控系统的类型、结构、特点、连接与调试，进给与主轴驱动系统的连接与调试。

本书可作为高等工科院校（本科、高职、高专、成人高校）机械制造与自动化、机电一体化技术、数控技术、自动化专业的教材和参考书，也可作为各种数控职业培训的培训教材和数控技术科研人员和工程技术人员的参考用书。

本书配有电子课件，凡使用本书作教材的教师可登录机械工业出版社教育服务网（http://www.cmpedu.com）下载，或发送电子邮件至 cmp-gaozhi@sina.com 索取。咨询电话：010-88379375。

图书在版编目（CIP）数据

机床数控技术与系统/蒙斌主编. —北京：机械工业出版社，2015.2（2020.8 重印）

普通高等教育机电类专业系列教材

ISBN 978-7-111-49014-2

Ⅰ.①机… Ⅱ.①蒙… Ⅲ.①数控机床－高等学校－教材 Ⅳ.①TG659

中国版本图书馆 CIP 数据核字（2015）第 012099 号

机械工业出版社（北京市百万庄大街22号　邮政编码100037）
策划编辑：王英杰　责任编辑：王英杰　武　晋
版式设计：霍永明　责任校对：任秀丽　胡艳萍
责任印制：常天培
北京虎彩文化传播有限公司印刷
2020 年 8 月第 1 版·第 4 次印刷
184mm×260mm·19.5 印张·477 千字
6 001—7 000 册
标准书号：ISBN 978-7-111-49014-2
定价：47.00 元

电话服务　　　　　　　　　网络服务
客服电话：010-88361066　　机　工　官　网：www.cmpbook.com
　　　　　010-88379833　　机　工　官　博：weibo.com/cmp1952
　　　　　010-68326294　　金　书　网：www.golden-book.com
封底无防伪标均为盗版　机工教育服务网：www.cmpedu.com

前　言

高等工科院校（本科）目前开设的机械类专业主要有机械设计制造及其自动化、机械工程、机械电子工程等，这些专业共有的核心课程是"机床数控技术及其应用"。这是因为数控技术是集机械设计与制造技术、电子技术、计算机技术、自动控制技术、信息处理技术、检测传感技术等相关技术于一体的综合技术，是这些技术相互影响、相互渗透、高度融合的产物，它最能反映现代装备制造业的现状，最能体现精密机械设计、制造及自动化的水平。

对于高等职业院校来说，目前开设的机械类专业主要有机械制造与自动化、机电一体化技术、数控技术、数控设备应用与维护等，在这些专业中，其主干核心课程仍然是"数控机床的原理与结构"（机床数控技术及其应用）。因为只有了解和掌握数控机床的结构与原理，才能理解和掌握数控机床的编程与操作，从而才能进一步掌握数控系统的连接与调试、数控机床的故障诊断与维修等方面的技能，以适应数控领域对机床调试与维修等方面人才的需要。

不管是什么层次、哪一类型，作为专业核心课程，就要能满足人才培养的需求。本书正是在这样的背景下编写而成的。

对于应用型本科院校的学生来说，由于只开设"机床数控技术"或"数控加工技术"一门课，所以可重点掌握数控加工工艺与编程、数控机床的结构与控制原理等内容。对于高职院校的学生来说，由于单独开设数控加工工艺与编程的课程，可重点掌握数控机床的结构、CNC 装置、主轴驱动与进给驱动、检测装置及典型数控系统等内容，第 2 章的内容可作为学习数控加工工艺与编程内容的完善与补充。

本书由蒙斌任主编并负责统稿和定稿，王强、张会民任副主编。编写分工如下：第 1 章由宁夏理工学院李鹏祥编写，第 2、3、8 章及第 7 章的 7.1 由宁夏大学蒙斌编写，第 4 章由宁夏职业技术学院李振威编写，第 5、6 章由宁夏理工学院王强编写，第 7 章的 7.2、7.3 由甘肃钢铁职业技术学院张会民编写。

本书是在查阅了大量资料并结合编写者的实践经验的基础上编写的，但由于时间仓促和编者水平有限，书中疏漏和谬误在所难免，恳请读者不吝指教，以便进一步修改和完善。

编　者

目　　录

第1章 数控技术与数控机床基本知识

☞**知识提要**：本章主要介绍数控技术及数控机床的产生与发展、数控技术及数控机床的概念；数控机床的组成与工作原理；数控机床的分类；数控机床的特点及应用范围；数控技术及数控机床的发展趋势等内容。

☞**学习目标**：通过本章内容的学习，学习者应对数控技术及数控机床的基本概念有全面的掌握，对数控机床的基本结构有初步的认识，对其工作原理有初步的掌握，对数控技术及数控机床的发展有基本的了解。

1.1 数控机床的产生与发展

1.1.1 数控机床的产生

随着科学技术和社会生产的不断发展，机械产品日趋精密、复杂，改型也日益频繁，对机械产品的质量和生产率提出了越来越高的要求，从而对机床的性能、精度及自动化程度相应也提出了越来越高的要求。机械加工工艺过程的自动化是实现上述要求的最重要措施之一，不仅能提高产品质量和生产率，降低生产成本，而且能改善工人的劳动条件。为此，许多生产企业（如汽车、拖拉机、家用电器等行业）都采用了自动机床、组合机床和自动生产线。但是，采用这种自动、高效的设备、需要很大的初始投资以及较长的生产准备周期，只有在大批量的生产条件下，才会有显著的效益。而机械制造业中单件与小批生产的零件（批量在 10~100 件）约占机械加工总量的 80% 左右。科学技术的进步和机械产品市场竞争的日趋激烈，使机械产品不断改型和更新换代，批量相对减少，质量要求越来越高。而采用专用的自动加工设备投资大、时间长、转型难，显然很难满足竞争日趋激烈的市场需要。因此，为了解决上述问题，满足多品种、小批量，尤其是复杂型面零件的自动化生产，迫切需要一种灵活的、通用的、能够适应产品频繁变化的自动化机床。

数字控制机床就是在这样的背景下产生与发展起来的。它极其有效地解决了上述一系列矛盾，为单件、小批生产的精密复杂零件提供了自动化加工手段。随着科学技术的发展，1952 年，由美国帕森斯（Parsons）公司和麻省理工学院（MIT）共同研制成功了世界上第一台以电子计算机为控制基础的数字控制机床，其名称为三坐标直线插补连续控制的立式数控铣床，主要用来加工直升机叶片轮廓检查用样板。从此，机械制造业进入了一个新的发展阶段。

1.1.2 数字控制的概念

数字控制是一种借助数字、字符或其他符号对某一工作过程进行编程控制的自动化方法。通常使用专门的计算机，操作指令以数字形式表示，机器设备按预定的程序进行工作，简称数控。

数控技术（Numerical Control Technology）是指用数字量及字符发出指令并实现自动控制的技术，它已成为制造业实现自动化、柔性化、集成化生产的基础技术。计算机辅助设计与制造（CAD/CAM）、计算机集成制造系统（CIMS）、柔性制造系统（FMS）和智能制造（IM）等先进制造技术都是建立在数控技术之上的。数控技术广泛应用于金属切削机床和其他机械设备，如数控铣床、数控车床、机器人、坐标测量机和剪裁机等。

数控机床是数字控制机床（Computer Numerical Control Machine Tools）的简称，是一种装有程序控制系统的自动化机床。该控制系统能够逻辑地处理具有控制代码或其他符号指令的程序，并将其译码，用代码化的数字表示，通过信息载体输入数控装置，经运算处理后由数控装置发出各种控制信号，控制机床的动作，按图样要求的形状和尺寸，自动地将零件加工出来。数控机床较好地解决了复杂、精密、小批量、多品种的零件加工问题，是一种柔性的、高效能的自动化机床，代表了现代机床控制技术的发展方向，是一种典型的机电一体化产品。

1.1.3　数控技术的发展

1. 世界领域数控技术的发展

从第一台数控机床问世至今的 60 多年中，随着微电子技术及相关技术的不断发展，数控系统也在不断地更新换代，先后经历了电子管（1952 年）、晶体管（1959 年）、小规模集成电路（1965 年）、大规模集成电路及小型计算机（1970 年）和微型计算机（1974 年）五代数控系统。

其中，前三代数控系统是采用专用控制计算机的硬接线数控系统，一般称为普通数控系统，简称 NC，其控制功能主要由硬件逻辑电路实现。20 世纪 70 年代初，随着计算机技术的发展，小型计算机的价格急剧下降，采用小型计算机代替专用控制计算机的第四代数控系统应运而生，不仅降低了经济成本，而且许多控制功能可编写成专用程序，将专用程序存储在小型计算机的存储器中，构成了系统控制软件，提高了系统的可靠性和灵活性，也增强了系统的控制功能。这种数控系统也称为软接线数控系统，即计算机数控系统，简称 CNC。1974 年，又研制成以微处理机为核心的第五代数控系统，简称 MNC。

在近 30 多年内，生产中实际使用的数控系统大多为第五代数控系统，其性能和可靠性随着技术的发展得到了根本性的提高。从 20 世纪 90 年代开始，微电子技术和计算机技术的发展突飞猛进，个人计算机（PC）的发展尤为突出，无论是其软、硬件，还是外围器件，都得到了迅速的发展，计算机采用的芯片集成化程度越来越高，功能越来越强，而成本却越来越低，原来在大、中型机上才能实现的功能现在微型机上就可以实现。美国首先推出了基于个人计算机的数控系统，即 PCNC 系统，它被划入所谓的第六代数控系统。

目前，世界主要工业发达国家的数控机床已进入批量生产阶段，如美国、日本、德国、法国等，其中日本发展最快。1978 年至今，日本数控机床的产量、出口量一直居世界首位。目前世界上能生产数控机床的国家（地区）约 20 个，欧洲有 12 个国家（德国、意大利、瑞士、西班牙、英国、法国、奥地利、芬兰、瑞典、捷克、比利时、俄罗斯），亚洲有 6 个国家及地区（中国、日本、韩国、印度、新加坡、泰国及台湾地区），美洲有 2 个国家（美国、加拿大）。其中，能独立研发、创新、设计、制造，并能对 NC 系统、刀具等自行配套的仅有德国、美国、日本三国，同时，它们也是当前世界数控机床生产、使用实力最强的国家，是世界数控机床发展、开拓的先驱。

2. 我国数控技术的发展

我国数控机床的研制始于 1958 年，50 年代末 60 年代初，研制成功了一些晶体管式的数控系统，并用于生产，主要有数控线切割机、数控铣床等。但是数控机床的品种及数量都很少，数控系统的稳定性及可靠性都不够，没能在生产中广泛应用，这是我国数控机床发展的初期阶段。

自 20 世纪 80 年代开始，我国先后引进了日本、德国、美国等国外著名数控系统和伺服系统制造商的技术，陆续发展了一批具有世界 70 年代末 80 年代初水平的数控系统。这些系统性能完善，稳定性和可靠性高，结束了我国数控机床发展停滞不前的局面，推动了我国数控机床的稳定发展，使我国数控机床在质量及性能水平上有了一个质的飞跃。目前我国数控机床生产厂共有 100 多家，其中能批量生产的企业有 40 多家；数控系统（包括主轴和进给驱动单元）生产企业约 50 家；生产数控机床配套产品的企业共计 300 余家，产品品种包括八大类 2000 种以上。

近年来，国产中高档数控机床技术取得了显著的进展，2006 年我国数控机床产量为 85000 多台，到 2013 年，增长至 209287 台，国产立式加工中心、数控车床、数控齿轮机床、数控磨床、数控大重型机床取得使用单位的广泛认可，认知度迅速提高。在国外数控技术向高速、精密、多轴、复合发展的总趋势下，我国高速加工技术、精密加工技术、五轴联动及复合加工技术取得了突破，打破了国外长期垄断和封锁，自主创新开发了一大批新产品，进入国民经济中的重要领域和国外市场。

1.1.4 基于数控技术的先进自动化生产系统

1. 直接数字控制系统

直接数字控制（Direct Numerical Control，DNC）系统是用一台计算机直接控制和管理一群数控机床进行零件加工或装配的系统。它将一群数控机床与存储有零件加工程序和机床控制程序的公共存储器相连接，根据加工要求向机床分配数据和指令，具有编程与控制相结合及零件程序存储容量大等特点。在 DNC 系统中，基本保留原来各数控机床的计算机数控（CNC）系统，中央计算机并不取代各数控装置的常规工作，CNC 系统与 DNC 系统的中央计算机组成计算机网络，实现分级管理。它具有计算机集中处理和分时控制、现场自动编程、对零件程序进行编辑和修改，以及生产管理、作业调度、工况显示监控、刀具寿命管理等功能。

2. 柔性制造单元及柔性制造系统

（1）柔性制造单元（Flexible Manufacturing Cell，FMC）　FMC 既可作为独立运行的生产设备进行自动加工，也可作为柔性制造系统的加工模块，它具有占地面积小、便于扩充、成本低、功能完善和加工适应范围广等特点，非常适用于中小企业。FMC 由加工中心（MC）与自动交换工件（AWC，APC）装置组成，同时数控系统还增加了自动检测与工况自动监控等功能。根据不同的加工对象、数控机床的类型与数量以及工件更换与存储的方式不同，FMC 可以有多种形式。

（2）柔性制造系统（Flexible Manufacturing System，FMS）　FMS 是 20 世纪 70 年代末发展起来的先进的机械加工系统，它具有多台制造设备，大多在 10 台以下，一般以 4~6 台为最多。这些设备包括切削加工、电加工、激光加工、热处理、冲压、剪切、装配、检验等。

一个典型的 FMS 由计算机辅助设计、生产系统、数控机床、智能机器人、自动上下料装置、全自动化输送系统和自动仓库等组成。其全部生产过程由一台中央计算机进行生产调度，由若干台控制计算机进行工位控制，由此组成一个各种制造单元相对独立而又便于灵活调节、适应性很强的制造系统。FMS 由一个物料运输系统将所有设备连接起来，可以进行没有固定加工顺序和无节拍的随机自动制造。它具有高度的柔性，是一种计算机直接控制的自动化可变加工系统，由计算机进行高度自动的多级控制与管理，对一定范围内的多品种、中小批量的零部件进行生产制造。

3. 计算机集成制造系统

计算机集成制造系统（Computer Integrated Manufacturing System，CIMS）是一种先进的生产模式，它是将企业的全部生产、经营活动所需的各种分布式自动化子系统，通过新的生产管理模式、工艺理论和计算机网络有机地集成起来，以获得适应于多品种、中小批量生产的高效益、高柔性和高质量的智能制造系统。它是在柔性制造技术、计算机技术、信息技术、自动化技术和现代管理科学的基础上发展产生的，其最基本的内涵是用集成的观点组织生产经营，即用全局的、系统的观点处理企业的经营和生产。"集成"包括信息的集成、功能的集成、技术的集成以及人、技术、管理的集成。集成的发展大体可划分为信息集成、过程集成和企业集成三个阶段。目前，CIMS 的集成已经从原先的企业内部的信息集成和功能集成，发展到当前的以并行工程为代表的过程集成，并正在向以敏捷制造为代表的企业集成发展。

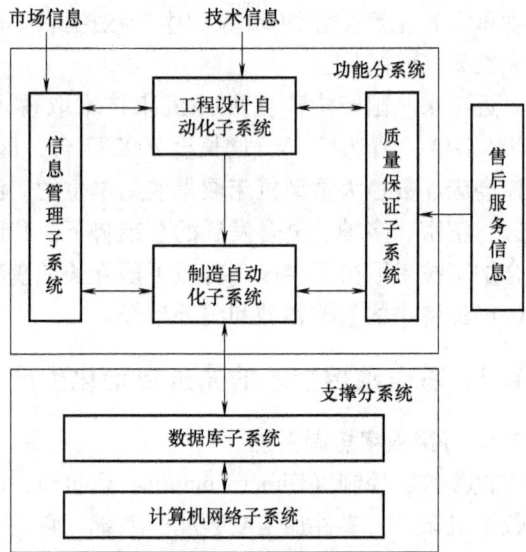

图 1-1　CIMS 的组成

一个典型的 CIMS 由信息管理、工程设计自动化、制造自动化、质量保证、计算机网络和数据库等六个子系统组成，如图 1-1 所示。企业能否获得最大的效益，很大程度上取决于这些子系统各种功能的协调程度。

1.2　数控机床的组成及工作过程

1.2.1　数控机床的组成

如图 1-2 细实线框中所示，数控机床由程序及程序载体、输入/输出装置、数控装置、伺服驱动及位置检测装置、主轴驱动装置、辅助控制装置、机床本体等几部分组成。

1. 程序及程序载体

数控程序是数控机床自动加工零件的工作指令集。编制好的数控程序，需存放在便于输入到数控装置的一种存储载体（程序载体）上，它可以是磁带和磁盘等，具体采用哪一种存储载体，取决于数控装置的设计类型。

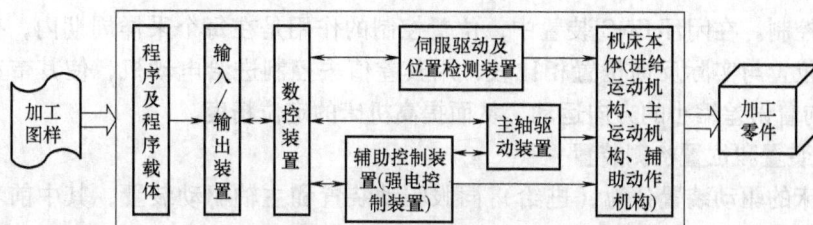

图 1-2　数控机床的基本组成

2. 输入/输出装置

输入装置的作用是将程序载体（信息载体）上的数控代码传递并存入数控系统内。根据存储介质的不同，输入装置可以是磁带机或软盘驱动器等。数控机床加工程序也可通过 MDI 键盘用手工方式直接输入数控系统；或者由编程计算机用 RS232C 或采用网络通信方式传输到数控系统中。

零件加工程序输入过程有两种不同的方式：一种是边读入边加工（数控系统内存较小时），另一种是一次将零件加工程序全部读入数控装置内部的存储器，加工时再从内部存储器中逐段调出进行加工。

输出装置的作用是为操作人员显示必要的信息，如坐标值、报警信息等。CRT 显示器是数控机床必不可少的输出装置，数控系统通过显示器为操作人员提供必要的信息，根据系统所处的状态和操作命令的不同，显示的信息可以是正在编辑的程序，也可以是机床的加工信息。

3. 数控装置

数控装置是数控机床的核心。其功能是接受程序输入装置输入的加工信息，经译码、数据处理与插补运算，发出相应的脉冲送给伺服系统，通过伺服系统使机床按预定的轨迹运动。

数控装置可以是由数字逻辑电路构成的专用硬件数控装置，也可以是计算机数控装置。前者称为硬件数控装置或 NC 装置，其数控功能由硬件逻辑电路实现；后者称为 CNC 装置，其数控功能由硬件和软件共同实现。数控装置将数控加工程序信息按照两类控制量分别输出，从而控制机床各组成部分，实现各种数控功能。其中，一类是连续控制量，被送往伺服驱动装置；另一类是离散的开关控制量，被送往 PLC 逻辑控制装置。

对于现在的 CNC 装置来说，其主要完成的功能可概括如下：

①译码。将程序段中的各种信息，按照一定的语法规则翻译成数控装置能识别的语言，并以一定的格式存放在指定的内存专用区间。

②刀具补偿。加工零件时，对刀具尺寸、刀具磨损或多把刀具之间的长短差异进行补偿。刀具补偿包括刀具长度补偿和刀具半径补偿。

③进给速度处理。编程所给定的刀具移动速度是加工轨迹切线方向的速度，速度处理就是将其分解成各运动坐标方向的分速度。

④插补。插补就是在用户编制的零件轮廓段的起点和终点之间进行数据点的密化，控制两个以上坐标轴协调运动。一般数控装置能对直线、圆弧进行插补运算。一些专用或较高档的 CNC 装置还可以完成椭圆、抛物线、正弦曲线和一些专用曲线的插补运算。

⑤位置控制。在闭环 CNC 装置中，位置控制的作用是在每个采样周期内，把插补计算得到的理论位置与实际反馈位置相比较，用其差值去控制进给电动机，使其带动执行机构（工作台）向着误差缩小的方向运动，从而提高机床的定位精度。

4. 驱动装置和位置检测装置

数控机床的驱动装置分为（进给）伺服驱动装置和主轴驱动装置，其中前者主要实现进给运动的控制，后者主要完成主运动的控制。

进给伺服驱动装置由伺服驱动电路和伺服电动机组成，它与机床上的机械传动部件组成数控机床的进给伺服系统。进给伺服驱动装置在每个插补周期内接收数控装置的位移指令，经过功率放大后驱动进给电动机转动，同时完成速度控制和反馈控制功能。伺服驱动装置的控制对象可以是步进电动机、直流伺服电动机或交流伺服电动机。伺服驱动装置的控制方式有开环、半闭环和闭环之分。

在半闭环和闭环伺服控制装置中，使用位置检测装置间接或直接测量执行部件的实际进给位移，并与指令位移进行比较，将其误差转换、放大后控制执行部件的进给运动。常用的位移检测元件有脉冲编码器、旋转变压器、感应同步器、光栅及磁栅等。

主轴驱动装置由主轴驱动电路和主轴电动机组成，它与机床上的主轴部件组成数控机床的主运动系统。主轴驱动装置接收来自 PLC 的转向和转速指令，经过功率放大后驱动主轴电动机转动。在需要主轴完成定位控制（例如数控车床车削螺纹、加工中心完成自动换刀）的机床上，主轴驱动装置还必须配有编码器，用于检测主轴的位置，此时的主轴驱动装置成为伺服控制装置，主轴成为伺服轴。

5. 辅助控制装置

辅助控制装置是介于数控装置和机床机械、液压部件之间的控制装置。现在的数控机床大多是由可编程序控制器（PLC）来实现辅助控制功能的，PLC 和数控装置相互配合，共同完成数控机床的控制。其中，数控装置主要完成与数字运算和程序管理等有关的功能，如零件程序的编辑、译码、插补运算、位置控制等；PLC 主要完成与逻辑运算有关的动作。零件加工程序中的 M 代码、S 代码、T 代码等顺序动作信息，经译码后转换成对应的控制信号，控制辅助装置完成机床的相应开关动作，如主轴运动部件的变速、换向和起停，工件的松开与夹紧，刀具的选择与交换，切削液的开关等。它接收来自机床操作面板和数控装置的指令，一方面通过接口电路直接控制机床的动作；另一方面通过主轴驱动装置控制主轴电动机的转动。

6. 机床本体

数控机床的机床本体与传统机床相似，由主轴传动装置、进给传动装置、床身、工作台以及辅助运动装置、液压气动系统、润滑系统、冷却装置等组成。但数控机床在整体布局、外观造型、传动系统、刀具系统的结构以及操作机构等方面都已发生了很大的变化。这种变化的目的是为了满足数控机床的要求和充分发挥数控机床的特点。

1.2.2　数控机床的工作过程

数控机床的编程人员在编制好零件加工程序后，操作人员就可以将程序输入（包括 MDI 输入、由输入装置输入和通信输入）至数控装置，并存储在数控装置的零件程序存储区内。要加工时，操作人员可用菜单命令调入需要的零件加工程序到加工缓冲区，数控装置在采样到来自控制面板的"循环启动"指令后，即对加工缓冲区内的零件加工程序进行自动处理（如运动轨迹处理、机床输入/输出处理等），然后输出控制命令到相应的执行部件（伺服单元、驱动装置和PLC等），从而加工出符合图样要求的零件。

1.3　数控机床的分类

数控机床的品种繁多，根据其控制方式、组成特点、应用范围、功能水平等的不同可进行如下分类。

1.3.1　按控制运动的方式分类

1. 点位控制数控机床

点位控制数控机床主要用于加工平面内的孔系，只要求获得精确的孔系坐标定位精度。这类机床仅控制其运动部件从一点准确地移动到另一点，在移动过程中不进行加工，对运动部件的移动速度和运动轨迹没有严格的要求，可先沿机床一个坐标轴移动完毕，再沿另一个坐标轴移动。为了提高加工效率，保证定位精度，系统常要求运动部件先沿机床坐标轴快速移动接近目标点，再以低速趋近并准确定位。采用点位控制的机床有数控钻床（其运动轨迹如图1-3所示）、数控镗床、数控冲床、数控测量机等。

2. 直线控制数控机床

直线控制数控机床除了控制机床运动部件从一点到另一点的准确定位外，还要控制两相关点之间的移动速度和运动轨迹。在移动的过程中，刀具只能以指定的进给速度切削。其运动轨迹平行于机床坐标轴，一般只能加工矩形、台阶形零件。采用直线控制的机床有数控车床（其运动轨迹如图1-4所示）、数控铣床等。

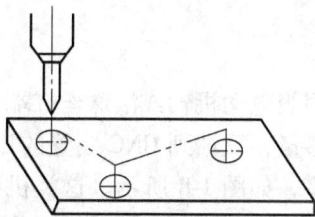

图1-3　点位控制数控钻床的运动轨迹　　　　　图1-4　直线控制数控车床的运动轨迹

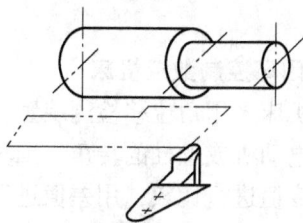

3. 轮廓控制数控机床

轮廓控制也称为连续控制。这类数控机床能够对两个以上机床坐标轴的移动速度和运动轨迹同时进行连续相关的控制。它要求数控装置具有插补运算功能，并根据插补结果向坐标轴控制器分配脉冲，从而控制各坐标轴联动，进行各种斜线、圆弧、曲线的加工，实现连续控制。采用轮廓控制的机床有数控车床、数控铣床（其加工如图1-5所示）、数控加工中心等。图1-6所示为两轴联动轮廓控制加工过程。

数控火焰切割机、电火花加工机床以及数控绘图机等也采用了轮廓控制系统。轮廓控制系统的结构要比点位控制系统、直线控制系统更为复杂，在加工过程中需要不断进行插补运算，然后进行相应的速度与位移控制。

现代计算机数控装置的控制功能均由软件实现，增加轮廓控制功能不会带来成本的增加。因此，除少数专用控制系统外，现代计算机数控装置都具有轮廓控制功能。

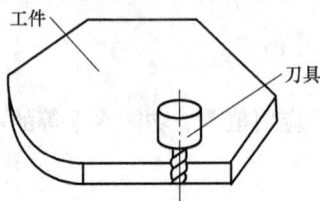

图 1-5　轮廓控制的数控铣床加工　　　　图 1-6　两轴联动轮廓控制加工过程

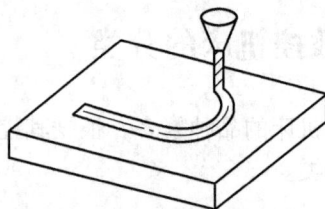

1.3.2　按驱动装置的特点分类

1. 开环控制数控机床

开环控制数控机床没有任何检测反馈装置，数控装置发出的指令信号经驱动电路进行功率放大后，通过步进电动机带动机床工作台移动，信号的传输是单方向的，如图 1-7 所示。机床工作台的位移量、速度和运动方向取决于进给脉冲的个数、频率和通电方式。因此，这类机床结构简单，价格低廉，便于维护，控制方便，应用广泛。

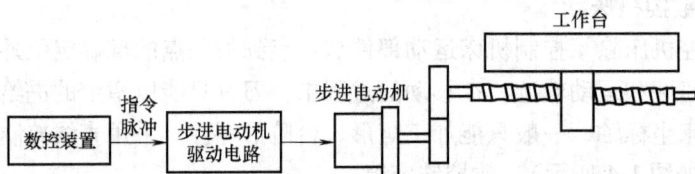

图 1-7　开环控制数控机床原理框图

2. 半闭环控制数控机床

这类机床采用角位移检测装置，该装置直接安装在伺服电动机轴或滚珠丝杠端部，用来检测伺服电动机或丝杠的转角，推算出工作台的实际位移量，反馈到 CNC 装置的比较器中，与程序指令值进行比较，用差值进行控制，直到差值为零，如图 1-8 所示。这类机床没有将工作台和丝杠螺母副的误差包括在内，因此，由这些装置造成的误差无法消除，会影响移动部件的位移精度，但其控制精度比开环控制系统高，成本较低，稳定性好，测试维修也较容易，应用较广。

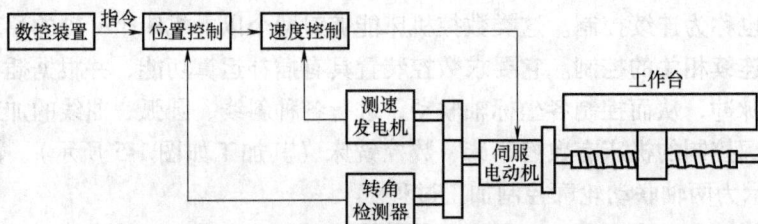

图 1-8　半闭环控制数控机床原理框图

3. 闭环控制数控机床

这类机床采用直线位移检测装置，该装置安装在机床运动部件或工作台上，将检测到的实际位移反馈到 CNC 装置的比较器中，与程序指令值进行比较，用差值进行控制，直到差值为零，如图 1-9 所示。

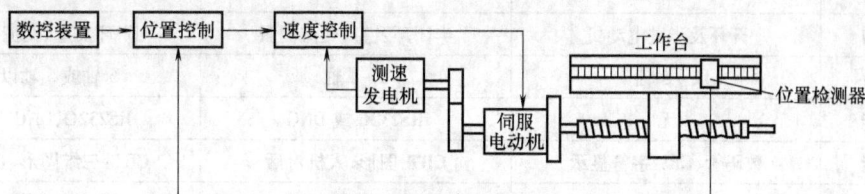

图 1-9　闭环控制数控机床原理框图

这类机床可以将工作台和机床的机械传动链造成的误差消除，因此，闭环控制系统的控制精度比开环、半闭环控制系统的高，但其成本较高，结构复杂，调试、维修较困难，主要用于精度要求高的数控坐标镗床、数控精密磨床等。

1.3.3　按加工工艺方法分类

1. 金属切削数控机床

金属切削数控机床主要用于切削金属，具体类型有数控车床、数控铣床、数控钻床、数控磨床、数控齿轮加工机床等。虽然这些机床在加工工艺及控制方式上存在很大的差别，但它们都有明显的切削刀具（或工具），加工过程中刀具（或工具）要接触工件，主要靠工件与刀具之间的机械力来完成工件材料的去除，都具有很高的精度一致性、较高的生产率和自动化程度。

在普通数控机床上加装一个刀库和自动换刀装置就成为加工中心（Machining Center，MC）。加工中心比普通数控机床的自动化程度和生产效率高。例如铣镗钻加工中心，它是在数控铣床上装配一个容量较大的刀库和自动换刀装置形成的，工件只需一次装夹，加工中心就可以对其大部分待加工面进行铣、镗、钻、扩、铰以及攻螺纹等多工序加工，尤其适合箱体类零件的加工。加工中心可以有效地避免由于工件多次装夹造成的定位误差，减少数控机床的台数和占地面积，缩短零件加工的辅助时间，从而大大提高生产率和加工质量。

2. 特种加工数控机床

除了切削加工数控机床以外，还有一些特种加工数控机床，它们是利用热学、光学、电学等物理学或化学原理工作的，如数控电火花线切割机床、数控电火花成形机床、数控等离子弧切割机床、数控火焰切割机以及数控激光加工机床等。

3. 板材加工数控机床

板材加工机床主要用于金属板材类零件的加工，常见的有数控压力机、数控折弯机和数控剪板机等。

1.3.4　按数控系统的功能水平分类

按照数控系统的功能水平，通常把数控系统相对地分为低、中、高三类，其功能及指标见表 1-1。

表 1-1 数控系统按功能水平分类

功　能	低　档	中　档	高　档
系统分辨力	$10\mu m$	$1\mu m$	$0.1\mu m$
G00 速度	$3\sim 8m/min$	$10\sim 24m/min$	$24\sim 100m/min$
伺服类型	开环及步进电动机	半闭环及直、交流伺服	闭环及直、交流伺服
联动轴数	$2\sim 3$ 轴	$2\sim 4$ 轴	5 轴或 5 轴以上
通信功能	无	RS232C 或 DNC	RS232C、DNC、MAP
显示功能	数码管、CRT 字符显示	CRT：图形、人机对话	CRT：三维图形、自诊断
内装 PLC	无	有	强功能内装 PLC
主 CPU	8 位、16 位	16 位、32 位	32 位、64 位
结构	单片机或单板机	单微处理机或多微处理机	分布式多微处理机

　　（1）低档经济型数控系统　配置了低档经济型数控系统的数控机床仅能满足一般精度要求的加工，能加工形状较简单的直线、斜线、圆弧及带螺纹的零件，采用的微机系统为单板机或单片机系统，具有数码显示、CRT 字符显示功能，机床进给由步进电动机实现开环驱动，控制的轴数和联动轴数在 3 轴或 3 轴以下。

　　（2）中档普及型数控系统　这类数控系统功能较多，除了具有一般数控系统的功能以外，还具有一定的图形显示功能及面向用户的宏程序功能等，采用的微机系统为 16 位或 32 位微处理机，具有 RS232C 通信接口，机床的进给多用交流或直流伺服驱动，一般系统能实现 4 轴或 4 轴以下的联动控制。

　　（3）高档数控系统　采用的微机系统为 32 位以上微处理机系统，机床的进给大多采用交流伺服驱动，除了具有一般数控系统的功能以外，应该至少能实现 5 轴或 5 轴以上的联动控制。具有三维动画图形功能和宜人的图形用户界面；同时还具有丰富的刀具管理功能、宽调速主轴系统、多功能智能化监控系统和面向用户的宏程序功能；还有很强的智能诊断和智能工艺数据库，能实现加工条件的自动设定，且能实现与计算机的联网和通信。

1.4　数控机床的特点及应用范围

1.4.1　数控机床的加工特点

　　现代数控机床具有许多普通机床无法实现的特殊功能，其主要特点如下：

　　1）加工零件适应性强，灵活性好。数控机床是一种高度自动化和高效率的机床，可适应不同品种和不同尺寸规格工件的自动加工，能完成很多普通机床难以胜任或者根本不可能完成的复杂型面零件的加工。当加工对象改变时，只需改变数控加工程序即可，为复杂结构的单件、小批量生产以及新产品试制提供了极大的便利。数控机床首先在航空航天等领域获得应用，如复杂曲面的模具加工、螺旋桨及涡轮叶片加工等。

　　2）加工精度高，产品质量稳定。数控机床按照预定的程序自动加工，不受人为因素的影响，加工同批零件的尺寸一致性好，其加工精度由机床来保证；还可利用软件来校正和补偿误差，加工精度高，质量稳定，产品合格率高。因此，能获得比机床本身精度还要高的加工精度及重复精度（中、小型数控机床的定位精度可达 0.005mm，重复定位精度可达 0.002mm）。

3）综合功能强，生产率高。数控机床的生产率较普通机床高 2～3 倍。尤其是对某些复杂零件的加工，生产率可提高十几倍甚至几十倍。这是因为数控机床具有良好的结构刚性，可进行大切削用量的强力切削，能有效地节省机动时间，还具有自动变速、自动换刀、自动交换工件和其他辅助操作自动化等功能，使辅助时间缩短，而且无需工序间的检测和测量。对壳体零件可采用加工中心加工，利用转台自动换位、自动换刀，几乎可以实现一次装夹完成零件的全部加工，节省了工序之间的运输、测量、装夹等辅助时间。

4）自动化程度高，工人劳动强度降低。数控机床主要是自动加工，能自动换刀、自动开关切削液、自动变速等，其大部分操作不需人工完成，可大大减轻操作者的劳动强度和紧张程度，改善劳动条件。

5）生产成本降低，经济效益好。数控机床自动化程度高，减少了操作人员的人数，同时加工精度稳定，降低了废品、次品率，使生产成本下降。在单件、小批量生产情况下，使用数控机床加工，可节省划线工时，减少调整、加工和检验时间，节省直接生产费用和工艺装备费用。此外，数控机床可实现一机多用，节省厂房面积和建厂投资。因此，使用数控机床可获得良好的经济效益。

6）数字化生产，管理水平提高。在数控机床上加工，能准确地计算零件加工时间，加强了零件的计时性，便于实现生产计划调度，简化和减少了检验、工具与夹具准备、半成品调度等管理工作。数控机床的通信接口可实现计算机之间的连接，组成工业局部网络（LAN），采用制造自动化协议（MAP）规范，实现生产过程的计算机管理与控制。

1.4.2　数控机床的使用特点

1. 数控机床对操作人员和维修人员的要求

数控机床采用计算机控制，驱动系统较为复杂，机械部分的精度要求也比较高。因此，要求数控机床的操作、维修及管理人员具有较高的文化水平和综合技术素质。

数控机床的加工是根据程序进行的，零件形状简单时可采用手工编制程序。当零件形状比较复杂时，编程工作量大，手工编程较困难且往往易出错，因此必须采用计算机自动编程。所以，数控机床的操作人员除了应具有一定的工艺知识和普通机床的操作经验之外，还应对数控机床的结构特点、工作原理非常了解，具有熟练操作计算机的能力；须在程序编制方面接受专门的培训，考核合格才能操作机床。

正确的维护和有效的维修是使用数控机床应注意的一个重要问题。数控机床的维修人员应有较高的理论知识和维修技术，要了解数控机床的机械结构，懂得数控机床的电气原理及电子电路，还应有比较综合的机、电、气、液等专业知识，这样才能综合分析，判断故障的根源，正确地进行维修，保证数控机床的良好运行状况。因此，数控机床维修人员和操作人员一样，必须接受专门的培训。

2. 数控机床对夹具和刀具的要求

数控机床对夹具的要求比较简单，单件生产时一般采用通用夹具。当批量生产时，为了节省加工工时，应使用专用夹具。数控机床的夹具应定位可靠，可自动夹紧或松开工件。夹具还应具有良好的排屑、冷却性能。

数控机床的刀具应该具有以下特点：

1）具有较高的精度、寿命，且几何尺寸稳定、变化小。

2）刀具能实现机外预调和快速换刀，加工高精度孔时要经试切削确定其尺寸。

3）刀具的柄部应满足柄部标准的规定。

4）很好地控制切屑的折断和排出。

5）具有良好的可冷却性能。

1.4.3　数控机床的应用范围

数控机床与普通机床相比有许多优点，应用范围也在不断扩大。但是，数控机床的初始投资费用较大，对操作维修人员和管理人员的素质要求比较高，维修、维护的费用高，技术难度大。在实际选用时，一定要充分考虑本单位的实际情况及技术经济效益。

数控机床最适合加工的零件有：①多品种小批量生产的零件；②形状结构比较复杂的零件；③精度要求高的零件；④需要频繁改型的零件；⑤价格昂贵、不允许报废的关键零件；⑥需要生产周期短的急需零件；⑦批量较大、精度要求高的零件。

数控加工的适用范围如图1-10所示。

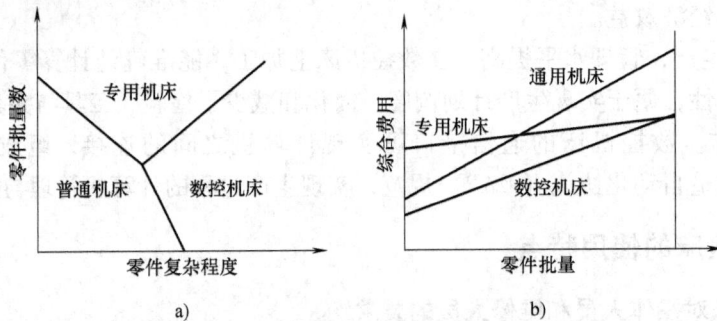

图1-10　数控加工的适用范围

图1-10a所示为随零件复杂程度和生产批量的不同，三种机床的应用范围的变化。由图可知，当零件的复杂程度较高，生产批量不是很大时，适合用数控机床加工。图1-10b所示为通用机床、专用机床和数控机床的零件加工批量和综合费用的关系。从图中看出，在多品种、中小批量生产的情况下，采用数控机床的加工费用更为合理。

1.5　数控技术的发展趋势

数控技术综合了当今世界上许多领域最新的技术成果，主要包括精密机械、计算机及信息处理、自动控制及伺服驱动、精密检测及传感、网络通信等技术。随着科学技术的发展，特别是微电子技术、计算机控制技术、通信技术的不断发展，世界先进制造技术的兴起和不断成熟，数控设备性能日趋完善，应用领域不断扩大，成为新一代主流设备。随着社会的多样化需求及相关技术的不断进步，数控技术也向着更广的领域和更深的层次发展。当前，数控技术的发展趋势主要有以下几个方面：

1. 高速度与高精度化

速度和精度是数控机床的两个重要指标，它直接关系到加工效率和产品质量。高速数控加工起源于 20 世纪 90 年代初，以电主轴和直线电动机的应用为特征。电主轴的发展实现了主轴高转速；直线电动机的发展实现了坐标轴的高速移动。高速数控加工的应用领域首先是汽车和其他大批量生产的工业领域，目的是用单主轴的高转速和高速直线进给运动的加工中心，来替代虽为多主轴但难以实现高转速和高速进给的组合机床。

高精度化一直都是数控机床加工所追求的指标。它包括数控机床制造的定位精度和机床使用的定位精度两个方面。90 年代初国产加工中心的定位精度标准是 300mm 长小于或等于 0.025mm，750mm 长小于或等于 0.05mm 为合格；重复精度是小于或等于 0.02mm 为合格。

提高数控机床的加工精度，一般通过减少数控系统误差、提高数控机床基础大件结构特性和热稳定性、采用补偿技术和辅助措施来实现。补偿技术方面，采用齿隙补偿、丝杠螺母误差补偿及热变形误差补偿技术等。近年来数控机床的加工精度有很大的提高，普通级数控机床的加工精度已由原来的 $\pm 10\mu m$ 提高到 $\pm 5\mu m$，精密级数控机床的加工精度从 $\pm 5\mu m$ 提高到 $\pm 1.5\mu m$。

在超高速切削和超精密加工技术中，对机床各坐标轴的位移速度和定位精度提出了更高的要求，但是速度和精度这两项技术指标是相互制约的，当位移速度要求越高时，定位精度就越难提高。现代数控机床配备的高性能数控系统及伺服系统，其位移分辨率与进给速度的对应关系是：一般的分辨率为 $1\mu m$，进给速度可以达到 $100 \sim 240m/min$；分辨率为 $0.1\mu m$，进给速度可以达到 $24m/min$；分辨率为 $0.01\mu m$，进给速度可以达到 $400 \sim 800mm/min$。提高主轴转速是提高切削速度最直接、最有效的方法。近二十年来主轴转速已翻了几番，20 世纪 80 年代中期，中等规格的加工中心主轴最高转速普遍为 $4000 \sim 6000r/min$，到了 80 年代后期达到 $8000 \sim 12000r/min$，20 世纪 90 年代初期达到 $20000 \sim 50000r/min$，目前国外用于加工中心的电主轴转速已达到 $75000r/min$。

2. 高柔性化

柔性是指机床适应加工对象变化的能力，即当加工对象变化时，只需要通过修改程序而无需更换或调整硬件即可满足加工要求的能力。数控机床对加工对象的变换有很强的适应能力。提高数控机床柔性化正朝着两个方向努力：一是提高数控机床的单机柔性化，二是向单元柔性化和系统柔性化发展。例如，在数控机床软、硬件的基础上，增加不同容量的刀库和自动换刀机械手，增加第二主轴，增加交换工作台装置，或者配以工业机器人和自动运输小车，以组成柔性加工单元或柔性制造系统。

采用柔性自动化设备或系统，可以提高加工效率，缩短生产和供货周期，并能对市场需求的变化作出快速反应，以提高企业的竞争能力。

3. 功能复合化

功能复合化的目的是进一步提高机床的生产率，使用于非加工辅助时间减至最少。通过功能的复合化，可以扩大机床的使用范围，提高效率，实现一机多用、一机多能。例如一台具有自动换刀装置、回转工作台及托盘交换装置的五面体镗铣加工中心，工件一次安装可以完成镗、铣、钻、铰、攻螺纹等工序，对于箱体件可以完成五个面的粗、精加工的全部工序。宝鸡机床集团有限公司已经研制成功的 CX25Y 数控车铣复合中心，具有 X 轴、Z 轴以及 C 轴和 Y 轴联动功能。通过 C 轴和 Y 轴联动，可以实现平面铣削和偏心孔、槽的加工。

该机床还配置有强动力刀架和副主轴。副主轴采用内藏式电主轴结构,通过数控系统可直接实现主轴、副主轴转速同步。该机床上工件一次装夹即可完成全部加工,极大地提高了效率。

近年来,又相继出现了许多跨度更大的、功能更集中的复合化数控机床,如集冲孔、成形与激光切割于一体的复合加工中心等。

4. 智能化

智能化是21世纪制造技术发展的一个很重要的方向。所谓智能加工就是基于网络技术、数字技术、电子技术和模糊控制的一种更高级形式的加工。智能加工是为了在加工过程中模拟人类智能的活动,以解决加工过程中的许多不确定性因素,并利用人类智能进行预见及干预这些不确定性因素,使加工过程实现高速安全化。智能化的内容体现在数控系统中的各个方面:为追求加工效率和加工质量的智能化,如自适应控制、工艺参数自动生成;为提高驱动性能及使用连接方便的智能化,如前馈控制、电动机参数的自适应运算、自动识别负载、自动选定模型、自整定等;简化编程、简化操作的智能化,如智能化的自动编程、智能化的人机界面等;智能诊断、智能监控,方便系统的诊断及维修等。

5. 网络化

现在国外已经广泛使用了数控机床联网的技术。所谓数控机床联网就是把机床用网络连接起来,实现机床管理的统一化和程序传输的便捷化。现阶段的数控机床联网一般具有以下几个功能:将程序从办公室送到每台机床并实现实时监控;采集每台机床的性能指标到计算机备份;实现机床与机床之间的程序互相转移;将每台机床的生产数据及时传输给计算机处理;将数控机床的刀具磨损及寿命情况及时反馈到计算机,实现计算机监控自动换刀。

机床联网可进行远程控制和无人化操作,通过机床联网,可在任何一台机床上对其他机床进行编程、设定、操作、运行,不同机床的画面可同时显示在每一台机床的屏幕上。这不仅利于数控系统生产厂对其产品的监控和维修,也适于大规模现代化生产的无人化车间的网络管理,还适于在操作人员不宜到现场的环境(如对环境要求很高的超精密加工和对人体有害的环境)中工作。

6. 开放化

开放式体系结构的数控系统大量采用通用微机技术,使编程、操作以及软件升级和更新变得更加简单快捷。开放式的新一代数控系统,其硬件、软件和总线规范都是对外开放的,数控系统制造商和用户可以根据这些开放的资源进行系统集成;同时它也为用户根据实际需要灵活配置数控系统带来极大的方便,促进了数控系统多档次、多品种的开发和广泛应用,开发生产周期大大缩短;这种数控系统可随CPU升级而升级,而其结构可以保持不变。

PC机具有良好的人机界面,软件资源特别丰富,近年来CPU主频已高达1000MHz以上,内存128MB以上,外存30GB以上;相应的操作界面更加友好,功能更趋完善,其通信功能、联网功能,远程诊断和维修功能将更加完善。更重要的是微机成本低廉,可靠性高。目前,日本、美国、欧盟等正在开放式的PC(微机)平台上进行"开放式数控系统"的研究。

7. 编程自动化

随着数控加工技术的迅速发展、设备类型的增多、零件品种的增加以及零件形状的日益复杂,迫切需要速度快、精度高的编程,以便于对加工过程的直观检查。为弥补手工编程和

NC 语言编程的不足，近年来开发出多种自动编程系统，如图形交互式编程系统、数字化自动编程系统、会话式自动编程系统、语音数控编程系统等，其中图形交互式编程系统的应用越来越广泛。图形交互式编程系统是以计算机辅助设计（CAD）软件为基础，首先形成零件的图形文件，然后再调用数控编程模块，自动编制加工程序，同时可动态显示刀具的加工轨迹。其特点是速度快、精度高、直观性好、使用简便，已成为国内外先进的 CAD/CAM 软件所采用的数控编程方法。目前常用的图形交互式编程软件有 MasterCAM、Cimatron、Pro/E、UG、CAXA、SolidWorks、CATIA 等。

思考与训练

1-1　什么是数字控制？什么是数控机床？

1-2　何谓点位控制、直线控制和轮廓控制？各有何特点？

1-3　数控机床由哪几部分组成？各有什么作用？

1-4　开环、闭环、半闭环数控机床各有何特点？

1-5　数控机床的加工特点是什么？

1-6　数控机床对操作人员和维修人员分别有哪些要求？

1-7　数控技术的主要发展方向是什么？

1-8　数控机床适合加工哪些类型的零件？

第2章 数控加工工艺与编程

☞**知识提要**：本章主要介绍数控机床的程序编制。主要内容包括数控编程基础、数控编程工艺及步骤、数控车床的编程、数控铣床及加工中心的编程等。为了满足不同学习者的需要，主要以 FANUC 0i 系统为例来介绍，同时也介绍了 HNC-21 系统的编程。

☞**学习目标**：通过本章内容的学习，学习者应对数控编程的概念有全面的认识，全面掌握数控机床的编程方法，掌握手工编程的技巧。注意不同系统的编程差异，掌握其编程特点及要点。

2.1 数控加工编程基础

2.1.1 数控编程的基本概念

在普通机床上加工零件时，一般是由工艺人员按照设计图样事先制订好零件的加工工艺规程。在工艺规程中制订出零件的加工工序、切削用量、机床的规格及刀具、夹具等内容。操作人员按照工艺规程的各个步骤操作机床，加工出图样给定的零件。也就是说，零件的加工过程是由人来完成的。例如开机、停机、改变主轴转速、改变进给速度和方向、切削液开和关等都是由工人手工操纵的。

数控机床加工和普通机床加工是不一样的。它是按照事先编制好的加工程序，自动加工出零件。我们把零件的加工工艺路线、工艺参数、刀具的运动轨迹、位移量、切削参数（主轴转速、进给量、背吃刀量等）以及辅助功能（换刀、主轴正转、主轴反转、切削液开、切削液关等），按照数控机床规定的指令代码及程序格式编写成加工程序单，再把这程序单中的内容记录在控制介质上（如磁带、磁盘、磁泡存储器），然后输入到数控机床的数控装置中，从而指挥机床加工零件。这种从零件图的分析到制成控制介质的全部过程称为数控加工程序的编制，简称数控编程。

2.1.2 数控机床的坐标轴和运动方向

1. 标准坐标系及运动方向

为了简化编程和保证程序的通用性，对数控机床的坐标轴和方向命名制订了统一的标准，即我国现在所用的标准 GB/T 19660—2005，它与国际上通用的标准 ISO841 等效。该标准规定数控机床的坐标系采用右手直角坐标系，直线进给坐标轴用 X、Y、Z 表示，常称基本坐标轴。其中，X、Y、Z 坐标轴的相互关系用右手定则决定，如图 2-1 所示，图中大拇指指向 X 轴的正方向，食指指向 Y

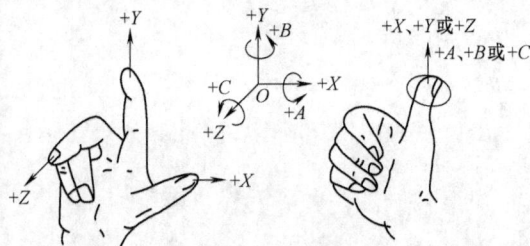

图 2-1 数控机床的坐标轴和运动方向

轴的正方向，中指指向为 Z 轴的正方向。

围绕 X、Y、Z 轴旋转的圆周进给坐标轴用 A、B、C 表示，根据右手螺旋定则，以大拇指指向 $+X$，$+Y$，$+Z$ 方向，则四指环绕的方向分别是 $+A$，$+B$，$+C$ 方向。

2. 坐标轴的确定

机床各坐标轴及其正方向的确定原则如下：

1）先确定 Z 轴。一般机床的主要主轴为 Z 轴；若有多根主轴，应选择垂直于工件装夹面的主轴为主要主轴，Z 坐标则平行于该主轴轴线。若没有主轴，则规定垂直于工件装夹面的坐标轴为 Z 轴。Z 轴正方向是使刀具远离工件的方向。

2）再确定 X 轴。X 轴为水平方向且垂直于 Z 轴并平行于工件的装夹面。在工件旋转的机床（如车床、外圆磨床）上，X 轴的运动方向是径向的，与横向导轨平行，刀具离开工件旋转中心的方向是正方向，如图 2-2 所示为数控车床的坐标系。对于刀具旋转的机床，若 Z 轴为水平的（如卧式铣床、镗床），则沿刀具主轴后端向工件方向看，右手平伸出方向为 X 轴正向，如图 2-3 所示的卧式数控铣床的坐标系；若 Z 轴为垂直的（如立式铣、镗床，钻床），则从刀具主轴向床身立柱方向看，右手平伸出方向为 X 轴正向，如图 2-4 所示的立式数控铣床的坐标系。

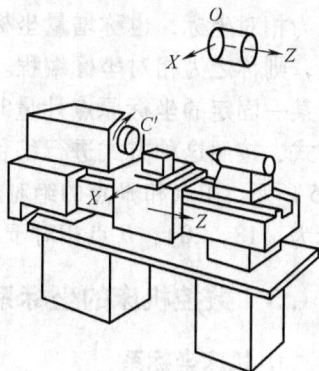

图 2-2　数控车床坐标系

3）最后确定 Y 轴。在确定了 X、Z 轴的正方向后，即可按右手定则定出 Y 轴正方向。

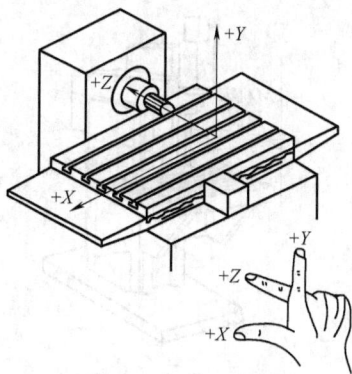

图 2-3　卧式数控铣床坐标系

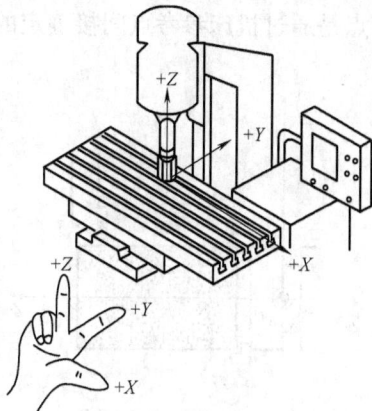

图 2-4　立式数控铣床坐标系

3. 附加坐标

为了编程和加工的方便，有时还要设置附加坐标系。对于直线运动，平行于标准坐标系中相应坐标轴的进给轴，称为直线附加坐标轴，第一组附加坐标轴分别用 U、V、W 表示，第二组附加坐标轴分别用 P、Q、R 表示。对于旋转运动，除 A、B、C 轴外，如果还有其他旋转轴，则称为旋转附加坐标轴，用 D 或 E 表示。

4. 工件相对静止而刀具产生运动的原则

通常在坐标轴命名或编程时，不论机床在加工中是刀具移动，还是工件移动，都一律假定工件相对静止不动，而刀具在移动，即刀具相对运动的原则，并同时规定刀具远离工件的方向为坐标的正方向。按照标准规定，在编程中，坐标轴的方向总是刀具相对工件的运动方向，用 X、Y、Z 等表示。在实际中，对数控机床的坐标轴进行标注时，根据坐标轴的实际运动情况，用工件相对刀具的运动方向进行标注，此时需用 X'、Y'、Z' 等表示，以示区别。显然有：$+X' = -X$，$+Y' = -Y$，$+Z' = -Z$。

5. 绝对坐标和增量坐标

当运动轨迹的终点坐标是相对于起点来计量时，称之为相对坐标，也称增量坐标。若按照这种方式进行编程，则称之为相对坐标编程。当所有坐标点的坐标值均从某一固定的坐标原点计量时，就称之为绝对坐标表达方式，按照这种方式进行编程即为绝对坐标编程。如图

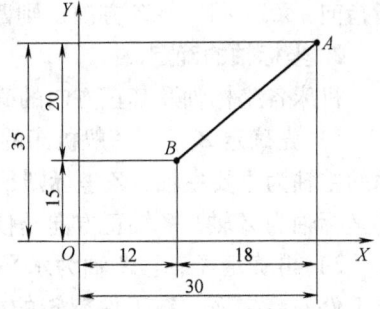

图 2-5　绝对坐标和增量坐标

2-5 所示，A 点和 B 点的绝对坐标分别为（30，35）、（12，15），A 点相对于 B 点的增量坐标为（18，20），B 点相对于 A 点的增量坐标为（−18，−20）。

2.1.3　数控机床的坐标系

1. 机床坐标系

以机床原点为坐标原点建立起来的 X、Y、Z 轴直角坐标系，称为机床坐标系。机床原点为机床上的一个固定点，也称机床零点，如图 2-6 和图 2-7 所示的数控车床原点和数控铣床原点。机床原点在机床装配、调试时就已确定下来，是数控机床加工运动的基准参考点。机床零点是通过机床参考点间接确定的。

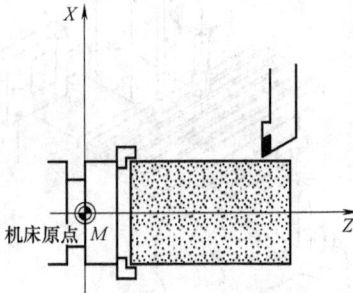

图 2-6　数控车床原点

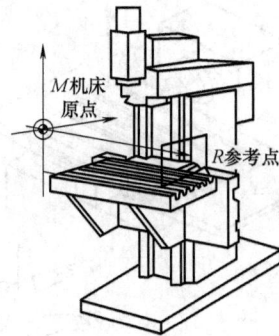

图 2-7　数控铣床原点

机床参考点也是机床上的一个固定点，其与机床零点间有一确定的相对位置，一般设置在刀具运动的 X、Y、Z 正向最大极限位置，是用于对机床运动进行检测和控制的固定位置点。机床参考点的位置是由机床制造厂家在每个进给轴上用限位开关精确调整好的，坐标值已输入数控系统中。因此机床参考点对机床原点的坐标是一个已知数。

在机床每次通电之后，工作之前，必须进行回机床零点操作，使刀具运动到机床参考点，其位置由机械挡块确定。这样，通过机床回零操作，确定了机床零点，从而准确地建立起机床坐标系，即相当于数控系统内部建立一个以机床零点为坐标原点的机床坐标系。

机床坐标系是机床固有的坐标系，一般情况下，机床坐标系在机床出厂前已经调整好，不允许用户随意变动。

2. 工件坐标系

工件坐标系是用于确定工件几何图形上各几何要素（如点、直线、圆弧等）的位置而建立的坐标系，是编程人员在编程时使用的，所以也称编程坐标系。工件坐标系的原点就是工件原点，而工件原点是人为设定的。

2.1.4 程序的格式

1. 零件加工程序结构

（1）程序结构 一个零件程序是由遵循一定结构、句法和格式规则的若干个程序段组成的，而每个程序段是由若干个指令字组成的，如图 2-8 所示。每个程序段一般占一行，在屏幕显示程序时也是如此。一个指令字是由地址符（指令字符）和带符号（如定义尺寸的字）或不带符号（如准备功能字 G 代码）的数字组成的。程序段中不同的指令字符及其后续数值确定了每个指令字的含义，如 N 表示程序段号，G 表示准备功能，F 表示进给速度等。

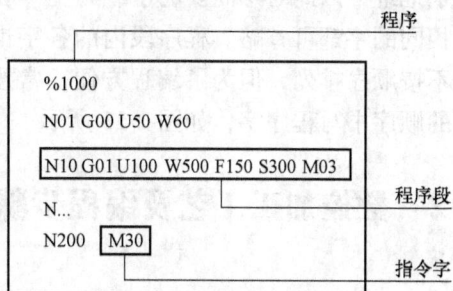

```
%1000
N01 G00 U50 W60
N10 G01 U100 W500 F150 S300 M03
N...
N200  M30
```

程序
程序段
指令字

图 2-8 零件加工程序结构

（2）程序格式 常规加工程序由开始符（单列一段）、程序名（单列一段）、程序主体和程序结束指令（一般单列一段）组成，程序的最后还有一个程序结束符。程序开始符与程序结束符（现在大多数系统可以不用）是同一个字符：在 ISO 代码中是"%"，在 EIA 代码中是"ER"。程序号由"O"（FANUC 系统）或"%"（华中系统）开头，通常后跟 4 位数字组成。程序结束指令为 M02 或 M30。常见程序格式如下：

O0001；　　　　　　　　　程序名（程序号）
N05 G90 G54 M03 S800；
N10 T0101；
N15 G00 X49 Z2；
N20 G01 Z－100 F0.1；　程序内容
N25 X51；
N30 G00 X60 Z150；
N35 M05；
N40 M30；　　　　　　　　程序结束

2. 程序段格式

（1）固定程序段格式 以这种格式编制的程序，各字均无地址码，字的顺序即为地址的顺序，各字的顺序及字符行数是固定的（不管某一字的需要与否），即使与上一段相比某些字没有改变，也要重写而不能略去。一个字的有效位数较少时，要在前面用"0"补足规定的位数。所以各程序段所占穿孔纸带的长度是一定的，如图 2-9 所示。

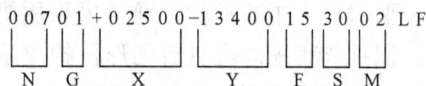

（2）用分隔符的程序段格式 由于有分隔符号，不需要的字或与上一程序段相同的字可以省略，

```
00701＋02500－13400 15 30 02 LF
 N    G     X      Y  F  S M
```

图 2-9 固定程序段格式

但必须保留相应的分隔符号（即各程序段的分隔符号数目相等），如图 2-10 所示。

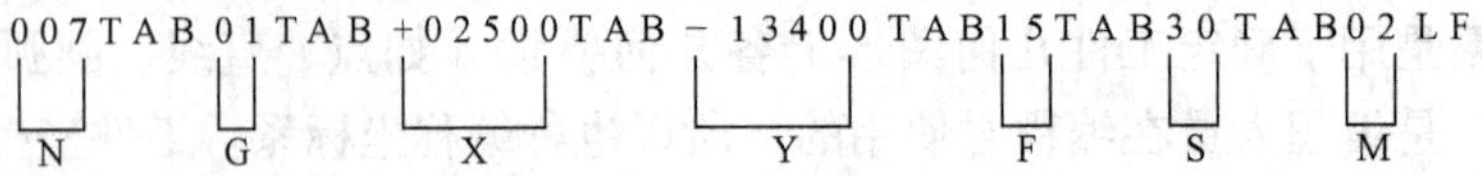

007TAB 01TAB +02500TAB − 13400 TAB15TAB30 TAB02 LF

N　　G　　X　　　　Y　　F　　S　　M

图 2-10　带分隔符的程序段格式

以上两种格式目前已很少使用，现代数控机床普遍使用字地址程序段格式。

（3）字地址程序段格式　以这种格式表示的程序段，每一个字之前都标有地址码用以识别地址，因此对不需要的字或与上一程序段相同的字都可省略。程序段内的各字也可以不按顺序排列，但为了编程方便，常按一定的顺序书写程序字，如图 2-11 所示。

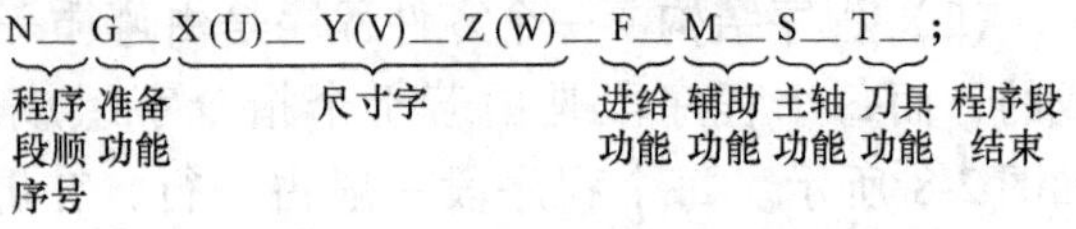

N__ G__ X(U)__ Y(V)__ Z(W)__ F__ M__ S__ T__ ;

程序　准备　　　尺寸字　　　　进给　辅助　主轴　刀具　程序段
段顺　功能　　　　　　　　　　功能　功能　功能　功能　结束
序号

图 2-11　字地址程序段格式

2.2　数控加工工艺及编程步骤

2.2.1　编程的内容及步骤

1. 工艺处理阶段

工艺处理阶段的工作内容包括：对零件图样进行分析，明确加工的内容和要求；确定加工方案；选择适合的数控机床；选择或设计刀具和夹具；确定合理的加工进给路线及选择合理的切削用量等。这一阶段的工作要求编程人员能够对零件的技术特性、几何形状、尺寸及工艺要求进行分析，并结合数控机床使用的基础知识，如数控机床的规格、性能、数控系统的功能等，确定加工方法和加工进给路线。

2. 数学处理阶段

在确定了工艺方案后，就需要根据零件的几何尺寸、加工路线等，计算刀具中心运动轨迹，以获得刀位数据。数控系统一般都有直线插补与圆弧插补功能，对于加工由圆弧和直线组成的较简单的平面零件，只需要计算出零件轮廓上相邻几何元素交点或切点的坐标值，得出各几何元素的起点、终点、圆弧的圆心坐标值等，就能满足编程要求。当零件的几何形状与控制系统的插补功能不一致时，就需要进行较复杂的数值计算，一般需要使用计算机辅助计算，否则难以完成。

3. 编写零件加工程序

在完成上述工艺处理及数值计算工作后，即可编写零件加工程序。程序编制人员使用数控系统的程序指令，按照规定的程序格式，逐段编写加工程序。程序编制人员应对数控机床的功能、程序指令及代码十分熟悉，才能编写出正确的加工程序。

4. 程序检验

将编写好的加工程序输入数控系统，就可控制数控机床的加工工作。一般在正式加工之前，要对程序进行检验。通常可采用机床空运转的方式，来检查机床动作和运动轨迹的正确性，以检验程序。在具有图形模拟显示功能的数控机床上，可通过显示走刀轨迹或模拟刀具对工件的切削过程，对程序进行检查。对于形状复杂和要求高的零件，也可采用铝件、塑料或石蜡等易切削材料进行试切来检验程序。通过检查试件，不仅可以确认程序是否正确，还可以知道加工精度是否符合要求。若能采用与零件材料相同的材料进行试切，则更能反映实际加工效果。当发现加工的零件不符合加工技术要求时，可修改程序或采取尺寸补偿等措施。

2.2.2　零件的安装和对刀点的确定

1. 零件的安装

在数控机床上加工零件时，定位安装的基本原则是合理选择定位基准和夹紧方案。在选择时应注意以下几点：

1）力求设计、工艺和编程计算的基准统一。

2）尽量减少装夹次数，尽可能在一次定位装夹后，加工出全部待加工表面。

3）避免采用占机人工调整式加工方案，以充分发挥数控机床的效能。

2. 夹具的选用

数控机床上应尽量使用组合夹具，必要时才设计专用夹具。夹具的选用应注意以下几点：

1）当零件加工批量不大时，应尽量采用通用夹具，以缩短生产准备时间，节省生产费用。

2）在成批生产时才考虑采用专用夹具，并力求结构简单。

3）零件的装卸要快速、方便、可靠，以缩短机床的停顿时间。

4）夹具的各零部件应不妨碍机床对零件各表面的加工，即夹具要敞开，其定位、夹紧机构元件不能影响加工中的走刀（如产生碰撞等）。

3. 确定对刀点和换刀点

在编程时，应正确地选择对刀点和换刀点的位置。对刀点就是在数控机床上加工零件时，刀具相对于工件运动的起点。由于程序段从该点开始执行，所以对刀点又称为程序起点或起刀点。对刀点可选在工件上，也可选在工件外面（如选在夹具上或机床上），但必须与零件的定位基准有一定的关系。图 2-12 所示为对刀点选在工件外面一确定的点上，该点在机床坐标系中的坐标为 (X_0, Y_0)，在工件坐标系中的坐标为 $(-X_1, -Y_1)$，这样通过对刀点便确定了机床坐标系与工件坐标系的关系。

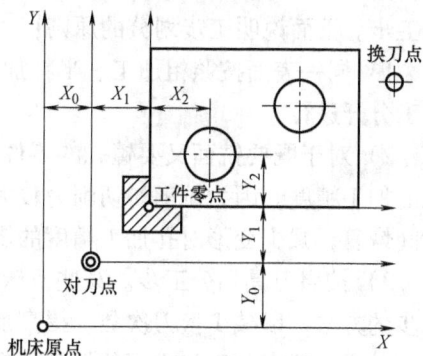

图 2-12　对刀点的选择

若对刀精度要求不高时，可直接选用零件上或夹具上的某些表面作为对刀面。

若对刀精度要求较高时，对刀点应尽量选在零件的设计基准或工艺基准上。例如以孔定位的工件，可选孔的中心作为对刀点。刀具的位置则以此孔来找正，使刀位点与对刀点重合。所谓刀位点，是指车刀、镗刀的刀尖，钻头的钻尖，立铣刀、面铣刀刀头底面的中心，球头铣刀的球头中心。

对刀点既是程序的起点又是程序的终点。因此在成批生产中要考虑对刀点的重复精度，该精度可用对刀点相距机床原点的坐标值 (X_0, Y_0) 来校核。

加工过程中需要换刀时，应设定换刀点。所谓换刀点，是指刀架转位换刀时的位置。该点可以是某一固定点（如加工中心，其换刀机械手的位置是固定的），也可以是任意的一点（如数控车床）。换刀点应设在工件或夹具的外部，以刀架转位时不碰工件及其他部件为准。其设定值可用实际测量方法或计算确定。

2.2.3　数控加工工艺路线的设计

数控加工工艺路线设计与通用机床加工工艺路线设计的主要区别，在于它往往不是指从毛坯到成品的整个工艺过程，而仅是几道数控加工工序工艺过程的具体描述。因此在工艺路线设计中一定要注意到，由于数控加工工序一般都穿插于零件加工的整个工艺过程中，因而要与其他加工工艺衔接好。

数控加工工艺路线设计中应注意以下几个问题：

1. 工序的划分

根据数控加工的特点，数控加工工序的划分一般可按下列方法进行。

（1）以一次安装、加工作为一道工序　这种方法适合于加工内容较少的零件，加工完后就能达到待检状态。

（2）以同一把刀具加工的内容划分工序　有些零件虽然能在一次安装中加工出很多待加工表面，但程序太长，会受到某些限制，如控制系统的限制（主要是内存容量），机床连续工作时间的限制（如一道工序在一个工作班内不能结束）等。此外，程序太长会增加出错与检索的困难。因此程序不能太长，一道工序的内容不能太多。

（3）以加工部位划分工序　对于加工内容很多的工件，可按其结构特点将加工部位分成几个部分，如内腔、外形、曲面或平面，并将每一部分的加工作为一道工序。

（4）以粗、精加工划分工序　对于加工后易发生变形的工件，由于需要对粗加工后可能发生的变形进行校形，故一般来说，凡要进行粗、精加工的过程，都要将工序分开。

2. 工步的划分

工步的划分主要从加工精度和效率两方面考虑。在一个工序内往往需要采用不同的刀具和切削用量，对不同的表面进行加工。为了便于分析和描述较复杂的工序，在工序内又细分为工步。下面说明工步划分的原则：

1）同一表面按照粗加工、半精加工、精加工依次完成，或者全部加工表面按先粗后精加工分开进行。

2）对于既要铣面又要镗孔的零件，可先铣面后镗孔。按照此方法划分工步，可以提高孔的加工精度。因为铣削时切削力较大，工件易发生变形，而先铣面后镗孔可使刀具有一段时间恢复，减少变形对孔加工精度的影响。

3）按照刀具划分工步。某些机床工作台回转时间比换刀时间短，可采用按照刀具划分工步的方法，以减少换刀次数，提高加工效率。

总之，工序与工步之间的划分要根据零件的结构特点、技术要求等情况综合考虑。

3. 加工顺序的安排

加工顺序的安排应根据零件的结构和毛坯状况，以及定位安装与夹紧的需要来考虑，重点是保证定位夹紧时工件的刚性和加工精度。加工顺序安排一般应按下列原则进行：

1）上道工序的加工不能影响下道工序的定位与夹紧，中间穿插有通用机床加工工序的也要综合考虑。

2）先进行外形加工工序，后进行内腔加工工序。

3）以相同定位、夹紧方式或同一把刀具加工的工序，最好连续进行，以减少重复定位次数、换刀次数与挪动压紧元件次数。

4）在同一次安装中进行的多道工序，应先安排对工件刚性破坏较小的工序。

4. 进给路线的确定

进给路线就是刀具在整个加工工序中的运动轨迹，它不但包括了工步的内容，也反映出工步顺序。进给路线是编写程序的依据之一。确定进给路线时应注意以下几点：

1）加工路线尽可能最短。图 2-13 所示为三种不同的粗车进给路线。其中图 2-13a 所示为沿着工件轮廓进行进给的路线；图 2-13b 所示为三角形进给路线；图 2-13c 所示为矩形进给路线。对以上三种粗车进给路线分析和判断后可知，矩形进给路线的进给长度总和最短。因此，在同等条件下，其车削所需时间（不含空行程）最短，刀具的损耗最少。

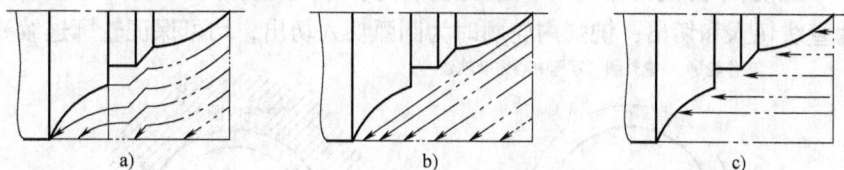

图 2-13 三种不同的粗车进给路线
a）沿工件轮廓进给路线 b）三角形进给路线 c）矩形进给路线

再如加工图 2-14a 所示零件上的孔系，图 2-14b 所示的走刀路线为先加工完外圈孔后，再加工内圈孔。若改用图 2-14c 所示的走刀路线，减少空刀时间，则可节省定位时间近一倍，提高了加工效率。

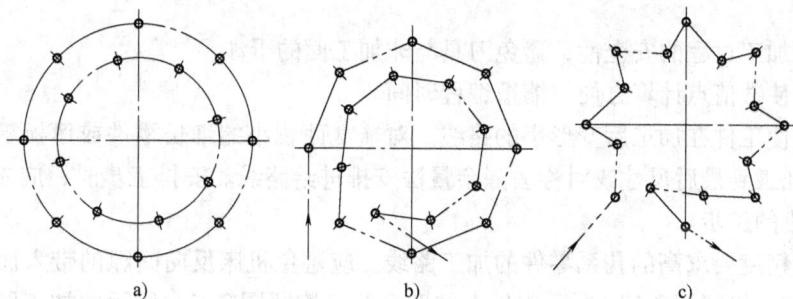

图 2-14 孔加工最短走刀路线的设计
a）零件图 b）路线 1 c）路线 2

2）最终轮廓一次走刀完成。为保证工件轮廓表面加工后的表面粗糙度要求，最终轮廓应安排在最后一次进给中连续加工出来。

图 2-15a 所示为用行切方式加工内腔的进给路线，这种走刀方法最后轮廓表面不是连续加工完成的，所以表面质量较差；图 2-15b 所示采用环切法，这种方法加工路线太长，效率较低；图 2-15c 所示为先用行切法，最后沿轮廓环切一刀，光整轮廓表面，能获得较好的加工精度和表面质量，同时效率还较高。

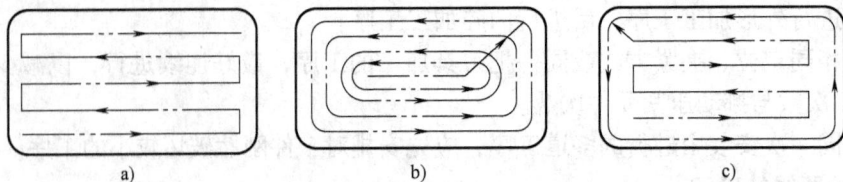

图 2-15　铣削内腔的三种走刀路线
a）路线 1　b）路线 2　c）路线 3

3）正确选择切入和切出方向。考虑刀具的进刀、退刀（切入、切出）路线时，刀具的切出或切入点应在沿零件轮廓的切线上，以保证工件轮廓光滑；应避免在工件轮廓面上垂直上、下刀而划伤工件表面；尽量减少在轮廓加工切削过程中的暂停（切削力突然变化造成弹性变形），以免留下刀痕。图 2-16 所示为铣削内、外圆弧轮廓时的切入和切出路线。铣削外轮廓时为直线切入和切出；铣削内轮廓时为圆弧切入切出，均可保证轮廓连续光滑。

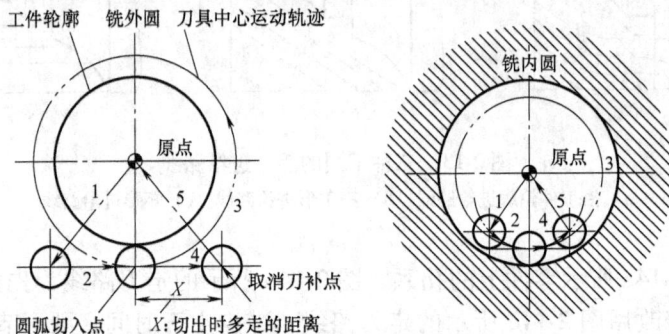

图 2-16　刀具切入和切出时的外延

4）保证加工过程的安全性，避免刀具与非加工面的干涉。

5）尽量使数值点计算方便，缩短编程时间。

6）选择使工件在加工后变形小的路线。对横截面积小的细长零件或薄板零件，应采用分几次进给加工到最后尺寸或对称去除余量法安排进给路线。安排工步时，应先安排对工件刚性破坏较小的工步。

7）位置精度要求高的孔系零件的加工路线。应避免机床反向间隙的带入而影响孔的位置精度。例如，镗削图 2-17a 所示零件上的四个孔。按照图 2-17b 所示的加工路线加工，由于 4 孔与 1、2、3 孔定位方向相反，机床 Y 向的反向间隙会使定位误差增加，从而影响 4 孔与其他孔的位置精度。按照图 2-17c 所示的加工路线，加工完 3 孔后往上多移动一段距离至 P 点，然后再折回来在 4 孔处进行定位加工，这样方向一致，就可避免反向间隙的引入，提高了 4 孔的定位精度。

8）在铣削加工时，正确选择行切法和环切法。应根据零件的实际形状、精度要求、加工效率等多种因素来确定是行切还是环切，是等距切削还是等高切削的加工路线等。行切法是指刀具与曲面的切点轨迹是一行一行的，且行距根据加工精度要求确定，如图 2-18 所示。环切法是以型腔轮廓的等距线作为刀具的路径，如图 2-19 所示。行切在手工编程时多用于规则矩形平面、台阶面和矩形下凹加工，对非矩形区域的行切一般用自动编程实现。环切主要用于轮廓的半精、精加工及粗加工，用于粗加工时，其效率比行切低，但可方便地用刀补功能实现。

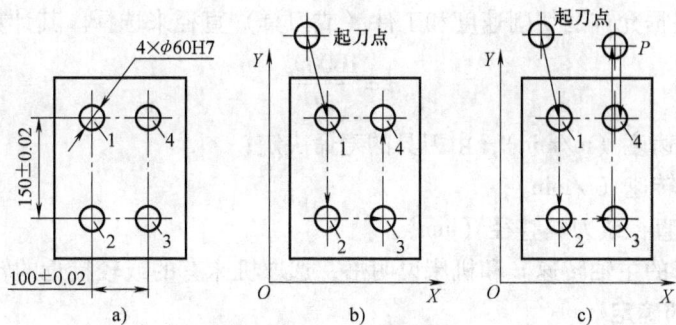

图 2-17　孔加工路线安排

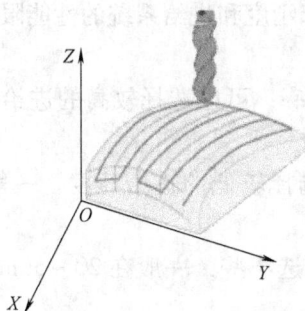

图 2-18　行切法铣削曲面

图 2-19　环切法铣削球面

9）在铣削加工时，正确选择顺铣和逆铣方式。铣削有顺铣和逆铣两种方式。当铣刀旋转方向与工件进给方向相反时，称为逆铣，铣削时每齿切削厚度从零逐渐到最大而后切出；当铣刀旋转方向与工件进给方向相同时，称为顺铣，铣削时每齿切削厚度从最大逐渐减小到零。顺铣和逆铣的示意如图 2-20 所示。

当工件表面无硬皮、机床进给机构无间隙时，应按照顺铣方式安排进

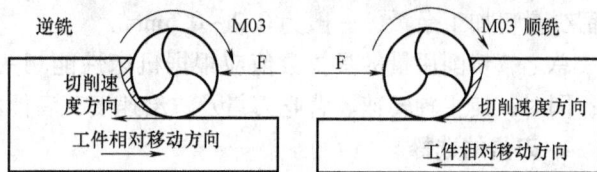

图 2-20　顺铣和逆铣示意

给路线。因为采用顺铣加工后，零件已加工表面质量好，刀齿磨损小。精铣时，应尽量采用顺铣。

当工件表面有硬皮、机床的进给机构有间隙时，应按照逆铣方式安排进给路线。因为逆铣时，刀齿是从已加工表面切入，不会崩刃，而且垂直方向的切削分力向上，不会因机床进给机构的间隙而引起振动和爬行。

2.2.4　切削用量及刀具的选择

数控编程时，编程人员必须确定每道工序的切削用量，并以指令的形式写入程序中。切削用量包括主轴转速、背吃刀量及进给速度等。对于不同的加工方法，需要选用不同的切削用量。切削用量的选择原则是：保证零件加工精度和表面粗糙度，充分发挥刀具切削性能，

保证合理的刀具寿命；充分发挥机床的性能，最大限度地提高生产率，降低成本。

1. 主轴转速的确定

主轴转速应根据允许的切削速度和工件（或刀具）直径来选择。其计算公式为

$$n = \frac{1000v_c}{\pi D}$$

式中　v_c——切削速度（m/min），由刀具的寿命决定；

　　　n——主轴转速（r/min）；

　　　D——工件直径或刀具直径（mm）。

最后根据计算的主轴转速 n 和机床说明书，选取机床有的或较接近的转速。

2. 进给速度的确定

进给速度是数控机床切削用量中的重要参数，主要根据零件的加工精度和表面粗糙度要求以及刀具、工件的材料性质选取。最大进给速度受机床刚度和进给系统的性能限制。

确定进给速度的原则如下：

1）当工件的质量要求能够得到保证时，为提高生产率，可以选择较高的进给速度，一般在 100 ~ 200mm/min 范围内选取。

2）在切断、加工深孔或用高速钢刀具加工时，宜选择较低的进给速度，一般在 20 ~ 50mm/min 范围内选取。

3）当加工精度、表面粗糙度要求高时，进给速度应选小些，一般在 20 ~ 50mm/min 范围内选取。

4）刀具空行程时，特别是远距离回零时，一般使用该机床数控系统设定的最高进给速度。

3. 背吃刀量的确定

背吃刀量根据机床、工件和刀具的刚度来确定，在刚度允许的条件下，应尽可能使背吃刀量等于工件的加工余量，这样可以减少走刀次数，提高生产率。为了保证加工表面质量，可留少量精加工余量，一般为 0.2 ~ 0.5mm。

总之，切削用量的具体数值应根据机床性能相关的手册并结合实际经验用类比方法确定；同时，使主轴转速、背吃刀量及进给速度三者能相互适应，以形成最佳切削用量。

4. 刀具的选择

与普通机床加工方法相比，数控加工对刀具提出了更高的要求，不仅需要刀具的刚性好、精度高，而且要求尺寸稳定、寿命长、断屑和排屑性能好；同时要求安装调整方便，以满足数控机床高效率的要求。数控机床上所选用的刀具常采用适应高速切削性能的刀具材料，如高速钢、超细粒度硬质合金，并使用可转位刀片。

2.2.5　数值计算

根据零件图样，用适当的方法将编程所需的有关数据计算出来的过程，称为数值计算。数值计算的内容包括计算零件轮廓的基点和节点坐标以及刀位点轨迹的坐标。

1. 基点、节点坐标计算

零件的轮廓是由许多不同的几何要素组成的，如直线、圆弧、二次曲线等。各几何要素之间的连接点称为基点，如两直线的交点、直线与圆弧或圆弧与圆弧间的交点或切点、圆弧与二次曲线的交点或切点等，如图 2-21 所示。基点坐标是编程中必需的重要数据，计算时

可以利用联立方程组求解，也可以利用几何元素间的三角函数关系求解，或者采用计算机辅助计算编程来计算。

数控系统一般只能作直线插补和圆弧插补的切削运动。如果零件的轮廓曲线不是由直线或圆弧构成（如可能是椭圆、双曲线、抛物线、一般二次曲线、阿基米德螺旋线等曲线），而数控装置又不具备其他曲线的插补功能时，要采取用直线或圆弧逼近的数学处理方法。即在满足允许编程误差的条件下，用若干直线段或圆弧段分割逼近给定的曲线。相邻逼近直线段或圆弧段的交点或切点称为节点，如图 2-22 所示。对于立体型面零件，应根据允许误差将曲线分割成不同的加工截面，各截面上的轮廓曲线也要进行基点和节点计算。节点计算一般都比较复杂，有时靠手工处理已经不大可能，必须借助计算机作辅助处理，最好是采用计算机自动编程高级语言来编制加工程序（目前通常采用 CAD/CAM 软件）。

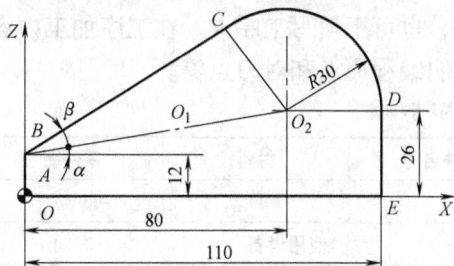

图 2-21　零件轮廓的基点　　　　　　图 2-22　零件轮廓的节点

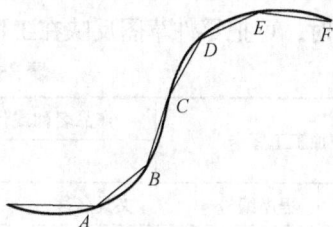

2. 辅助计算

辅助计算包括增量值计算、辅助程序段的计算等。

（1）增量值计算　增量值计算是仅就增量坐标的数控系统或绝对坐标中某些数据仍要求以增量方式输入时，所进行的由绝对坐标数据到增量坐标数据的转换。例如在数值计算过程中，已按绝对坐标值计算出某运动段的起点坐标及终点坐标，以增量方式表示时，其换算公式为

$$增量坐标值 = 终点坐标值 - 起点坐标值$$

计算应在各坐标轴方向上分别进行。例如，要求以直线插补方式，使刀具从 a 点（起点）运动到 b 点（终点），已计算出 a 点坐标为为 (X_a, Y_a)，b 点坐标为为 (X_b, Y_b)，若以增量方式表示时，其 X、Y 轴方向上的增量分别为 $\Delta X = X_b - X_a$，$\Delta Y = Y_b - Y_a$。

（2）辅助程序段计算　辅助程序段是指开始加工时，刀具从起始点到切入点，或者加工完毕时，刀具从切出点返回到起始点而特意安排的程序段。切入点位置的选择应依据零件加工余量的情况，适当离开零件一段距离。选择切出点位置时，为避免刀具在快速返回时发生撞刀，也应留出适当的距离。使用刀具补偿功能时，建立刀补的程序段应在加工零件之前写入，加工完成后应取消刀补。另外，某些零件的加工要求刀具切向切入和切向切出。以上程序段的安排，在绘制进给路线时，应明确表示出来。数值计算时，按照进给路线的安排，计算出各相关点的坐标，其数值计算一般比较简单。

2.2.6　数控加工专用技术文件的编写

编写数控加工专用技术文件是数控加工工艺设计的重要内容之一。这些专用技术文件既

是数控加工的依据、产品验收依据，也是需要操作者遵守、执行的规程；有的则是加工程序的具体说明或附加说明，目的是让操作者更加明确程序的内容、安装与定位方式、各个加工部位所选用的刀具及其他问题。

为加强技术文件管理，数控加工专用技术文件也应该走标准化、规范化的道路，但目前还有较大困难，只能先做到按部门或按单位局部统一。下面介绍几种数控加工专用技术文件。

1. 数控加工工序卡

数控加工工序卡与普通加工工序卡有许多相似之处，但不同的是该卡中应反映所使用的辅具、刀具、切削参数等，它是操作人员配合数控程序进行数控加工的主要指导性工艺资料。数控加工工序卡应按已确定的工步顺序填写，样本见表2-1。

若在数控机床上只完成零件加工的一个工步时，也可不填写工序卡。在工序加工内容不十分复杂时，可把零件草图反映在工序卡上，并注明编程原点和对刀点等。

表 2-1　数控加工工序卡样本

数控加工工序卡		产品名称或代号		零件名称		材料		零件图号	
工序号	程序编号	夹具名称		夹具编号		使用设备		车间	
工步号	工 步 内 容		刀号	刀具名称	刀具规格	主轴转速/(r/min)	进给速度/(mm/min)	加工余量/mm	备注
编　制		审　核		批　准			共　页	第　页	

2. 数控加工刀具卡

数控加工时，对刀具的要求十分严格，一般要在机外对刀仪上事先调整好刀具的直径、长度。数控加工刀具卡主要反映刀具编号、刀具结构、尾柄规格、刀片型号和材料等，它是组装刀具和调整刀具的依据。数控加工刀具卡样本见表2-2。

表 2-2　数控加工刀具卡样本

产品名称或代号		零件名称		零件图号		程序号	
工步号	刀具号	刀具名称	刀具型号规格	刀　片		刀尖圆弧半径/mm	备注
				型号	材料		
编　制		审　核		批　准		共　页	第　页

3. 机床调整单

机床调整单是机床操作人员在加工前调整机床的依据。它主要包括机床控制面板开关调整单和数控加工零件安装、零点设定两部分。

机床控制面板开关调整单主要记录机床控制面板上有关"开关"的位置，如进给速度和快移速度倍率调整旋钮位置或主轴转速倍率旋钮位置、刀具半径补偿旋钮位置或刀具补偿拨码开关组数值表、垂直校验开关及冷却方式等内容。

4. 数控加工进给路线图

进给路线就是刀具在整个加工工序中的运动轨迹，它不但包括了工步的内容，也反映出工步顺序。进给路线是编写程序的依据之一。表 2-3 为某一零件的数控加工进给路线图卡。

表 2-3　数控加工进给路线图卡

数控加工进给路线图	零件图号	LWZ-01	工序号	1	工步号	2	程序号	%1000
机床型号	CK6132S	程序段号	N1～N10	加工内容	粗车右端外轮廓		共9页	第1页

			编程	
			校对	
			审批	

符号	⊗	◕	⊙	- - - →	→	
含义	循环起点	编程原点	换刀点	快速走刀路线	进给走刀路线	

2.3　数控车床的编程

目前市场上数控车床及车削数控系统的种类很多，但其基本编程功能指令相同，只在个别编程指令和格式上有差异。本节以 FANUC 0i 数控系统为例来说明。

2.3.1　数控车床的编程基础

1. 机床坐标系的建立

数控车床欲对工件的车削进行程序控制，必须首先建立机床坐标系。在数控车床通电之后，当完成了返回机床参考点的操作后，CRT 屏幕上立即显示刀架中心在机床坐标系中的坐标值，即建立起了机床坐标系。数控车床的机床原点一般设在主轴前端面的中心上。

2. 工件坐标系的建立

数控车床的工件原点一般设在主轴轴线与工件左端面或右端面的交点处。

工件坐标系设定后，CRT 显示屏幕上显示的是基准车刀刀尖相对于工件原点的坐标值。

编程时，工件各尺寸的坐标值都是相对于工件原点而言的。数控车床的机床坐标系与工件坐标系之间的关系如图2-23所示。

建立工件坐标系使用G50功能指令，具体见后面所讲内容。

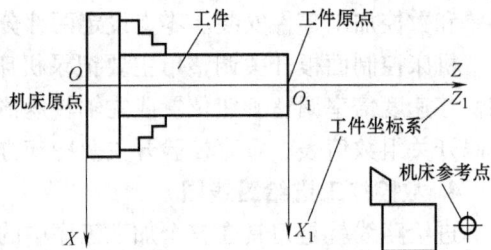

图2-23　数控车床坐标系之间的关系

2.3.2　数控车床的基本编程功能

1. F、S、T功能

（1）进给功能——F功能　F功能指令表示加工时刀具相对于工件的合成进给速度，其单位取决于G98或G99。

①设定每转进给量G99（mm/r）

指令格式：G99 F __；

指令说明：F后面的数字表示的是主轴每转进给量，单位为mm/r。例如"G99 F0.2;"表示进给量为0.2mm/r。FANUC 0i系统的开机默认值为G99。

②设定每分钟进给速度G98（mm/min）

指令格式：G98 F __；

指令说明：F后面的数字表示的是每分钟进给量，单位为mm/min。例如"G98 F100;"表示进给量为100mm/min。

当工作在G01、G02或G03方式下时，编程的F值一直有效，直到被新的F值所取代；而工作在G00方式时，快速定位的速度是各轴的最高速度，与程序中的F指令值无关。

借助于机床控制面板上的倍率旋钮，可在一定范围内修调F指令值，但是当执行螺纹切削循环指令时，倍率开关失效，进给倍率固定在100%。

（2）主轴功能——S功能　S功能主要用于控制主轴转速，其后的数值在不同场合有不同含义。

①恒切削速度控制G90

指令格式：G96 S __；

指令说明：S后面的数字表示的是恒定的线速度，单位为m/min。例如"G96 S150;"表示切削点线速度控制在150m/min。

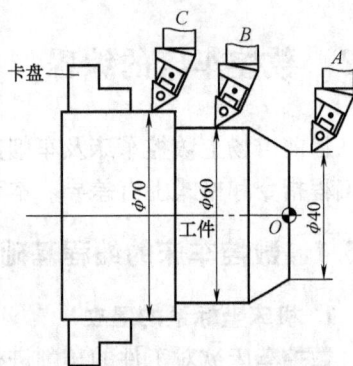

对图2-24所示的零件，为保持A、B、C各点的线速度在150m/min，则各点在加工时的主轴转速分别为

A点：$n = 1000 \times 150 \div (\pi \times 40)\,\text{r/min} = 1194\,\text{r/min}$

B点：$n = 1000 \times 150 \div (\pi \times 60)\,\text{r/min} = 796\,\text{r/min}$

C点：$n = 1000 \times 150 \div (\pi \times 70)\,\text{r/min} = 682\,\text{r/min}$

图2-24　恒切削速度控制

②最高转速控制G50

指令格式：G50 S __；

指令说明：S后面的数字表示的是最高转速，单位为r/min。例如"G50 S3000;"表示最高转速限制为3000r/min。

采用恒线速度控制加工端面、锥面和圆弧时，由于X坐标（工件直径）的不断变化，故当刀具逐渐移近工件旋转中心时，主轴的转速就会越来越高，离心力过大，工件有可能从卡盘中飞出。为了防止事故，必须将主轴的最高转速限定在一个固定值，这时可用 G50 指令来限制主轴最高转速。

③直接转速控制 G97

指令格式：G97 S ＿；

指令说明：S 后面的数字表示恒线速度控制取消后的主轴转速，如 S 未指定，将保留 G96 的最终值。例如"G97 S3000"表示恒线速控制取消后主轴转速为 3000r/min。

（3）刀具功能——T 功能

指令格式：T ＿；

指令说明：T 功能用于选刀，其后的四位数字中，前两位表示刀具序号，后两位表示刀具补偿号。执行 T 指令，转动转塔刀架，选用指定的刀具。当一个程序段同时包含 T 代码与刀具移动指令时，先执行 T 指令，而后执行刀具移动指令。

T 指令同时调入刀补寄存器中的补偿值。

2. 辅助功能——M 功能

M 功能由地址字 M 和其后的一或两位数字组成，从 M00 ~ M99 共 100 种，主要用于控制机床各种辅助功能的开关动作，如主轴旋转、切削液的开关等。

M 功能有非模态 M 功能和模态 M 功能两种形式。非模态 M 功能（当段有效代码）只在书写了该代码的程序段中有效；模态 M 功能（续效代码）则是一组可相互注销的 M 功能，这些功能在被同一组的另一个功能注销前一直有效。模态 M 功能组中包含一个默认功能，系统上电时将被初始化为该功能。

M 功能还可分为前作用 M 功能和后作用 M 功能两类。其中，前作用 M 功能在程序段编制的轴运动之前执行；后作用 M 功能在程序段编制的轴运动之后执行。

各种数控系统的 M 代码规定有差异，必须根据系统编程说明书选用。FANUC 0i 系统常用的 M 代码见表 2-4。

表 2-4　FANUC 0i 系统常用的 M 代码

代　　码	是否模态	功能说明	代　　码	是否模态	功能说明
M00	非模态	程序停止	M03	模态	主轴正转起动
M01	非模态	选择停止	M04	模态	主轴反转起动
M02	非模态	程序结束	M05	模态	主轴停止转动
M30	非模态	程序结束并返回	M07	模态	切削液打开（雾状）
M98	非模态	调用子程序	M08	模态	切削液打开（液状）
M99	非模态	子程序结束	M09	模态	切削液关闭

3. 准备功能——G 功能

G 功能由地址字 G 和其后一或两位数字组成，用来规定刀具和工件的相对运动轨迹、机床坐标系、坐标平面、刀具补偿、坐标偏置等多种加工操作。

同组 G 代码不能在一个程序段中同时出现，如果同时出现，则最后一个 G 代码有效。G 功能也分为模态功能与非模态功能。模态功能一经指定一直有效，直到被同组 G 功能取代为止；非模态功能只在本程序段有效，无续效性。

各种数控系统的 G 代码规定有差异，必须根据系统编程说明书选用。FANUC 0i 系统常用的 G 代码见表 2-5。

表 2-5　FANUC 0i 系统常用的 G 代码

G 代码	组	功　能	G 代码	组	功　能
* G00		快速定位	G70		精加工循环
G01		直线插补	G71		外径/内径粗车复合循环
G02	01	顺圆插补	G72		端面粗车复合循环
G03		逆圆插补	G73	00	闭合车削复合循环
G04	00	暂停	G74		端面车槽复合循环
G20		英制输入	G75		外径/内径车槽循环
* G21	06	米制输入	G76		复合螺纹切削循环
G27		返回参考点检查	G80		固定钻削循环取消
G28	00	返回参考位置	G83		钻孔循环
G32		螺纹切削	G84		攻螺纹循环
G34	01	变螺距螺纹切削	G85	10	正面镗循环
G36		自动刀具补偿 X	G87		侧钻循环
G37	00	自动刀具补偿 Z	G88		侧攻螺纹循环
* G40		取消刀尖圆弧半径补偿	G89		侧镗循环
G41	07	刀尖圆弧半径左补偿	G90		外径/内径车削循环
G42		刀尖圆弧半径右补偿	G92	01	螺纹车削循环
G50		坐标系或主轴最大速度设定	G94		端面车削循环
G52	00	局部坐标系设定	G96	02	恒表面切削速度控制
G53		机床坐标系设定	* G97		恒表面切削速度控制取消
* G54 ~ G59	14	选择工件坐标系 1-6	G98	05	每分钟进给
G65	00	调用宏指令	* G99		每转进给

注：带 * 的指令为系统电源接通时的初始值。

2.3.3　数控车床的基本编程方法

1. 绝对坐标和增量坐标指定

由于 FANUC 系统 G90 指令为纵向切削循环功能，所以不能再用来指定绝对值编程，因此直接用 X、Z 表示绝对值编程，用 U、W 表示相对值编程。

对图 2-25 所示的零件，如果刀具以 100mm/min 的速度按 $A \to B \to C$ 直线进给，编程如下：

绝对坐标编程

N10 G01 X40 Z – 30 G98 F100；

N20 X60 Z – 48；

相对坐标编程

N10 G01 U10 W – 30 G98 F100；

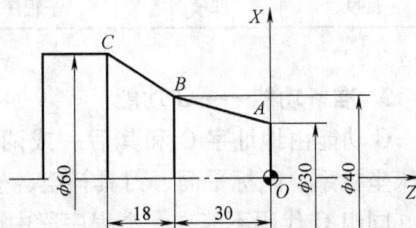

图 2-25　绝对坐标与增量坐标编程

N20 U20 W – 18；

2. 刀具移动指令

（1）快速定位指令 G00

指令格式：G00 X（U）__ Z（W）__；

指令说明：X、Z 为绝对编程时，快速定位终点在工件坐标系中的坐标；U、W 为增量编程时，快速定位终点相对于起点的位移量。例如，如图 2-26 所示，刀尖从 A 点快进到 B 点，分别用绝对坐标、增量坐标（直径编程）编程如下：

　　绝对坐标方式　　G00 X40 Z58；

　　增量坐标方式　　G00 U – 60 W – 28.5；

G00 指令刀具相对于工件以各轴预先设定的速度，从当前位置快速移动到程序段指令的定位目标点。G00 指令中的快移速度由机床参数"快移进给速度"对各轴分别设定，不能用 F 指令规定。G00 一般用于加工前快速定位或加工后快速退刀，快移速度可由面板上的快速修调旋钮修正。G00 为模态功能，可由 G01、G02、G03 或 G32 功能注销。

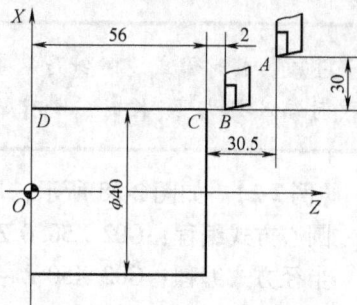

图 2-26　G00 指令编程

> 💬**注意**：在执行 G00 指令时，由于各轴以各自的速度移动，不能保证各轴同时到达终点，因而联动直线轴的合成轨迹不一定是一条直线；操作者必须格外小心，以免刀具与工件发生碰撞。常见的做法是将 X 轴移动到安全位置，再放心地执行 G00 指令。

（2）直线插补指令 G01

指令格式：G01 X（U）__ Z（W）__ F __；

指令说明：X、Z 为绝对编程时终点在工件坐标系中的坐标；U、W 为增量编程时终点相对于起点的位移量；F 为合成进给速度。如图 2-26 所示，刀具从 B 点以 F0.1（F = 0.1mm/r）进给到 D 点的加工程序如下：

　　G01 X40 Z0 F0.1 或 G01 U0 W – 58 F0.1；

G01 指令刀具以联动的方式，按 F 指令规定的合成进给速度从当前位置按线性路线（联动直线轴的合成轨迹为直线）移动到程序段指令的终点。G01 是模态代码，可由 G00、G02、G03 或 G32 注销。

【例 2-1】　如图 2-27 所示，刀具沿 $P_0 \rightarrow P_1 \rightarrow P_2 \rightarrow P_3 \rightarrow P_0$ 运动（图中虚线为 G00 方式；细实线为 G01 方式）。用绝对值方式编写加工程序如下：

　　N030 G00 X50 Z2；（$P_0 \rightarrow P_1$）

　　N040 G01 Z – 40 F0.1；（$P_1 \rightarrow P_2$）

　　N050 X80 Z – 60；（$P_2 \rightarrow P_3$）

　　N060 G00 X200 Z100；（$P_3 \rightarrow P_0$）

（3）圆弧插补指令 G02 和 G03

指令格式：G02（G03）X（U）__ Z（W）__ R __ F __；

　　　　或 G02（G03）X（U）__ Z（W）__ I __ K __ F __；

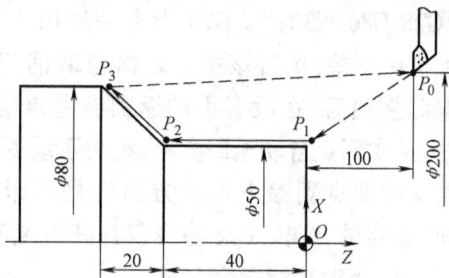

图 2-27　直线插补指令实例

指令说明：G02 为顺时针圆弧插补指令，G03 为逆时针圆弧插补指令；X、Z 为绝对编程时，圆弧终点在工件坐标系中的坐标；U、W 为增量编程时，圆弧终点相对于圆弧起点的位移量；I、K 为圆心相对于圆弧起点的坐标增量（等于圆心的坐标减去圆弧起点的坐标），在绝对、增量编程时都是以增量方式指定，在直径、半径编程时 I 都是半径值；R 为圆弧半径；F 为被编程的两个轴的合成进给速度。

> **注意**：顺时针或逆时针是从垂直于圆弧所在平面的坐标轴的正方向看到的回转方向；同时编入 R 与 I、K 时，R 有效；I0 和 K0 可以省略。

【例 2-2】 如图 2-28 所示，用顺时针圆弧插补指令编程。
圆心方式编程：G02 X50.0 Z－20.0 I25 K0 F0.2；或 G02 U20.0 W－20.0 I25 F0.2；
半径方式编程：G02 X50 Z－20 R25 F0.2；或 G02 U20 W－20 R25 F0.2；

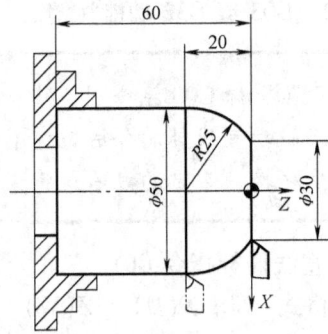

【例 2-3】 如图 2-29 所示，用逆时针圆弧插补指令编程。
圆心方式编程：G03 X50 Z－20 I－15 K－20 F0.2；或 G03 U20 W－20 I－15 K－20 F0.2；
半径方式编程：G03 X50 Z－20 R25 F0.2；或 G03 U20 W－20 R25 F0.2；

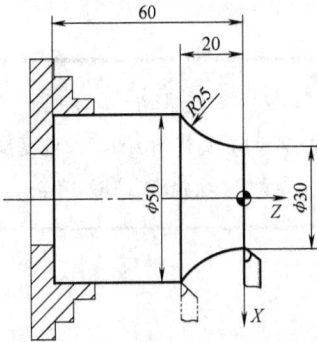

图 2-28　G02 顺时针圆弧插补　　　　　　　图 2-29　G03 逆时针圆弧插补

3. 参考点返回功能指令 G28

指令格式：G28 X（U）＿＿ Z（W）＿＿；

指令说明：X、Z 为绝对编程时中间点在工件坐标系中的坐标；U、W 为增量编程时中间点相对于起点的位移量。

G28 指令首先使所有的编程轴都快速定位到中间点，然后再从中间点返回到参考点，如图 2-30 所示的程序为"G28 U80 W30；"。G28 指令一般用于刀具自动更换或消除机械误差，执行该指令之前应取消刀尖圆弧半径补偿。电源接通后，在没有手动返回参考点的状态下，指定 G28 时，从中间点自动返回参考点，与手动返回参考点相同。这时从中间点到参考点的方向就是机床参数"回参考点方向"设定的方向。G28 指令仅在其被规定的程序段中有效。

图 2-30　G28 指令实例

4. 延时功能指令 G04

指令格式：G04 X＿＿或 P＿＿；

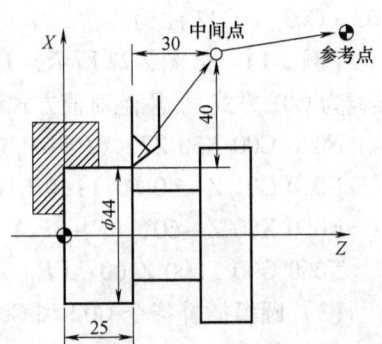

指令说明：P指定暂停时间，后面只能跟整数，单位为 ms；X指定暂停时间，后面可跟小数，单位为 s。

G04 在前一程序段的进给速度降到零之后才开始暂停动作。在执行含 G04 指令的程序段时，先执行暂停功能。G04 为非模态指令，仅在其被规定的程序段中有效。G04 可使刀具作短暂停留，以获得圆整而光滑的表面，该指令除用于切槽、钻孔和镗孔外，还可用于拐角轨迹控制。

5. 工件坐标系设置指令 G50

指令格式：G50 X __ Z __ ;

指令说明：X、Z 为对刀点到工件坐标系原点的有向距离。当执行 "G50 Xα Zβ" 指令后，系统内部即对（α，β）进行记忆，并建立一个使刀具当前点坐标值为（α，β）的坐标系，系统控制刀具在此坐标系中按程序进行加工。执行该指令时，系统只建立一个坐标系，刀具不产生运动。

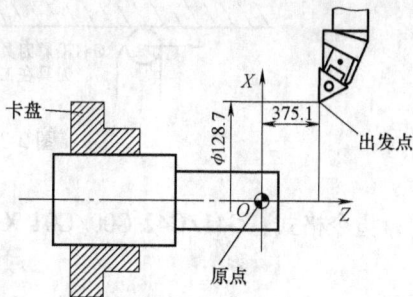

图 2-31 G50 指令实例

例如，按图 2-31 所示设置工件坐标系的程序段为 "G50 X128.7 Z375.1；"

6. 刀尖圆弧半径补偿指令 G40、G41、G42

数控程序是针对刀具上的某一点即刀位点进行编制的，车刀的刀位点为理想尖锐状态下的假想刀尖 P 点，如图 2-32 所示。但实际加工中的车刀，由于工艺或其他要求，刀尖往往不是一个理想尖锐点，而是一段圆弧。切削工件的右端面时，车刀圆弧的切点与理想刀尖点 P 的 Z 坐标值相同；车外圆时车刀圆弧的切点与点 P 的 X 坐标值相同。这两种情况下切削出的工件没有形状误差和尺寸误差，因此可以不考虑刀尖圆弧半径补偿。但如果车削圆锥面和球面，则必然存在加工误差，如图 2-33 所示，车削端面、外圆柱面、锥面、球面的切削点分别 A、B、C、D、…，可以看出，在锥面和球面处的实际切削轨迹和要求的轨迹之间存在误差。这一加工误差必须靠刀尖圆弧半径补偿的方法来修正。具体可用 G41 指令指定刀尖圆弧半径左补偿；用 G42 指令指定刀尖圆弧半径右补偿；用 G40 指令取消刀尖圆弧半径补偿。刀尖圆弧半径补偿偏置方向的判别方法是：由 Y 轴的正向往负向看，如果刀具的前进路线在工件的左侧，则称为刀尖圆弧半径左补偿；如果刀具的前进路线在工件的右侧，则称为刀尖圆弧半径右补偿。具体判断方法如图 2-34 所示。

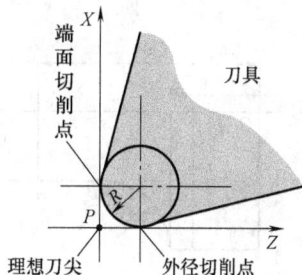

图 2-32 车刀的假想刀尖

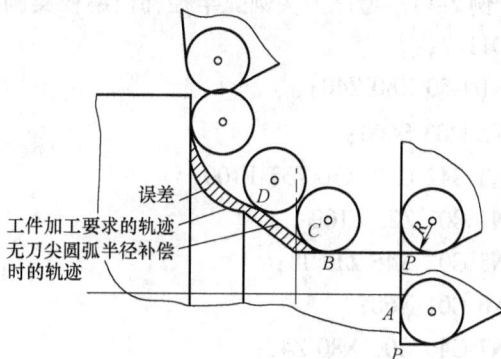

图 2-33 车刀的实际切削状态

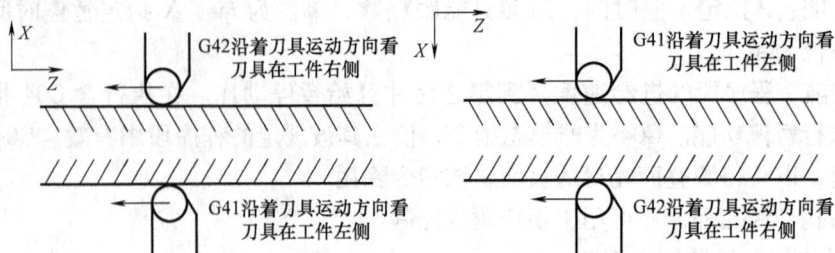

图 2-34　左刀补和右刀补的判断

指令格式：G41/G42 G00/G01 X __ Z __；

　　　　　······

　　　　　G40；

指令说明：①G41/G42 不带参数，其补偿号（代表所用刀具对应的刀尖圆弧半径补偿值）由 T 代码指定。其刀尖圆弧半径补偿号与刀具偏置补偿号对应。②刀尖圆弧半径补偿的建立与取消只能用 G00 或 G01 指令，不能用 G02 或 G03 指令。

刀尖圆弧半径补偿寄存器中，定义了车刀圆弧半径及刀尖的方向号。车刀刀尖的方向号定义了刀具刀位点与刀尖圆弧中心的位置关系，共有 0～9 十个方向，如图 2-35 所示。图中，"●"代表刀具刀位点，"+"代表刀尖圆弧圆心。

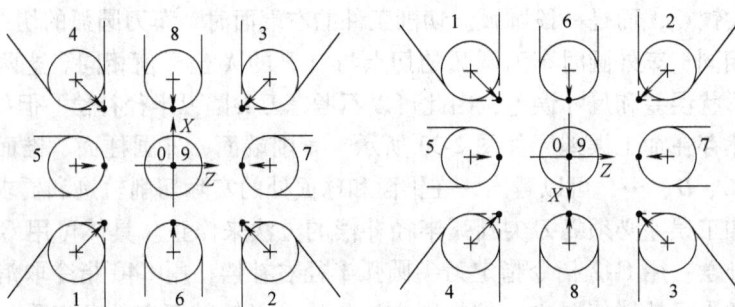

图 2-35　车刀刀尖位置号定义

【例 2-4】　考虑刀尖圆弧半径补偿编程实例，如图 2-36 所示。程序如下：

O1122；

N1 G50 X80 Z40；

N2 M03 S600；

N3 G42 G00 X30 Z37 F100；

N4 G01 Z25 F100；

N5 G02 X46 Z17 I8；

N6 G01 X60；

N7 G40 G00 X80 Z40；

N8 M05；

N9 M30；

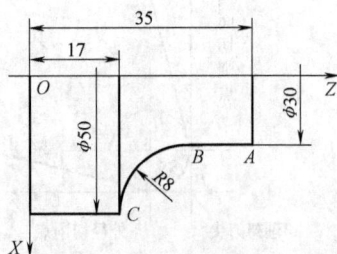

图 2-36　数控车床刀尖圆弧
半径补偿编程实例

【例 2-5】　数控车床基本指令应用编程实例，如图 2-37 所示。程序如下：

O1122；

N1 G50 X100 Z10；　　　　　（建立工件坐标系，定义对刀点的位置）

N2 M03 S600；

N3 G00 X16 Z2；　　　　　　（移到倒角延长线，Z 轴 2mm 处）

N4 G01 U10 W−5 F100；　　　（倒 $C3$ 角）

N5 Z−48；　　　　　　　　　（加工 $\phi26$mm 外圆）

N6 U34 W−10；　　　　　　　（切第一段锥面）

N7 U20 Z−73；　　　　　　　（切第二段锥面）

N8 X90；　　　　　　　　　　（退刀）

N9 G00 X100 Z10；　　　　　（回对刀点）

N10 M05；　　　　　　　　　（主轴停）

N11 M30；　　　　　　　　　（主程序结束并复位）

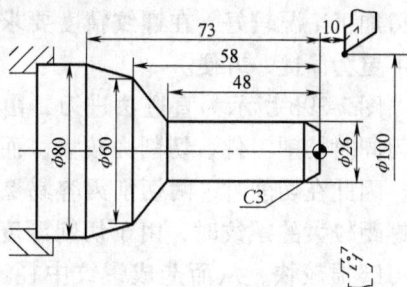

图 2-37　数控车床基本指令应用编程实例

2.3.4　螺纹切削

1. 螺纹加工的基础知识

（1）螺纹基本尺寸的计算　螺纹牙型高度是指在螺纹牙型上，牙顶到牙底之间垂直于螺纹轴线的距离，如图 2-38a 所示。它是车削时车刀的总切入深度。普通螺纹的牙型理论高度 $H=0.866P$。螺纹实际牙型高度可按下式计算

$$h_1 = 5H/8 = 0.541P$$

式中　H——螺纹原始三角形高度（mm），$H=0.866P$，P 为螺距（mm）。

所以螺纹小径 d_1 和中径 d_2 可用下式计算

$$d_1 = d - 2h_1 = d - 1.083P$$

$$d_2 = d - 2 \times (3H/8) = d - 0.6495P \text{ 或 } d_2 = d_1 + 2 \times (H/4)$$

式中　d——螺纹大径，即螺纹公称尺寸（mm）；

　　　d_1——螺纹小径（mm）；

　　　d_2——螺纹中径（mm）。

实际加工时，由于螺纹车刀刀尖圆弧半径的影响，螺纹的实际切入深度有变化，如图 2-38b 所示。编程时的实际切深为

$$h = H - 2 \times \frac{H}{8} = \frac{6}{8}H = \frac{6}{8} \times 0.866P \approx 0.65P$$

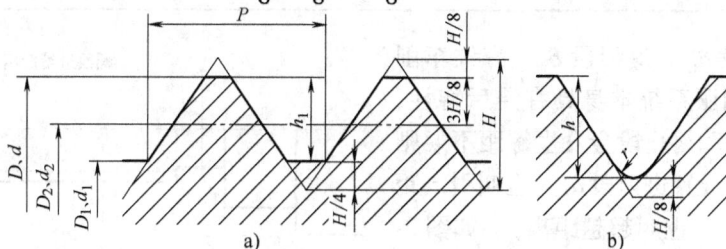

图 2-38　螺纹牙型高度

a）实际牙型　b）编程时考虑刀尖圆弧半径的牙型

如果螺纹牙型较深、螺距较大，可分几次进给。每次进给的背吃刀量用螺纹深度减去精加工背吃刀量所得的差按递减规律分配，如图2-39所示。图2-39a所示为斜进法进刀，由于单侧切削刃切削工件，切削刃容易损伤和磨损，使加工的螺纹面不直，刀尖角发生变化，从而造成牙形精度较差。但由于其为单侧刃工作，刀具负载较小，排屑容易，并且切削深度为递减式，因此此加工方法一般适用于大螺距低精度螺纹的加工。斜进加工方法排屑容易，切削刃加工工况较好，在螺纹精度要求不高的情况下更为简捷、方便。

图2-39b所示为直进法进刀，由于刀具两侧刃同时切削工件，切削力较大，而且排屑困难，因此在切削时，两切削刃容易磨损。在切削螺距较大的螺纹时，由于切削深度较大，切削刃磨损较快，从而造成螺纹中径产生误差。但由于其加工的牙型精度较高，因此一般多用于小螺距高精度螺纹的加工。直进法进刀中，由于刀具移动切削均通过编程来完成，所以加

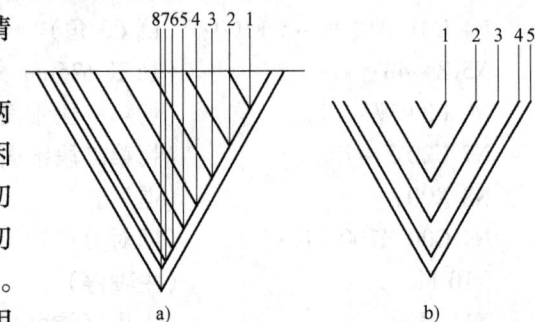

图2-39 螺纹切削进刀方法
a) 斜进法 b) 直进法

工程序较长。另外，由于切削刃在加工中易磨损，因此经常要在加工中测量。

如果需加工高精度、大螺距的螺纹，则可采用斜进法与直进法混用的办法，即先用斜进法（编程时用G76指令）进行螺纹粗加工，再用直进法（编程时用G92指令）进行精加工。需要注意的是粗、精加工时的起刀点要相同，以产生防螺纹乱牙的现象。

常用螺纹切削的进给次数与背吃刀量可参考表2-6选取。在实际加工中，当用牙型高度控制螺纹直径时，一般通过试切法来满足加工要求。

表2-6 螺纹切削次数及背吃刀量 （单位：mm）

米 制 螺 纹							
螺 距	1.0	1.5	2	2.5	3	3.5	4
牙深(半径量)	0.649	0.974	1.299	1.624	1.949	2.273	2.598
切削次数及背吃刀量(直径量) 1次	0.7	0.8	0.9	1.0	1.2	1.5	1.5
2次	0.4	0.6	0.6	0.7	0.7	0.7	0.8
3次	0.2	0.4	0.6	0.6	0.6	0.6	0.6
4次		0.16	0.4	0.4	0.4	0.6	0.6
5次			0.1	0.4	0.4	0.4	0.4
6次				0.15	0.4	0.4	0.4
7次					0.2	0.2	0.4
8次						0.15	0.3
9次							0.2

（2）进刀段 δ_1 和退刀段 δ_2 螺纹车削时，由于机床伺服系统本身具有滞后特性，在螺纹的起始段和终止段会发生螺距不规则现象，所以必须设置进刀段 δ_1（也叫引入距离）和退刀段 δ_2（也叫超越距离），如图2-40所示。一般 $\delta_1 = 2 \sim 5\text{mm}$，$\delta_2 = (1/4 \sim 1/2)\delta_1$。

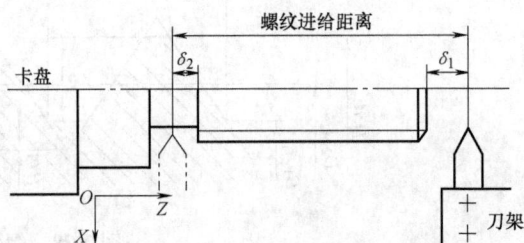

图2-40 车削螺纹时的引入距离 δ_1 和超越距离 δ_2

2. 单行程车螺纹指令 G32

指令格式：G32 X(U)＿ Z(W)＿ F＿；

指令说明：X(U)、Z(W)为螺纹切削的终点坐标值；X 省略时为圆柱螺纹切削，Z 省略时为端面螺纹切削；X、Z 均不省略时为锥螺纹切削（X 坐标值依据《机械设计手册》查表确定）；F 为螺纹导程。

【例 2-6】　试编写图 2-41 所示圆柱螺纹的加工程序。螺距为 2mm，升速进刀段 δ_1 = 3mm，降速退刀段 δ_2 =1.5mm。这里只给出前两刀车削程序，其余省略。程序如下：

…

G00 U－60.9；

G32 W－74.5 F2；

G00 U60.9；

W74.5；

U－61.5；

G32 W－74.5 F2；

G00 U61.5；

W74.5；

…

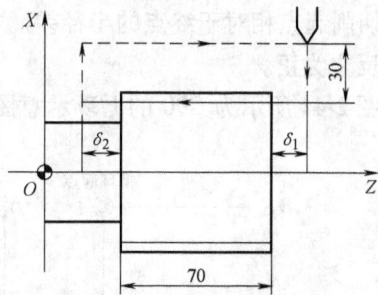

图 2-41　用 G32 加工圆柱螺纹

【例 2-7】　试编写图 2-42 所示锥螺纹车削的加工程序。已知圆锥螺纹切削参数：螺距为 2mm，引入量 δ_1 =2mm，超越量 δ_2 =1mm。这里只给出前两刀车削程序，其余省略。程序如下：

…

N100 G00 X13.1 Z72；

N110 G32 X42.1 W－43 F2；

N120 G00 X50；

N130 Z72；

N140 X12.5；

N150 G32 X41.5 W－43 F2；

N160 G00 X50；

N170 Z72；

…

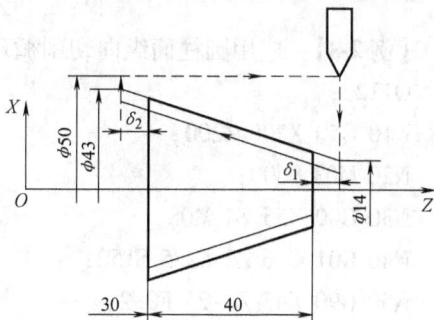

图 2-42　G32 锥螺纹切削

由上面两例可以看出，该指令编写螺纹加工程序烦琐，计算量大，一般很少使用。

2.3.5　固定循环功能

1. 简单循环功能 G90、G94、G92

单一固定循环可以将一系列连续加工动作，如"切入—切削—退刀—返回"，用一个循环指令完成，从而简化程序。一次循环包括刀具切入、切削加工、退刀和返回起始点四部分。

如图 2-43 所示，沿 $A \rightarrow B \rightarrow C \rightarrow D$ 的常规编程为：

N1 G00 X50；

N2 G01 Z－30 F0.2；

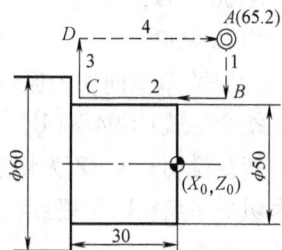

图 2-43　简单循环示意图

N3 X65；

N4 G00 Z2；

用循环编程可写为"G90 X50 Z–30 F0.2;"，这样可使得程序大大简化，给编程带来很大的方便。下面具体介绍简单循环指令。

（1）简单纵向切削循环 G90

指令格式：G90 X（U）__ Z（W）__ R __ F __；

指令说明：X、Z 为切削终点的绝对坐标值；U、W 为切削终点相对于起点的坐标增量；R 为切削起点相对于终点的半径差。如果切削起点的 X 向坐标小于终点的 X 向坐标，R 值为负，反之为正。

图 2-44 所示为 G90 的循环示意图。图中虚线表示快速进给，实线表示切削进给。

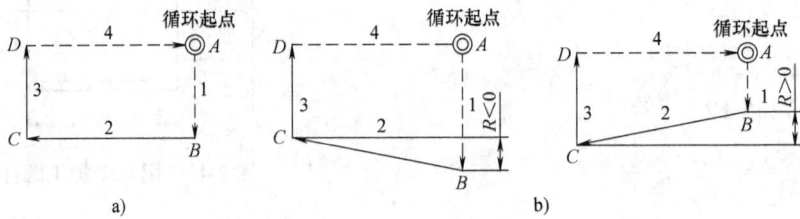

图 2-44　G90 循环示意图

a）圆柱面纵向切削循环　b）圆锥面纵向切削循环

【例 2-8】　应用圆柱面纵向切削循环功能加工图 2-45 所示零件。

O1122；

N10 G50 X200 Z200；

N20 M03 S600；

N30 G00 X55 Z4 M08；

N40 G01 G96 Z2 F2.5 S150；

N50 G90 X45 Z–25 F0.2；

N60 X40；

N70 X35；

N80 G00 X200 Z200；

N90 M05；

N100 M09；

N110 M30；

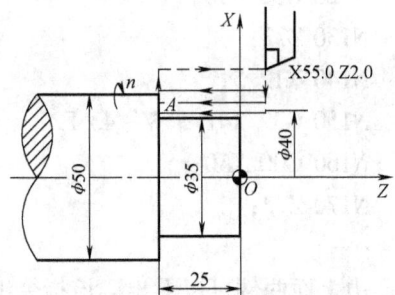

图 2-45　G90 简单循环编程实例

（2）简单横向切削循环 G94

指令格式：G94 X（U）__ Z（W）__ R __ F __；

指令说明：X、Z 为切削的终点坐标值；U、W 为切削终点相对于循环起点的增量坐标；R 为切削起点相对于终点在 Z 轴方向的坐标差值。当起点 Z 向坐标小于终点 Z 向坐标时，R 为负，反之为正。

图 2-46 所示为 G94 的循环示意图。图中虚线表示快速进给，实线表示切削进给。

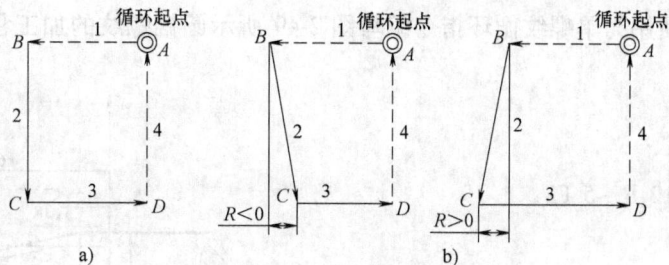

图 2-46　G94 循环示意图

a) 圆柱面横向切削循环　b) 圆锥面横向切削循环

【例 2-9】　应用圆锥面横向切削循环功能加工图 2-47 所示零件。程序如下：

O3030；

N1 G54 G00 X60 Z35；

N2 M03 S600；

N3 G98 G94 X25 Z30 R – 17.5 F100；

N4 Z27.5；

N5 Z25；

N6 Z22.5；

N7 Z20；

N8 G00 X65 Z45；

N9 M05；

N10 M30；

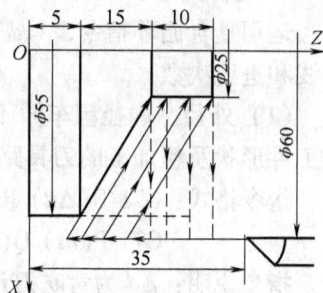

图 2-47　G94 简单循环编程实例

（3）简单螺纹循环功能 G92

指令格式：G92 X(U) __ Z(W) __ R __ F __；

指令说明：X(U)、Z(W) 为螺纹切削的终点坐标值；R 为螺纹部分半径之差，即螺纹切削起始点与切削终点的半径差。加工圆柱螺纹时，R = 0；加工圆锥螺纹时，当切削起始点 X 向坐标小于切削终点坐标时，R 为负，反之为正。

【例 2-10】　图 2-48 所示为圆柱螺纹，螺纹的螺距为 1.5mm，车削螺纹前工件直径为 ϕ42mm，使用简单螺纹循环指令编制程序如下：

O1122；

N05 G50 X200.0 Z250.0；

N10 M03 S200；

N15 G00 X54.0 Z114.0；

N20 G92 X41.2 Z48.0 F1.5；

N25 X40.6；

N30 X40.2；

N35 X40.04；

N40 G00 X200.0 Z250.0；

N45 M05；

N50 M30；

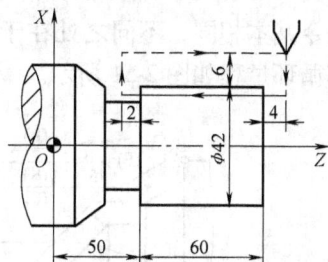

图 2-48　简单螺纹循环编程

【例2-11】　使用简单螺纹循环指令编写图2-49所示圆锥螺纹的加工程序。螺纹螵距为2mm，程序如下：

...
G00 X80 Z62；
G92 X48.7 Z12 R－5 F2；
X48.1；
X47.5；
X47.1；
X47.0；
G00 X200 Z200；
...

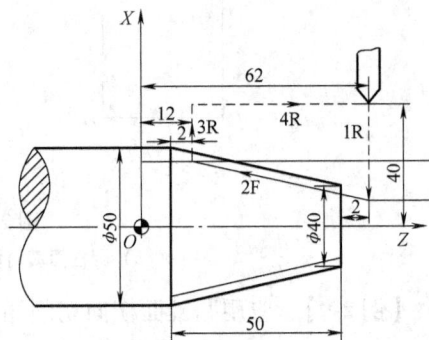

图2-49　锥螺纹循环编程

2. 复合循环功能 G70～G76

运用复合循环指令，只需指定精加工路线和粗加工的背吃刀量，系统会自动计算粗加工路线和进给次数。

（1）外径、内径粗车循环指令 G71　该指令将工件切削到精加工之前的尺寸，精加工前工件形状及粗加工的刀具路径由系统根据精加工尺寸自动设定。

指令格式：G71 U(Δd) R(e)；
　　　　　　G71 P(ns) Q(nf) U(Δu) W(Δw) F(f) S(s) T(t)；

指令说明：Δd 为背吃刀量（X方向，半径值，不带符号）；e 为退刀量（X方向，半径值，不带符号）；ns 为精加工轮廓程序段中开始程序段的段号；nf 为精加工轮廓程序段中结束程序段的段号；Δu 为 X 轴精加工余量，直径值，外径切削时为正，内径切削时为负；Δw 为 Z 轴精加工余量；f、s、t 分别为粗加工的进给速度、主轴转速和所用刀具。其循环过程如图2-50所示。

（2）端面粗车循环指令 G72

指令格式：G72 W(Δd) R(e)；
　　　　　　G72 P(ns) Q(nf) U(Δu) W(Δw) F(f) S(s) T(t)；

指令说明：Δd 为背吃刀量（Z方向，不带符号），e 为退刀量（Z方向）其他参数的含义同 G71 指令。端面粗切循环适于 Z 向余量小，X 向余量大的棒料粗加工，其功能与 G71 指令基本相同，不同之处在于 G72 指令是完成端面方向粗车，刀具路径按径向方向循环。其循环过程如图2-51所示。

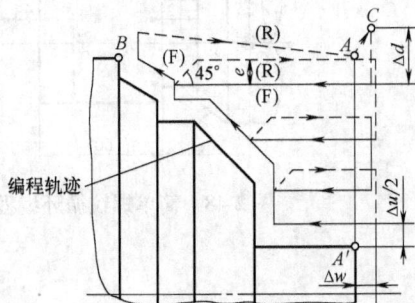

图2-50　G71 循环示意图

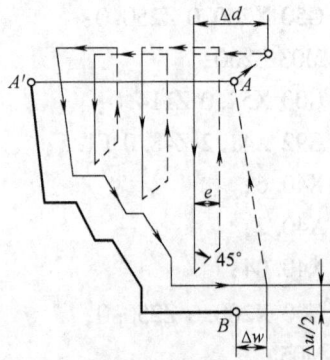

图2-51　G72 循环示意图

（3）闭合车削循环指令 G73　它适用于毛坯轮廓形状与零件轮廓形状基本接近时的粗车。例如，一些锻件、铸件的粗车，采用 G73 指令进行粗加工将大大节省工时，提高切削效率。G73 指令的功能与 G71、G72 指令基本相同，所不同的是刀具路径按工件精加工轮廓进行循环。

指令格式：G73 U(Δi) W(Δk) R(d)；

G73 P(ns) Q(nf) U(Δu) W(Δw) F(f) S(s) T(t)；

指令说明：Δi 为 X 轴方向总退刀量（半径值，正值），也就是 X 轴方向的粗车余量；Δk 为 Z 轴方向总退刀量，也就是 Z 轴方向的粗车余量；d 为重复加工次数；其他参数的含义同 G71 指令。G73 指令的循环过程如图 2-52 所示。

（4）精加工循环指令 G70　由 G71、G72、G73 指令完成粗加工后，可以用 G70 指令进行精加工，切除粗加工中留下的余量。

指令格式：G70 P(ns) Q(nf)；

指令说明：指令中的 ns、nf 与前几个指令的含义相同。在 G70 状态下，$ns \sim nf$ 程序中指定的 F、S、T 有效；当 $ns \sim nf$ 程序中不指定 F、S、T 时，则粗车循环中指定的 F、S、T 有效。

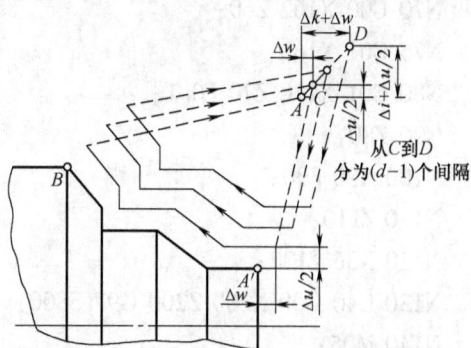

图 2-52　G73 循环示意图

【例 2-12】　按图 2-53 所示的尺寸编写外圆粗车及精车循环加工程序。毛坯为 ϕ90mm × 300mm，程序如下：

O1111；
N010 G50 X200.0 Z250.0；
N015 M03 S800；
N020 G00 X92.0 Z107.0；
N030 G71 U2.0 R1.0；
N040 G71 P050 Q100 U0.3 W0.1 F0.3 S500；
N050 G00 X30.0 S800；
N060 G01 W − 32.0 F0.15；
N070 X40.0；
N080 X60.0 W − 25.0；
N090 W − 20.0；
N100 X78.0 W − 20.0；
N110 X90.0；
N120 G70 P050 Q100；
N130 G00 X200.0 Z250.0；
N140 M05；
N150 M30；

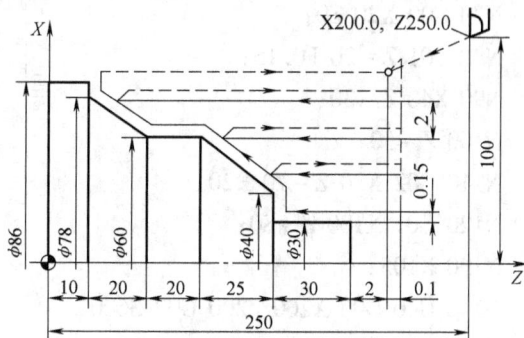

图 2-53　G71 编程实例

【例 2-13】　按图 2-54 所示尺寸编写端面粗车循环加工程序。毛坯为 ϕ160mm × 200mm，程序如下：

O1122；

N10 G50 X200 Z200；

N20 M03 S800；

N30 G41 G00 X164 Z132 M08；

N40 G96 S120；

N50 G72 W2 R1；

N60 G72 P70 Q120 U0.3 W0.1 F0.2；

N70 G00 X162 Z60；

N75 G01 X160；

N80 G01 X120 Z70 F0.1；

N90 Z80；

N100 X80 Z90；

N110 Z110；

N120 X36 Z132；

N130 G40 G00 X200 Z200 G97 S800；

N140 M05；

N150 M30；

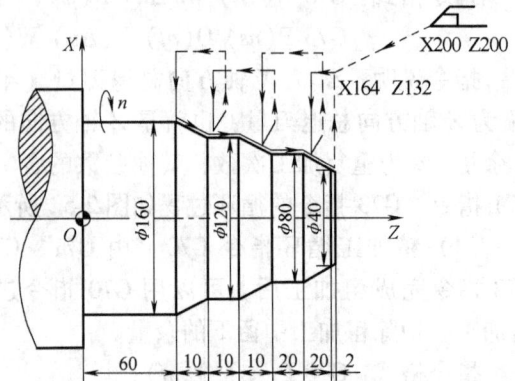

图 2-54　G72 编程实例

【例 2-14】　按图 2-55 所示的尺寸编写闭合粗车循环加工程序。毛坯为 $\phi100$mm ×
150mm，程序如下：

O1133；

N10 G50 X200 Z200；

N20 M03 S600；

N30 G42 G00 X140 Z40 M08；

N40 G96 S150；

N50 G73 U9.5 W9.5 R5；

N60 G73 P70 Q130 U0.3 W0.1 F0.3；

N70 G00 X20 Z0；

N80 G01 Z - 20 F0.15；

N90 X40 Z - 30；

N100 Z - 50；

N110 G02 X80 Z - 70 R20；

N120 G01 X100 Z - 80；

N130 X105；

N140 G40 G00 X200 Z200 G97 S600；

N150 M05；

N160 M30；

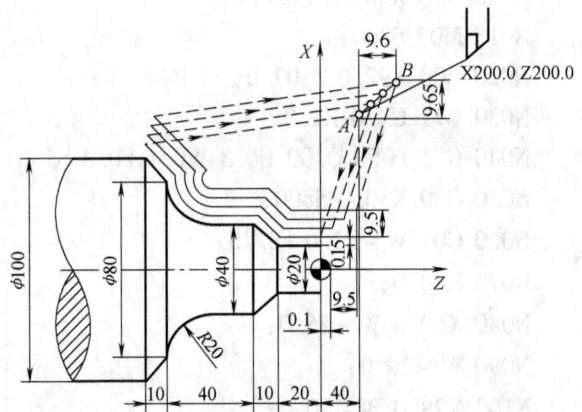

图 2-55　G73 编程实例

（5）端面车槽循环指令 G74　端面车槽循环指令可以实现轴向深槽的加工，循环动作
如图 2-56 所示。如果忽略了 X(U) 和 P，只有 Z 轴运动，则可作为 Z 轴深孔钻削循环。

指令格式：G74 R(e)；

G74 X(U) Z(W) P(Δi) Q(Δk) R(Δd) F(f)；

指令说明：e 为每次沿 Z 向切入 Δk 后的退刀量（正值）；X 为径向（槽宽方向）切入终点 B 的绝对坐标，U 为终点 B 与起点 A 的径向增量；Z 为轴向（槽深方向）切削终点 C 的绝对坐标，W 为终点 C 与起点 A 的轴向增量；Δi 为 X 向每次循环移动量（正值、半径表示）；Δk 为 Z 向每次切深（正值）；Δd 为切削到终点时 X 向退刀量（正值），通常不指定，如果省略 X(U) 和 Δi 时，要指定退刀方向的符号；f 为进给速度。

指令格式中，e 和 Δd 都用地址 R 指定，其意义由 X(U) 决定，如果指定了 X(U) 时，就为 Δd。

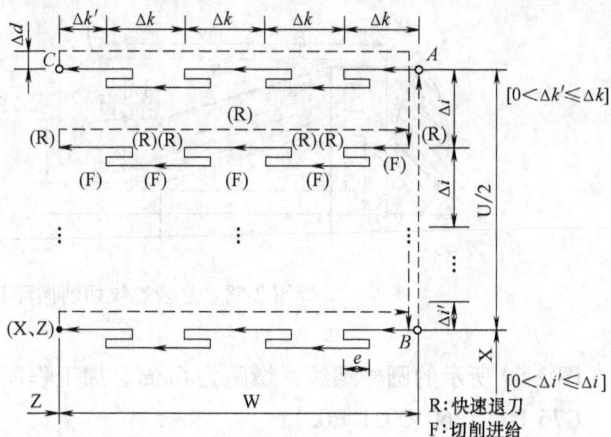

图 2-56　G74 循环过程

（6）外圆、内孔切槽循环指令 G75　外圆、内孔切槽循环指令可以实现径向深槽的加工，循环动作如图 2-57 所示。

指令格式：G75 R(e)；

　　　　　G75 X(U) Z(W) P(Δi) Q(Δk) R(Δd) F(f)；

指令说明：e 为每次沿 X 向切入 Δi 后的退刀量（正值）；X 为（槽深方向）切削终点 C 的径向绝对坐标，U 为终点 C 与起点 A 的径向增量；Z 为（槽宽方向）切入终点 B 的轴向绝对坐标，W 为终点 B 与起点 A 的轴向增量；Δi 为 X 向每次切深（正值、半径表示）；Δk 为 Z 向每次循环移动量（正值）；Δd 为切削到终点时 Z 向退刀量（正值），通常不指定，如果省略 Z(W) 和 Δk 时，要指定退刀方向的符号；f 为进给速度。

指令格式中的 e 和 Δk 都用地址 R 指定，其意义由 Z(W) 决定，如果指定了 Z(W) 时，就为 Δd。

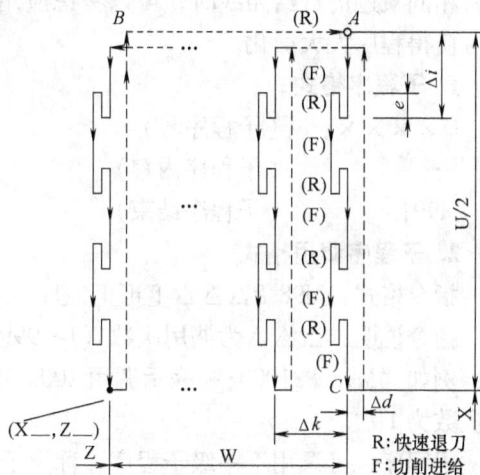

图 2-57　G75 循环过程

（7）复合螺纹切削循环指令 G76　复合螺纹切削循环指令可以完成一个螺纹段的全部加工任务。它的进刀方法（吃刀量逐渐减少）有利于改善刀具的切削条件，在编程中应优先考虑应用该指令，其循环过程及进刀方法如图 2-58 所示。

指令格式：G76 P(m)(r)(α) Q($\Delta d_{\min}$) R(d)；

　　　　　G76 X(U) Z(W) R(i) F(f) P(k) Q(Δd)；

指令说明：m 为精加工重复次数；r 为螺纹尾部倒角量；α 为刀尖角；$\Delta d_{\min}$ 为最小切入量；d 为精加工余量（半径值）；X(U)、Z(W) 为终点坐标；i 为螺纹部分半径之差，即螺纹切削起始点与切削终点的半径差，加工圆柱螺纹时，$i=0$，加工圆锥螺纹时，当 X 向切削起始点坐标小于切削终点坐标时，i 为负，反之为正；k 为螺牙的高度（X 轴方向的半径值，

注意单位为 μm）；Δd 为第一次切入量（X 轴方向的半径值，注意单位为 μm）；f 为螺纹导程。

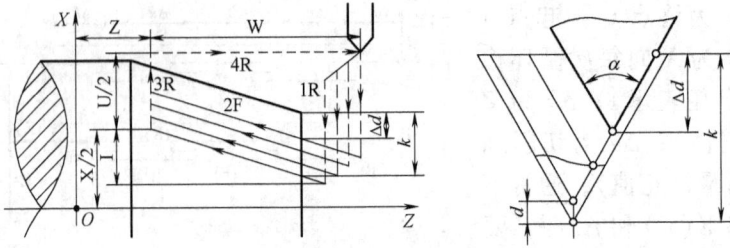

图 2-58　复合螺纹切削循环与进刀方法

图 2-59 所示的圆柱螺纹，螺距为 6mm。加工程序如下：

G76 P02 1260 Q0.1 R0.1；

G76 X60.64 Z23 R0 F6 P3680 Q1800；

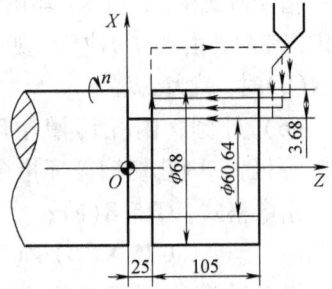

图 2-59　螺纹复合循环编程

2.3.6　子程序

零件上有若干处具有相同的轮廓形状或加工中反复出现具有相同轨迹的进给路线时，可以考虑应用子程序功能，这样可使得程序大大简化。

1. 子程序格式

O××××；　　（子程序号）

…　　　　　　（子程序内容）

M99；　　　　（子程序结束）

2. 子程序调用格式

指令格式：M98 P△△△ □□□□；

指令说明：△△△为调用次数（1～999）；□□□□为子程序号。

例如"M98 P31000；"表示调用 1000 号子程序 3 次。如果省略了调用次数，则认为调用次数为 1 次。

子程序也可调用下一级子程序，称为子程序嵌套。子程序嵌套调用过程如图 2-60 所示，FANUC 0i 系统子程序调用最多可嵌套 4 级。子程序执行过程如图 2-61 所示。

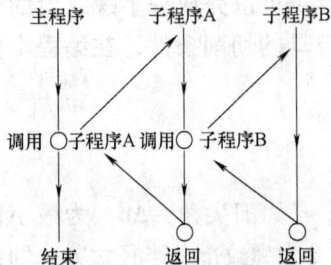

图 2-60　子程序的嵌套调用过程

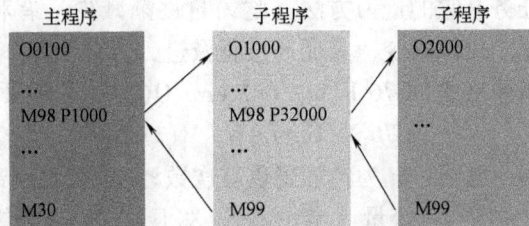

图 2-61　子程序的执行过程

3. 特殊调用

当子程序的最后一个程序段以地址 P 指定顺序号时，调用子程序结束后将不返回 M98 的下一个程序段，而是返回地址 P 指定的程序段，如图 2-62 所示。

【例 2-15】 多刀粗加工的子程序调用。如图 2-63 所示，锥面分三刀粗加工，程序如下：

主程序	子程序
N10…	O1010
N20…	N1020…
N30M98P1010	N1030…
N40…	N1040…
N50…	N1050…
N60…	N1060…
N70…	N1070 M99 P60

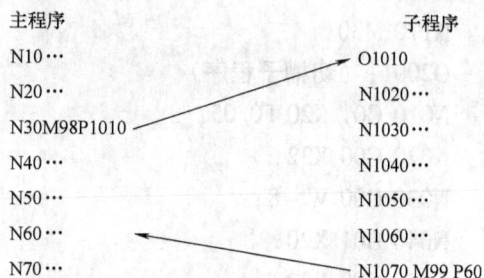

图 2-62 子程序的特殊调用

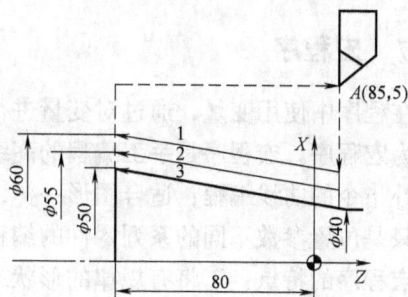

O1000；（主程序）

N010 G50 X280 Z250；

N020 M03 S700；

N030 G00 X85 Z5 M08；

N040 M98 P31001；

N050 G00 X280 Z250；

N060 M05；

N070 M30；

O1001；（子程序）

N010 G00 U − 35；

N020 G01 U10 W − 85 F0. 15；

N030 G00 U25；

N040 G00 Z5；

N050 G00 U − 5；

N060 M99；

图 2-63 多刀车削零件图

【例 2-16】 形状相同部位加工的子程序调用。如图 2-64 所示，已知毛坯直径 $\phi 32mm$，长度 $L = 80mm$，材料为 45 钢，01 号刀为外圆车刀，02 号刀为刀宽 2mm 的切断刀。程序如下：

O2000；（主程序）

N010 T0101；（换 1 号刀，通过 01 号刀偏值建工件坐标系，此时不需要再编 G50 加工外轮廓）

N020 M03 S800；

N030 G00 X35 Z0 M08；

N040 G01 X0 F0. 2；

N050 G00 X30 Z2；

N060 G01 Z − 53；

N070 G00 X100 Z100；

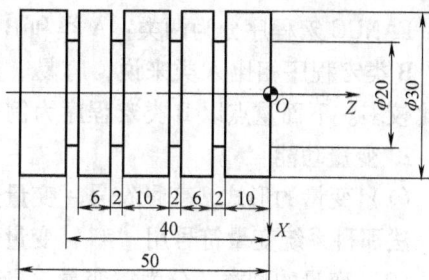

图 2-64 形状相同部位零件的加工

N075 T0202；（换 2 号刀，通过 02 号刀偏值建工件坐标系，切槽）

N080 M03 S400；

N090 G00 X32 Z − 12；

N100 M98 P2001；

N110 G00 Z − 32；

N120 M98 P2001；

N130 G00 Z − 52；

　　N140 G01 X－1 F0.05；（切断）

　　N150 G00 X100 Z100 M09；

　　N160 M05；

　　N170 M30；

　　O2001；（切槽子程序）

　　N010 G01 X20 F0.05；

　　N020 G00 X32；

　　N030 G00 W－8；

　　N040 G01 X20；

　　N050 G00 X32；

　　N060 M99；

2.3.7　宏程序

　　在程序中使用变量，通过对变量进行赋值及处理的方法实现程序功能，这种有变量的程序称为宏程序。宏程序是手工编程的高级形式。宏程序指令适合抛物线、椭圆、双曲线等没有插补指令的曲线编程；适合图形一样，只是尺寸不同的系列零件的编程；适合工艺路径一样，只是位置参数不同的系列零件的编程；较大地简化编程，扩展应用范围。

　　宏程序的特点：①将有规律的形状或尺寸用最简短的程序表达出来；②具有极好的易读性和易修改性，编写出来的程序非常简洁，逻辑严密；③宏程序的运用是手工编程中最大的亮点和最后的堡垒；④宏程序具有灵活性、智能性、通用性。

　　宏程序与普通程序的比较：宏程序可以使用变量，并且给变量赋值，变量之间可以运算，程序运行可以跳转；普通编程只能使用常量，常量之间不能运算，程序只能顺序执行，不能跳转。

　　FANUC 宏程序分为两类：A 类和 B 类。A 类宏程序是机床的标配，用 G65 H××来调用。B 类宏程序相比 A 类来说，容易、简单，可以直接赋值运算，所以目前 B 类宏程序用得比较多。下面重点以 B 类宏程序为例来介绍。

1. 变量功能

　　（1）变量的形式　变量符号＋变量号

　　法那科系统变量符号用"#"，变量号为 1、2、3 等。

　　（2）变量的种类　分为空变量、局部变量、公共变量和系统变量四类。

　　空变量：#0。该变量永远是空的，不能给它赋值。

　　局部变量：#1～#33。这类变量只在本宏程序中有效，断电后数值清除，调用宏程序时赋值。

　　公共变量：#100～#199、#500～#999。该类变量在不同的宏程序中意义相同，其中#100～#199 变量值断电后清除，#500～#999 变量值断电后不被清除。

　　系统变量：#1000 以上。系统变量用于读写 CNC 运行时的各种数据，如刀具补偿等。

　　提示：局部变量和公共变量称为用户变量。

　　（3）赋值　赋值是指将一个数赋予一个变量。例如#1 = 2，其中，#1 表示变量；"#"是变量符号，数控系统不同，变量符号也不同；"＝"为赋值符号，起语句定义作用；数值

2 就是给变量#1 赋的值。

（4）赋值的规律

①赋值号"＝"两边内容不能随意互换，左边只能是变量，右边可以是表达式、数值或变量。

②一个赋值语句只能给一个变量赋值。

③可以多次给一个变量赋值，新的变量将取代旧的变量，即最后一个赋值有效。

④赋值语句具有运算功能，形式为"变量＝表达式"。在运算中，表达式可以是变量自身与其他数据的运算结果，如"#1 ＝#1 ＋2"，则表示新的变量#1 值等于原来的#1 值加上 2，这点与数学等式是不同的。

⑤赋值表达式的运算顺序与数学运算的顺序相同。

（5）变量的引用

①当用表达式指定变量时。必须把表达式放在括号中，如"G01 X[#1 ＋#2] F#3"。

②引用变量的值的符号，要把负号放在#的前面，如"G01 X － #6 F100"。

2. 运算功能

（1）运算符号　运算符号有加（＋）、减（－）、乘（＊）、除（/）、正切（TAN）、反正切（ATAN）、正弦（SIN）、余弦（COS）、开平方根（SQRT）、绝对值（ABS）、增量值（INC）、四舍五入（ROUND）、舍位去整（FIX）、进位取整（FUP）。

（2）混合运算

①运算顺序。函数—乘除—加减。

②运算嵌套。最多 5 重，最里面的"［］"运算优先。

3. 转移功能

（1）无条件转移　格式：GOTO ＋ 目标段号（不带 N）。例如"GOTO50"，当执行该程序段时，将无条件转移到 N50 程序段执行。

（2）有条件转移　格式：IF ＋［条件表达式］＋ GOTO ＋ 目标段号（不带 N）。例如"IF［#1GT#100］GOTO50"，如果条件成立，则转移到 N50 程序段执行；如果条件不成立，则执行下一程序段。

（3）转移条件　转移条件表达式的符号及编程格式见表 2-7。

表 2-7　条件表达式的符号及编程格式

条件	符号	宏指令	编程格式	条件	符号	宏指令	编程格式
等于	＝	EQ	IF［#1EQ#2］GOTO10	小于	＜	LT	IF［#1LT#2］GOTO10
不等于	≠	NE	IF［#1NE#2］GOTO10	大于等于	≥	GE	IF［#1GE#2］GOTO10
大于	＞	GT	IF［#1GT#2］GOTO10	小于等于	≤	LE	IF［#1LE#2］GOTO10

4. 循环功能

循环指令格式为：

WHILE［条件表达式］DOm（$m ＝ 1$、2、3…）；

…

ENDm；

当条件满足时，就循环执行 WHILE 与 END 之间的程序；当条件不满足时，就执行 ENDm 的下一个程序段。例如：

#1 ＝5；

WHILE[#1 LE30]DO1；

#1 = #1 + 5；

G00 X#1 Y#1；

END1；

当#1 小于或等于 30 时，执行循环程序；当#1 大于 30 时，执行 END1 之后的程序。

5. 宏程序的格式及简单调用

（1）宏程序的编写格式 宏程序的编写格式与子程序相同。其格式为：

O××××（0001～8999 为宏程序号）； //宏程序名

N10…；   //宏程序内容

…

N××M99；   //宏程序结束

上述宏程序内容中，除通常使用的编程指令外，还可使用变量、算术运算指令及其他控制指令。变量值在宏程序调用指令中赋给。

（2）宏程序的简单调用 宏程序的简单调用是指在主程序中，宏程序可以被单个程序段单次调用。

调用指令格式：G65 P（宏程序号）L（重复次数）（变量分配）

指令说明：G65 为宏程序调用指令；P（宏程序号）表示被调用的宏程序代号；L（重复次数）表示宏程序重复运行的次数，重复次数为 1 时，可省略不写；（变量分配）为宏程序中使用的变量赋值。

宏程序与子程序相同点是一个宏程序可被另一个宏程序调用，最多可调用 4 重。

6. 宏程序编程实例

【例 2-17】 完成图 2-65 所示零件的编程，毛坯为 $\phi60\text{mm} \times 100\text{mm}$，椭圆部分用宏程序编写，并使用 G73（FANUC 系统宏程序必须编入 G73）指令完成粗车加工。

图 2-65 复合循环使用宏程序编程实例

O1122；

N10 G40 G98；

N20 T0101；

N30 M03 S600；

N40 G00 X62 Z2；

N50 G71 U1.5 R1；

N60 G71 P70 Q160 U0.6 W0 F100；

N70 G00 X21；

N80 G01 Z - 15 F50；

N90 X26；

N100 X29.8 W - 2；

N110 Z - 38；

N120 X43.99；

N130 W - 18；

N140 X55.99；

N150 W - 8；

N160 X62；

N170 G00 X100；

N180 Z100；

N190 M05；

N200 M00；

N210 T0101；

N220 M03 S1000；

N230 G00 X62 Z2；

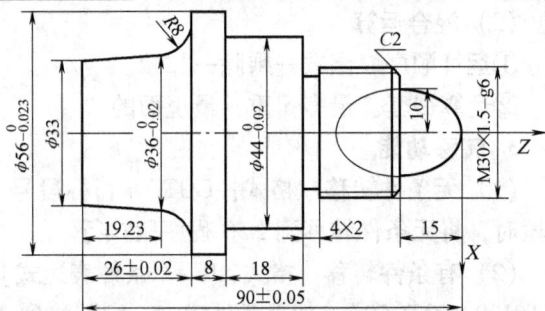

N240 G70 P70 Q160；

N250 G00 X100 Z100；

N260 G00 X23 Z2 S600；

N270 G73 U10.5 R7；

N280 G73 P290 Q370 U0.6 W0 F100；

N290 G00 X0；

N300 G01 Z0 F50；

N310#1 = 15；

N320#2 = 10 * SQRT[15 * 15 − #1 * #1]/15；

N330 G01 X[2 * #2] Z[#1 − 15]；

N340#1 = #1 − 0.5；

N350 IF[#1 GE0]GOTO320；

N360 G01 X20 Z − 15；

N370 X26；

N380 G00 X100.；

N390 Z100.；

N400 M05；

N410 M00；

N420 T0101；

N430 M03 S1000；

N440 G00 X23 Z2；

N450 G70 P290 Q370；

N460 G00 X100 Z100；

N470 T0202；

N480 G00 X46 Z − 38 S300；

N490 G01 X26 F20；

N500 G04 X2；

N510 G00 X46；

N520 X100 Z100.；

N530 T0303；

N540 G00 X32 Z − 13 S400；

N550 G92 X29.2 Z − 32 F1.5；

N560 X28.6；

N570 X28.2；

N580 X28.04；

N590 G00 X100 Z100.；

N600 M05；

N610 M30；

2.4 华中世纪星 HNC-21/22T 编程指令简介

华中世纪星 HNC-21/22T 系统大部分的编程指令的格式、含义与 FANUC 0i 系统的相同，这里只介绍其与 FANUC 0i 有差别的部分。

2.4.1 尺寸单位选择指令 G20、G21

指令格式：G20/G21

指令说明：G20 为英制输入指令，G21 为米制输入指令；G20、G21 为模态功能，可相互注销，其中 G21 为默认值。两种输入方式下线性轴、旋转轴的尺寸单位见表 2-8。

表 2-8 尺寸输入方式及其单位

	线性轴	旋转轴
英制(G20)	in	(°)
米制(G21)	mm	(°)

2.4.2 直径方式和半径方式编程指令 G36、G37

指令格式：G36/G37

指令说明：G36 表示直径编程，G37 表示半径编程。

数控车床的工件外形通常是旋转体，其 X 轴向尺寸可以用两种方式加以指定：直径方式和半径方式。G36 为默认值，机床出厂时一般设为直径编程。

2.4.3　进给速度单位的设定指令 G94、G95

指令格式：G94 F ___；

　　　　　G95 F ___；

指令说明：G94 指定每分钟进给；G95 指定每转进给。

G94 指定每分钟进给。对于线性轴，F 后值的单位由 G20 或 G21 设定为 in/min 或 mm/min；对于旋转轴，F 后值的单位为°/min。

G95 指定每转进给，即主轴转一周时刀具的进给量。F 后值的单位由 G20 或 G21 设定为 in/r 或 mm/r。这个功能只在主轴装有编码器时才能使用。

G94、G95 为模态功能，可相互注销，G94 为默认值。

2.4.4　绝对坐标和增量坐标指令 G90、G91

指令格式：G90/G91

指令说明：由于华中系统采用 G80 指定简单纵向切削循环，所以可用 G90 指定绝对值编程，每个编程坐标轴上的编程值是相对于程序原点的；G91 指定相对值编程，每个编程坐标轴上的编程值是相对于前一位置而言的，该值等于沿轴移动的有向距离。系统默认值为 G90，所以 G90 通常可省略不写。

2.4.5　直接机床坐标系编程指令 G53

G53 是机床坐标系编程指令，在含有 G53 的程序段中，绝对值编程时的指令值是在机床坐标系中的坐标值。G53 为非模态指令。

2.4.6　工件坐标系设定指令 G92

指令格式：G92 X ___ Z ___；

指令说明：X、Z 后的值为对刀点到工件坐标系原点的有向距离。当执行"G92 Xα Zβ"指令后，系统内部即对（α, β）进行记忆，并建立一个使刀具当前点坐标值为（α, β）的坐标系，系统控制刀具在此坐标系中按程序进行加工。注意，执行该指令时只建立一个坐标系，刀具并不产生运动。G92 指令为非模态指令。

> 💭注意：执行该指令时，若刀具当前点恰好在工件坐标系的 α 和 β 坐标值上，既刀具当前点在对刀点位置上，此时建立的坐标系即为工件坐标系，加工原点与程序原点重合。若刀具当前点不在工件坐标系的 α 和 β 坐标值上，则加工原点与程序原点不一致，加工出的产品就有误差或报废，甚至出现危险。因此执行该指令时，刀具当前点必须恰好在对刀点上，即工件坐标系的 α 和 β 坐标值上。实际操作时，怎样使两点一致呢？可由对刀完成。

2.4.7　螺纹切削指令 G32

指令格式：G32 X(U) ___ Z(W) ___ R ___ E ___ P ___ F ___；

指令说明：X、Z 为绝对编程时，有效螺纹终点在工件坐标系中的坐标；U、W 为增量编程时，有效螺纹终点相对于螺纹切削起点的有向距离；F 为螺纹导程，即主轴每转一圈，刀具相对于工件的进给值；R、E 为螺纹切削的退尾量，其中 R 为 Z 向退尾量，E 为 X 向退尾量，二者在绝对或增量编程时都是以增量方式指定的，其为正表示沿 Z、X 正向回退，为负表示沿 Z、X 负向回退，使用 R、E 可免去退刀槽，也可以省略，表示不用回退功能，根据螺纹标准，R 后的值一般取 0.75~1.75 倍的螺距，E 后的值取螺纹的牙型高；P 为主轴基准脉冲处距离螺纹切削起始点的主轴转角。使用 G32 指令能加工圆柱螺纹、锥螺纹和端面螺纹。

2.4.8 暂停指令 G04

指令格式：G04 P __ ;

指令说明：P 指定暂停时间，单位为 s。

G04 在前一程序段的进给速度降到零之后才开始暂停动作。在执行含 G04 指令的程序段时，先执行暂停功能。G04 为非模态指令，仅在其被规定的程序段中有效。G04 可使刀具作短暂停留，以获得圆整而光滑的表面。该指令除用于切槽、钻孔、镗孔外，还可用于拐角轨迹控制。

2.4.9 恒线速度指令 G96、G97

指令格式：G96 S __ ;

G97 S __ ;

指令说明：G96 表示恒线速度有效，G97 表示取消恒线速度功能；G96 中 S 后面的值为切削的恒定线速度，单位为 m/min；G97 中 S 后的值为取消恒线速度后指定的主轴转速，单位为 r/min，如果省略不指定，则为执行 G96 指令前的主轴转速。

注意：使用恒线速度功能，主轴必须能自动变速（如伺服主轴、变频主轴）。在系统参数中需设定主轴最高限速。

2.4.10 简单切削循环指令

1. 内（外）径切削循环 G80

（1）简单圆柱面内（外）径切削循环

指令格式：G80 X __ Z __ F __ ;

指令说明：X、Z 后为绝对值编程时，切削终点在工件坐标系中的坐标；增量值编程时，为切削终点相对于循环起点的有向距离。F 后的值为进给速度。

（2）简单圆锥面内（外）径切削循环

指令格式：G80 X __ Z __ I __ F __ ;

指令说明：I 为切削起点与切削终点的半径差，其符号为差的符号（无论是绝对值编程还是增量值编程），其他参数同圆柱面内（外）径切削循环参数。

2. 端面切削循环 G81

（1）简单平端面切削循环

指令格式：G81 X __ Z __ F __;

指令说明：X、Z 在绝对值编程时，为切削终点在工件坐标系下的坐标；增量值编程时，为切削终点相对于循环起点的有向距离。F 后的值为切削进给速度。

（2）简单锥端面切削循环

指令格式：G81 X __ Z __ K __ F __;

指令说明：K 后的值为切削起点相对于切削终点的 Z 向有向距离，其他参数同平端面切削循环参数。

3. 螺纹切削循环 G82

（1）简单圆柱螺纹切削循环

指令格式：G82 X __ Z __ R __ E __ C __ P __ F __;

指令说明：X、Z 绝对值编程时，为螺纹终点在工件坐标系下的坐标，增量值编程时，为螺纹终点相对于循环起点的有向距离；R、E 指定螺纹切削的退尾量，均为向量，其中 R 后为 Z 向回退量，E 后为 X 向回退量，R、E 也可以省略，表示不用回退功能；C 指定螺纹线数，为 0 或 1 时切削单线螺纹；P 指定单线螺纹切削时主轴基准脉冲处距离切削起始点的主轴转角（默认值为 0），切削多线螺纹时相邻螺纹的切削起始点之间对应的主轴转角；F 指定螺纹导程。

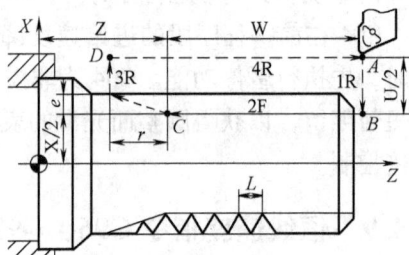

图 2-66 G82 切削循环示意

> 💡**注意：**简单螺纹切削循环与 G32 螺纹切削一样，在进给保持状态下，该循环在完成全部动作之后才停止运动，其循环过程如图 2-66 所示。

（2）简单锥螺纹切削循环

指令格式：G82 X __ Z __ I __ R __ E __ C __ P __ F __;

指令说明：I 指定螺纹起点与螺纹终点的半径差，其符号为差的符号（无论是绝对值编程还是增量值编程）；其他参数同圆柱螺纹切削循环参数。

【例 2-18】 如图 2-67 所示，用 G82 指令编程，毛坯外形已加工完成。程序如下：

%1122;

N1 T0101;

N2 M03 S300;

N3 G00 X32 Z2;

N4 G92 X29.2 Z18.5 F1.5;

N5 X28.6;

N6 X28.2;

N7 X28.04;

N8 G00 X100 Z100;

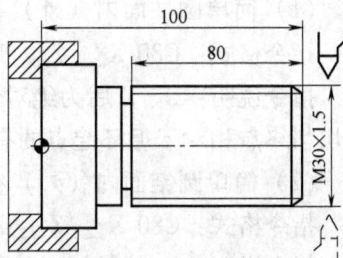

图 2-67 G82 编程实例

N9 M05；

N10 M30；

2.4.11　复合循环指令

1. 内（外）径粗车复合循环 G71

（1）无凹槽加工时

指令格式：G71 U(Δd) R(r) P(ns) Q(nf) X(Δx) Z(Δz) F(f) S(s) T(t)；

指令说明：Δd 为切削深度（每次切削量，半径值），指定时不加符号；r 为每次退刀量（半径值）；ns 为精加工路径第一程序段的顺序号；nf 为精加工路径最后程序段的顺序号；Δx 为 X 方向精加工余量，直径值，外径切削时为正，内径切削时为负；Δz 为 Z 方向精加工余量；在 G71 程序段中的 f、s、t 所表示的 F、S、T 功能，只在粗加工时有效，而精加工时则是处于 $ns \sim nf$ 程序段之间的 F、S、T 功能有效。

G71 切削循环时，切削进给方向平行于 Z 轴。

（2）有凹槽加工时

指令格式：G71 U(Δd) R(r) P(ns) Q(nf) E(e) F(f) S(s) T(t)；

指令说明：e 为精加工余量（直径值），其为 X 方向的等高距离，外径切削时为正，内径切削时为负；其他参数同无凹槽加工时循环指令的参数。

> **注意：** ①G71 指令必须带有 P、Q 地址 ns、nf，且与精加工路径起、止顺序号对应，否则不能进行该循环加工；②ns 的程序段必须为 G00/G01 指令；③在顺序号为 $ns \sim nf$ 的程序段中，不应该有子程序。

【例 2-19】 用外径粗车复合循环编制图 2-68 所示零件的加工程序。要求循环起始点在（46，3），切削深度为 1.5mm（半径量），退刀量为 1mm，X 方向精加工余量为 0.4mm，Z 方向精加工余量为 0.1mm，其中双点画线部分为工件毛坯。程序如下：

%1122；

N1 T0101；（换 1 号刀，建立工作坐标系）

N2 M03 S600；（主轴以 600r/min 的转速正转）

N3 G01 X46 Z3 F100；（刀具到循环起点位置）

图 2-68　G71 循环编程

N4 G71 U1.5 R1 P5 Q13 X0.4 Z0.1；（切削深度：1.5mm，退刀量：1mm，X 向精加工余量：0.4mm，Z 向精加工余量：0.1mm）

N5 G00 X0；（精加工轮廓起始行，到倒角延长线）

N6 G01 X10 Z−2；（精加工 C2 倒角）

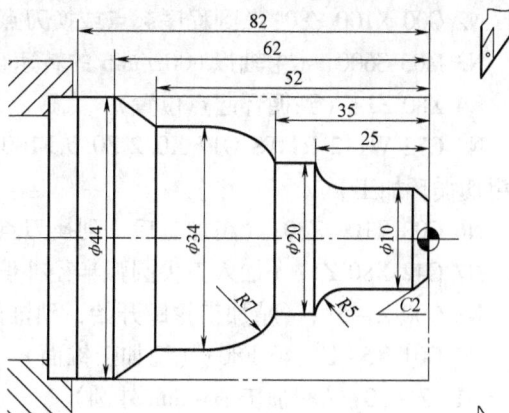

N7 Z−20；（精加工 φ10mm 外圆）

N8 G02 U10 W−5 R5；（精加工 R5mm 圆弧）

N9 G01 W−10；（精加工 φ20mm 外圆）

N10 G03 U14 W−7 R7；（精加工 R7mm 圆弧）

N11 G01 Z−52；（精加工 φ34mm 外圆）

N12 U10 W−10；（精加工外圆锥）

N13 W−20；（精加工 φ44mm 外圆，精加工轮廓结束行）

N14 X50；（退出已加工面）

N15 G00 X80 Z80；（回对刀点）

N16 M05；（主轴停）

N17 M30；（主程序结束并复位）

2. 端面粗车复合循环 G72

指令格式：G72 W(Δd) R(r) P(ns) Q(nf) X(Δx) Z(Δz) F(f) S(s) T(t)；

指令说明：该循环与 G71 的区别仅在于切削方向平行于 X 轴。每次循环是在 Z 方向下刀，X 方向切削。Δd 和 r 分别为沿 X 向的下刀量和退刀量，其余参数含义同 G71。

【例 2-20】 用端面粗车复合循环 G72 编制图 2-69 所示零件的加工程序，要求循环起始点在（80，1），切削深度为 1.2mm，退刀量为 1mm，X 方向精加工余量为 0.2mm，Z 方向精加工余量为 0.5mm，其中双点画线部分为工件毛坯。程序如下：

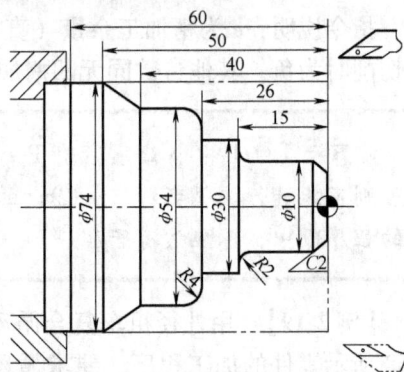

图 2-69 G72 循环编程

%3331；

N1 T0101；（换 1 号刀，确定其坐标系）

N2 G00 X100 Z80；（到程序起点或换刀点位置）

N3 M03 S600；（主轴以 600r/min 的转速正转）

N4 X80 Z1；（到循环起点位置）

N5 G72 W1.2 R1 P8 Q17 X0.2 Z0.5 F100；（外端面粗切循环加工）

N6 G00 X100 Z80；（粗加工后，到换刀点位置）

N7 G42 X80 Z1；（加入刀尖圆弧半径补偿）

N8 G00 Z−53；（精加工轮廓开始，到锥面延长线处）

N9 G01 X54 Z−40 F80；（精加工锥面）

N10 Z−30；（精加工 φ54mm 外圆）

N11 G02 U−8 W4 R4；（精加工 R4mm 圆弧）

N12 G01 X30；（精加工 26mm 处端面）

N13 Z−15；（精加工 φ30mm 外圆）

N14 U−16；（精加工 15mm 处端面）

N15 G03 U−4 W2 R2；（精加工 R2mm 圆弧）

N16 Z−2；（精加工 φ10mm 外圆）

N17 U−6 W3；（精加工 C2 倒角，精加工轮廓结束）

N18 G00 X50；（退出已加工表面）

N19 G40 X100 Z80；（取消刀尖圆弧半径补偿，返回程序起点位置）

N20 M05；（主轴停）

N20 M30；（主程序结束并复位）

3. 闭环车削复合循环 G73

指令格式：G73 U(ΔI) W(ΔK) R(r) P(ns) Q(nf) X(Δx) Z(Δz) F(f) S(s) T(t)

指令说明：该指令在切削工件时刀具逐渐进给，使封闭切削回路逐渐向零件最终形状靠近，最终切削成工件的形状。这种指令能对铸造、锻造等粗加工中已初步成形的工件进行加工。其中，ΔI 为 X 轴方向的粗加工总余量（半径值，正值）；ΔK 为 Z 轴方向的粗加工总余量（正值）；r 为粗切削次数；其他参数同 G71 指令。

> 💡注意：ΔI 和 ΔK 表示粗加工时总的切削量，粗加工次数为 r，则每次 X、Z 方向的切削量为 $\Delta I/r$、$\Delta K/r$；按 G73 段中的 P 和 Q 指令值实现循环加工。另外，华中系统 G71、G72、G73 指令本身带有精加工功能，所以不需要再单独编写精车循环。

【例 2-21】 用闭环车削复合循环 G73 编制图 2-70 所示零件的加工程序。设切削起始点在（60，5），X、Z 方向粗加工余量分别为 3mm、0.9mm，粗加工次数为 3，X、Z 方向精加工余量分别为 0.6mm、0.1mm。其中双点画线部分为工件毛坯。程序如下：

%1122；

N1 T0101；（换 1 号刀，建立工件坐标系）

N2 M03 S600；（主轴以 600r/min 的转速正转）

N3 G00 X60 Z5；（到循环起点位置）

N4 G73 U3 W0.9 R3 P5 Q13 X0.6 Z0.1 F120；（闭环粗切循环加工）

N5 G00 X0 Z3；（精加工轮廓开始，到倒角延长线处）

N6 G01 U10 Z-2 F80；（精加工 $C2$ 倒角）

N7 Z-20；（精加工 $\phi10$mm 外圆）

N8 G02 U10 W-5 R5；（精加工 $R5$mm 圆弧）

N9 G01 Z-35；（精加工 $\phi20$mm 外圆）

N10 G03 U14 W-7 R7；（精加工 $R7$mm 圆弧）

N11 G01 Z-52；（精加工 $\phi34$mm 外圆）

N12 U10 W-10；（精加工锥面）

N13 U10；（退出已加工表面，精加工轮廓结束）

N14 G00 X80 Z80；（返回程序起点位置）

N15 M30；（主轴停、主程序结束并复位）

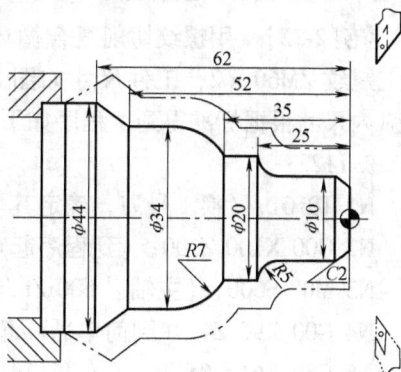

图 2-70 G73 循环编程

4. 螺纹切削复合循环 G76

指令格式：G76 C(c) R(r) E(e) A(a) X(x) Z(z) I(i) K(k) U(d) V(Δd_{min}) Q(Δd) P(p) F(L)；

指令说明：螺纹切削复合循环 G76 执行图 2-71 所示的加工轨迹。其单边切削及参数如图 2-72 所示。其中，c 为精整次数（1~99），模态值；r 为螺纹 Z 向退尾长度（负值），模态值；e 为螺纹 X 向退尾长度（正值），模态值；a 为刀尖角度（两位数字），模态值，在 80°、60°、55°、30°、29° 和 0° 六个角度中选一个；x、z 为绝对值编程时有效螺纹终点的坐标，增量值编程时有效螺纹终点相对于循环起点的有向距离；i 为螺纹切削起点与有效终点的半径差，如 $i=0$，为圆柱螺纹切削方式；k 为螺纹高度，该值由 x 轴方向上的半径值指定；Δd_{min} 为最小背吃刀量（半径值），当第 n 次背吃刀量（$\Delta d_n - \Delta d_{n-1}$）小于 Δd_{min} 时，则背吃刀量设定为 Δd_{min}；d 为精加工余量（半径值）；Δd 为第一次背吃刀量（半径值）；p 为主轴基准脉冲处距离切削起始点的主轴转角；L 为螺纹导程（同 G32）。G76 循环进行单边切削，减小了刀尖的受力；第一次切削时背吃刀量为 Δd，第 n 次的切削总深度为 $\Delta d \sqrt{n}$，每次循环的背吃刀量为 $\Delta d_n - \Delta d_{n-1} = \Delta d \sqrt{n} - \Delta d \sqrt{n-1}$。

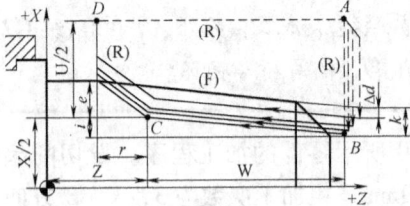

图 2-71 螺纹切削复合循环 G76 加工轨迹

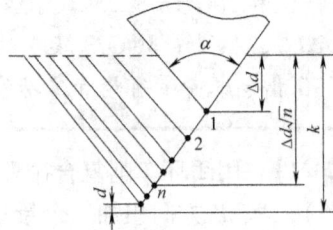

图 2-72 G76 循环单边切削及其参数

【例 2-22】 用螺纹切削复合循环 G76 指令编程，加工螺纹 ZM60×2，工件尺寸如图 2-73 所示，其中括弧内尺寸根据标准得到。程序如下：

%1122；

N1 T0101；（换 1 号刀，确定其坐标系）

N2 G00 X100 Z100；（到程序起点或换刀点位置）

N3 M03 S600；（主轴以 600r/min 的转速正转）

N4 G00 X90 Z4；（到简单循环起点位置）

N5 G80 X61.125 Z-30 I-1.14 F80；（加工锥螺纹外表面）

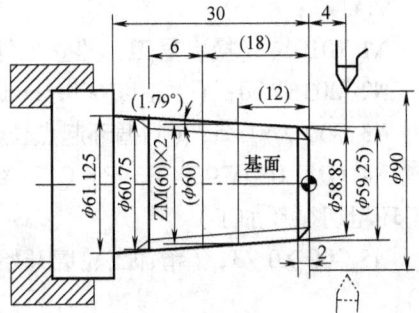

图 2-73 G76 螺纹切削复合循环编程实例

N6 G00 X100 Z100 M05；（到程序起点或换刀点位置）

N7 T0202；（换 2 号刀，确定其坐标系）

N8 M03 S300；（主轴以 300r/min 的转速正转）

N9 G00 X90 Z4；（到螺纹循环起点位置）

N10 G76 C2 R-3 E1.3 A60 X58.15 Z-24 I-0.94 K1.299 U0.1 V0.1 Q0.9 F2；

N11 G00 X100 Z100；（返回程序起点位置或换刀点位置）

N12 M05；（主轴停）

N13 M30；（主程序结束并复位）

2.4.12 宏指令编程

HNC-21T 系统为用户配备了强有力的类似于高级语言的宏程序功能，其运算符、表达式及赋值功能基本和 FANUC 系统一样，这里只阐述其和 FANUC 系统有区别的地方。

1. 宏变量及常量

（1）宏变量 #0～#49 为当前局部变量；#50～#199 为全局变量；#200～#249 为 0 层局部变量；#250～#299 为 1 层局部变量；#300～#349 为 2 层局部变量；#350～#399 为 3 层局部变量；#400～#449 为 4 层局部变量；#450～#499 为 5 层局部变量；#500～#549 为 6 层局部变量；#550～#599 为 7 层局部变量；#600～#699 为刀具长度寄存器 H0～H99；#700～#799 为刀具半径寄存器 D0～D99；#800～#899 为刀具寿命寄存器。

（2）常量 PI 为圆周率 π；TRUE 为条件成立（真）；FALSE 为条件不成立（假）。

2. 宏程序语句

（1）条件判别语句 IF，ELSE，ENDIF

格式①：IF 条件表达式

    …

    ELSE

    …

    ENDIF

格式②：IF 条件表达式

    …

    ENDIF

（2）循环语句 WHILE，ENDW

格式：WHILE 条件表达式

    …

    ENDW

3. 宏程序编制举例

【例 2-23】 用宏程序编制图 2-74 所示的抛物线 $Z = -X^2/8$ 在区间 [0，16] 内的程序。程序如下：

%2000；

#10 = 0；（抛物线 X 坐标）

#11 = 0；（抛物线 Z 坐标的绝对值）

N10 T0101；

M03 S600；

G00 X0 Z2；

G01 Z0 F100；

WHILE #10 LE 16；

G90 G01 X[2 * #10] Z[- #11] F100；

#10 = #10 + 0.08；

#11 = #10 * #10/8；

ENDW；

G00 Z0；

M05；

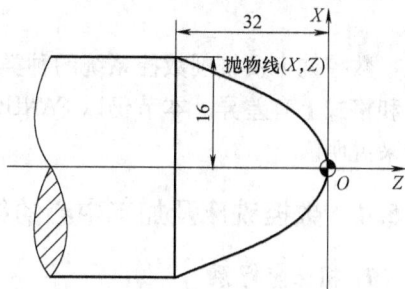

图 2-74 抛物线宏程序编制实例

M30；

【例 2-24】 完成图 2-75 所示零件的编程，毛坯为 $\phi40mm \times 100mm$，椭圆部分用宏程序编制，并嵌入 G71 循环中（HNC-21T 系统宏程序可以直接编入 G71 指令）。程序如下：

%1122；

T0101；

M03 S600；

G00 X42 Z2；

G71 U1.5 R1 P10 Q20 X0.3 Z0.1 F100；

N10 G00 X0；

G01 Z0 F50；

#1 = 0；

#2 = 30 * COS[#1 * PI/180]；

#3 = 15 * SIN[#1 * PI/180]；

WHILE #1 LE 150；

G01 X[2 * #3] Z[#2 − 30]；

#1 = #1 + 0.1；

ENDW；

Z − 60；

X36 Z − 65；

Z − 70；

N20 X42；

G00 X100 Z100；

M05；

M30；

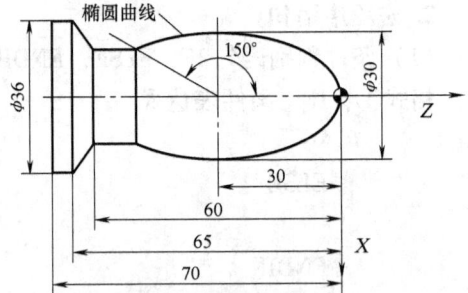

图 2-75　椭圆宏程序编制实例

2.5　数控铣床及加工中心的编程

数控铣床及铣削数控系统的种类也很多，但其基本编程功能指令相同，只在个别编程指令和格式上有差异。本节仍以 FANUC 0i 数控系统为例来说明。

2.5.1　数控铣床及加工中心的编程基础

1. 机床坐标系

通常数控铣床每次通电后，机床的三个坐标轴都要依次走到机床正方向的一个极限位置，这个位置就是机床坐标系的原点，是机床出厂时设定的固定位置。

通常在数控铣床上机床原点和机床参考点是重合的，如图 2-76 所示。

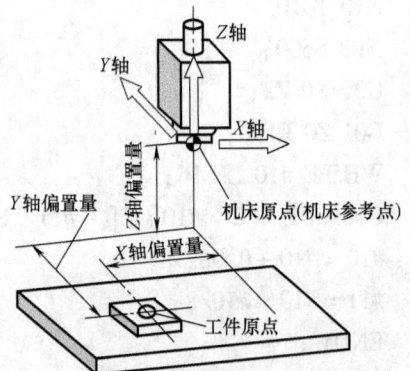

图 2-76　数控铣床的坐标系

2. 工件坐标系

数控铣床的工件原点一般设在工件外轮廓的某一个角上或工件对称中心处，进刀深度方向上的零点大多取在工件表面。利用数控铣床、加工中心加工工件时，其工件坐标系与机床坐标系之间的关系如图 2-76 所示。

2.5.2　数控铣床及加工中心的基本编程功能

1. F、S、T 功能

（1）进给功能——F 功能　进给功能又称为 F 功能或 F 指令，用于指定切削的进给速度。

（2）主轴功能——S 功能　主轴功能又称为 S 功能或 S 指令，用于指定主轴转速，单位为 r/min。

（3）刀具功能——T 功能　刀具功能又称为 T 功能或 T 指令，用于加工中心换刀时指定刀具号，后跟 1~2 位数字。如 T03 M06 表示将 3 号刀由刀库换到主轴。

2. 辅助功能——M 功能

辅助功能又称为 M 功能或 M 指令，用于指定主轴的旋转和起停、切削液的开和关、工件或刀具的夹紧或松开、刀具更换等，从 M00~M99，共 100 种。FANUC 0i 系统常用的 M 功能代码见表 2-9。

表 2-9　常用的 M 功能代码

代　　码	是否模态	功能说明	代　　码	是否模态	功能说明
M00	非模态	程序停止	M03	模态	主轴正转起动
M01	非模态	选择停止	M04	模态	主轴反转起动
M02	非模态	程序结束	M05	模态	主轴停止转动
M30	非模态	程序结束并返回	M06	非模态	加工中心换刀
M98	非模态	调用子程序	M08	模态	切削液打开
M99	非模态	子程序结束	M09	模态	切削液停止

3. 准备功能——G 功能

准备功能又称 G 功能或 G 指令，是使数控机床建立起某种加工方式的指令，从 G00~G99，共 100 种。FANUC 0i 系统常用的 G 功能代码见表 2-10。

表 2-10　常用的 G 功能代码

G 代码	组别	解　　释	G 代码	组别	解　　释
*G00	01	定位（快速移动）	G41	07	刀具半径左偏移
G01		直线切削	G42		刀具半径右偏移
G02		顺时针切圆弧	G43	08	刀具长度 + 方向偏移
G03		逆时针切圆弧	G44		刀具长度 − 方向偏移
G04	00	暂停	*G49		取消刀具长度偏移
*G17	02	选择 XY 面	G53	14	机床坐标系选择
G18		选择 XZ 面	*G54		工件坐标系 1 选择
G19		选择 YZ 面	G55		工件坐标系 2 选择
G28	00	机床返回参考点	G56		工件坐标系 3 选择
G30		机床返回第 2 和第 3 原点	G57		工件坐标系 4 选择
*G40	07	取消刀具半径偏移	G58		工件坐标系 5 选择

（续）

G 代码	组别	解　释	G 代码	组别	解　释
G59	14	工件坐标系 6 选择	G86		镗孔循环
G73		高速深孔钻削循环	G87	09	反向镗孔循环
G74		左旋螺纹攻螺纹循环	G88		镗孔循环
G76		精镗孔循环	G89		镗孔循环
*G80		取消固定循环	*G90		使用绝对值命令
G81	09	一般钻孔循环	G91	03	使用增量值命令
G82		带停顿钻孔循环	G92	00	设置工件坐标系
G83		深孔钻削循环	*G98		固定循环返回起始点
G84		右旋螺纹攻螺纹循环	G99	10	固定循环返回 R 点
G85		镗孔循环	—		—

注：带 * 的指令为系统电源接通时的初始值。

2.5.3　数控铣床及加工中心的基本编程方法

1. 平面选择指令 G17、G18、G19

指令格式：G17/G18/G19；

指令说明：G17 为 XY 平面选择；G18 为 ZX 平面选择；G19 为 YZ 平面选择，如图 2-77 所示。系统开机时处于 G17 状态。

2. 刀具移动指令

（1）快速定位指令 G00

指令格式：G00 X ＿ Y ＿ Z ＿；

指令说明：①G00 指令刀具从所在点以最快的速度（系统设定的最高速度）移动到目标点。②当用绝对方式编程时，X、Y、Z 为目标点在工件坐标系中的坐标；当用增量

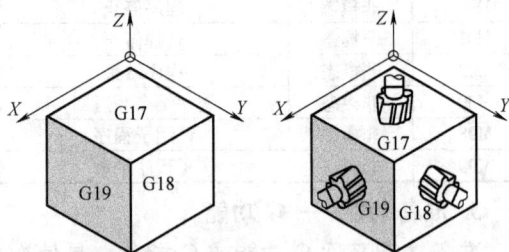

图 2-77　坐标平面选择和加工示意

方式编程时，X、Y、Z 为目标点相对于起点的增量坐标。③不运动的坐标可以不写。④当各轴按指令远离工作台时，先 Z 轴运动，再 X、Y 轴运动。当各轴按指令接近工作台时，先 X、Y 轴运动，再 Z 轴运动。例如图 2-78 所示从 A 点快速运动到 B 点的程序如下：

N10 G00 X90 Y70；

（2）直线插补功能指令 G01

指令格式：G01 X ＿ Y ＿ Z ＿ F ＿；

指令说明：①G01 指令刀具从所在点以直线移动到目标点。②当用绝对方式编程时，X、Y、Z 为目标点在工件坐标系中的坐标；当用增量方式编程时，X、Y、Z 为目标点相对于起点的增量坐标；F 指定刀具进给速度。③不运动的坐标可以不写。

如图 2-78 所示，刀具由起点 A 直线运动到目标点 B，进给速度为 100mm/min。程序如下：

N10 G01 X90 Y70 F100；

（3）圆弧插补功能指令 G02、G03　G02 指令表示在指定平面顺时针方向插补；G03 指

令表示在指定平面逆时针方向插补。平面指定指令与圆弧插补指令的关系如图 2-79 所示。

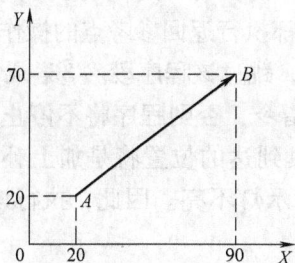

图 2-78 G00 指令编程举例

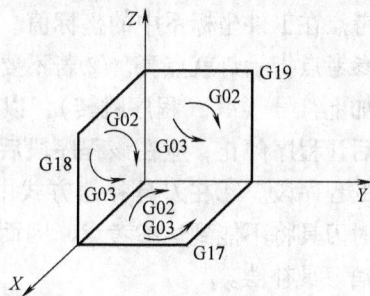

图 2-79 平面指定与圆弧插补方向

指令格式：G17 G02/G03 X __ Y __ R __(或 I __ J __)F __;

　　　　　G18 G02/G03 X __ Z __ R __(或 I __ K __)F __;

　　　　　G19 G02/G03 Y __ Z __ R __(或 J __ K __)F __;

指令说明：①X、Y、Z 为圆弧终点坐标值。G90 时，X、Y、Z 是圆弧终点的绝对坐标值；G91 时，X、Y、Z 是圆弧终点相对于圆弧起点的增量值。②I、J、K 表示圆心相对于圆弧起点的增量值，如图 2-80 所示；F 规定沿圆弧切向的进给速度。③G17、G18、G19 为圆弧插补平面选择指令，以此来确定被加工表面所在平面，G17 可以省略。④R 表示圆弧半径，因为在相同的起点、终点、半径和相同的方向时可以有两种圆弧（图 2-81），如果圆心角小于 180°（劣弧），则 R 为正数；如果圆心角大于 180°（优弧），则 R 为负数；圆心角等于 180°时，R 取正取负均可。⑤整圆编程时不能使用 R，只能使用 I、J、K。

如图 2-81 所示，加工劣弧的程序如下：

绝对值方式编程

G90 G02 X40 Y – 30 I40 J – 30 F100 或 G90 G02 X40 Y – 30 R50 F100

增量方式编程

G91 G02 X80 Y0 I40 J – 30 F100 或 G91 G02 X80 Y0 R50 F100

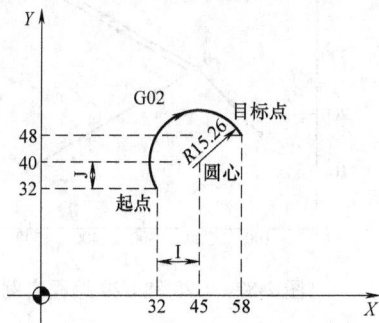

图 2-80 圆弧插补示意

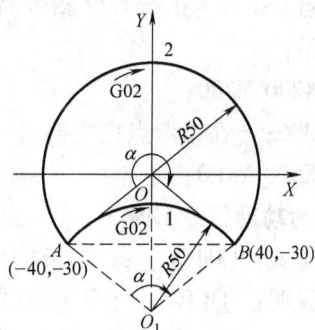

图 2-81 R 编程时的优弧和劣弧

3. 参考点返回指令

（1）参考点返回检查指令 G27

指令格式：G27 X __ Y __ Z __;

指令说明：①G27 指令可以检验刀具是否能够定位到参考点上，指令中 X、Y、Z 分别代表参考点在工件坐标系中的坐标值。执行该指令后，如果刀具可以定位到参考点上，则相应轴的参考点指示灯就点亮。②若不要求每次执行程序时都执行返回参考点的操作，应在该指令前加上符号"/"（程序跳转），以便在不需要校验时，跳过该程序段。③若希望执行该程序段后让程序停止，应在该程序段后加上 M00 或 M01 指令，否则程序将不停止而继续执行后面的程序段。④在刀具补偿方式中使用该指令，刀具到达的位置将是加上补偿量的位置，此时刀具将不能到达参考点，因而相应轴参考点的指示灯不亮。因此，执行该指令前，应先取消刀具补偿。

（2）自动参考点返回指令 G28

指令格式：G28 X __ Y __ Z __；

指令说明：①G28 指令可使刀具以点位方式经中间点快速返回到参考点，中间点的位置由该指令中的 X、Y、Z 坐标值所决定，其坐标值可以用绝对值也可以用增量值，但这要取决于是 G90 方式还是 G91 方式。设置中间点是为了防止刀具返回参考点时与工件或夹具发生干涉。②通常 G28 指令用于自动换刀，原则上应在执行该指令前取消各种刀具补偿。③在 G28 程序段中不仅记忆移动指令坐标值，而且记忆中间点的坐标值。也就是说，对于在使用 G28 程序段中没有被指令的轴，以前 G28 中的坐标值就作为那个轴的中间点坐标值。

（3）从参考点返回指令 G29

指令格式：G29 X __ Y __ Z __；

指令说明：①G29 指令可以使刀具从参考点出发，经过一个中间点到达由这个指令中的 X、Y、Z 坐标值所指定的位置。中间点的坐标由前面的 G28 指令所规定，因此 G29 指令应与 G28 指令成对使用，指令中目标点的坐标由 G90/G91 状态决定是绝对值还是增量值。若为增量值，则是指到达点相对于 G28 中间点的增量值。②在选择 G28 之后，G29 指令不是必需的，使用 G00 定位有时可能更为方便。

如图 2-82 所示，加工后刀具已定位到 A 点，取 B 点为中间点，C 点为执行 G29 指令时应到达的目标点，则程序如下：

G28 X200 Y280；

T02 M06；（在参考点完成换刀）

G29 X500 Y100；

4. 延时功能指令 G04

指令格式：G04 X __；或 G04 P __；

指令说明：①G04 指令可使刀具作暂短的无进给

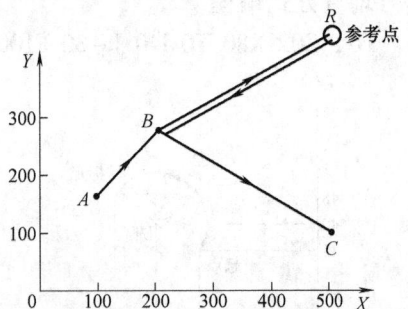

图 2-82　G28 和 G29 编程实例

光整加工，一般用于镗孔、锪孔等场合。②X 或 P 为暂停时间，其中 X 后面可用带小数点的数，单位为 s，如"G04 X5.0"表示在前一程序执行完后，要经过 5s 以后，后一程序段才执行；地址字 P 后面不允许用小数点，单位为 ms，如"G04 P1000"表示暂停 1000ms，即 1s。

5. 工件坐标系建立指令

（1）坐标系设定指令 G92

指令格式：G92 X __ Y __ Z __；

指令说明：X、Y、Z 为刀具当前点在工件坐标系中的坐标；G92 指令是将工件原点设定在相对于刀具起始点的某一空间点上。也可以理解为通过指定刀具起始点在工件坐标系中的位置来确定工件原点。执行 G92 指令时，机床不动作，即 X、Y、Z 轴均不移动。

如图 2-83 所示，建立工件坐标系的程序为 "G92 X30 Y30 Z0；"。

（2）工件坐标系调用指令 G54 ~ G59

指令格式：G54/G55/G56/G57/G58/G59；

指令说明：这组指令可以调用六个工件坐标系，其中 G54 坐标系是机床一开机并返回参考点后就有效的坐标

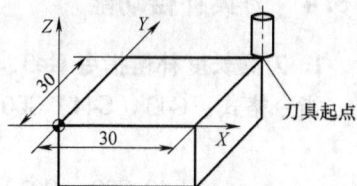

图 2-83 G92 指令建立坐标系

系。这六个坐标系是通过指定每个坐标系的零点在机床坐标系中的位置而设定的，即通过 MDI/CRT 输入每个工件坐标系零点的偏移值（相对于机床原点）。如图 2-84 所示，图中有六个完全相同的轮廓，如果将它们分别置于 G54 ~ G59 指定的六个坐标系中，则它们的加工程序将完全一样，加工时只需调用不同的坐标系（即零点偏置）即可实现。

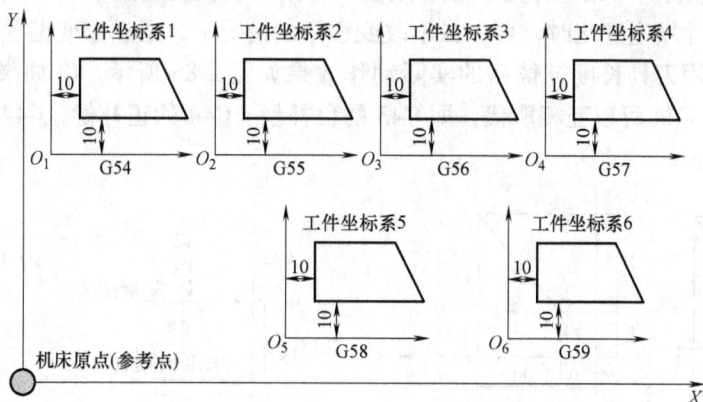

图 2-84 G54 ~ G59 工件坐标系调用

> **注意**：G54 ~ G59 工件坐标系指令与 G92 坐标系设定指令的差别是，G92 指令需后续坐标值指定刀具起点在当前工件坐标系中的坐标值，用单独一个程序段指定；在使用 G92 指令前，必须保证刀具回到程序中指定的加工起点。G54 ~ G59 建立工件坐标系时，可单独使用，也可与其他指令同段使用；使用该指令前，先用手动数据输入（MDI）方式输入该坐标系的坐标原点在机床坐标系中的坐标值。

6. 绝对坐标和增量坐标指令

指令格式：G90/G91 X __ Y __ Z __；

指令说明：G90 为绝对坐标指令，它表示程序段中的尺寸字为绝对坐标值，即从编程零点开始的坐标值。G91 为增量坐标指令，它表示程序段中的尺寸字为增量坐标值，即刀具运动的终点相对于起点坐标值的增量。G90 为系统默认值，可省略不写。有些系统可直接用地

址符来区分，用 X、Y、Z 地址符表示绝对尺寸，用 U、V、W 地址符表示相对尺寸。

如图 2-85 所示，假设刀具在 O 点，先快速定位到 A 点，再沿 AB 做直线进给，分别采用绝对和增量方式编程。

2.5.4　刀具补偿功能

1. 刀具长度补偿指令 G43、G44 和取消刀具长度补偿指令 G49

指令格式：G43（G44）G00（G01）Z ＿ H ＿；

　　　　　…

　　　　　G49 G00（G01）Z ＿；

指令说明：①刀具长度补偿指令一般用于刀具轴向（Z 向）的补偿，它使刀具在 Z 方向上的实际位移量比程序给定值增加或减少一个偏置量。G43 为刀具长度正向补偿；G44 为刀具长度负向补偿；Z 为目标点坐标；H 为刀具长度补偿代号（H00 ~ H99），补偿量存入由 H 代码指定的存储器中。若输入指令"G00 G43 Z100 H01；"，并于 H01 中存入"−20"，则执行该指令时，将用 Z 坐标值"100"与 H01 中所存"−20"进行"＋"运算，即"100 ＋（−20）＝80"，并将所求结果作为 Z 轴移动值。取消刀具长度补偿用 G49 或 H00。②当刀具在长度方向的尺寸发生变化时，可以在不改变程序的情况下，通过改变偏置量加工出所要求的零件尺寸。应用刀具长度补偿后的实际动作效果如图 2-86 所示。③如果补偿值使用正、负号，则 G43 和 G44 可以互相取代，即 G43 的负补偿 ＝ G44 的正补偿，G44 的负补偿 ＝ G43 的正补偿。

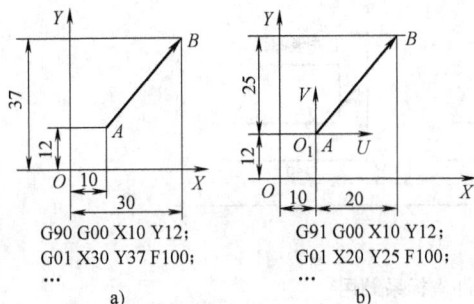

G90 G00 X10 Y12;
G01 X30 Y37 F100;
…
a)

G91 G00 X10 Y12;
G01 X20 Y25 F100;
…
b)

图 2-85　绝对坐标和增量坐标编程
a）绝对坐标编程　b）增量坐标编程

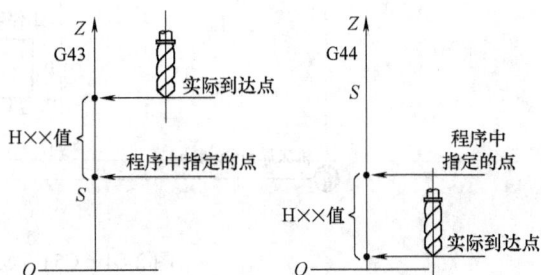

图 2-86　刀具长度补偿执行效果

> 💡注意：无论是绝对坐标还是增量坐标编程，G43 指令是将 H 指定的偏移量加到位移值上，G44 指令则是将位移值减去 H 指定的偏移量。

如图 2-87 所示，2 号刀为标刀，1 号刀在主轴上的位置相对于标刀短 10mm，3 号刀在主轴上的位置相对于标刀长 10mm，如果用三把刀加工同一个孔，则采用绝对和增量方式编制的程序分别见图的右侧（补偿值均为 10mm，正值）。

【例 2-25】　用直径为 10mm 的钻头加工图 2-88 所示三个孔，实际刀具比理想刀具短 8mm，利用刀具长度补偿功能完成孔的加工。程序如下：

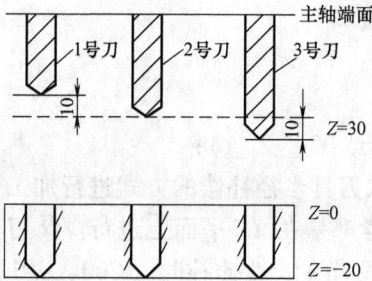

绝对坐标编程：

G01 Z－20 F100；（2 号刀）

G44 G01 Z－20 H01 F100；（1 号刀）

G43 G01 Z－20 H01 F100；（3 号刀）

增量坐标编程：

G01 W－50 F100；（2 号刀）

G44 G01 W－50 H01 F100；（1 号刀）

G43 G01 W－50 H01 F100；（3 号刀）

图 2-87　刀具长度补偿实例

%1000；

N1 G54；

N2 M03 S600；

N3 G90 G00 X120.0 Y80.0；

N4 G43 Z－32.0 H01；（补偿值为－8mm）

N5 G91 G01 Z－21.0 F100；

N6 G04 P1000；

N7 G00 Z21.0；

N8 X90.0 Y－20.0；

N9 G01 Z－23.0 F100；

N10 G04 P1000；

N11 G00 Z23.0；

N12 X－60.0 Y－30.0；

N13 G01 Z－35.0 F80；

N14 G49 G00 Z70.0；

N15 X－150.0 Y－30.0；

N16 M05；

N17 M30；

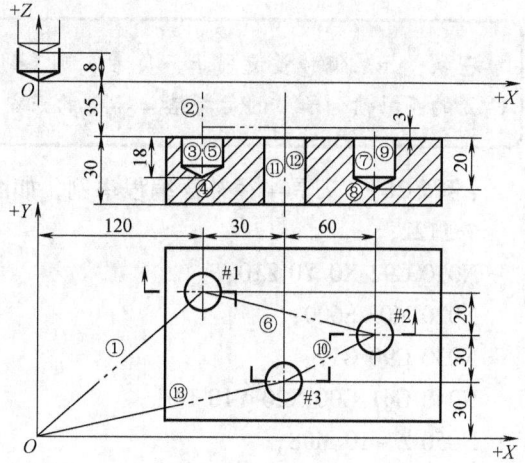

图 2-88　刀具长度补偿编程实例

2. 刀具半径补偿指令 G41、G42 和取消刀具半径补偿指令 G40

（1）刀具半径补偿的概念　当加工曲线轮廓时，对于有刀具半径补偿功能的数控系统，可不必求刀具中心的运动轨迹，只按被加工工件轮廓曲线编程，同时在程序中给出刀具半径的补偿指令，就可加工出具有轮廓曲线的零件，使编程工作大大简化。

ISO 标准规定，当刀具中心轨迹在编程轨迹前进方向的左侧时，称为左刀补，用 G41 指定。反之，当刀具处于轮廓前进方向的右侧时称为右刀补，用 G42 指定，如图 2-89 所示。取消刀具半径补偿用 G40 指令。

（2）刀具半径补偿指令的应用

指令格式：G17 G41/G42 G00/G01 X ＿ Y ＿ D ＿；

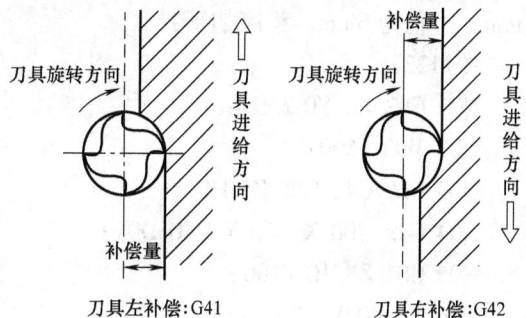

图 2-89　刀具半径补偿的判别

G18 G41/G42 G00/G01 X __ Z __ D __;

G19 G41/G42 G00/G01 Y __ Z __ D __;

……

G40 G00/G01 X __ Y __（或 X __ Z __ 或 Y __ Z __）;

指令说明：①系统在所选择的平面 G17～G19 中以刀具半径补偿的方式进行加工，其中 G17 为系统默认值，可省略不写，一般的刀具半径补偿都是在 XY 平面上进行。②刀具必须有相应的刀具补偿号 D 码（D00～D99）才有效。③只有在线性插补时（G00、G01）才可以用 G41、G42 建立刀具半径补偿。G40、G41、G42 是模态代码，它们可以互相注销。

> **注意**：如果偏移量使用正、负号，则 G41 和 G42 可以互相取代。即 G41 的负补偿 = G42 的正补偿，G42 的负补偿 = G41 的正补偿。

【例 2-26】 刀具半径补偿编程举例，如图 2-90 所示。程序如下：

%1122;

N010 G92 X0 Y0 Z10;

N020 M03 S600;

N030 G90 G17;

N040 G41 G00 X20 Y10 D01;

N050 Z-10 M08;

N060 G01 Y50 F100;

N070 X50;

N080 Y20;

N090 X10;

N100 G00 Z10 M09;

N110 G40 X0 Y0;

N120 M05;

N130 M30;

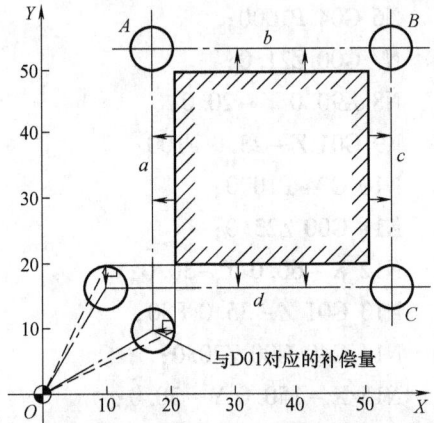

图 2-90　刀具半径补偿实例

【例 2-27】 刀具半径补偿和长度补偿同时编程，如图 2-91 所示，刀具比理想值长 5mm，半径为 6mm。程序如下：

%1122;

N01 G92 X0 Y0 Z50;

N02 M03 S600;

N03 G90 G43 G00 Z5 H01;

N04 G42 G00 X-60 Y-40 D01;

N05 G01 Z-10 F100;

N06 X-40 Y-20;

N07 X20;

N08 G03 X40 Y0 I0 J20;

N09 X-6.195 Y39.517 R40;

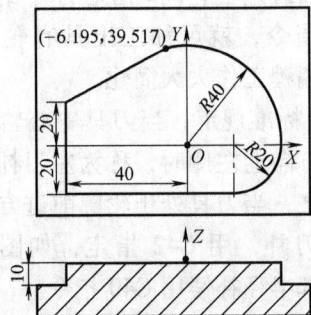

图 2-91　刀具半径和长度补偿实例

N10 G01 X－40 Y20；

N11 Y－20；

N12 G49 G00 Z50；

N13 G40 X0 Y0；

N14 M05；

N15 M30；

2.5.5 固定循环

1. 概述

数控加工中，某些加工动作循环已经典型化。例如，钻孔、镗孔的动作是孔位平面定位、快速引进、工作进给、快速退回等，这样一系列典型的加工动作已经预先编好程序，存储在内存中，可用包含 G 代码的一个程序段调用，从而简化编程工作。这种包含了典型动作循环的 G 代码称为循环指令。

通常固定循环由六个动作组成，如图 2-92 所示。

1）在 X、Y 平面上定位。

2）快速运行到 R 平面。

3）孔加工操作。

4）暂停。

5）返回到 R 平面。

6）快速返回到起始点。

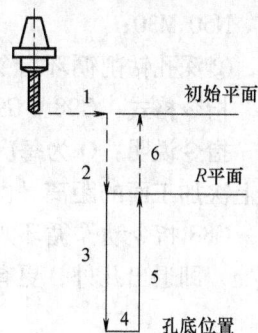

图 2-92 固定循环的组成

2. 编程格式

固定循环的程序格式包括数据形式、返回点位置、孔加工方式、孔位置数据、孔加工数据和循环次数，数据形式在程序开始时就已指定（G90 或 G91），如图 2-93 所示，因此在固定循环程序格式中可不注出。

指令格式：G90（G91） G98（G99） （G73～G89） X＿ Y＿ Z＿ R＿ Q＿ P＿ F＿ K＿；

指令说明：G98 和 G99 指令决定加工结束后的返回位置，其中 G98 指定返回初始平面，G99 指定返回 R 点平面；X、Y 为孔位数据，即被加工孔的位置；Z 为孔底平面相对于 R 点平面的 Z 向增量值（G91 时）或孔底坐标（G90 时）；R 为 R 点平面相对于初始点平面的 Z 向增量值（G91 时）或 R 点的坐标值（G90 时）；Q 在 G73 指令和 G83 指令中为每次切削的深度，在 G76 指令和 G87 指令中为偏移值，始终是增量值，用正值表示；P 指定刀具在孔底的暂停时间，用整数表示，单位为 ms；F 为切削进给速度；K 为重复加工次数（1～6）。

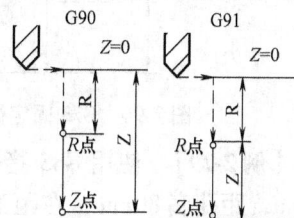

图 2-93 G90、G91 规定的 Z、R

3. 固定循环指令

（1）高速深孔钻削循环指令 G73 和深孔钻削循环指令 G83

①高速深孔钻削循环指令 G73。

指令格式：G98（G99） G73 X＿ Y＿ Z＿ R＿ Q＿ F＿ K＿；

指令说明：Q 为每次进给深度；每次退刀距离 d 由系统参数来设定。

G73 指令用于 Z 轴的间歇进给，使深孔加工时容易排屑，由于每次退刀不退出孔外，退刀距离短，所以孔的加工效率比 G83 指令的高，但排屑和冷却的效果没 G83 指令的好。G73 指令动作循环如图 2-94 所示。

【例 2-28】　使用 G73 指令编制图 2-94 所示深孔加工程序。设刀具起点距工件上表面 42mm，距孔底 80mm，在距工件上表面 2mm 处（R 点）由快进转换为工进，每次进给深度为 10mm，每次退刀距离为 5mm，孔中心位置为（100，0），孔底位置为 Z0。程序如下：

O1000；

N10 G92 X0 Y0 Z80；

N20 M03 S600；

N30 G98 G73 G90 X100 Z0 R40 P2000 Q10 F100；

N40 G00 X0 Y0 Z80；

N50 M30；

②深孔钻削循环指令 G83。

指令格式：G98（G99）G83 X __ Y __ Z __ R __ Q __ F __ K __；

指令说明：Q 为每次进给深度；每次退刀后再次进给时，由快速进给转换为切削进给时距上次加工面的距离 d 由系统参数来设定。

G83 指令动作循环如图 2-95 所示，与 G73 不同之处在于每次进刀后都返回安全平面高度处，即退出孔外，更有利于钻深孔时的排屑和钻头的冷却，但钻孔速度没 G73 指令快。

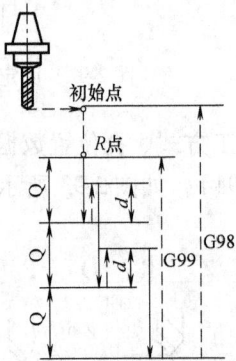

图 2-94　G73 固定循环

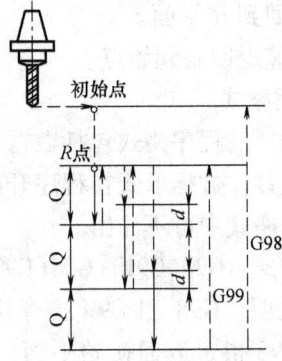

图 2-95　G83 固定循环

【例 2-29】　使用 G83 指令编制图 2-95 所示深孔加工程序。设刀具起点距工件上表面 42mm，距孔底 80mm，在距工件上表面 2mm 处（R 点）由快进转换为工进，每次进给深度为 10mm，每次退刀后再由快速进给转换为切削进给时，距上次加工面的距离 5mm，孔中心位置为（100，0），孔底位置为 Z0。程序如下：

O2000；

N10 G92 X0 Y0 Z80；

N20 M03 S600；

N30 G99 G83 G90 X100 Z0 R40 P2000 Q10 F100；

N40 G00 X0 Y0 Z80；

N50 M30；

（2）钻孔循环指令 G81 和 G82

①一般钻孔循环指令 G81。

指令格式：G98（G99）G81 X ＿ Y ＿ Z ＿ R ＿ F ＿ K ＿；

指令说明：G81 钻孔动作循环包括 X、Y 坐标定位、快进、工进和快速返回等动作，该指令主要用于加工通孔或螺纹孔。G81 指令动作循环如图 2-96 所示。

【例 2-30】 使用 G81 指令编制图 2-96 所示钻孔加工程序。设刀具起点距工件上表面 42mm，距孔底 50mm，在距工件上表面 2mm 处（R 点）由快进转换为工进，孔中心位置为（100，0），孔底位置为 Z0。

O3000；

G92 X0 Y0 Z50；

M03 S600；

G99 G81 X100 Z0 R10 F100；

G00 X0 Y0 Z50；

M05；

M30；

②带停顿的钻孔循环指令 G82。

指令格式：G98（G99）G82 X ＿ Y ＿ Z ＿ R ＿ P ＿ F ＿ K ＿；

指令说明：G82 指令除了要在孔底暂停外，其他动作与 G81 相同，暂停时间由地址 P 给出。该指令主要用于加工不通孔，以提高孔深精度。G82 指令动作循环如图 2-97 所示。

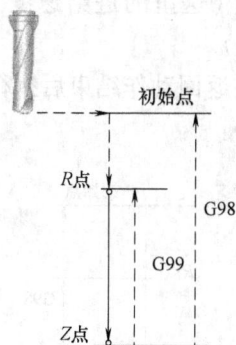

图 2-96 G81 固定循环

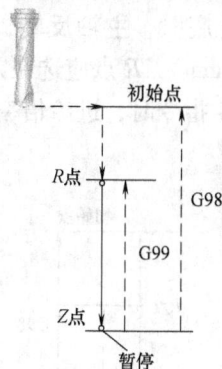

图 2-97 G82 固定循环

【例 2-31】 如图 2-98 所示，设刀具起点距工件上表面 50mm，距孔底 71mm，在距工件上表面 5mm 处（R 点）由快进转换为工进。用 G82 指令编程如下（注意重复次数 K 的使用）：

O3000；

G92 X0 Y0 Z50；

M03 S600；

G91 G98 G82 X40 Z –26 R –45 P2000 K3 F100；

G90 G00 X0 Y0 Z50；

M05；

M30；

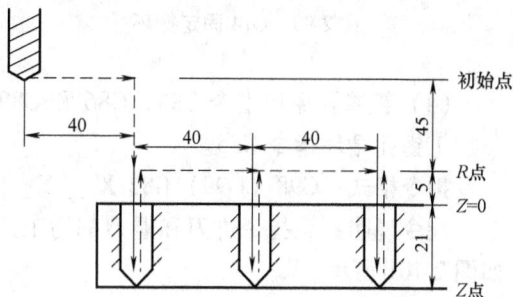

图 2-98 G82 指令编程实例

（3）攻螺纹循环指令 G74（左旋）和 G84（右旋）

①反攻螺纹循环指令 G74。攻反螺纹时主轴反转，到孔底时主轴正转，然后退回。攻螺纹时速度倍率不起作用。使用进给保持时，在全部动作结束前也不停止。G74 指令动作循环如图 2-99 所示。

指令格式：G98（G99）G74 X＿ Y＿ Z＿ R＿ F＿ K＿；

【例 2-32】 使用 G74 指令编制图 2-99 所示反攻螺纹加工程序。设刀具起点距工件上表面 48mm，距孔底 60mm，在距工件上表面 8mm 处（R 点）由快进转换为工进，孔中心位置为（100，0），孔底位置为 Z0。

```
O2000；
G92 X0 Y0 Z60；
M04 S200；
G98 G74 X100 Z0 R20 P4000 F400；
G00 X0 Y0 Z60；
M05；
M30；
```

②攻螺纹循环指令 G84。

指令格式：G98（G99）G84 X＿ Y＿ Z＿ R＿ F＿ K＿；

图 2-100 所示为 G84 攻螺纹的动作循环图。从 R 点到 Z 点攻螺纹时，刀具正向进给，主轴正转。到孔底时，主轴反转，刀具以反向进给速度退出（这里的进给速度 F＝转速（r/min）×螺距（mm），R 点应选在距工件表面 7mm 以上的地方）。

执行 G84 指令时，进给倍率不起作用，进给保持只能在返回动作结束后执行。

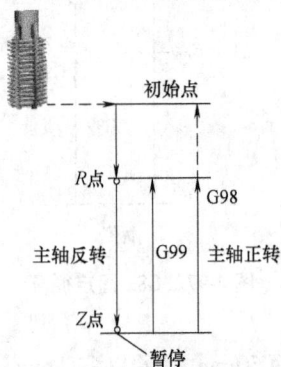

图 2-99　G74 固定循环

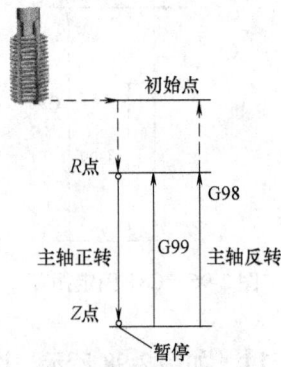

图 2-100　G84 固定循环

（4）粗镗孔循环指令 G85、G86 和 G89

①镗孔循环指令 G85。

指令格式：G98（G99）G85 X＿ Y＿ Z＿ R＿ F＿ K＿；

指令说明：该指令进刀和退刀都为工进速度，且回退时主轴不停转。G85 指令动作循环如图 2-101 所示。

②镗孔循环指令 G86。

指令格式：G98（G99）G86 X＿ Y＿ Z＿ R＿ F＿ K＿；

指令说明：此指令动作过程与 G85 相同，但在孔底时主轴停止，然后快速退回，如图 2-102 所示。

③镗孔循环指令 G89。

指令格式：G98（G99）G89 X __ Y __ Z __ R __ F __ K __；

指令说明：此指令与 G85 指令基本相同，只是在孔底有暂停。G89 指令动作循环如图 2-103 所示。

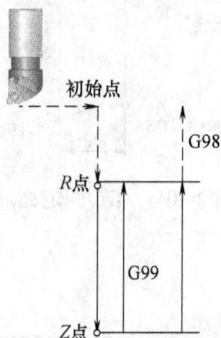

图 2-101   G85 固定循环   图 2-102   G86 固定循环   图 2-103   G89 固定循环

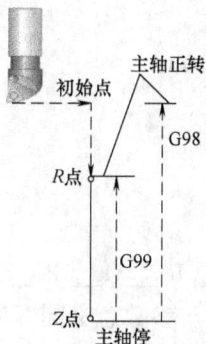

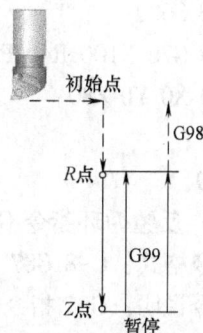

（5）镗孔循环（手动退刀）指令 G88

指令格式：G98（G99）G88 X __ Y __ Z __ R __ P __ F __ K __；

指令说明：在孔底暂停，主轴停止后，转换为手动状态，即手动将刀具从孔中退出。到返回点平面后，主轴正转，再转入下一个程序段进行自动加工。

由于镗孔时手动退刀，所以不需主轴准停。

【例 2-33】 使用 G88 指令编制图 2-104 所示镗孔加工程序。设刀具起点距 R 点 40mm，距孔底 80mm，孔中心位置为（60，80），孔底位置为 Z0。程序如下：

O2000；

G92 X0 Y0 Z80；

M03 S600；

G98 G88 X60 Y80 R40 P2000 Z0 F100；

G00 X0 Y0；

M05；

M30；

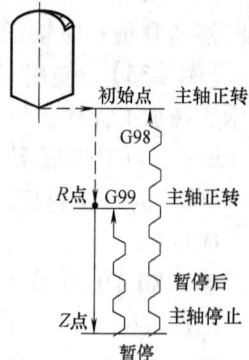

图 2-104   G88 固定循环

（6）精镗循环指令 G76

指令格式：G98（G99）G76 X __ Y __ Z __ R __ Q __ P __ F __ K __；

指令说明：Q 为在孔底的偏移量，是在固定循环内保存的模态值，必须小心指定。

图 2-105 所示为 G76 指令的动作顺序。精镗时，主轴在孔底定向停止后，向刀尖反方向移动，然后快速退刀，退刀位置由 G98 或 G99 指令决定。这种带有让刀的退刀不会划伤已加工平面，保证了镗孔精度。刀尖反向位移量用地址 Q 指定，其值只能为正值。Q 值是模态的，位移方向由 MDI 设定，可为 ±X、±Y 中的任一个。

【例 2-34】 使用 G76 指令编制图 2-105 所示的精镗加工程序。设刀具起点距工件上表面 42mm，距孔底 80mm，在距工件上表面 2mm 处（R 点）由快进转换为工进，孔中心位置为（100，0），孔底位置为 Z0。程序如下：

O2000；

G92 X0 Y0 Z80；

M03 S600；

G99 G76 X100 R40 P2000 Q5 Z0 F100；

G00 X0 Y0 Z80；

M05；

M30；

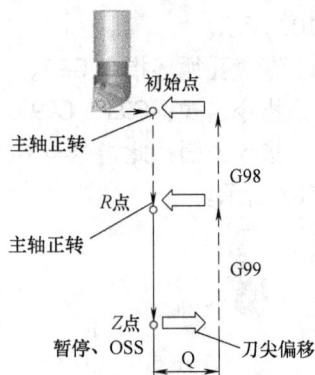

图 2-105　G76 固定循环

（7）反镗循环指令 G87

指令格式：G98 G87 X __ Y __ Z __ R __ Q __ P __ F __ K __；

指令说明：G87 指令用于精密镗孔。参数意义同 G76 指令。

G87 指令动作循环如图 2-106。其动作过程为：在 X、Y 面上定位；主轴定向停止；在 X（Y）方向向刀尖的反方向移动 Q 值；定位到 R 点（孔底）；在 X（Y）方向向刀尖的方向移动 Q 值；主轴正转；在 Z 轴正方向上加工至 Z 点；主轴定向停止；在 X（Y）方向向刀尖的反方向移动 Q 值；返回到初始点（只能用 G98）；在 X（Y）方向向刀尖的方向移动 Q 值；主轴正转。

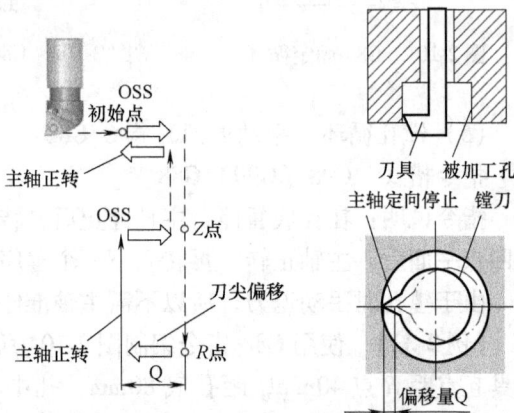

图 2-106　G87 固定循环

【例 2-35】 使用 G87 指令编制图 2-106 所示反镗加工程序。设刀具起点距工件上表面 40mm，距工件底部 120mm，孔中心位置为（100，0），工件底部为 Z0（R 点），阶梯孔底位置为 Z40。

O2000；

G92 X0 Y0 Z120；

M03 S600；

G98 G87 X100 Z40 R0 Q5 P2000 F100；

G00 X0 Y0 Z120；

M05；

M30；

> **注意：** ①在固定循环中，定位速度由前面的指令指定。②各固定循环指令均为非模态值，因此每句指令的各项参数应写全。③固定循环中定位方式取决于上次是 G00 还是 G01，因此如果希望快速定位，则在上一行或本语句开头加 G00。

（8）取消固定循环指令 G80　该指令能取消所有固定循环，同时 R 点和 Z 点也被取消。

使用固定循环时应注意以下几点：

①在固定循环指令前应使用 M03 或 M04 指令使主轴回转。

②在固定循环程序段中，X、Y、Z、R 数据应至少指令一个才能进行孔加工。

③在使用控制主轴回转的固定循环（G74、G84、G86）中，如果连续加工一些孔间距比较小或者初始平面到 R 点平面的距离比较短的孔时，会出现在进入孔的切削动作前时主轴还没有达到正常转速的情况，遇到这种情况时应在各孔的加工动作之间插入 G04 指令，以获得足够的时间等待主轴达到正常转速。

④当用 G00～G03 指令注销固定循环时，若 G00～G03 指令和固定循环出现在同一程序段，按后出现的指令运行。

⑤在固定循环程序段中，如果指定了 M 功能，则在最初定位时送出 M 功能信号，等待 M 功能信号完成，才能进行孔加工循环。

【例 2-36】　在加工中心上加工图 2-107 所示的孔。所用刀具如图 2-108 所示，T01 为 $\phi6mm$ 钻头，T02 为 $\phi10mm$ 钻头，T03 为镗刀。T01、T02 和 T03 的刀具长度补偿号分别为 H01、H02 和 H03。以主轴端面对刀，则 H01 = 150mm，H02 = 140mm，H03 = 100mm。程序编制如下：

```
O1000;
N10 G54 G90 G00 X0 Y0 Z200;
N15 G91 G28 Z0;
N20 T01 M06;
N30 G90 G43 G00 Z100 H01;
N35 Z5;
N40 M03 S600;
N50 G99 G83 X20 Y120 Z－63 Q3 R－27 F120;
N60 Y80;
N70 G98 Y40;
N80 G99 X280;
N90 Y80;
N100 G98 Y120;
N110 G49 G00 Z200 M05;
N115 G91 G28 Z0;
N120 T02 M06;
N130 G90 G43 Z100 H02;
N140 Z5;
N150 M03 S600;
N160 G99 G82 X50 Y100 Z－53 R－27 P2000 F120;
N170 G98 Y60;
N180 G99 X250;
N190 G98 Y100;
```

N200 G49 G00 Z200 M05；

N210 G91 G28 Z0；

N215 T03 M06；

N220 G90 G43 Z100 H03；

N230 Z5；

N240 M03 S300；

N250 G99 G76 X150 Y120 Z－65 R3 F50；

N260 G98 Y40；

N270 G49 G00 Z200；

N280 M05；

N290 M30；

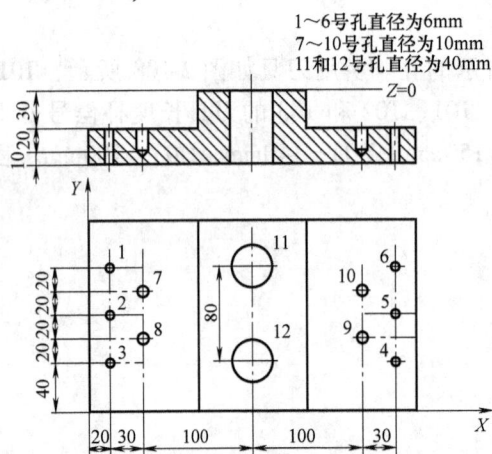

图 2-107　加工中心编程实例

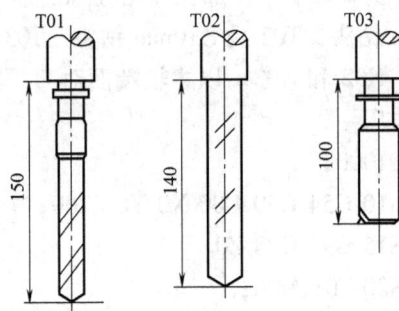

图 2-108　加工所用刀具

2.5.6　子程序

数控铣床及加工中心子程序的编程格式及调用格式和前面讲的数控车床的完全一样，这里不再详述，只举例来说明。

【例 2-37】　如图 2-109 所示，在一块平板上加工 6 个边长为 10mm 的等边三角形，每边的槽深为 2mm，工件上表面为 Z 向零点。其程序的编制就可以采用调用子程序的方式来实现（编程时不考虑刀具补偿）。程序如下：

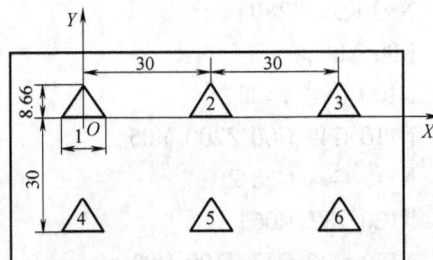

图 2-109　子程序编制实例

主程序

O1000；

N10 G54 G90 G00 Z40 F200；　　　进入工件加工坐标系

N20 M03 S800；　　　　　　　　　主轴起动

N30 G00 Z3；　　　　　　　　　　快进到工件表面上方

N40 X0 Y8.66；　　　　　　　　　到 1 号三角形上顶点

N50 M98 P2000；　　　　　　　　　调 2000 号切削子程序切削三角形

N60 G90 G00 X30 Y8.66;	到 2 号三角形上顶点
N70 M98 P2000;	调 2000 号切削子程序切削三角形
N80 G90 G00 X60 Y8.66;	到 3 号三角形上顶点
N90 M98 P2000;	调 2000 号切削子程序切削三角形
N100 G90 G00 X0 Y – 21.34;	到 4 号三角形上顶点
N110 M98 P2000;	调 2000 号切削子程序切削三角形
N120 G90 G00 X30 Y – 21.34;	到 5 号三角形上顶点
N130 M98 P2000;	调 2000 号切削子程序切削三角形
N140 G90 G00 X60 Y – 21.34;	到 6 号三角形上顶点
N150 M98 P2000;	调 2000 号切削子程序切削三角形
N160 G90 G00 Z40 F200;	抬刀
N170 M05;	主轴停
N180 M30;	程序结束
子程序	
O2000;	
N10 G91 G01 Z – 2 F100;	在 Z 方向切（深）2mm
N20 G01 X – 5 Y – 8.66;	切削三角形
N30 G01 X10 Y0;	切削三角形
N40 G01 X – 5 Y8.66;	切削三角形
N50 G01 Z5 F200;	抬刀
N60 M99;	子程序结束

【例 2-38】　如图 2-110 所示，通过调用子程序不断改变刀具半径补偿值，完成内外轮廓的自动去余量加工。程序编制如下：

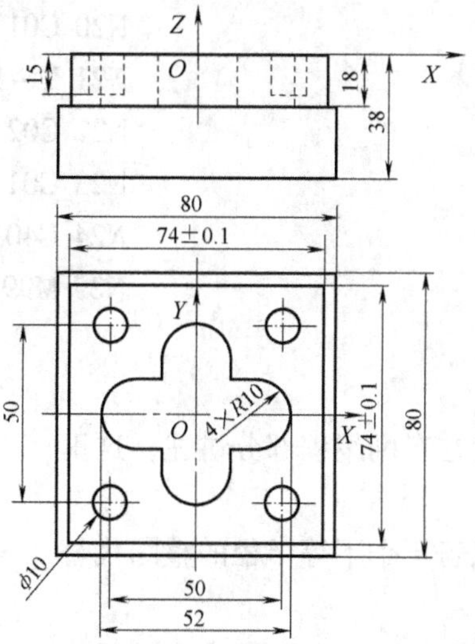

图 2-110　调用子程序去余量编程实例

O1000;（主程序）	N11 G91 G28 Z0;
N10 G54;	N12 T01 M06;

N13 M03 S600;

N14 G90 G00 Z10;

N15 X0 Y - 57（定位到半径为 20mm 的

切入切出半圆的圆心）;

N16 Z - 18;

N17 D01 M98 P2000;

N18 G00 Z100;

N19 M05;

N20 G91 G28 Z0;

N21 T02 M06;

N22 M03 S600;

N23 G90 G43 G00 Z10 H02;

N24 X0 Y - 10;

N25 G01 Z - 18;

N26 D02 M98 P3000;

N27 D03 M98 P3000;

N28 D04 M98 P3000;

N29 Z10;

N30 G49 G00 Z100;

N31 M05;

N32 G91 G28 Z0;

N33 T03 M06;

N34 G90 G43 G00 Z10 H03;

N35 X - 25 Y25;

N36 G81 Z - 15 R5 F80;

N37 X25;

N38 Y - 25;

N39 X - 25;

N40 G49 G00 Z100;

N41 M05;

N42 M30;

O2000（外轮廓加工子程序）

N11 G42 G01 X - 20;

N12 G02 X0 Y - 37 R20 F100;

N13 G01 X37;

N14 Y37;

N15 X - 37;

N16 Y - 37;

N17 X0;

N18 G02 X20 Y - 57 R20;

N19 G40 G00 X0;

N20 M99;

O3000（内轮廓加工子程序）

N11 G42 G01 X - 10 F100;

N12 X - 16;

N13 G02 X - 16 Y10 R10;

N14 G01 X - 10;

N15 Y16;

N16 G02 X10 Y16 R10;

N17 G01 Y10;

N18 X16;

N19 G02 X16 Y - 10 R10;

N20 G01 X10;

N21 Y - 16;

N22 G02 X - 10 Y - 16 R10;

N23 G01 Y - 10;

N24 G40 G01 X0;

N25 M99;

2.5.7　宏程序

宏指令编程的基本知识已在车削编程部分讲述，这里不再赘述，只举具体实例。

球面加工的编程思想为以若干个不等半径的整圆代替曲面。

【例 2-39】　平刀加工凸半球。已知凸半球的半径为 R，刀具半径为 r，建立图 2-111 所示几何模型，数学变量表达式为

$$\#1 = \theta（0° \sim 90°，设定初始值 \#1 = 0）$$

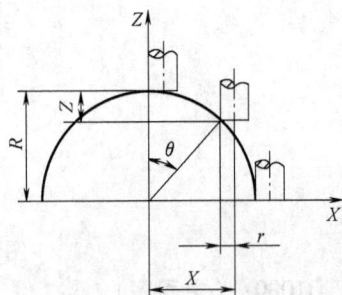

图 2-111　平刀加工凸球程序编制

#2 = X = R * SIN[#1] + r（刀具中心坐标）

#3 = Z = R - R * COS[#1]

编程时以圆球的顶面为 Z 向 0 平面，程序如下：

```
O0001;
M03 S1000;
G90 G54 G00 Z100;
G00 X0 Y0;
G00 Z3;
#1 = 0;
WHILE[#1LE90]DO1;
#2 = R * SIN[#1] + r;
#3 = R - R * COS[#1];
G01 X#2 Y0 F300;
G01 Z - #3 F100;
G02 X#2 Y0 I - #2 J0 F300;
#1 = #1 + 1;
END1;
G00 Z100;
M30;
```

💡**注意**：当加工的球形的角度为非半球时，可以通过调整#1，也就是 θ 角变化范围来改变程序。

【例 2-40】 球刀加工凸半球。已知凸半球的半径为 R，刀具半径为 r，建立图 2-112 所示几何模型，设定变量表达式

#1 = θ（0° ~ 90°，设定初始值#1 = 0）

#2 = X = [R + r] * SIN[#1]（刀具中心坐标）

#3 = Z = R - [R + r] * COS[#1] + r = [R + r] * [1 - COS[#1]]

编程时以圆球的顶面为 Z 向 0 平面，程序如下：

```
O0001;
M03 S1000;
G90 G54 G00 Z100;
G00 X0 Y0;
Z3;
#1 = 0;
WHILE [#1LE90] DO1;
#2 = [R + r] * SIN [#1];
#3 = [R + r] * [1 - COS[#1]];
G01 X#2 Y0 F300;
```

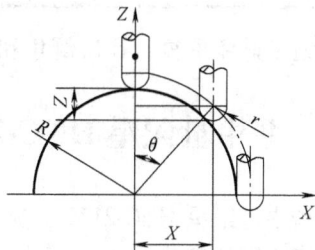

图 2-112 球刀加工凸程序编制实例

G01 Z - #3 F100；

G02 X#2 Y0 I - #2 J0 F300；

#1 = #1 + 1；

END1；

G00 Z100；

M30；

【例 2-41】 球刀加工凹半球。已知凹半球的半径为 R，刀具半径为 r，建立图 2-113 所示几何模型，设定变量表达式

#1 = θ（0° ~ 90°，设定初始值#1 = 0）

#2 = X = [$R - r$] * COS[#1]（刀具中心坐标）

#3 = Z = [$R - r$] * SIN[#1] + r

编程时以圆球的顶面为 Z 向 0 平面，程序如下：

O0003；

M03 S1000；

G90 G54 G00 Z100；

G00 X0 Y0；

G00 Z3；

#1 = 0；

WHILE[#1 LE 90]DO1；

#2 = [R - r] * SIN[#1]；

#3 = [R - r] * COS[#1] + r；

G01 X#2 Y0 F300；

G01 Z - #3 F100；

G03 X#2 Y0 I - #2 J0 F300；

#1 = #1 + 1；

END1；

G00 Z100；

M30；

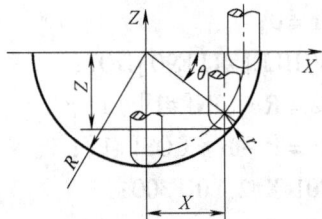

图 2-113 球刀加工凹球程序编制实例

> **注意：** 当加工凸半球或凹半球的一部分时，可以通过改变#1 即 θ 角来实现。如果凹半球底部不加工，可以利用平刀加工，方法相似。

为了避免重复，孔口倒角和倒圆角的宏程序编制在 HNC-21M 编程部分讲述。

2.6 华中世纪星 HNC-21M 编程指令简介

华中世纪星 HNC-21M 系统大部分编程指令的格式、含义与 FANUC 0i 系统一样，这里只介绍不同的部分。

2.6.1 HNC-21M 的基本编程指令

1. 局部坐标系设定指令 G52

指令格式：G52 X __ Y __ Z __ A __ B __ C __ U __ V __ W __ ;

指令说明：①X、Y、Z、A、B、C、U、V、W 为局部坐标系原点在工件坐标系中的坐标值。G52 指令能在所有的工件坐标系（G54~G59）内形成子坐标系，即设定局部坐标系。含有 G52 指令的程序段中，绝对值方式（G90）编程的移动指令就是在该局部坐标系中的坐标值。即使设定了局部坐标系，工件坐标系和机床坐标系也不变化。②G52 指令仅在其被规定的程序段中有效。③在缩放及坐标系旋转状态下，不能使用 G52 指令，但在 G52 指令下能进行缩放及坐标系旋转。

2. 脉冲当量输入指令 G22

G22 指令用来指定坐标轴的尺寸字以脉冲当量的形式输入，与 G20、G21 指令一样，都属于坐标尺寸选择指令。如果在程序中使用了 G22 指令，则坐标字的尺寸或进给速度的单位以脉冲当量来度量。

3. 单方向定位指令 G60

指令格式：G60 X __ Y __ Z __ A __ B __ C __ U __ V __ W __ ;

指令说明：①X、Y、Z、A、B、C、U、V、W 为定位终点，在 G90 指令下为终点在工件坐标系中的坐标；在 G91 指令下为终点相对于起点的位移量。②在单向定位时，每一轴的定位方向是由机床参数确定的。在 G60 指令中，先以 G00 速度快速定位到一中间点，然后以一固定速度移动到定位终点。中间点与定位终点的距离（偏移值）是一常量，由机床参数设定，且从中间点到定位终点的方向即为定位方向。③G60 指令仅在其被规定的程序段中有效。

4. 暂停功能指令 G04

指令格式：G04 P __ ;

指令说明：①P 为暂停时间，单位为 s。②G04 指令在前一程序段的进给速度降到零之后才开始执行，在执行含 G04 指令的程序段时，先执行暂停功能。③G04 为非模态指令，仅在其被规定的程序段中有效。

【例 2-42】　编制图 2-114 所示零件的钻孔加工程序。程序如下：

%0004 ;

G92 X0 Y0 Z0 ;

M03 S500 ;

G91 G43 G01 Z −6 H01 F100 ;

G04 P5 ;

G49 G00 Z6 ;

M05 ;

M30 ;

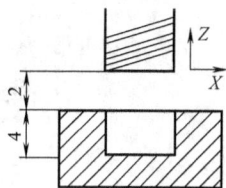

图 2-114　G04 编程实例

G04 指令可使刀具作短暂停留，以获得圆整而光滑的表面。如对不通孔作深度控制时，在刀具进给到规定深度后，用暂停指令使刀具作非进给光整切削，然后退刀，保证孔底平整。

5. 准停检验指令 G09

指令格式：G09；

指令说明：①执行一个包括 G09 的程序段后，在继续执行下个程序段前，刀具准确停在本程序段的终点。该功能用于加工尖锐的棱角。②G09 为非模态指令，仅在其被规定的程序段中有效。

6. 段间过渡方式指令 G61、G64

指令格式：G64/G61；

指令说明：①G61 为精确停止检验指令；G64 为连续切削方式指令。②在 G61 后的各程序段，编程轴都要准确停止在程序段的终点，然后再继续执行下一程序段。③在 G64 之后的各程序段，编程轴刚开始减速时（未到达所编程的终点）就开始执行下一程序段，但在定位指令（G00、G60）或有准停校验（G09）的程序段中，以及在不含运动指令的程序段中，进给速度仍减速到零，才执行定位校验。④G61 方式的编程轮廓与实际轮廓相符。G61 指令与 G09 指令的区别在于 G61 为模态指令。G64 方式的编程轮廓与实际轮廓不同，其不同程度取决于 F 指定值的大小及两路径间的夹角，F 指定值越大，区别越大。⑤G61、G64 为模态指令，可相互注销，G64 为默认值。

【例 2-43】　编制图 2-115 所示轮廓的加工程序，要求编程轮廓与实际轮廓相符。

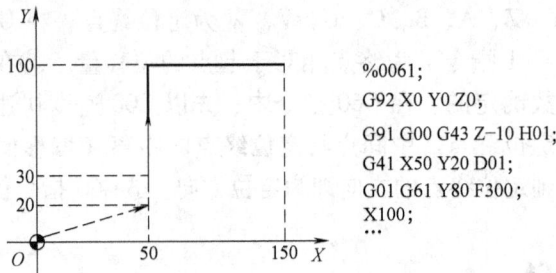

```
%0061;
G92 X0 Y0 Z0;
G91 G00 G43 Z-10 H01;
G41 X50 Y20 D01;
G01 G61 Y80 F300;
X100;
…
```

图 2-115　G61 编程

【例 2-44】　编制图 2-116 所示轮廓的加工程序，要求程序段间不停顿。

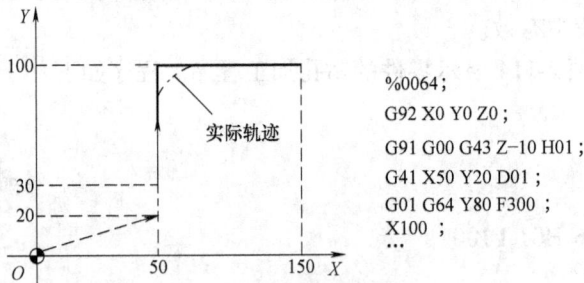

```
%0064;
G92 X0 Y0 Z0;
G91 G00 G43 Z-10 H01;
G41 X50 Y20 D01;
G01 G64 Y80 F300;
X100;
…
```

图 2-116　G64 编程

7. 加工中心的换刀指令 M06

M06 指令用于加工中心换刀，即从刀库调用一把新刀安装在主轴上，并把主轴上原来的旧刀还回刀库。执行 M06 指令后，刀具被自动地安装在主轴上。

M06 为非模态后作用 M 功能。

> 💡 **注意**：在执行 M06 指令前，一定要用 G28 指令使机床返回参考点，这是为了保证换刀时主轴准停功能的可靠性。否则，换刀动作可能无法完成。

另外，各把刀的长度可能不一样，换刀时一定要考虑刀具的长度补偿，以免发生撞刀或危及人身安全的事故。下面是三把刀换刀的编程实例。

…	
N10 G91 G28 Z0 M05；	Z 轴回到参考点（换刀位置）
N20 T01 M06；	换 1 号刀到主轴，假定其为标刀，不需加补偿
…	1 号刀的加工程序
N50 G91 G28 Z0 M05；	Z 轴回到参考点（换刀位置）
N60 T02 M06；	换 2 号刀到主轴，假设其比标刀长 10mm
N70 M03 S600；	起动主轴正转，转速为 600r/min
N80 G90 G43 G00 Z50 H02；	刀具快速移动到工件表面以上 50mm 处（假定 Z 轴原点在工件上表面），加长度正补偿（补偿值为正）
…	2 号刀的加工程序
N100 G49 G91 G28 Z0 M05；	Z 轴回到参考点（换刀位置），取消 2 号刀的刀补
N110 T03 M06；	换 3 号刀到主轴，假设其比标刀短 10mm
N130 M03 S600；	启动主轴正转，转速为 600r/min
N140 G90 G44 G00 Z50 H03；	刀具快速移动到工件表面以上 50mm 处，加长度负补偿（补偿值为正）
…	3 号刀的加工程序

2.6.2 子程序及简化编程指令

1. 子程序调用指令 M98 及从子程序返回指令 M99

M98 指令用来调用子程序；M99 指令表示子程序结束，执行 M99 指令，使控制返回到主程序。

（1）子程序的结构

% × × × ×；

…

M99；

在子程序开头必须规定子程序号，以此作为调用入口地址，在子程序的结尾用 M99 指令，以控制执行完该子程序后返回主程序。

（2）调用子程序的格式

指令格式：M98 P ＿＿ L ＿＿；

指令说明：P 指定被调用的子程序号；L 指定重复调用次数。

2. 镜像功能指令 G24、取消镜像指令 G25

当工件（或某部分）具有相对于某一轴对称的形状时，可以利用镜像功能和子程序的方法，简化编程。镜像指令能将数控加工刀具轨迹沿某坐标轴做镜像变换而形成对称零件的刀具轨迹。对称轴可以是 X 轴、Y 轴或 X、Y 轴（即原点对称）。

指令格式：G24 X __ Y __ Z __；

M98 P __；

G25 X __ Y __ Z __；

指令说明：①G24 指令建立镜像，由指令坐标轴后的坐标值指定镜像位置；G25 指令用于取消镜像。②G24、G25 为模态指令，可相互注销，G25 为默认值。

> 💡**注意**：有刀补时，先镜像，然后进行刀具长度补偿、半径补偿。当某一轴的镜像有效时，该轴执行与编程方向相反的运动。

【**例 2-45**】 使用镜像功能编制图 2-117 所示轮廓的加工程序，设刀具起点距工件上表面 100mm，切削深度为 5mm。程序如下：

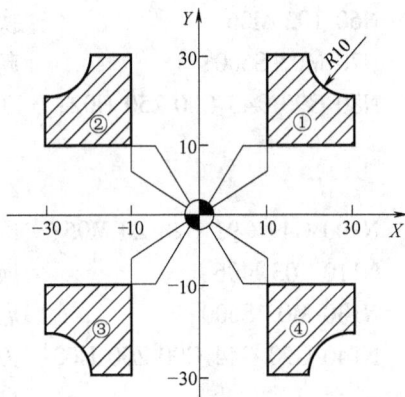

图 2-117 镜像功能编程

%2000；主程序

N01 G92 X0 Y0 Z100；

N02 G91 M03 S600；

N03 M98 P1000；　　加工轮廓①

N04 G24 X0；　　　　Y 轴镜像，镜像位置为 $X=0$

N05 M98 P1000；　　加工轮廓②

N06 G25 X0；　　　　取消 Y 轴镜像

N07 G24 X0 Y0；　　X 轴、Y 轴镜像，镜像位置为 (0，0)

N08 M98 P1000；　　加工轮廓③

N09 G25 X0 Y0；　　取消 X 轴、Y 轴镜像

N10 G24 Y0；　　　　X 轴镜像，镜像位置为 $Y=0$

N11 M98 P1000；　　加工轮廓④

N12 G25 Y0；　　　　取消 X 轴镜像

N13 M05；

N14 M30；

%1000；　　　　　　子程序（轮廓①的加工程序）

N100 G41 G00 X10 Y4 D01；

N120 G43 Z－98 H01；

N130 G01 Z－7 F100；

N140 Y26；

N150 X10；

N160 G03 X10 Y－10 I10 J0；

N170 G01 Y－10；

N180 X－25；

N190 G49 G00 Z105；

N200 G40 X－5 Y－10；

N210 M99；

3. 缩放功能指令 G50、G51

使用 G51 指令可用一个程序加工出形状相同、尺寸不同的工件。

指令格式：G51 X ＿ Y ＿ Z ＿ P ＿；

　　　　　　M98 P ＿；

　　　　　　G50；

指令说明：①G51 指令中的 X、Y、Z 给出缩放中心的坐标值，P 后跟缩放倍数。②G51 指令既可指定平面缩放，也可指定空间缩放。③用 G51 指定缩放开，G50 指定缩放关。④有刀补时，先缩放，然后进行刀具的长度补偿和半径补偿。⑤在 G51 后，运动指令的坐标值以（X，Y，Z）为缩放中心，按 P 规定的缩放比例进行计算。⑥G51、G50 为模态指令，可相互注销，G50 为默认值。

【例 2-46】　使用缩放功能编制图 2-118 所示轮廓的加工程序，已知三角形 ABC 的顶点为 $A(10，30)$、$B(90，30)$、$C(50，110)$，三角形 $A'B'C'$ 是缩放后的图形，其中缩放中心为 $D(50，50)$，缩放系数为 0.5 倍，设刀具起点距工件上表面 50mm。

%3000；主程序

G92 X0 Y0 Z60；

G91 M03 S600 F100；

G43 G00 X50 Y50 Z－46 H01；

#51 = 14；

M98 P1000；（加工三角形 ABC）

#51 = 8；

G51 X50 Y50 P0.5；（缩放中心为（50，50），缩放系数为0.5）

M98 P1000；（加工三角形 $A'B'C'$）

G50；（取消缩放）

G49 Z46；

M05；

M30；

%1000；子程序（三角形 ABC 的加工程序）

N100 G42 G00 X － 44 Y － 20 D01；

N110 Z[－#51]；

N120 G01 X84；

N130 X － 40 Y80；

N140 X － 44 Y － 88；

N150 Z[#51]；

N160 G40 G00 X44 Y28；

N170 M99；

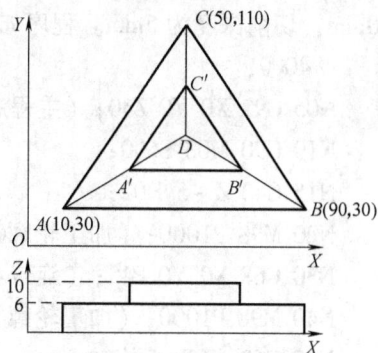

图 2-118　缩放功能编程

4. 旋转变换功能指令 G68、G69

旋转变换功能指令 G68、G69 可使编程图形按照指定的旋转中心及旋转方向旋转一定的角度。通常和子程序一起使用，加工旋转到一定位置的重复轮廓。

指令格式：G68 X α Y β P __；

M98 P __；

G69；

指令说明：①（α，β）是由 G17、G18 或 G19 定义平面上的旋转中心，P 指定旋转角度，单位是（°），范围为 0°~360°。②G68 为坐标旋转功能，G69 为取消坐标旋转功能。③G68、G69 为模态指令，可相互注销，G69 为默认值。

> **注意**：在有刀具补偿的情况下，先进行坐标旋转，然后才进行刀具半径补偿、长度补偿。在有缩放功能的情况下，先缩放后旋转。

【例 2-47】 使用旋转功能编制图 2-119 所示轮廓的加工程序，设刀具起点距工件上表面 50mm，切削深度为 5mm。程序如下：

%4000；

N05 G92 X0 Y0 Z50；（主程序）

N10 G90 M03 S600；

N15 G43 Z - 5 H02；

N20 M98 P1000；（加工轮廓①）

N30 G68 X0 Y0 P45；（旋转 45°）

N40 M98 P1000；（加工轮廓②）

N50 G69；（取消旋转）

N60 G68 X0 Y0 P90；（旋转 90°）

N70 M98 P1000；（加工③）

N80 G69；（取消旋转）

N90 M05 M30；

%1000；子程序（轮廓①的加工程序）

N100 G41 G01 X20 Y - 5 D02 F100；

N105 Y0；

N110 G02 X40 I10；

N120 X30 I - 5；

N130 G03 X20 I - 5；

N140 G00 Y - 6；

N145 G40 X0 Y0；

N150 M99；

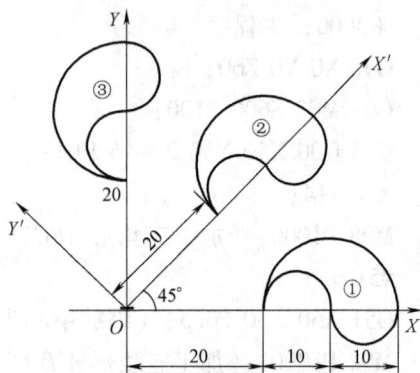

图 2-119 旋转功能编程

2.6.3 固定循环功能

1. 概述

HNC-21M 系统固定循环功能的编程格式和前面述及的 FANUC 0i 系统的基本一样，这里只重点说明与其不同的部分。

HNC-21M 系统固定循环的程序格式如下：

G98（G99）（G73 ~ G88）X ＿ Y ＿ Z ＿ R ＿ Q ＿ P ＿ I ＿ J ＿ K ＿ F ＿ L ＿；

说明：G98 和 G99 决定加工结束后的返回位置，G98 为返回初始平面，G99 为返回 R 点平面；X、Y 为孔位数据，即被加工孔的位置；Z 为孔底平面相对于 R 点平面的 Z 向增量值（G91 时）或孔底坐标（G90 时）；R 为 R 点平面相对于初始点平面的 Z 向增量值（G91 时）或 R 点的坐标值（G90 时）；Q 指定每次进给深度（G73 或 G83 时），是增量值，负数；K 指定每次退刀量（G73 或 G83 时），为正数；I、J 指定刀尖向反方向的移动量（负值，分别在 X、Y 轴向上）；P 指定刀具在孔底的暂停时间；F 指定切削进给速度；L 指定固定循环的次数。

2. 固定循环指令

（1）高速深孔加工循环指令 G73 和深孔加工循环指令 G83

①高速深孔加工循环指令 G73。

指令格式：G98（G99）G73 X ＿ Y ＿ Z ＿ R ＿ Q ＿ P ＿ K ＿ F ＿ L ＿；

指令说明：Q 指定每次进给深度；K 指定每次退刀距离。

> **注意**：Z、K、Q 移动量为零时，该指令不执行。

②深孔加工循环指令 G83。

指令格式：G98（G99）G83 X ＿ Y ＿ Z ＿ R ＿ Q ＿ P ＿ K ＿ F ＿ L ＿；

指令说明：Q 指定每次进给深度；K 指定每次退刀后再次进给时，由快速进给转换为切削进给时距上次加工面的距离。

（2）钻孔循环指令 G81 和 G82

①一般钻孔循环指令 G81。

指令格式：G98（G99）G81 X ＿ Y ＿ Z ＿ R ＿ F ＿ L ＿；

②带停顿的钻孔循环指令 G82。

指令格式：G98（G99）G82 X ＿ Y ＿ Z ＿ R ＿ P ＿ F ＿ L ＿；

（3）攻螺纹循环指令 G74（左旋）和 G84（右旋）

①反攻螺纹循环指令 G74。

攻反螺纹时主轴反转，到孔底时主轴正转，然后退回。攻螺纹时速度倍率不起作用。使用进给保持时，在全部动作结束前也不停止。

指令格式：G98（G99）G74 X ＿ Y ＿ Z ＿ R ＿ P ＿ F ＿ L ＿；

②攻螺纹循环指令 G84。

指令格式：G98（G99）G84 X ＿ Y ＿ Z ＿ R ＿ P ＿ F ＿ L ＿；

G84 指令中进给倍率不起作用，进给保持只能在返回动作结束后执行。

（4）粗镗孔循环指令 G85、G86 和 G89

①镗孔循环指令 G85。

指令格式：G98（G99）G85 X ＿ Y ＿ Z ＿ R ＿ F ＿ L ＿；

②镗孔循环指令 G86。

指令格式：G98（G99）G86 X ＿ Y ＿ Z ＿ R ＿ F ＿ L ＿；

③镗孔循环指令 G89。

指令格式：G98（G99）G89 X __ Y __ Z __ R __ P __ F __ L __；

（5）镗孔循环（手动退刀）指令 G88

指令格式：G98（G99）G88 X __ Y __ Z __ R __ P __ F __ L __；

注意：以上指令与 FANUC 0i 系统的差别是参数形式不一样，循环指令及循环功能的执行过程都是一样的，所以只给出了 HNC-21M 系统的指令格式，具体的循环过程及注意事项可参考前面所讲的。

（6）精镗循环指令 G76

指令格式：G98（G99）G76 X __ Y __ Z __ R __ P __ I(J) __ F __ L __；

指令说明：I 指定 X 轴刀尖反向位移量；J 指定 Y 轴刀尖反向位移量。

图 2-120 所示为 G76 指令的动作顺序。

【例 2-48】 使用 G76 指令编制图 2-120 所示精镗加工程序。设刀具起点距工件上表面 42mm，距孔底 80mm，在距工件上表面 2mm 处（R 点）由快进转换为工进。孔中心位置为（100，0），孔底位置为 Z0。程序如下：

%2000；

G92 X0 Y0 Z50；

M03 S600；

G91 G99 G76 X100 R －40 P2 I －5 Z －40 F100；

G90 G00 X0 Y0 Z50；

M05；

M30；

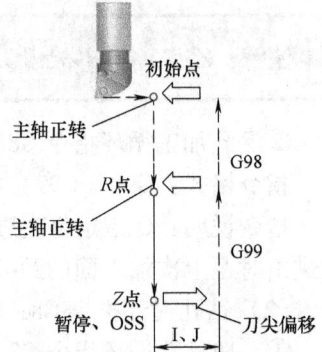

图 2-120 G76 固定循环

（7）反镗循环指令 G87

指令格式：G98 G87 X __ Y __ Z __ R __ P __ I __ (J__) F __ L __；

指令说明：I 指定 X 轴刀尖反向位移量；J 指定 Y 轴刀尖反向位移量。

G87 指令动作循环如图 2-121 所示，其动作过程为：在 XY 面上定位；主轴定向停止；在 X（Y）方向向刀尖的反方向移动 I（J）值；定位到 R 点（孔底）；在 X（Y）方向向刀尖的方向移动 I（J）值；主轴正转；在 Z 轴正方向上加工至 Z 点；主轴定向停止；在 X（Y）方向向刀尖的反方向移动 I（J）值；返回到初始点（只能用 G98）；在 X（Y）方向向刀尖的方向移动 I（J）值；主轴正转。

【例 2-49】 使用 G87 指令编制图 2-121 所示反镗加工程序。设刀具起点距工件上表面 40mm，距工件底部 120mm，孔中心位置为（100，0），工件底部为 Z0（R 点），阶梯孔底位置为 Z40。程序如下：

%2000；

G92 X0 Y0 Z120；

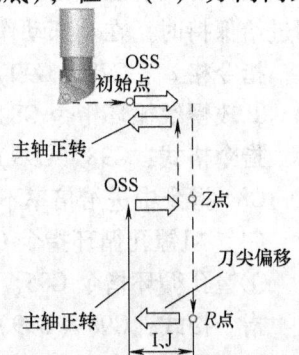

图 2-121 G87 固定循环

M03 S600；

G98 G87 X100 Z40 R0 I－5 P2 F100；

G00 X0 Y0 Z120；

M05；

M30；

2.6.4 宏指令编程

华中系统宏程序的有关内容已在 2.4.12 介绍，这里只举例说明 HNC-21M 系统如何使用宏程序编程。椭圆的解析方程

$$\begin{cases} x = a \times \cos t \\ y = b \times \sin t \end{cases}$$

【例 2-50】 椭圆的宏程序编制（图 2-122），长半轴为 40mm，短半轴为 20mm。用刀具半径为 5mm 的球头刀加工程序如下：

%1122；

#1 ＝0；（角度变量 θ，初值为 0°）

#2 ＝5；（刀具半径）

G54 G00 Z100；

X0 Y0；

M03 S600 F100；

G90 G00 X[40＋#2] Y60；

G00 Z10；

G01 Z－5；

Y0；

WHILE #1 LE360；

G01 X[#3] Y[#4] F100；

#3 ＝[40＋#2]＊COS[#1＊PI/180]；

#4 ＝[20＋#2]＊SIN[#1＊PI/180]；

#1 ＝#1＋1；

ENDW；

G01 Y－20；

G00 Z100；

X0 Y0；

M05；

M30；

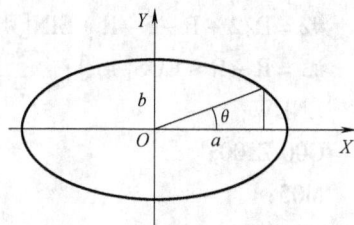

图 2-122 椭圆的宏程序编制

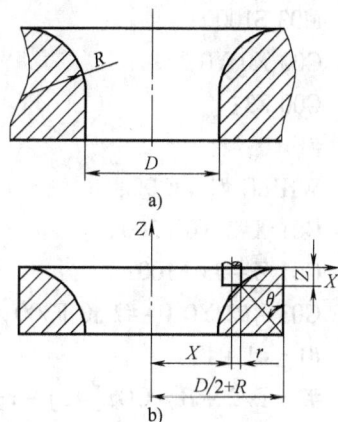

图 2-123 平刀倒孔口凸圆角

【例 2-51】 平刀倒孔口凸圆角（如图 2-123a）。已知孔口直径 D，孔口圆角半径 R，平刀半径 r，建立图 2-123b 所示几何模型，设定变量表达式

#1 ＝θ（θ 从 0°~90°，设定初始值#1 ＝0）

#2 ＝X＝$D/2＋R－r－R＊SIN[#1]$

$\#3 = Z = R - R * \text{COS}[\#1]$

编程时以工件上表面为 Z 向零平面，程序如下：

```
%1122;
G90 G54 G00 Z100;
M03 S1000;
G00 X0 Y0;
G00 Z3;
#1 = 0;
WHILE #1 LE 90;
G01 X#2 Y0 F300;
G01 Z - #3 F100;
G03 X#2 Y0 I - #2 J0 F300;
#1 = #1 + 1;
#2 = D/2 + R - r - R * SIN[#1];
#3 = R - R * COS[#1];
ENDW;
G00 Z100;
M05;
M30;
```

【例 2-52】　平刀加工孔口凹圆角（图 2-124a）。已知孔口直径 D，孔口圆角半径 R，平刀半径 r，建立图 2-124b 所示几何模型，设定变量表达式

$\#1 = \theta$；（θ 从 $0° \sim 90°$，设定初始值 $\#1 = 0$）

$\#2 = X = D/2 + R * \text{SIN}[\#1] - r$；

$\#3 = Z = R * \text{COS}[\#1]$；

编程时以工件上表面为 Z 向零平面，程序如下：

```
%1122;
G90 G54 G00 Z100;
M03 S1000;
G00 X0 Y0;
G00 Z3;
#1 = 0;
WHILE #1 LE 90;
G01 X#2 Y0 F300;
G01 Z - #3 F100;
G03 X#2 Y0 I - #2 J0 F300;
#1 = #1 + 1;
#2 = D/2 + R * COS[#1] - r;
#3 = R * SIN[#1];
ENDW;
```

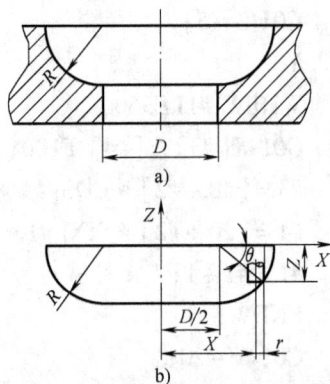

图 2-124　平刀加工孔口凹圆角

G00 Z100；

M05；

M30；

【例 2-53】 球刀倒孔口凸圆角。已知孔口直径 D，孔口圆角半径 R，球刀半径 r，建立图 2-125 所示几何模型，设定变量表达式

$\#1 = \theta$（θ 从 $0° \sim 90°$，设定初始值 $\#1 = 0$）

$\#2 = X = D/2 + R - [R+r] * SIN[\#1]$

$\#3 = Z = R - [R+r] * COS[\#1] + r$

　　　 $= [R+r] * [1 - COS[\#1]]$

编程时以工件上表面为 Z 向零平面，程序如下：

%1122；

G90 G54 G00 Z100；

M03 S1000；

G00 X0 Y0；

G00 Z3；

$\#1 = 0$；

WHILE #1 LE 90；

G01 X#2 Y0 F300；

G01 Z – #3 F100；

G03 X#2 Y0 I – #2 J0 F300；

$\#1 = \#1 + 1$；

$\#2 = D/2 + R - [R+r] * SIN[\#1]$；

$\#3 = [R+r] * [1 - COS[\#1]]$；

ENDW；

G00 Z100；

M05；

M30；

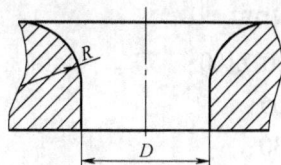

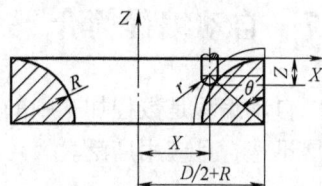

图 2-125　球刀倒孔口凸圆角

【例 2-54】 平刀倒孔口斜角。已知内孔直径 D，倒角角度 θ，倒角深度 Z_1，建立图 2-126 所示几何模型，设定变量表达式

$\#1 = Z$（Z 从 0 变化到 Z_1，设定初始值 $\#1 = 0$）

$\#2 = X = D/2 + Z_1 * COT[\theta] - \#1 * COT[\theta] - r$

编程时以工件上表面为 Z 向零平面，程序如下：

%1122；

G90 G54 G00 Z100；

M03 S1000；

G00 X0 Y0；

G00 Z3；

$\#1 = 0$；

WHILE #1 LE Z_1；

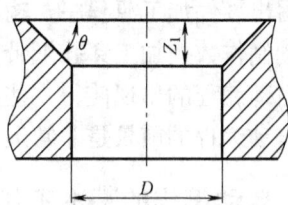

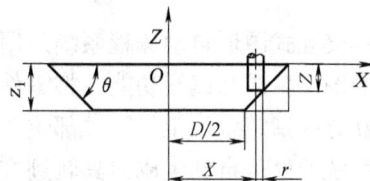

图 2-126　平刀倒孔口斜角

```
G01 X#2 Y0 F300；
G01 Z－#1 F100；
G03 X#2 Y0 I－#2 J0 F300；
#1 = #1 +0.1；
#2 = D/2 + Z₁ * COT[θ] －#1 * COT[θ] － r；
ENDW；
G00 Z100；
M05；
M30；
```

$$\#2 = D/2 + Z_1 * COT[\theta] - \#1 * COT[\theta] - r；$$

2.7　自动编程简介

自动编程是数控加工中的关键技术，是数控加工工艺的具体实施。图像交互式自动编程发展迅速，且应用广泛。

2.7.1　自动编程的基本概念

手工编程通常只应用于一些简单零件的编程，对于几何形状复杂，或者虽不复杂但程序量很大的零件（如一个零件上有数千个孔），编程的工作量是相当繁重的，这时手工编程便很难胜任。一般认为，手工编程仅适用于三轴以下联动加工程序的编制，三轴（含三轴）以上联动的加工程序必须采用自动编程。据有关资料介绍，一般手工编程时间与加工时间之比平均为30∶1，在数控机床不能开动的原因中，有20% ~30%是等待编程。因此，编程自动化是数控加工的迫切需求。

正因为客观上的迫切需要，20 世纪50 年代第一台数控机床问世不久，为了发挥数控机床高效的特点和满足复杂零件的加工需求，麻省理工学院便开始自动编程技术的研究。从那时到现在，自动编程技术有了很大的发展，从最早的语言式自动编程系统（APT）到目前广泛使用的交互式图形自动编程系统，极大地满足了人们对复杂零件的加工需求，丰富了数控加工技术的内容。

自动编程就是用计算机编制数控加工程序的过程。编程人员根据图样的要求，使用数控语言编写出零件加工源程序，输入计算机进行数值计算、后置处理，生成零件加工程序单，直至自动制作数控加工穿孔纸带，或者将加工程序通过通信的方式送入数控机床，实现数控加工。自动编程的出现使得一些计算烦琐、手工编程困难或无法编出的加工任务得以完成。因此，自动编程的前景是非常远大的。

2.7.2　自动编程的基本工作原理

交互式图形自动编程系统采用图形输入方式，通过激活屏幕上的相应选项，利用系统提供的图形生成和编辑功能，将零件的几何图形输入到计算机，完成零件造型；同时，以人机交互方式指定要加工的零件部位、加工方式和加工方向，输入相应的加工工艺参数，通过软件系统的处理自动生成刀具轨迹文件，并动态显示刀具运动的加工轨迹，生成适合特定数控系统的数控加工程序；最后通过通信接口，把数控加工程序输入到机床数控系统。这种编程系统具有交互性好、直观性强、运行速度快、便于修改和检查、使用方便、容易掌握等特点。因此，交互式图形自动编程已成为国内外流行的 CAD/CAM 软件普遍采用的数控编程方法。在交互式图形自动编程系统中，需要输入两种数据以产生数控加工程序，即零件几何模型数据和切削加工工艺数据。交互式图形自动编程系统实现了造型→刀具轨迹生成→加工程序自动生成的一体化，它的三个主要处理过程是：零件几何造型、生成刀具轨迹文件、后置处理生成零件加工程序。

1. 零件几何造型

交互式图形自动编程系统，可通过 3 种方法获取和建立零件几何模型：

1）软件本身提供的 CAD 设计模块。

2）其他 CAD/CAM 系统生成的图形，通过标准图形转换接口（如 STEP、DXFIGES、STL、DWG、PARASLD、CADL、NFL 等），转换成编程系统的图形格式。

3）三坐标测量机数据或三维多层扫描数据。

2. 生成刀具轨迹

在完成了零件的几何造型以后，交互式图形自动编程系统第二步要完成的是生成刀具轨迹。其基本过程如下：

1）首先确定加工类型（轮廓、点位、挖槽或曲面加工），用光标选择加工部位，选择进给路线或切削方式。

2）选取或输入刀具类型、刀号、刀具直径、刀具补偿号、加工预留量、进给速度、主轴转速、退刀安全高度、粗精切削次数及余量、刀具半径长度补偿状况、进退刀延伸线值等加工所需的全部工艺切削参数。

3）编程系统根据这些零件几何模型数据和切削加工工艺数据，经过计算、处理，生成刀具运动轨迹数据，即刀位文件（Cut Location File，CLF），并动态显示刀具运动的加工轨迹。刀位文件与采用哪一种特定的数控系统无关，是一个中性文件，因此通常称产生刀具路径的过程为前置处理。

3. 后置处理

后置处理的目的是生成针对某一特定数控系统的数控加工程序。由于各种机床使用的数控系统各不相同，如有 FANUC、SIEMENS、华中等系统，每一种数控系统所规定的代码及格式不尽相同。为此，自动编程系统通常提供多种专用的或通用的后置处理文件。这些后置处理文件的作用是将已生成的刀位文件转变成合适的数控加工程序。早期的后置处理文件是不开放的，使用者无法修改。目前绝大多数优秀的 CAD/CAM 软件提供开放式的通用后置处理文件。使用者可以根据自己的需要打开文件，按照希望输出的数控加工程序格式，修改文件中相关的内容。这种通用后置处理文件，只要稍加修改，就能满足多种数控系统的要求。

4. 模拟和通信

系统在生成了刀位文件后，模拟显示刀具运动的加工轨迹是非常必要和直观的，它可以检查编程中可能存在的错误。通常自动编程系统提供一些模拟方法，分为线架模拟和实体模拟两类，可以有效地检查刀具运动轨迹与零件是否存在干涉。

通常自动编程系统还提供计算机与数控系统之间数控加工程序的通信传输。通过RS232C 通信接口，可以实现计算机与数控机床之间数控程序的双向传输（接收、发送和终端模拟），可以设置数控程序格式（ASCII、EIA、BIN）、通信接口（COM1、COM2）、传输速度、奇偶校验、数据位数、停止位数及发送延时参数等有关的通信参数。

2.7.3 国内外典型 CAM 软件介绍

1. CAXA 系列软件

CAXA 系列软件是由北京北航海尔软件有限公司开发的全中文 CAD/CAM 软件，是作为国家"863/CIMS"目标产品的优秀国产 CAD/CAM 软件，它包括电子图板、实体设计、工艺图表、工艺汇总表、制造工程师、数控铣、数控车、雕刻、线切割、网络 DNC、协同管理等，涵盖了从 2D、3D 产品设计到加工制造及管理的全过程。CAXA 软件符合我国技术人员的思维习惯，具有易学习、易使用、高效率的特点，是目前国内使用最多的正版 CAD/CAM 软件之一。

（1）CAXA 的 CAD 功能　主要是提供线框造型、曲面造型、实体造型方法来生成 3D 图形；采用 NURBS 非均匀 B 样条造型技术，能更精确地描述零件形体；有多种方法来构建复杂曲面，包括扫描、放样、拉伸、导动、等距、边界网格等；对曲面的编辑方法有任意裁剪、过渡、拉伸、变形、相交、拼接等；可生成真实感图形；具有 DXF 和 IGES 图形数据交换接口。

（2）CAXA 的 CAM 功能　支持 2~5 轴铣削加工，提供轮廓、区域 3~5 轴加工；允许区域内有任意形状和数量的岛，分别指定区域边界和岛的起模斜度，自动进行分层加工；针对叶轮、叶片类零件提供 4~5 轴加工；可以利用刀具侧刃和端刃加工整体叶轮和大型叶片；支持带有锥度的刀具进行加工，任意控制刀轴方向。此外还支持钻削加工。

支持车削加工，如轮廓粗车、精切、切槽、钻中心孔、车螺纹；可以对轨迹的各种参数进行修改，以生成新的加工轨迹。

支持线切割加工，如快、慢走丝切割；可输出 3B 或 G 代码的后置格式。

系统提供丰富的工艺控制参数，多种加工方式（粗加工、参数线加工、限制线加工、复杂曲线加工、曲面区域加工、曲面轮廓加工），刀具干涉检查，真实感仿真，数控代码反读，后置处理等功能。

2. Pro/E

Pro/E 软件是美国 PTC 公司于 1988 年推出的产品，它是一种最典型的基于参数化（Parametric）实体造型的软件，可工作在工作站和 UNIX 操作环境下，也可以运行在微机的 Windows 环境下。Pro/E 软件包含从产品的概念设计、详细设计、工程图、工程分析、模具，直至数控加工的产品开发全过程。

（1）Pro/E 软件的 CAD 功能　主要具有简单零件设计、装配设计、设计文档（绘图）和复杂曲面的造型等功能；具有从产品模型生成模具模型的所有功能，可直接从 Pro/E 实体模型生成全关联的工程视图，包括尺寸标注、公差、注释等；提供三坐标测量仪的软件接口，可将扫描数据拟合成曲面，完成曲面光顺和修改；提供图形标准数据库交换接口，包括 IGES、SET、VDA、CGM、SIA 等，以及 Pro/E 与 CATIA 软件的图形直接交换接口。

（2）Pro/E 的 CAM 功能　主要具有提供车加工、2~5 轴铣削加工、电火花线切割，激光切割等功能；加工模块能自动识别工件毛坯和成品的特征；当特征发生修改时，系统能自动修改加工轨迹。

3. UGⅡ软件

UGⅡ软件是美国 Unigraphics Solutions 公司的 CAD/CAM/CAE 产品，其核心 Parasolid 提供强大的实体建模功能和无缝数据转换能力。UGⅡ软件提供给用户一个灵活的复合建模方式，包括实体建模、曲面建模、线框建模和基于特征的参数建模。UGⅡ软件覆盖制造全过程，融合了工业界丰富的产品加工经验，为用户提供了一个功能强劲的、实用的、柔性的 CAM 软件系统。

UGⅡ软件可以运行在工作站和微机、UNIX 或 Windows 操作环境下。

（1）UGⅡ软件的 CAD 功能　主要是提供实体建模、自由曲面建模等造型手段，提供装配建模、标准件库建模等环境；可建立和编辑各种标准的设计特征，如孔、槽、型腔、凸台、倒角和倒圆等；可从实体模型生成完全相关的二维工程图；提供 IGES、STEP 等标准图形接口，还提供大量的直接转接器，如与 CATIA、CADDS、I-DEAS、AutoCAD 等 CAD/CAM 系统直接高效地进行数据转换；具有有限元分析和机构分析模块；对二维、三维机构可进行复杂的运动学分析和设计仿真。

（2）UGⅡ软件的 CAM 功能　主要是提供 2~4 轴车削加工，具有粗车、多次走刀、精车、车沟槽、车螺纹和钻中心孔等功能；提供 2~5 轴或更高的铣削加工，如型芯和型腔铣削；提供粗切单个或多个型腔，沿任意形状切去大量毛坯材料以及可加工出型芯的全部功能。这些功能对加工模具和冷冲模特别有用。

UGⅡ软件还具有固定轴铣削功能、清根切削功能、可变轴铣削功能、顺序铣切功能、切削仿真（VERICUT）功能、EDM 线切割功能、机床仿真功能（包含整个加工环境——机床、刀具、夹具和工件，对数控加工程序进行仿真，检查相互间的碰撞和干涉情况）等。它还提供非均匀 B 样条轨迹生成器；从 NC 处理器中直接生成基于 NURBS 的刀具轨迹数据；直接从 UG 的实体模型中产生新的刀具轨迹；其加工程序可比原来程序减少 50%~70%，特别适用于高速加工。

除上述模块以外，UGⅡ软件还提供注塑分析、钣金设计、排样和制造、管路、快速成型转换等。

4. MasterCAM

MasterCAM 是美国 CNC Software inc. 公司开发的一套适用于机械设计、制造，运行在 PC 平台上的三维 CAD/CAM 交互式图形集成系统。它可以完成产品的设计和各种类型数控机床的自动编程，包括数控铣床（3~5 轴）、车床（带 C 轴）、线切割机（4 轴）、激光切割机、加工中心等的编程加工。

产品零件的造型可以由系统本身的 CAD 模块来建立并生成，也可以通过三坐标测量仪测得的数据建模。系统提供的 DXF、IGES、CADL、VDA、STL、PARASLD 等标准图形接口，可实现与其他 CAD 系统的双向图形传输，也可以通过专用 DWG 图形接口与 AutoCAD 进行图形传输。

MasterCAM 系统具有很强的加工能力，可实现多曲面连续加工、毛坯粗加工、刀具干涉检查与消除、实体加工模拟、DNC 连续加工以及开放式的后置处理等功能。

思考与训练

2-1　数控加工编程的主要内容有哪些?

2-2　数控工艺分析的目的是什么？包括哪些内容？

2-3　什么是对刀点？其功用是什么？选择对刀点的原则是什么？

2-4　试阐述数控铣床坐标轴的方向及命名规则。

2-5　什么是机床坐标系和工件坐标系？机床坐标系与工件坐标系有何区别和联系？

2-6　何谓刀具半径补偿？其执行过程有哪几个步骤？G 功能刀具半径补偿中直线转接过渡的方式有哪几种？

2-7　什么是刀位点和换刀点？

2-8　什么是机床原点、工件原点、机床参考点？它们之间有何关系？

2-9　确定数控加工进给路线的一般原则是什么？

2-10　简述数控车床刀尖圆弧半径补偿的作用。

2-11　简述华中系统纵向圆锥切削循环指令中 I 的指定方法。

2-12　简述 G71、G72、G73 指令的应用场合有何不同。

2-13　什么是字地址程序段格式？为什么现在数控系统常用这种格式？

2-14　固定循环指令有什么作用？

2-15　加工路线与零件轮廓曲线有什么区别？编程时若按零件轮廓编程，数控装置应具备哪些功能？

2-16　完成图 2-127、图 2-128 所示零件车削编程（要求粗、精加工用固定循环指令）。

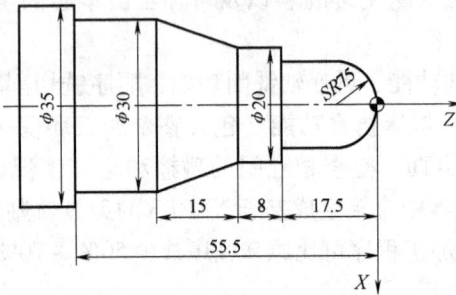

图 2-127　车削编程零件 1

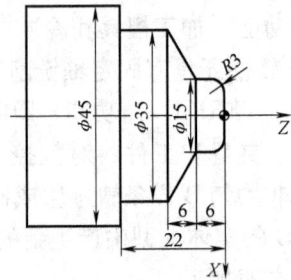

图 2-128　车削编程零件 2

2-17　完成图 2-129、图 2-130 所示零件车削编程（需用多把刀，图 2-130 所示零件加工时需调头）。

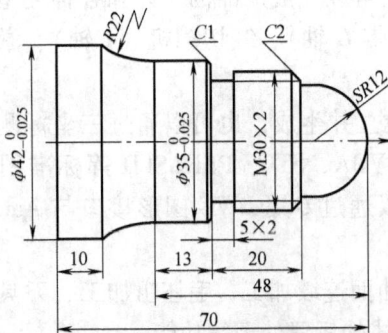

图 2-129　车削编程零件 3

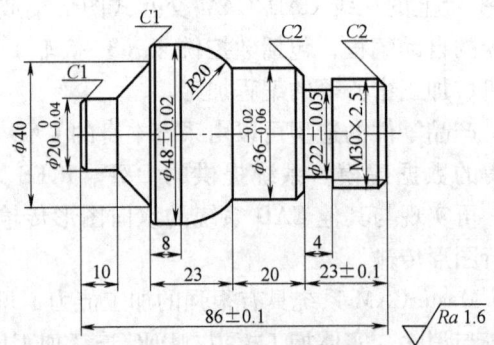

图 2-130　车削编程零件 4

2-18　完成图 2-131、图 2-132 所示零件车削编程（内、外轮廓）。

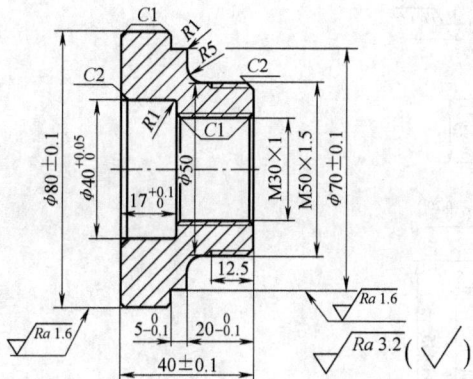

图 2-131　车削编程零件 5

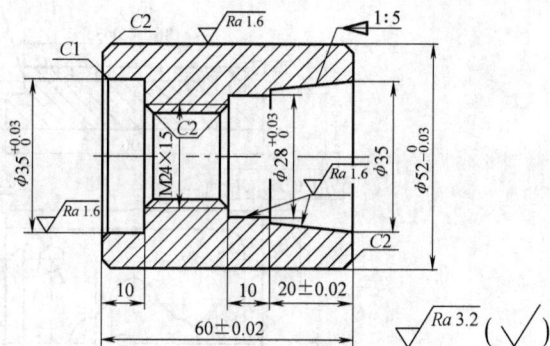

图 2-132　车削编程零件 6

2-19　完成图 2-133 所示零件车削编程（椭圆部分用宏程序编程）。

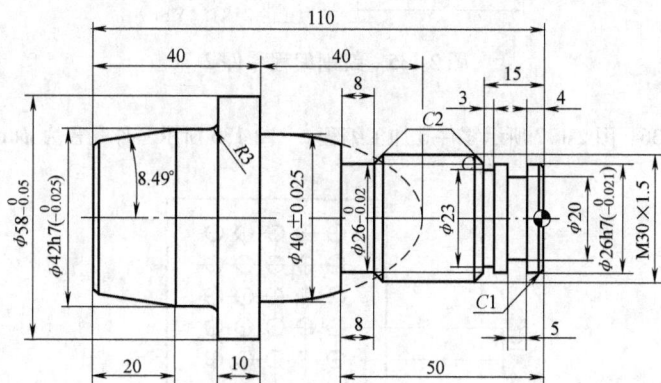

图 2-133　车削编程零件 7

2-20　在数控铣床或加工中心上加工图 2-134、图 2-135 所示零件，编写其加工程序。

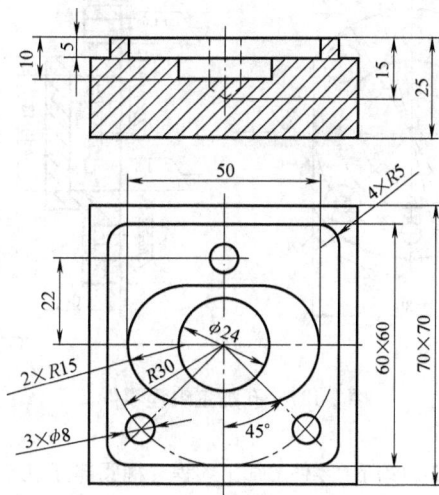

图 2-134　铣削编程零件 1

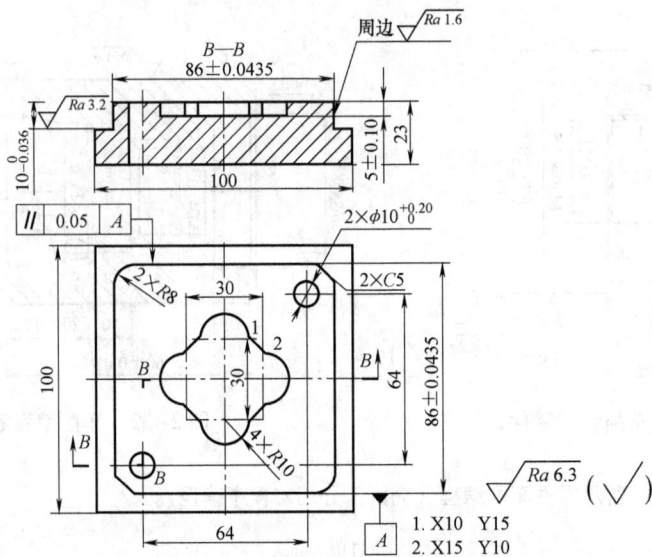

图 2-135　铣削编程零件 2

2-21　完成图 2-136、图 2-137 所示零件孔加工编程。图 2-136 所示零件孔径为 $\phi8$mm，孔深为 50mm。

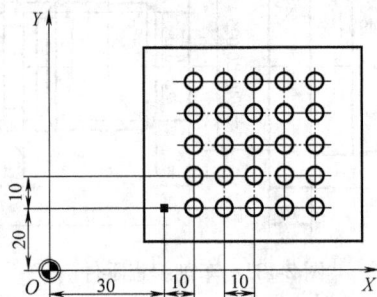

图 2-136　孔加工编程零件 1

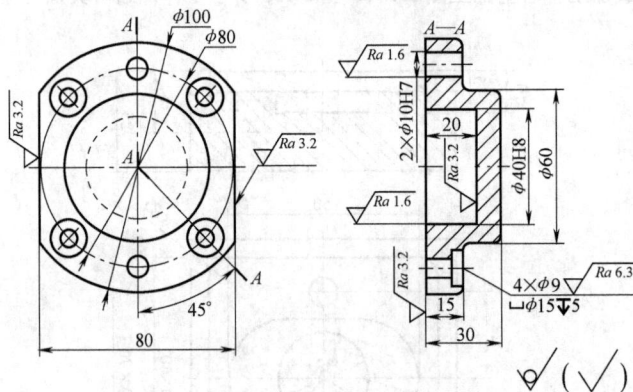

图 2-137　孔加工编程零件 2

2-22　在加工中心上完成图 2-138 所示零件的加工编程（椭圆部分用宏程序编程）。

2-23　在加工中心上加工图 2-139 所示零件，毛坯为预先处理好的 100mm × 100mm × 100mm 合金铝锭，其中正五边形外接圆直径为 80mm。

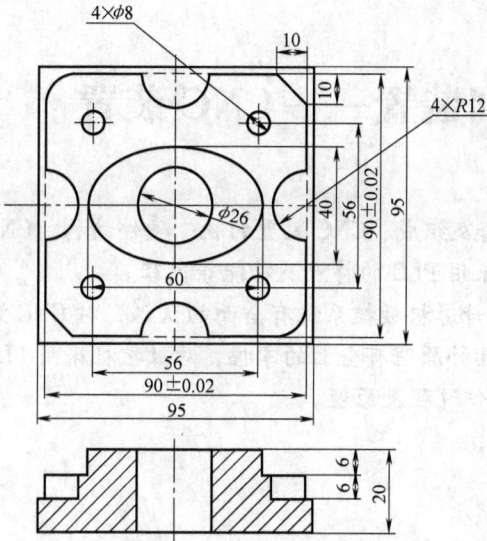

图 2-138　加工中心编程零件 1

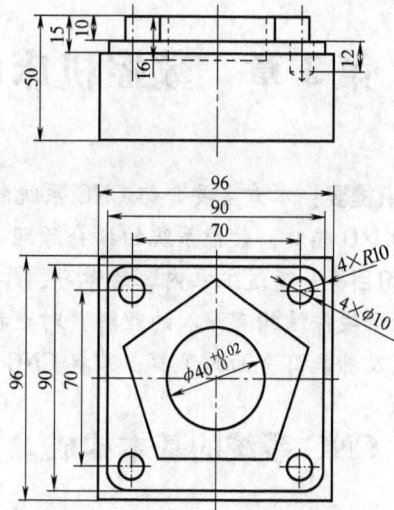

图 2-139　加工中心编程零件 2

第3章　数控机床的控制装置——CNC装置

☞**知识提要：** 本章主要介绍CNC系统的基本概念及组成、CNC装置的软、硬件结构、CNC装置的I/O接口，数控系统的插补原理、数控机床用PLC的特点及功能等内容。

☞**学习目标：** 通过本章内容的学习，学习者应对计算机数控系统有全面的认识，对CNC装置的软、硬件结构有深入的理解，对数控系统的插补原理有全面的掌握，对数控机床用PLC的特点及功能有全面的了解，掌握CNC装置的工作过程及原理。

3.1　CNC系统的基本构成

3.1.1　CNC系统的概念及基本组成

计算机数控（Computer Numerical Control，CNC）装置是在硬件数控的基础上发展起来的，它用一台计算机代替先前的数控装置所完成的功能。因此，计算机数控系统是一种包含有计算机在内的数字控制系统，根据计算机存储的控制程序执行部分或全部数控功能。依照EIA所属的数控标准化委员会的定义，CNC是用一个存储程序的计算机，按照存储在计算机内的控制程序去执行数控装置的一部分或全部功能，对机床运动进行实时控制的系统。在计算机之外的唯一装置是接口。目前在计算机数控系统中所用的计算机已不再是小型计算机，而是微型计算机，用微机控制的系统称为MNC系统，亦统称为CNC系统。

计算机数控系统由程序、输入/输出装置、计算机数字控制装置（CNC装置）、可编程序控制器（PLC）、主轴驱动装置和进给驱动装置等组成，如图3-1所示。CNC系统的核心是CNC装置；由于使用了计算机，系统具有了软件功能；用PLC代替了传统的机床电气逻辑控制装置，使系统更小巧，其灵活性、通用性、可靠性更好，易于实现复杂的数控功能，使用、维护也方便，并具有与上位机连接及进行远程通信的功能。

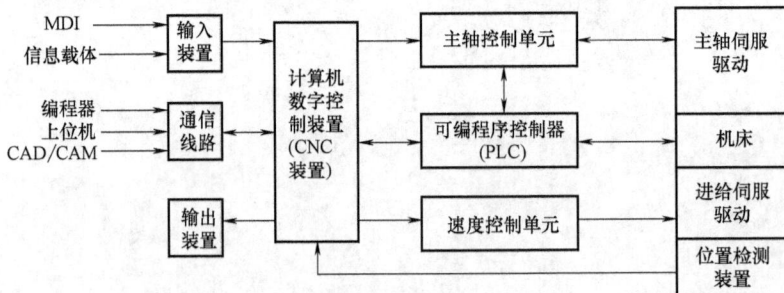

图3-1　计算机数控系统的组成

3.1.2　CNC装置的组成及工作过程

CNC装置是由软件和硬件组成的，软件在硬件的支持下工作，二者缺一不可。CNC装置的硬件除具有一般计算机所具有的微处理器、存储器、输入输出接口外，还具有数控机床所要求的专用接口和部件，即位置控制器、主轴控制器、纸带阅读机接口、MDI（手动数据输入）接口、显示器接口以及其他和 CNC 装置连接的外部设备接口。也就是说，CNC 装置是一种专用计算机。

CNC 装置的软件是为实现 CNC 系统各项功能而编制的专用软件，称为系统软件。在系统软件的控制下，CNC 装置对输入的零件加工程序自动进行处理并发出相应的控制命令。系统软件由管理软件和控制软件组成。其中，管理软件完成零件加工程序的输入和输出、I/O 处理、系统的显示和诊断等；控制软件完成从译码、刀具补偿、速度处理到插补运算和位置控制等实时性要求比较高的工作。

CNC 装置的硬件为软件的运行提供支持环境。在信息处理方面，软件与硬件在逻辑上是等价的，即硬件能完成的功能从理论上讲也可以由软件来完成。但硬件和软件在实现这些功能时各有不同的特点，硬件处理速度快，但灵活性差，难以实现复杂的控制功能。软件设计灵活，适应性强，但处理速度相对较慢。如何合理确定软、硬件的功能分配是 CNC 装置结构设计的重要任务。

CNC 装置中软、硬件的分配比例是由性能价格比决定的，这也在很大程度上涉及软、硬件的发展水平。一般说来，软件结构首先要受到硬件的限制，同时软件结构也有独立性。对于相同的硬件结构，可以配备不同的软件结构。实际上，现代 CNC 装置中的软、硬件界面并不是固定不变的，而是随着软、硬件的水平和成本，以及 CNC 装置所具有的性能不同而发生变化的。图 3-2 所示为不同时期和不同产品中的三种典型的 CNC 装置软、硬件界面。

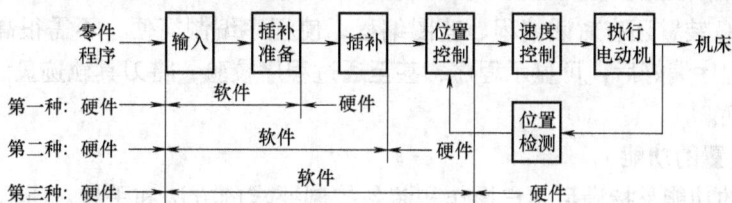

图 3-2 CNC 装置中三种典型的软、硬件界面

3.1.3 CNC 装置的特点及功能

1. CNC 装置的特点

计算机数控系统的核心是 CNC 装置，它不同于以前的 NC 装置。NC 装置由各种逻辑元件、记忆元件等组成数字逻辑电路，由硬件来实现数控功能，是固定接线的硬件结构。CNC 装置采用专用计算机，由软件来实现部分或全部数控功能，具有良好的柔性，容易通过改变软件来更改或扩展其功能。CNC 装置具有如下优点：

（1）灵活性大 这是 CNC 装置的突出优点。对于传统的 NC 装置，一旦提供了某些控制功能，就不能被改变，除非改变相应的硬件。而对于 CNC 装置，只要改变相应的控制程序，就可以补充和开发新的功能，而不必制造新的硬件。CNC 装置能够随着制造业的发展而发展，也能适应将来改变工艺的要求。在 CNC 设备安装之后，新的技术还可以补充到系统中去，这便可以完善和扩展系统的功能。因此，CNC 装置具有很大的灵活性，也称为柔性。

（2）通用性强 在 CNC 装置中，硬件系统采用模块结构，依靠软件变化来满足被控设备的各种不同要求。采用标准化接口电路，给机床制造厂和数控用户带来了许多方便。于是，用一种 CNC 装置就可能满足大部分数控机床（包括车床、铣床、加工中心、钻镗床等）的要求，还能满足其他设备的应用需求。当用户要求某些特殊功能时，也仅仅是改变某些软件而已。此外，由于在工厂中使用同一类型的控制系统，培训和学习也十分方便。

（3）可靠性高　在 CNC 装置中，加工程序常常是一次性送入计算机存储器内，避免了在加工过程中由于纸带输入机的故障而产生的停机现象（普通数控装置的故障有一半以上发生在逐段光电输入时）。同时，由于许多功能都由软件实现，硬件系统所需元器件数目大为减少，整个系统的可靠性大大改善。特别是随着大规模集成电路和超大规模集成电路的采用，系统可靠性更高。据美国第 13 届 NCS 年会的统计，世界上数控系统平均无故障时间是：硬线 NC 装置为 136h，小型计算机 CNC 装置为 984h，而微处理机 CNC 装置已达23000h。

（4）易于实现许多复杂的功能　CNC 装置可以利用计算机的高度计算能力，实现一些高级的复杂的数控功能。刀具偏移、米制和英制转换、固定循环等都能用适当的软件程序予以实现；复杂的插补功能，如抛物线插补、螺旋线插补等也能用软件方法来解决；可在加工过程中进行刀具补偿计算；大量的辅助功能都可以被编程；子程序概念的引入大大简化了程序编制。

（5）使用维修方便　CNC 装置还有一个显著的特点是有一套诊断程序，当数控系统出现故障时，能显示出故障信息，使操作和维修人员能了解故障部位，减少维修的停机时间。另外，还可以备有数控软件检查程序，防止输入非法数控程序或语句，这就给编程带来许多方便。有的 CNC 装置还有对话编程、蓝图编程，使程序编制简便，不需很高水平的专业编程人员。零件程序编好后，可显示程序，甚至通过程序校验，将刀具轨迹显示出来，从而检验程序是否正确。

2. CNC 装置的功能

CNC 装置的功能是指满足用户操作和装备控制要求的方法和手段。CNC 装置的主要功能有以下几个方面。

（1）控制功能　CNC 装置能控制的轴数和能同时控制（联动）的轴数是其主要性能指标之一。控制轴有移动轴和回转轴，有基本轴和附加轴，通过控制轴的联动可以完成轮廓轨迹的加工。例如，数控车床只需二轴控制，二轴联动；数控铣床需要三轴控制、三轴联动或两轴半联动；加工中心为多轴控制，三轴联动。控制轴数越多，特别是同时控制的轴数越多，要求 CNC 装置的功能就越强，同时 CNC 装置也就越复杂，编制程序也越困难。

（2）准备功能　准备功能也称 G 指令代码，它用来指定机床的运动方式，包括基本移动、平面选择、坐标设定、刀具补偿、固定循环等功能。对于点位式的加工机床，如钻床、冲床等，需要点位移动控制系统。对于轮廓控制的加工机床，如车床、铣床、加工中心等，需要控制系统有两个或两个以上的进给坐标联动功能。

（3）插补功能　CNC 装置是通过软件插补来实现刀具运动轨迹控制的。由于轮廓控制的实时性很强，软件插补的计算速度难以满足数控机床对进给速度和分辨率的要求；同时由于 CNC 不断扩展其他方面的功能，也要求减少插补计算所占用的 CPU 时间。因此，CNC 装置的插补功能实际上被分为粗插补和精插补，插补软件把编程轮廓按插补周期分割为若干小段称为粗插补，伺服系统根据粗插补的结果，将小线段密化成单个脉冲当量输出称为精插补。精插补一般由硬件实现。

（4）进给功能 根据加工工艺要求，CNC 装置用 F 指令代码直接指定数控机床加工的进给速度。

1）切削进给速度。以每分钟进给的毫米数指定刀具的进给速度，如 100mm/min。对于回转轴，表示每分钟进给的角度。

2）同步进给速度。以主轴每转进给的毫米数指定的进给速度，如 0.02mm/r。只有主轴上装有位置编码器的数控机床才能指定同步进给速度，用于切削螺纹的编程。

3）进给倍率设定。操作面板上设置了进给倍率开关，倍率可以在 0 ~ 200% 之间变化，不同规格的机床，倍率的每档间隔是不一样的。使用倍率开关时，不用修改程序就可以改变进给速度，并可以在试切零件时随时改变进给速度或在发生意外时随时停止进给。

（5）主轴功能 主轴功能指定主轴转速的功能。

1）恒线速度控制功能。该功能指定刀具的切削速度恒定，目的是达到恒定的切削效率。

2）主轴定向准停功能。该功能使主轴在径向的某一位置准确停止，有自动换刀功能的机床必须配置有这一功能的 CNC 装置。

（6）辅助功能 辅助功能用来指定主轴的起动、停止和转向，切削液的开和关，刀库的起动和停止等，一般是开关量控制，用 M 代码指定。各种型号的数控装置所具有的辅助功能差别很大，而且有许多是自定义的。

（7）刀具功能 刀具功能用来选择所需的刀具，可使刀具或刀库回转，换取所需刀具。

（8）补偿功能 补偿功能是通过输入到 CNC 装置存储器的补偿量，根据编程轨迹重新计算刀具的运动轨迹和坐标尺寸，从而加工出符合要求的零件。补偿功能主要有以下两种：

1）刀具的尺寸补偿。如刀具长度补偿、刀具半径补偿和刀尖圆弧半径补偿。这些功能可以补偿刀具磨损以及加工中心多把刀换刀时的长度差异，从而简化编程。

2）丝杠的螺距误差补偿和反向间隙补偿。事先检测出丝杠螺距误差和反向间隙，并将其输入到 CNC 装置中，在实际加工中进行补偿，从而提高数控机床的加工精度。

（9）字符、图形显示功能 CNC 装置可以配置单色或彩色 CRT 或 LCD，通过软件和硬件接口实现字符和图形的显示。通常可以显示程序、参数、各种补偿量、坐标位置、故障信息、人机对话编程菜单、零件图形及刀具实际移动轨迹的坐标等。

（10）自诊断功能 为了防止故障的发生或在发生故障后可以迅速查明故障的类型和部位，以减少停机时间，CNC 装置中设置了各种诊断程序。不同的 CNC 装置设置的诊断程序是不同的，诊断的水平也不同。诊断程序一般可以包含在系统程序中，在系统运行过程中进行检查和诊断；也可以作为服务性程序，在装置运行前或因故障停机后进行诊断，查找故障的部位；有的 CNC 装置还可以进行远程通信诊断。

（11）通信功能 为了适应柔性制造系统（FMS）和计算机集成制造系统（CIMS）的需求，CNC 装置通常具有 RS232C 通信接口，有的还备有 DNC 接口。也有的 CNC 装置还可以通过制造自动化协议（MAP）接入工厂的通信网络。

（12）人机交互图形编程功能 为了进一步提高数控机床的编程效率，对于数控程序的编制，特别是较为复杂零件的数控程序都要通过计算机辅助编程，尤其是利用图形进行自动编程，以提高编程效率。因此，对于现代 CNC 装置来说，一般要求具有人机交互图形编程功能。有这种功能的 CNC 装置可以根据零件图直接编制程序，即编程人员只需输入图样上简单表示的几何尺寸，系统就能自动地计算出全部交点、切点和圆心坐标，生成加工程序。有的 CNC 装置可根据引导图和显示说明进行对话式编程，并具有自动工序选择、刀具和切削条件的自动选择等智能功能。有的 CNC 装置还备有用户宏程序功能（如日本的 FANUC 系统）。这些功能有助于那些未受过 CNC 编程专门训练的机械工人能够很快地进行程序编制工作。

3.2　CNC 装置的硬件

3.2.1　CNC 装置的硬件构成特点

随着大规模集成电路技术和表面安装技术的发展，CNC 装置硬件模块及安装方式也在不断改进。

从 CNC 装置的总体安装结构看，有整体式结构和分体式结构两种。

所谓整体式结构是把 CRT 和 MDI 面板、操作面板以及功能模块板组成的电路板等安装在同一机箱内。这种结构的优点是紧凑，便于安装，但有时可能造成某些信号连线过长。分体式结构通常把 CRT 和 MDI 面板、操作面板等做成一个部件，而把功能模块组成的电路板安装在一个机箱内，两者之间用导线或光纤连接。许多 CNC 机床把操作面板也单独作为一个部件，这是由于所控制机床的要求不同，操作面板相应地要改变，做成分体式的有利于更换和安装。CNC 操作面板在机床上的安装形式有吊挂式、床头式、控制柜式、控制台式等多种。

从组成 CNC 装置的电路板的结构特点来看，有两种常见的结构，即大板式系统结构和模块化系统结构。

大板式系统结构的特点是，一个系统一般都有一块大板，称为主板。主板上装有主CPU 和各轴的位置控制电路等。其他相关的子板（完成一定功能的电路板），如 ROM 板、零件程序存储器板和 PLC 板都直接插在主板上面，组成 CNC 装置的核心部分。由此可见，大板式结构紧凑，体积小，可靠性高，价格低，有很高的性能价格比，也便于机床的一体化设计。大板式系统结构虽有上述优点，但它的硬件功能不易变动，不利于组织生产。

另外一种柔性比较高的结构就是总线模块化的开放系统结构，其特点是将微处理机、存储器、输入/输出控制分别做成插件板（称为硬件模块），甚至将微处理机、存储器、输入/输出控制组成独立于微型计算机级的硬件模块，相应的软件也是模块结构，固化在硬件模块中。硬软件模块形成一个特定的功能单元，称为功能模块。功能模块间有明确定义的接口，接口是固定的，称为工厂标准或工业标准，模块彼此可以进行信息交换。于是可以积木式组成 CNC 装置，其设计简单，有良好的适应性和扩展性，试制周期短，调整维护方便，效率高。

从 CNC 装置使用的微机及结构来分，CNC 装置的硬件结构一般分为单微处理机和多微处理机结构两大类。

初期的 CNC 装置和现有一些经济型 CNC 装置采用单微处理机结构。而多微处理机结构可以满足数控机床高进给速度、高加工精度和实现许多复杂功能的要求，也适应于并入

FMS 和 CIMS 运行的需要，从而得到了迅速的发展，它反映了当今数控系统的水平。

3.2.2 CNC 装置的典型硬件结构

1. 单微处理器结构

单处理器结构 CNC 装置一般是专用型的，其硬件由系统制造厂家专门设计、制造，不具备通用性。这种结构只有一个微处理器，以集中控制、分时处理系统的各个任务。有些 CNC 装置虽然有两个以上的微处理器，但其中只有一个微处理器能够控制系统总线，占有总线资源，而其他微处理器只作为专用控制部件，不能控制系统总线，不能访问主存储器，它们组成主从结构。图 3-3 所示为单微处理器结构框图。

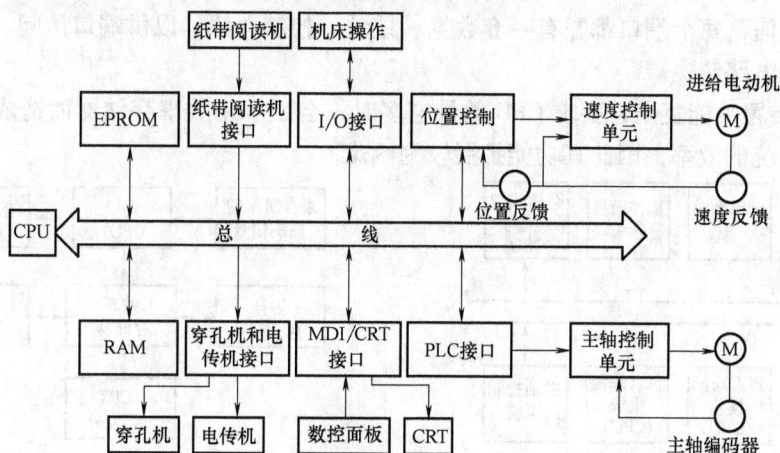

图 3-3 单微处理器硬件结构框图

单微处理器结构中，CNC 装置的特点是：CNC 的所有功能都是通过一个 CPU 进行集中控制、分时处理来实现的；该 CPU 通过总线与存储器、I/O 控制元件等各种接口电路相连，构成 CNC 的硬件；结构简单，易于实现；由于只有一个 CPU 的控制，功能受字长、数据宽度、寻址能力和运算速度等因素的限制。

2. 多微处理器结构

多微处理器结构中，CNC 装置是通过两个或两个以上的 CPU 来控制系统总线或主存储器进行工作。该结构有紧耦合和松耦合两种形式。紧耦合是指两个或两个以上的 CPU 构成的处理部件之间相关性强，有集中的操作系统，能够共享资源。松耦合是指两个或两个以上的 CPU 构成的功能模块之间相关性弱或具有相对的独立性，有多重操作系统，实现并行处理。

现代的 CNC 装置大多采用多微处理器结构。在这种结构中，每个 CPU 完成系统中规定的一部分功能，独立执行程序，计算机处理速度比单微处理器结构高。多微处理器结构的 CNC 装置采用模块化设计，将软件和硬件模块形成一定的功能模块。模块间有明确的符合工业标准的接口，彼此间可以进行信息交换。这样可以形成模块化结构，缩短设计制造周期，并且具有良好的适应性和扩展性，结构紧凑。多微处理器的 CNC 装置由于每个 CPU 分管各自的任务，形成若干个模块，如果某个模块出了故障，其他模块仍能照常工作。并且插件模块更换方便，可以使故障对系统的影响减到最小程度，提高了可靠性。多微处理器结构的 CNC 装置性能价格比高，适合于多轴控制、高进给速度、高精度的数控机床。

（1）多微处理器装置的典型结构

①共享总线结构。在这种结构的 CNC 装置中，只有主模块有权控制系统总线，且在某一时刻只能有一个主模块占有总线，如有多个主模块同时请求使用总线，会产生总线竞争问题。

共享总线结构的各模块之间的通信主要依靠存储器实现，采用公共存储器的方式。公共存储器直接插在系统总线上，有总线使用权的主模块都能访问，可供任意两个主模块交换信息。其结构如图 3-4 所示。

②共享存储器结构。如图 3-5 所示，在该结构中，采用多端口存储器来实现各 CPU 之间的互连和通信，每个端口都配有一套数据、地址、控制总线，以供端口访问。访问冲突由多端控制逻辑电路解决。

当 CNC 装置功能复杂，要求 CPU 数量增多时，会因争用共享存储器而造成信息传输的阻塞，降低系统的效率，因此其功能扩展较为困难。

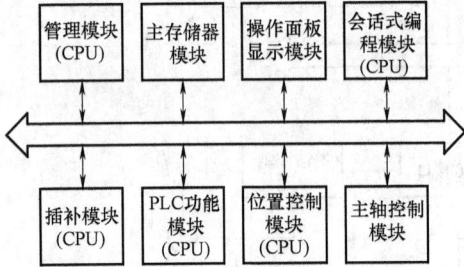

图 3-4　多微处理器共享总线结构　　　　图 3-5　多微处理器共享存储器结构

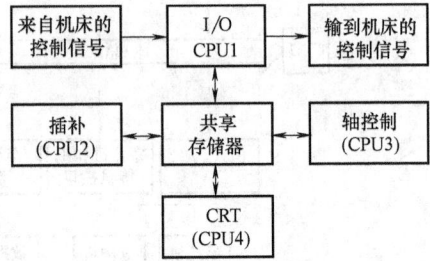

（2）多微处理器系统基本功能模块

①管理模块。该模块是管理和组织整个 CNC 装置工作的模块，主要功能包括：初始化、中断管理、总线裁决、系统出错识别和处理、系统硬件与软件诊断等功能。

②插补模块。该模块是在完成插补前，进行零件程序的译码、刀具补偿、坐标位移量计算、进给速度处理等预处理，然后进行插补计算，并给定各坐标轴的位置值。

③位置控制模块。该模块对坐标位置给定值与位置检测装置检测到的实际位置值进行比较并获得差值，完成自动加减速、回基准点、对伺服系统滞后量的监视和漂移补偿等功能，最后得到速度控制的模拟电压（或速度的数字量），去驱动进给电动机。

④PLC 功能模块。零件程序的开关量（M、S、T）和机床面板来的信号在这个模块中进行逻辑处理，实现机床电气设备的起停、刀具交换、转台分度、工件数量和运转时间的计数等。

⑤命令与数据输入、输出模块。指零件程序、参数和数据、各种操作指令以及显示所需要的各种数据的输入与输出。

⑥存储器模块。该模块是程序和数据的主存储器，或是功能模块数据传输用的共享存储器。

3. 大板式结构与功能模块式结构

（1）大板式结构　大板式结构的 CNC 装置由主电路板、位置控制板、PLC 板、图形控制板和电源单元等组成，如图 3-6 所示。主电路板是大印制电路板，其他电路板是小印制电路板，它们插在大印制电路板上的插槽内，共同构成 CNC 装置。这种结构类似于微型计算机的结构，FANUC 6MB 数控系统就采用这种结构。

（2）功能模块式结构　在采用功能模块式结构的 CNC 系统中，整个 CNC 装置按功能划分为模块，硬件和软件的设计都采用模块化设计方法，即每个功能模块被做成尺寸相同的印制电路板（也称功能模块），而相应功能模块的控制软件也模块化。这样形成一个"交钥匙"CNC 装置产品系列，用户只要按需要选用各种控制单元母板及所需功能模板，再将各功能模板插入控制单元母板的槽内，就搭成了自己需要的 CNC 系统控制装置。

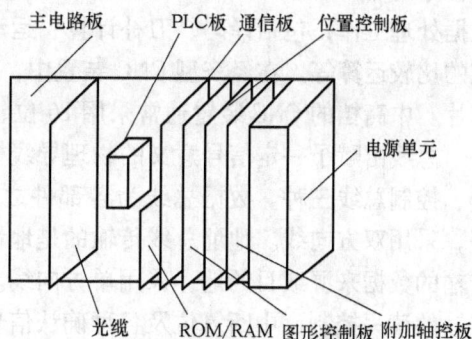

图 3-6　大板式结构

常见的功能模块有 CNC 控制板、位置控制板、PLC 板、图形板、通信板及主存储器模板六种。另外，机床操作面板的按钮箱（台）也是标准化的，上面有用户自定义的按键。用户只要按产品的型号、功能把各功能模块、外设、相应的电缆（带插头）及按钮箱（机床操作面板及 MDI/CRT）购买回来，经组装、连接便可，从而大大方便了用户。

4. NC 嵌入 PC 式结构

NC 嵌入 PC 式结构的 CNC 装置由开放体系结构运动控制卡 PC 机构成。这种运动控制卡通常选用高速 DSP 作为 CPU，具有很强的运动控制和 PLC 控制能力。它本身就是一个数控系统，可以单独使用。它开放的函数库能给用户提供在 Windows 平台下自行开发、构造所需的控制系统，因此这种结构被广泛应用于制造业自动化控制的各个领域。例如：美国 Delta Tau 公司用 PMAC 多轴运动控制卡构造的 PMAC-NC 和日本 MAZAK 公司用三菱电动机的 MELDASMAGIC64 构造的 MAZATROL640CNC 等都是这种结构的数控系统。

5. 软件型开放式结构

软件型开放式结构的数控系统是一种最新的开放体系结构的数控系统，它能提供给用户最大的选择和灵活性。其全部 CNC 软件装在计算机中，而硬件部分仅是计算机与伺服驱动和外部 I/O 之间的标准化通用接口，就像计算机中可以安装各种品牌的声卡、CD-ROM 和相应的驱动程序一样。用户可以在 Windows NT 平台上，利用开放的 CNC 内核开发所需的各种功能，以构成各种类型的高性能数控系统。与前几种数控系统相比，软件型开放式结构的数控系统具有最高的性能价格比，因而最有生命力，其典型产品有美国 MDSI 公司的 OpenCNC 和德国 Power Automation 公司的 PA8000NT 等。

3. 2. 3　CNC 装置硬件各组成部分的功能与原理

CNC 装置（单微处理器结构，如图 3-3 所示）的基本硬件结构包括 CPU、总线、I/O 接口、存储器、串行接口和 CRT/MDI 接口等，还包括数控系统控制单元部件和专用接口电路，如位置控制单元、PLC 接口、主轴控制单元、速度控制单元、穿孔机和纸带阅读机接口以及其他接口等。下面分述每部分的功能与原理。

1. 微处理器（中央处理器 CPU）**和总线**

CPU 主要完成控制和运算两方面的任务。其中，控制功能包括：内部控制，对零件加工程序的输入、输出控制，对机床加工现场状态信息的记忆控制等；运算则是完成一系列的数据处理工作，包括译码、刀补计算、运动轨迹计算、插补运算和位置控制的给定值与反馈值的比较运算等。在经济型 CNC 装置中，常采用 8 位微处理器芯片或 8 位、16 位的单片机芯片。中高档的 CNC 装置通常采用 16 位、32 位，甚至 64 位的微处理器芯片。

总线由赋予一定信号意义的物理导线构成，按信号的物理意义可分为数据总线、地址总线、控制总线三种。数据总线为各部件之间传输数据用，数据总线的位数和传输的数据相等，采用双方向线。地址总线传输的是地址信号，与数据总线结合使用，以确定数据总线上传输的数据来源或目的地，采用单方向线。控制总线传输的是管理总线的某些信号，如数据传输的读写控制、中断复位及各种确认信号，采用单方向线。

2. 存储器

存储器用以存放数据、参数和程序等，包括只读存储器（ROM、EPROM、EEPROM）、随机存储器（RAM）。系统控制程序放在只读存储器中，即使系统断电，控制程序也不会丢失。程序只能被 CPU 读出，不能随机写入，必要时可用紫外线擦除，再重新写入。运算的中间结果、需显示的数据、运行状态、标志信息等存放在 RAM 中，可以随机写入或读取，断电后消失。加工的零件程序、机床参数等存放在有后备电池的 CMOS RAM 或磁泡存储器中，这些信息可以根据操作需要写入和修改，断电后信息仍保留。

3. I/O（输入/输出）**接口**

输入/输出接口是 CNC 装置和机床之间传递信息的通道，主要用于接收机床操作面板上的各种开关、按钮以及机床上各行程限位开关等的信号，将 CNC 装置发出的控制信号送到强电柜，以及将各工作状态指示灯信号送到操作面板等。

CNC 装置和机床之间一般不直接连接，而是通过 I/O 接口电路连接。I/O 接口电路的主要任务：一是进行必要的电气隔离，防止干扰信号引起误动作，主要用光耦合器或断电器将 CNC 装置与机床之间的信号在电气上加以隔离；二是进行电平转换和功率放大。一般 CNC 装置的信号是 TTL 电平，而机床控制信号通常不是 TTL 电平，并且负载较大，需要进行必要的电平转换和功率放大。

4. MDI/CRT 接口

MDI 接口即手动数据输入接口，数据通过数控操作面板上的键盘输入。CRT 接口是在 CNC 软件配合下，在显示器上实现字符和图形显示。显示器有电子阴极射线管（CRT）和液晶显示器（LCD）两种，使用液晶显示器可缩小 CNC 装置的体积。

5. 位置控制单元

CNC 装置中的位置控制单元又称为位置控制器或位置控制模块。位置控制主要是对数控机床的进给运动坐标轴位置进行控制。例如工作台前、后，左、右移动，主轴箱的上、下移动，围绕某一直线轴的旋转运动等。

每一进给轴对应一套位置控制单元。该单元是一种同时具有位置控制和速度控制两种功能的反馈控制系统，主要用来控制数控机床各进给坐标轴的位移量，需要时将插补运算所得的各坐标位移指令与实际检测的位置反馈信号进行比较，并结合补偿参数，适时地向各坐标伺服驱动控制单元发出位置进给指令，使伺服控制单元驱动伺服电动机转动。轴控制是数控机床上要求最高的位置控制，不仅对单个轴的运动和位置的精度有严格的要求，而且在多轴联动时，还要求各移动轴有很好的动态配合。

对主轴的控制要求：在很宽的范围内速度连续可调，并且每一种速度下均能提供足够的切削所需的功率和转矩。在某些高性能的 CNC 机床上，还要求主轴位置可任意控制，即 C 轴位置控制。

6. 可编程序控制器（PLC）

PLC 是用来代替传统机床强电的继电器逻辑控制，利用 PLC 的逻辑运算功能可实现各种开关量的控制。数控机床中使用的 PLC 可以分为两类：一类是内装型 PLC，另一类是独立型 PLC。内装型 PLC 从属于 CNC 装置，PLC 与 CNC 之间的信号传输在 CNC 装置内部实现，PLC 与机床间则通过 CNC 输入/输出接口电路实现信号传输。数控机床中的 PLC 多采用内装式，它已成为 CNC 装置的一个部件。独立型 PLC 又称通用型 PLC，它不属于 CNC 装置，可以独立使用，具有完整的硬件和软件结构。

7. 通信接口

通信接口用来与上级计算机、移动磁盘等外设进行信息传输，包括串行通信接口和网络通信接口。

I/O 接口、MDI/CRT 接口和通信接口将在 3.4 节中具体介绍。可编程序控制器（PLC）在数控机床上的具体应用将在 3.6 节中重点介绍。

3.2.4　华中数控系统硬件结构简介

华中数控系统是我国为数不多的具有自主版权的高性能数控系统之一。它以通用的工业 PC 机（IPC）和 DOS、Windows 操作系统为基础，采用开放式的体系结构，使华中数控系统的可靠性和质量得到了保证。它适合多坐标（2~5）数控镗铣床和加工中心，在增加相应的软件模块后，也能适应于其他类型的数控机床（如数控磨床、数控车床等）以及特种加工机床（如激光加工机、线切割机等）。

华中数控系统的硬件基本结构如图 3-7 所示。系统的硬件由工业 PC 机（IPC）、主轴驱动单元和交流伺服单元等几个部分组成。各组成部分介绍如下：

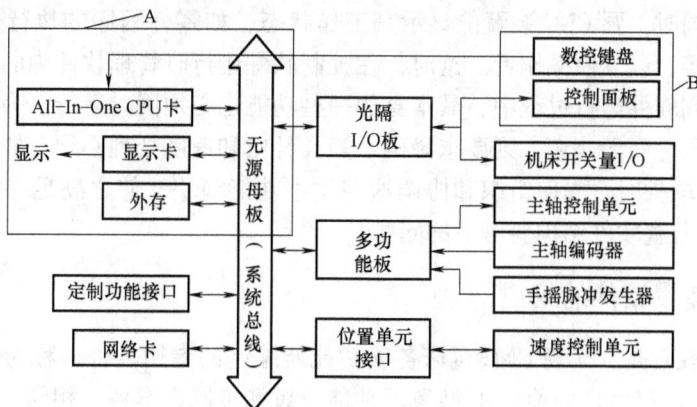

图 3-7　华中数控装置的硬件结构

①图中的细实线框 A 内为一台 IPC 的基本配置，其中 All-In-One CPU 卡的配置是 CPU

(80386 以上)、内存（2MB 以上）、缓存（128kB 以上）、软硬驱接口、键盘接口、二串一并通信接口、DMA 控制器、中断控制器和定时器；外存是包括软驱、硬驱和电子盘在内的存储器件。

②系统总线是一块由四层印制电路板制成的无源母板。

③图 3-7 中的细实线框 B 内是数控系统的操作面板，其中数控键盘通过 COM2 口直接写入标准键盘的缓冲区。

④图 3-7 中的定制功能接口和网络卡是可根据用户特殊要求而定制的功能模块。

⑤位置单元接口根据伺服单元的不同而有不同的具体实施方案：当伺服单元为数字交流伺服单元时，位置单元接口可采用标准 RS232C 串口；当伺服单元为模拟式交/直流伺服单元时，位置单元接口采用位置环板；当用步进电动机为驱动元件时（教学数控机床），位置单元接口采用多功能数控接口板。

⑥光隔 I/O 板主要处理控制面板上以及机床侧的开关量信号。

⑦多功能板主要处理主轴单元的模拟或数字控制信号，并接收来自主轴编码器、手摇脉冲发生器的脉冲信号。

3.3　CNC 装置的软件

3.3.1　概述

CNC 系统是一个典型而又复杂的实时控制系统，即能对信息快速处理和响应。一个实时控制系统包括受控系统和控制系统两大部分。受控系统由硬件设备组成，如电动机及其驱动；控制系统（在此为 CNC 装置）由软件及其支持硬件组成，共同完成数控的基本功能。

CNC 装置的许多控制任务，如零件程序的输入与译码、刀具半径的补偿、插补运算、位置控制以及精度补偿等都是由软件实现的。从逻辑上讲，这些任务可看成一个个的功能模块，模块之间存在着耦合关系；从时间上来讲，各功能模块之间存在一个时序配合。在许多情况下，某些功能模块必须同时运行，同时运行的模块则由具体的加工控制要求所决定。例如在加工零件的同时，要 CNC 装置能显示其工作状态，如零件程序的执行过程、参数变化和刀具运动轨迹等，以方便操作者。这时，在控制软件运行时管理软件中的显示模块也必须同时运行；在控制软件运行过程中，其本身的一些功能也必须同时运行。为使刀具运行连续进行，在各程序段之间无停顿，则要求译码、刀具补偿和速度处理必须与插补同时进行。在设计 CNC 装置的软件时，如何组织和协调这些这些功能模块，使之满足一定的时序和逻辑关系，就是 CNC 装置软件结构要考虑的问题。

3.3.2　CNC 装置软件的组成

CNC 装置的软件是为实现 CNC 机床各项功能所编制的专用软件，称为系统软件，存放在计算机 EPROM 内存中。各种 CNC 装置的功能设置和控制方案各不相同，它们的系统软件在结构上和规模上差别很大，但是一般都包括输入数据处理程序、插补运算程序、速度控制程序、管理程序和诊断程序。目前，CNC 装置软件可分为管理软件与控制软件两部分。管理软件包括零件程序的输入、输出，显示程序，诊断程序和通信程序；控制软件包括译码程序、刀具补偿程序、速度处理程序、插补运算程序和位置控制程序等，如图 3-8 所示。

3.3.3　CNC 装置软件各部分的功能

1. 输入程序

输入程序有两个作用：一是把零件程序从阅读机或键盘经相应的缓冲器输入到零件程序存储器；二是将零件程序从零件程序存储器取出送入缓冲器，以便译码时使用。

CNC 装置中，一般通过纸带阅读机、磁带机、磁盘及键盘等输入零件程序，且其输入大都采用中断方式。在系统程序中有相应的中断服务程序，如纸带阅读机的中断服务程序及键盘中断服务程序等。当纸带阅读机读入一个字符至接口中时，就向主机发出中断，由中断服务程序将该字符送入内存。同样，每按一个键则表示向主机申请一次中断，调出一次键盘服务程序，对相应的键盘命令进行处理。

从阅读机及键盘输入的零件程序，一般是经过缓冲器以后，才进入零件程序存储器的。零件程序存储器的容量由系统设计员确定，一般有几 KB，可以存放许多零件程序。例如 7360 系统的零件程序存储器为 5KB，可存放 20 多个零件程序。

键盘中断服务程序负责将键盘上输入的字符存入 MDI 缓冲存储器，按一下键就是向主机申请一次中断。键盘输入程序的过程如图 3-9 所示。

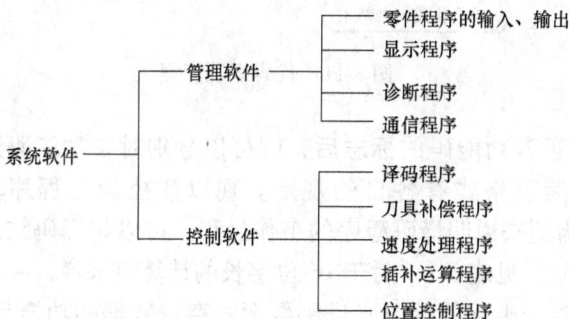

图 3-8　CNC 系统软件的组成

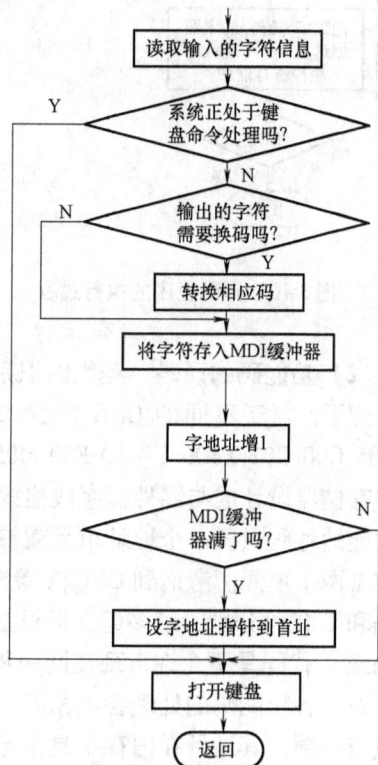

图 3-9　键盘输入程序的过程

2. 译码程序

在输入的零件加工程序中，含有零件的轮廓信息（线型，起点、终点坐标值）、工艺要求的加工速度及其他辅助信息（换刀、切削液开/关等）。这些信息在计算机作插补运算与控制操作之前，需按一定的语法规则解释成计算机容易处理的数据形式，并以一定的数据格式存放在给定的内存专用区内，即把各程序段中的数据根据其前面的文字地址送到相应的缓冲寄存器中。译码就是从数控加工程序缓冲器或 MDI 缓冲器中逐个读入字符，先识别出其中的文字码和数字码，然后根据文字码所代表的功能，将后续数字码送到相应译码结果缓冲寄存器单元中，其执行过程如图 3-10 所示。译码主要包括代码识别和功能码译码两部分。

（1）代码识别　就是通过软件将取出的字符与内部码数字相比较，若相等则说明输入了该字符，并设置相应标志或转去相应处理，是一种串行工作方式。即逐个进行比较，直到相等为止，如图 3-11 所示。

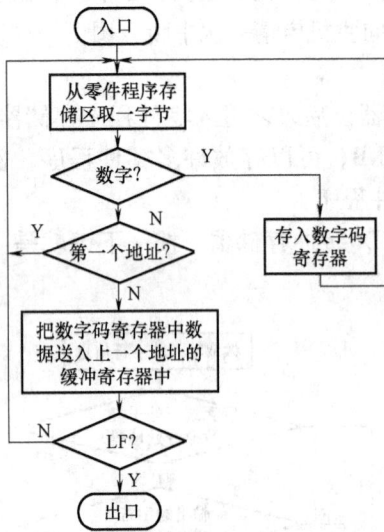

图 3-10　译码程序的执行过程

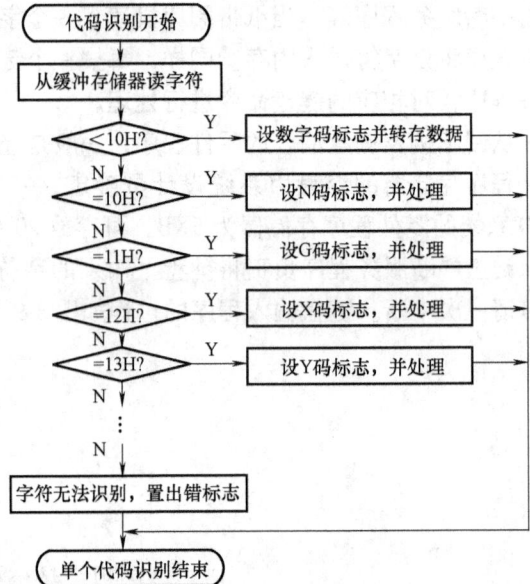

图 3-11　代码识别流程

（2）功能码的译码　经代码识别设立了各功能码的标志后，就可以分别对各功能码进行处理了。对于不同的 CNC 装置来说，编程格式有各自的规定。现以数控加工程序段"N005 G90 G01 X100 Y－60 F50 M05；"为例来说明译码程序的工作过程。可以将译码结果缓冲存储器设计成与零件程序段格式相对应，见表 3-1。对于 16 位字长的计算机来说，一般的功能地址码只要一个地址单元就够了。对于坐标值等以二进制数形式存放数据的功能字，需准备两个单元。考虑到 CNC 装置允许在一个程序段中出现多个 M 代码和 G 代码，所以 M 代码和 G 代码分别设了多组，但没必要给每个 M 代码或 G 代码准备一个单元，因为某些 M 代码或 G 代码是不允许出现在同一程序段中的，这样就可以缩小缓冲存储器的容量。

对于各功能码的处理各不相同。由表 3-1 可知，除 M 代码和 G 代码外，其余各功能码均只有一项，其地址在内存中是指定的。译码程序根据代码识别时设置的各功能码的标志，确定存放其相应数码的地址，以便送入数据。对于数字码的处理，也需要判别功能码标志，不同的功能码，其后面的数字位数和存放形式也有区别。有的需转换成二进制数，有的则以二—十进制（BCD 码）形式存放。每个功能码后的数字位数都有规定，如 N 后可接 4 位，坐标值 X、Y、Z 等后可接 7 位，均因系统而异。在系统 ROM 中有一个格式字表，表中每个字符均有相应的地址偏移量、数据位数等。处理时可根据功能码格式字中的标志决定是否需要进行数制转换，数字有多少位等，并将数字经拼装后暂存起来，等到下一个功能码到来后，将这些数字送入上一个功能码指定的地址单元中去。功能码的译码过程如图 3-12 所示。

表 3-1　译码结果缓冲器格式

地址码	字节数	数据存放形式	地址码	组内代码	字节数	数据存放形式
N	1	二—十进制	MA	M01、M02、M30	1	特征字
X	2	二进制	MB	M03、M04、M05	1	特征字
Y	2	二进制	MC	M06	1	特征字
Z	2	二进制	GA	G00、G01、G02、G03	1	特征字
I	2	二进制	GB	G04	1	特征字
J	2	二进制	GC	G28、G29	1	特征字
K	2	二进制	GD	G40、G41、G42	1	特征字
F	2	二进制	GE	G80、G81～G89	1	特征字
S	2	二进制	GF	G90、G91	1	特征字
T	2	二—十进制	GG	G92	1	特征字

对于分组的 M 代码和 G 代码，则在译码结果缓冲器中以特征字形式表示。识别出 M 或 G 后，尚不能立即分组，需根据其后的两位数字组合来判别。

由于译码结果缓冲器中各单元的地址是固定的，只能根据各功能字所在单元的地址置数据，因此在编程时，允许采用可变地址字格式，这也是目前 CNC 装置普遍采用字地址程序段格式的原因。

经译码程序处理后，一个程序段中的所有功能码连同其后面的数字码存入相应的译码结果缓冲器中，得到图 3-12 中的结果。

3. 刀具半径补偿程序

刀具半径补偿的主要任务是把零件的轮廓轨迹转换成刀具中心轨迹。

（1）刀具半径补偿的概念　在连续进行轮廓加工过程中，由于刀具总有一定的半径（例如铣刀的半径或线切割机的钼丝或铜丝半径等），所以刀具中心运动轨迹并不等于加工零件的轮廓。如图 3-13 所示，在进行内轮廓加工时，要使刀具中心偏移零件的内轮廓表面一个刀具半径值，而在进行外轮廓加工时，要使刀具中心偏移零件的外轮廓表面一个刀具半径值。这种偏移即称为刀具半径补偿。

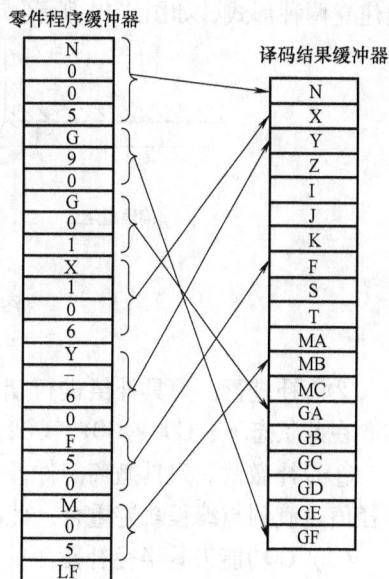

图 3-12　功能码译码示意

ISO 标准规定，当刀具中心轨迹在编程轨迹（零件轮廓）前进方向的左边时，称为左刀补，用 G41 代码指定，如图 3-13 中零件轮廓内部的轨迹。反之，当刀具处于编程轨迹前进方向的右边时，称右刀补，用 G42 代码指定，如图 3-13 中零件轮廓外部的轨迹。当取消刀补时，用 G40 代码指定。

在早期的硬件数控系统中，由于其内存容量和数据处理能力有限，不可能完成很复杂的大量计算，相应的刀具半径补偿功能较为简单，一般采用 B 功能刀具补偿方法。这种方法仅根据本段程序的轮廓尺寸进行刀补，不能解决程序段之间的过渡问题，这样编程人员必须事先估计出刀补后可能出现的间断点和交叉点的情况，进行人为处理，将工件轮廓转接处处理成圆弧过渡形式。如图 3-13 所示，在 G42 刀补后出现间断点时，可以在两个间断点之间增加一个半径为刀具半径的过渡圆弧 $A'B'$。而在 G41 刀补后出现交叉点时，C'' 点不易求得，可事先在两个程序段之间增加一个过渡圆弧 AB，其半径需大于刀具半径，以免过切。显然，这种 B 功能刀补对于编程员来讲是很不方便的。

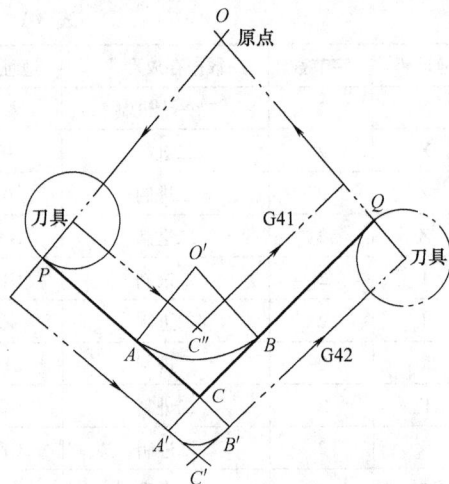

图 3-13　刀具半径补偿示意

（2）刀具半径补偿的执行过程

①刀补建立。刀具从起刀点接近工件，在原来的程序轨迹基础上伸长或缩短一个刀具半径值，即刀具中心从与编程轨迹重合过渡到与编程轨迹距离一个刀具半径值。在该段中，动作指令只能用 G00 或 G01，有缩短型建立和伸长型建立两种形式，如图 3-14 所示。

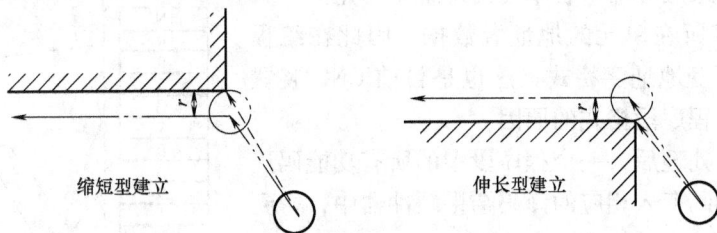

缩短型建立　　　　　　　　　　伸长型建立

图 3-14　刀具半径补偿的建立

②刀补进行。刀具补偿进行期间，刀具中心轨迹始终偏离编程轨迹一个刀具半径的距离。在此状态下，G00、G01、G02、G03 指令都可使用。

③刀补撤销。刀具撤离工件，返回起刀点。即刀具中心轨迹从与编程轨迹相距一个刀具半径值过渡到与编程轨迹重合，此时也只能用 G00、G01 指令。

（3）C 功能刀具半径补偿

①C 刀具半径补偿的原理。以往 C' 和 C'' 点不易求得，主要是受数控装置的运算速度和硬件结构的限制。随着 CNC 技术的发展，数控系统的工作方式、运算速度及存储器容量都有了很大的改进和增加，采用直线或圆弧过渡，直接求出刀具中心轨迹交点的刀具半径补偿方法已经能够实现，这种方法称为 C 功能刀具半径补偿，简称 C 刀补。

②C 刀补的过程。图 3-15a 所示是普通数控系统的工作方法，程序轨迹作为输入数据送到工作寄存器 AS 后，由运算器进行刀具补偿运算，运算结果送输出寄存器 OS，直接作为伺服系统的控制信号。

图 3-15b 所示是改进后的数控系统的工作方式。与图 3-15a 相比，增加了一组数据输入

的缓冲寄存器 BS，节省了数据读入时间。往往是 AS 中存放着正在加工的程序段信息，而 BS 中已经存放了下一段所要加工的信息。

C 刀补时数控系统的工作方式如图 3-16 所示。在 CNC 装置中设置工作寄存器 AS，存放正在加工的程序段信息，刀具半径补偿缓冲区 CS 存放下一个加工程序段的信息，缓冲寄存区 BS 存放再下一个加工程序段的信息，输出寄存器 OS 存放进给伺服系统的控制信息。当系统启动后，第一段程序先被 BS 读入，在 BS 中算得其编程轨迹被送到 CS 暂存；又将第二段程序读入 BS，算出其编程轨迹，并对第一、第二段程序的编程轨迹连接方式进行判别，按判别结果对第一段编程轨迹作相应修正。修正结束后，顺序地将修正后的第一段编程轨迹由 CS 送到 AS，第二段编程轨迹由 BS 送到 CS。随后，由 CPU 将 AS 中的内容送到 OS 进行插补运算，运算结果送伺服机构执行。

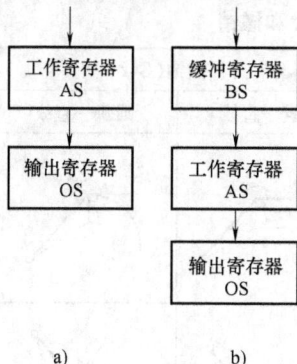

图 3-15　CNC 之前的刀补执行

a）普通数控系统工作方式　b）改进后的数控系统工作方式

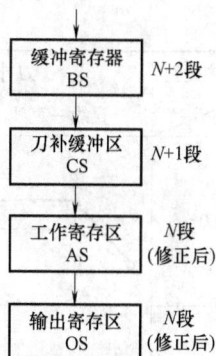

图 3-16　C 刀补的过程

当修正了的第一段编程轨迹执行时，CPU 又命令 BS 读入第三段程序，再根据 BS、CS 中的第二、第三段编程轨迹的连接方式，对 CS 中的第二段编程轨迹进行修正，如此下去。可见 C 刀具半径补偿工作状态下 CNC 装置内总是同时存有三个程序段的信息，以保证 C 刀具半径补偿的实现。

③C 刀补转接类型。常见的数控系统一般只具有直线和圆弧两种插补功能，因此，根据它们的相互连接关系可组成四种连接形式，即直线接直线、直线接圆弧、圆弧接直线、圆弧接圆弧。

首先定义转接角 α，它指两个相邻零件轮廓线段交点处在工件侧的夹角，如图 3-17 所示，其变化范围为 $0° < \alpha < 360°$。图 3-17 中为直线接直线在刀补进行时的转接情形，而对于轮廓线段为圆弧时，只要用其在交点处的切线作为角度定义的对应直线即可。

根据转接角的不同，可以将 C 刀补转接形式划分为如下三类（图 3-17）：当 $180° \leqslant \alpha < 360°$ 时，为缩短型转接；当 $90° \leqslant \alpha < 180°$ 时，为伸长型转接；当 $0° < \alpha < 90°$ 时，为插入型转接。

刀具半径补偿的各种转接形式和过渡方式的具体情况见表 3-2 和表 3-3。表图中的实线表示编程轨迹；细双点画线表示刀具中心轨迹；α 为转接角；r 为刀具半径；箭头为走刀方向。表中是以右刀补（G42）为例进行说明的，左刀补（G41）的情况与右刀补相似，这里不再重复。

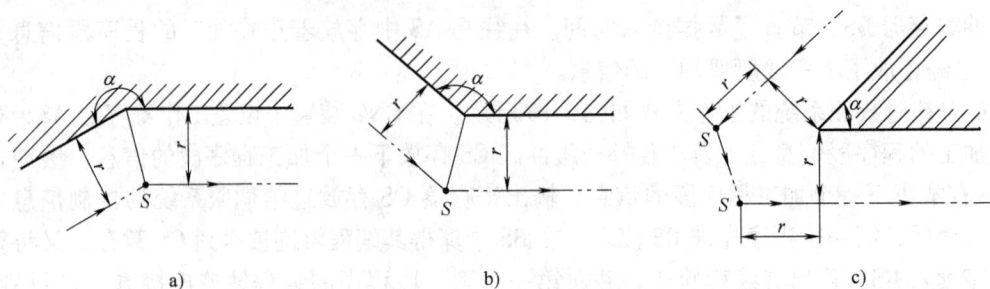

图 3-17　C 刀补的转接形式

a）缩短型　b）伸长型　c）插入型

表 3-2　刀具半径补偿的建立和撤销

转接类型 转接角	刀补建立（G42）		刀补撤销（G42）		转接形式
	直线—直线	直线—圆弧	直线—直线	圆弧—直线	
$180° \leqslant \alpha < 360°$					缩短型
$90° \leqslant \alpha < 180°$					伸长型
$\alpha < 90°$					插入型

表 3-3　刀具半径补偿的执行

转接类型 转接角	刀补进行（G42）				转接形式
	直线—直线	直线—圆弧	圆弧—直线	圆弧—圆弧	
$180° \leqslant \alpha < 360°$					缩短型
$90° \leqslant \alpha < 180°$					伸长型

（续）

转接角 / 转接类型	刀补进行（G42）				转接形式
	直线—直线	直线—圆弧	圆弧—直线	圆弧—圆弧	
$\alpha < 90°$					插入型

对于插入型刀补，可以插入一个圆弧段转接过渡，插入圆弧的半径为刀具半径；也可以插入 1~3 个直线段转接过渡。前者使转接路径最短，但尖角加工的工艺性比较差；后者能保证在尖角加工时有良好的工艺性。

4. 速度控制程序

速度控制的任务是为插补提供必要的速度信息。由于各种 CNC 装置采用的脉冲增量插补和数据采样插补计算方法不同，其速度控制方法也有不同。

（1）脉冲增量插补算法的进给速度控制　脉冲增量插补方式用于以步进电动机为执行元件的系统中，坐标轴运动是通过控制步进电动机输出脉冲的频率来实现的。速度计算是根据编程的 F 值来确定脉冲频率值。步进电动机走一步，相应的坐标轴移动一个对应的距离 δ（脉冲当量，单位为 mm/个）。进给速度 v_f 与脉冲频率 f 成正比，即 $f = v_f / (60\delta)$。

两轴联动时，各坐标轴的进给速度分别为

$$v_{fX} = 60\delta f_X$$
$$v_{fY} = 60\delta f_Y$$

式中　v_{fX}、v_{fY}——X 轴、Y 轴的进给速度（mm/min）；

$\quad\quad\ f_X$、f_Y——X 轴、Y 轴步进电动机的脉冲频率（个/s）。

合成进给速度为 $v_f = \sqrt{v_{fX}^2 + v_{fY}^2}$。

（2）数据采样插补算法的进给速度控制　数据采样法插补程序在每个插补周期内被调用一次，向坐标轴输出一个微小位移增量。这个微小的位移增量被称为一个插补周期内的插补进给量，用 f_s 表示。根据数控加工程序中的进给速度 v_f 和插补周期 T，可以计算出一个插补周期内合成速度方向上的进给量

$$f_s = K v_f T / (60 \times 1000)$$

式中　f_s——系统在稳定进给状态下的插补进给量，称为稳定速度（mm/min）；

$\quad\quad v_f$——程编进给速度（mm/min）；

$\quad\quad T$——插补周期（ms）；

$\quad\quad K$——速度系数，包括快速倍率、切削进给倍率等。

刀具半径补偿程序、速度处理程序以及辅助功能的处理程序统称为数据处理程序。数据处理的目的是为插补程序提供必要的数据，减轻插补工作的负担，提高系统的实时处理能力，所以数据处理也称为插补准备。其中辅助功能的处理将在 3.6.2 中讲述。

5. 插补计算程序

CNC 装置根据工件加工程序中提供的数据，如曲线的种类、起点、终点等进行运算；

根据运算结果，分别向各坐标轴发出进给脉冲。这个过程称为插补运算。插补计算是 CNC 装置中最重要的计算工作之一。

在传统的数控装置中，采用硬件电路（插补器）来实现各种轨迹的插补。为了在软件系统中计算所需的插补轨迹，这些数字电路必须由计算机的程序来模拟。利用软件来模拟硬件电路的问题在于：三轴或三轴以上联动的系统具有三个或三个以上的硬件电路（如每轴一个数字积分器），而计算机是用若干条指令来实现插补工作的。计算机执行每条指令都需要花费一定的时间，而当前有的小型或微型计算机的计算速度难以满足 NC 机床对进给速度和分辨率的要求。因此，在实际的 CNC 装置中，常常采用粗、精插补相结合的方法，即把插补功能分为软件插补和硬件插补两部分，计算机控制软件把刀具轨迹分为若干段，而硬件电路再在段的起点和终点之间进行数据的"密化"，使刀具轨迹在允许的误差之内，即软件实现粗补，硬件实现精插补。下面以三坐标直线插补为例来说明软件粗插补，如图 3-18 所示。

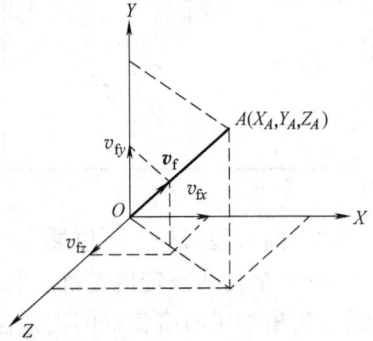

图 3-18 空间直线插补

①插补计算的预计算。由 F 可计算出刀具每 8ms 的位移量 ΔL

$$\Delta L = v_f \times (10^3 \times 8)/(60 \times 1000)$$
$$= v_f/7.5(0.001\text{mm})$$

从而各轴的位移量为

$$\Delta X = \Delta L X_A/L$$
$$\Delta Y = \Delta L Y_A/L$$
$$\Delta Z = \Delta L Z_A/L$$

②插补计算及输出。设 X_r、Y_r、Z_r 为程序中尚未插补输出的量，则它们的初值分别为 $X_r = X_e$，$Y_r = Y_e$，$Z_r = Z_e$。每进行一次插补运算，给伺服系统输出一组段值 ΔX、ΔY、ΔZ，同时进行一次下面的计算

$$X_r - \Delta X \to X_r$$
$$Y_r - \Delta Y \to Y_r$$
$$Z_r - \Delta Z \to Z_r$$

当 $|X_r| \leqslant |\Delta X|$，$|Y_r| \leqslant |\Delta Y|$，$|Z_r| \leqslant |\Delta Z|$ 都成立时，说明为本程序段的最后一次插补，这时输出到伺服系统的段值为剩余值 X_r、Y_r、Z_r。

插补运算的结果输出，经过位置控制部分（这部分工作既可由软件完成，也可由硬件完成）去带动伺服系统运动，控制刀具按预定的轨迹加工。

6. 位置控制程序

位置控制一般处在伺服系统的位置环上，如图 3-19 所示。位置控制可以由软件完成，也可以由硬件完成。

位置控制程序的主要任务是在每个采样周期内，将插补计算出的理论位置与实际反馈位置相比较，用其差值去控制进给电动机。在位置控制中，通常还要完成位置回路的增益调整、各坐标方向的螺距误差补偿和反向间隙补偿，以提高机床的定位精度。

位置控制主要完成以下计算（算法原理如图 3-20 所示）：

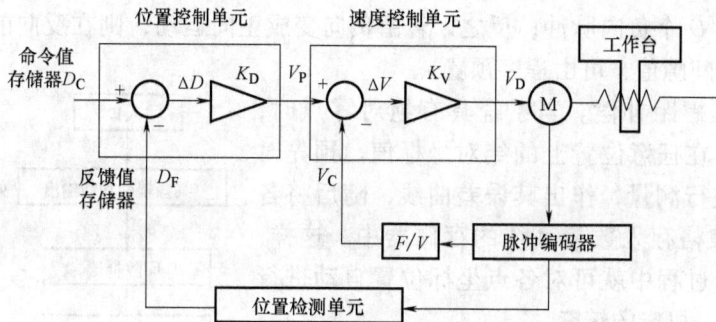

图 3-19　伺服系统的结构框图

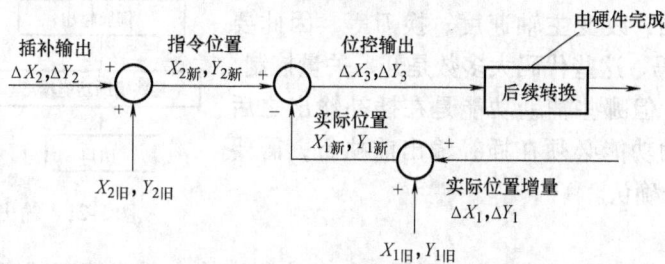

图 3-20　伺服控制软件的算法原理

（1）计算新的指令位置坐标值

$$X_{2新} = X_{2旧} + \Delta X_2 ， Y_{2新} = Y_{2旧} + \Delta Y_2$$

其中，$X_{2新}$和$Y_{2新}$为指令位置，它由本次插补周期的插补输出 ΔX_2、ΔY_2 与上次指令位置 $X_{2旧}$、$Y_{2旧}$相加得来。

（2）计算新的实际位置坐标值

$$X_{1新} = X_{1旧} + \Delta X_1 ， Y_{1新} = Y_{1旧} + \Delta Y_1$$

其中，$X_{1新}$、$Y_{1新}$为反馈的实际位置，它由前一个插补周期指令执行后的反馈位置增量 ΔX_1、ΔY_1 和其实际位置 $X_{1旧}$、$Y_{1旧}$相加求得。

（3）计算跟随误差（指令位置值 – 实际位置值）

$$\Delta X_3 = X_{2新} - X_{1新} ， \Delta Y_3 = Y_{2新} - Y_{1新}$$

其中，ΔX_3 和 ΔY_3 是本次插补输出转换来的位控输出，它由本次插补周期的指令位置 $X_{2新}$、$Y_{2新}$分别和上次的实际位置 $X_{1新}$、$Y_{1新}$相减求得。

（4）计算速度指令值

$$v_{fX} = f(\Delta X_3)，v_{fY} = f(\Delta Y_3)$$

f是位置环的调节控制算法，具体的算法视具体系统而定。这一步在有些系统中是采用硬件来实现的。v_{fX}、v_{fY}送给伺服驱动单元，控制进给电动机运行，实现 CNC 装置的轨迹（轮廓）控制。

7. 输出程序

输出程序的流程如图 3-21 所示，具体功能如下：

①进行伺服控制。控制方法如上所述。

②当进给脉冲改变方向时，要进行反向间隙补偿处理。若某一轴由正向变成负向运动，

则在反向前输出 Q 个负向脉冲；反之，若由负向变成正向运动，则在反向前输出 Q 个正向脉冲（Q 为反向间隙值，可由程序预置）。

③进行丝杠螺距补偿。当系统具有绝对零点时，软件可显示刀具在任意位置上的绝对坐标值。预先对机床各点精度进行测量，作出其误差曲线，随后将各点修正量制成表格存入数控系统的存储器中。这样，数控系统在运行过程中就可对各点坐标位置自动进行补偿，从而提高了机床的精度。

④M、S、T 等辅助功能的输出。在某些程序段中须要起动机床主轴、改变主轴速度、换刀等，因此要输出 M、S、T 代码，这些代码大多数是开、关量控制，由机床强电执行。但哪些辅助功能是在插补输出之后才执行，哪些辅助功能必须在插补输出前执行，需要在软件设计前预先确认。

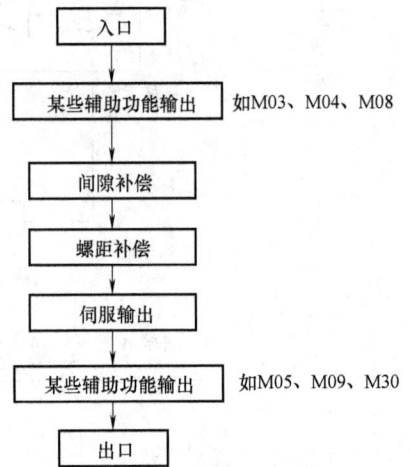

图 3-21　输出程序流程图

8. 管理程序

为数据输入、处理及切削加工过程服务的各个程序均由系统管理程序进行调度，因此，它是实现 CNC 装置协调工作的主体软件。此外，管理程序还要对面板命令、时钟信号、故障信号等引起的中断进行处理。水平较高的管理程序可使多道程序并行工作，如在插补运算与速度控制的空闲时刻进行数据的输入处理，调用各功能子程序，完成下一数据段的读入、译码和数据处理工作，且保证在本数据段加工过程中将下一数据段准备完毕。一旦本数据段加工完毕就立即开始下一数据段的插补加工。有的管理程序还安排进行自动编程工作，或者对系统进行必要的预防性诊断。

9. 诊断程序

诊断程序的功能是在程序运行中及时发现系统的故障，并指出故障的类型；也可以在运行前或故障发生后，检查系统各主要部件（CPU、存储器、接口、开关、伺服系统等）的功能是否正常，并指出发生故障的部位；还可以在维修中查找有关部件的工作状态，判别其是否正常，对于不正常的部件给予显示，便于维修人员能及时处理。

数控系统的诊断可分为启动诊断、在线诊断、停机诊断、远程通信诊断等。

CNC 装置软件的总体工作过程如图 3-22 所示。

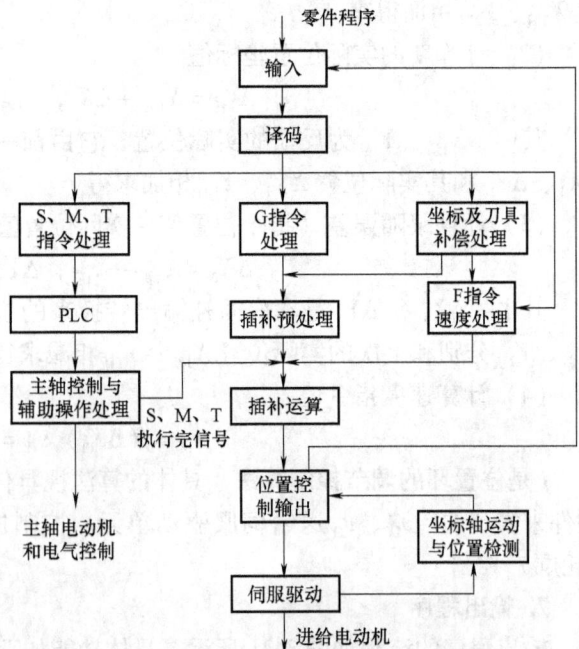

图 3-22　CNC 装置软件的工作过程

3.3.4 CNC 装置软件的结构形式

1. 前后台型结构

前后台型结构模式的 CNC 装置的软件分为前台程序和后台程序。前台程序是指实时中断服务程序，实现插补、伺服、机床监控等实时功能。这些功能与机床的动作直接相关。后台程序是一个循环运行程序，完成管理功能和输入、译码、数据处理等非实时性任务，也称为背景程序，管理软件和插补准备在这里完成。后台程序运行中，实时中断程序不断插入，与后台程序相配合，共同完成零件加工任务。

A-B7360 数控系统是一种典型的数据采样实时过程控制系统。各种控制功能都被当作任务编制成为相对独立的程序模块，通过系统程序将各种功能联系成为一个整体。系统程序的功能是处理中断，调度和监督各种任务的实施，结构如图 3-23 所示。

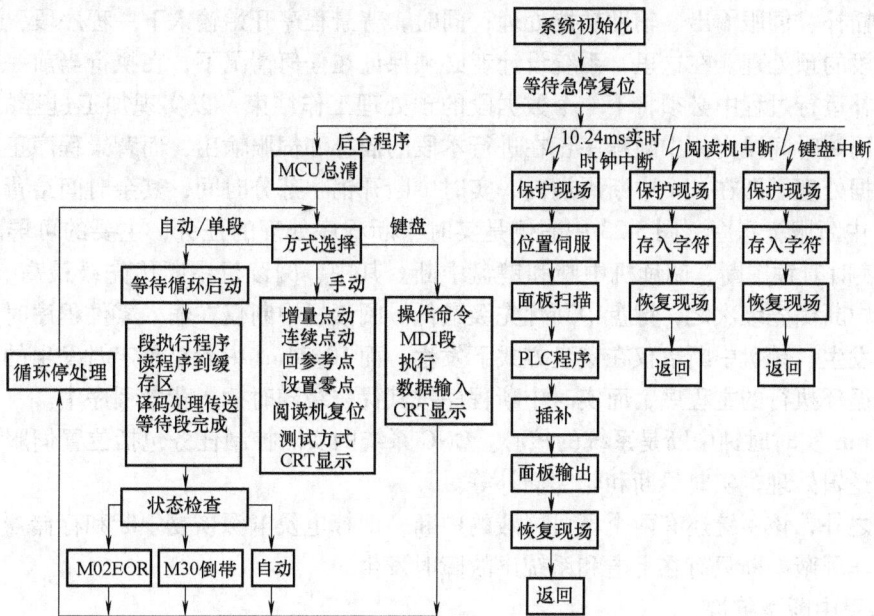

图 3-23 A-B7360 系统前后台型软件结构框图

A-B7360 数控系统程序可分为背景程序（又称后台程序）和中断服务程序（又称前台程序）两部分。背景程序的主要作用是管理和调度，它的运行是循环的。实时中断服务程序执行包括插补在内的全部实时功能。

（1）背景程序 当 A-B7360 数控系统接通电源或复位后，首先运行初始化程序，然后设置系统有关的局部标志和全局性标志，设置机床参数，预清机床 I/O 逻辑信号在 RAM 中的映象区，设置中断向量，并开放 10.24ms 实时时钟中断，最后进入紧停状态。此时，机床主轴和坐标轴伺服系统的强电是断开的，程序处于对急停复位的等待循环中。由于 10.24ms 时钟中断定时发生，控制面板上的开关状态随时被扫描，并设置了相应的标志，以供主程序使用。一旦操作者按了"急停复位"按钮，接通机床强电时，程序下行，背景程序启动。首先进入 MCU 总清（即清除零件程序缓冲区、MDI 键盘缓冲区、暂存区、插补参数区等），并使系统进入约定的初始控制状态（如 G01、G90 等），接着根据面板上的方式进行选择，进入相应的方式服务环中。各服务环的出口又循环到方式选择环节，一旦10.24ms时钟中断程序扫描到面板上的方式开关状态发生了变化，背景程序便转到新的方式服务环中。无论背景程序处于何种方式服务中，10.24ms的时钟中断总是定时发生的。

在背景程序中，自动/单段是数控加工中的最主要的工作方式，在这种工作方式下的核心任务是进行一个程序段的数据预处理，即插补预处理。即一个数据段经过输入译码、数据处理后，就进入就绪状态，等待插补运行。所以图中段执行程序的功能是将数据处理结果中的插补用信息传输到插补缓冲器，并把系统工作寄存器中的辅助信息（M、S、T代码）送到系统标志单元，以供系统全局使用。在完成了这两种传输之后，背景程序设置一个数据段传输结束标志及一个开放插补标志。在这两个标志建立之前，定时中断程序尽管照常发生，但是不执行插补及辅助信息处理等工作，仅执行一些例行的扫描、监控等功能。这两个标志的设置体现了背景程序对实时中断程序的控制和管理。这两个标志建立后，实时中断程序即开始执行插补、伺服输出、辅助功能处理；同时，背景程序开始输入下一程序段，并进行下一个数据段的预处理。在这里，系统设计者必须保证在任何情况下，在执行当前一个数据段的实时插补运行过程中必须将下一个数据段的预处理工作结束，以实现加工过程的连续性。这样，在同一时间段内，中断程序正在进行本段的插补和伺服输出，而背景程序正在进行下一段的数据处理。即在一个中断周期内，实时中断开销一部分时间，其余时间给背景程序。

（2）中断服务程序　图3-23中右侧是实时中断程序处理的任务，主要的可屏蔽中断有10.24ms实时时钟中断、阅读机中断和键盘中断。其中，阅读机中断优先级最高，10.24ms实时时钟中断优先级次之，键盘中断优先级最低。阅读机中断仅在输入零件程序时启动了阅读机后才发生，键盘中断也仅在键盘方式下发生，而10.24ms中断总是定时发生的。背景程序是一个循环执行的主程序，而实时中断程序按其优先级随时插入背景程序中。

10.24ms实时时钟中断是系统的核心。CNC系统的实时控制任务包括位置伺服、面板扫描、机床逻辑处理、实时诊断和轮廓插补等。

除此之外，该系统还有两个不可屏蔽的中断，即掉电及电源恢复中断和存储器奇偶校验错中断。非屏蔽中断只有在上电和系统出故障时发生。

2. 多重中断型结构

中断型软件结构的特点是除了初始化程序之外，整个系统软件的各种功能模块分别安排在不同级别的中断服务程序中，整个软件就是一个大的中断系统。其管理功能主要通过各级中断服务程序之间的相互通信来解决。

（1）中断优先级安排　一般在中断型结构模式的CNC系统软件体系中，控制CRT显示的模块为低级中断（1级中断），只要系统中没有其他中断级别请求，总是执行1级中断，即系统进行CRT显示。其他程序模块，如译码处理、刀具中心轨迹计算、键盘控制、I/O信号处理、插补运算、终点判别、伺服系统位置控制等处理，分别具有不同的中断优先级别。开机后，系统程序首先进入初始化程序，进行初始化状态的设置、ROM检查等工作。初始化后，系统转入1级中断CRT显示处理。此后，系统进入各种中断的处理。

FANUC 6数控系统是一个典型的中断型软件结构。与大多数CNC装置的工作流程相同，FANUC 6数控系统也经历输入零件程序、译码、数据处理、进给速度控制、插补运算、伺服输出等工作阶段。为了提高刀具运动的线速度，节省CPU的时间，FANUC 6数控系统也采用粗插补与精插补结合的方法，其中粗插补由软件完成，周期为8ms，精插补由硬件完成。

中断优先级如图 3-24 所示，共有 9 级中断优先级，其中 1 级为最低优先级，9 级为最高优先级。各级中断的主要功能见表 3-4。由表 3-4 可知，0 级为初始化程序，此时还没有开中断，还没有中断时钟产生，当 0 级结束时进入 1 级，同时开中断。只要没有其他中断优先级的请求，就总是执行 1 级程序，即总是执行 CRT 显示和 ROM 校验。其中，1 级为主程序，2～9 级为中断服务程序。

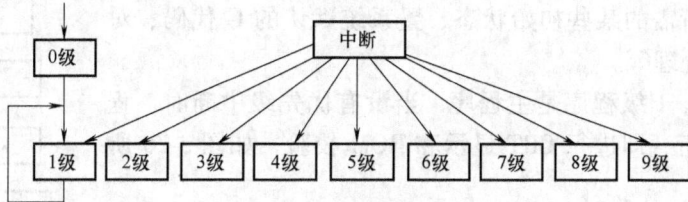

图 3-24　中断优先级

表 3-4　FANUC 6 数控系统各级中断的功能

优先级	主　要　功　能	中　断　源
0	初始化	开机后进入
1	CRT 显示，ROM 奇偶校验	由初始化程序进入
2	工作方式选择及预处理	16ms 软件定时
3	PLC 控制，M、S、T 处理	16ms 软件定时
4	参数、变量、数据存储器控制	硬件 DMA
5	插补运算，位置控制，补偿	8ms 软件定时
6	监控和急停信号，定时 2、3、5 级	2ms 硬件时钟
7	ARS 键盘输入及 RS232C 输入	硬件随机
8	纸带阅读机处理	硬件随机
9	串行 I/O 传输报警处理	串行传输报警

中断服务程序的中断有两种来源：一种是由时钟或其他外部设备产生的中断请求信号，称为硬件中断（如第 0、1、4、6、7、8、9 级）；另一种是由程序产生的中断信号，称为软件中断，这是由 2ms 的实时时钟在软件中分频得出的（如第 2、3、5 级）。

硬件中断请求又称为外中断，要接受中断控制器（如 Intel8259A）的统一管理，由中断控制器进行优先排队和嵌套处理；而软件中断是由软件中断指令产生的中断，每出现 4 次 2ms 时钟中断时，产生第 5 级 8ms 软件中断，每出现 8 次 2ms 时钟中断时，分别产生第 3 级和第 2 级 16ms 软件中断，各软件中断的优先顺序由程序决定。因为软件中断有既不使用中断控制器，也不能被屏蔽的特点，因此为了将软件中断的优先级嵌入硬件中断的优先级中，在软件中断服务程序的开始，要通过改变 Intel8259A，屏蔽优先级比其低的中断，软件中断返回前，再恢复 Intel8259A 初始屏蔽状态。

（2）中断程序的功能　下面对各优先级中断服务程序分别进行介绍。

1）0 级程序。即初始化程序，其作用是为整个系统的正常工作做准备，如图 3-25 所示。系统电源接通后便进入此程序，此时没有其他优先级中断。在初始化程序中，系统主要完成如下工作：

①进行一些接口芯片的初始化，包括定时/计数器 8253、可编程中断控制器 8259A、可编程通信接口 8251A、位置控制芯片 MB8739 等。

②清系统 RAM 工作区。

③初始化系统有关参数，如设置堆栈指针、设置中断矢量、设置系统正常运行所需的某些初始状态、置系统默认的 G 代码、对某些参数进行预处理等。

2）1 级程序。1 级程序是主程序，当没有优先级中断时，程序始终在 1 级运行，即进行 CRT 显示和 ROM 校验，如图 3-26 所示。

3）2 级中断服务程序。其主要工作是为插补准备好数据和状态。针对机床操作人员所选择的各种工作方式，对各种工作方式进行处理，并完成实时插补前的各种准备工作，如零件加工程序的输入和编辑、机床调整、零件加工程序段的译码、刀补计算等。2 级中断服务程序的整体结构如图 3-27 所示，共有 7 种工作方式，系统根据操作者所选工作方式转向不同的处理分支。

4）3 级中断服务程序。每 16ms 进行一次，主要对机床操作面板的输入信号进行监视和处理，启动 PLC 控制程序，实现机床逻辑控制，并将机床状态通过 CRT 和机床操作面板及时输出。

5）4 级中断服务程序。主要用于数据存储器读/写奇偶校验，读/写校验时，有错则报警，无错则结束。

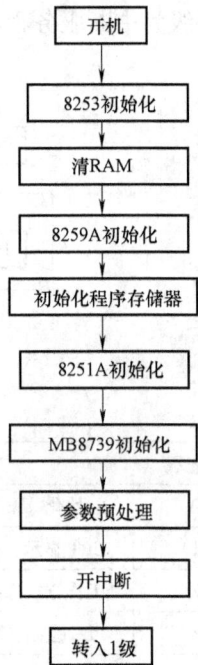

图 3-25　初始化程序

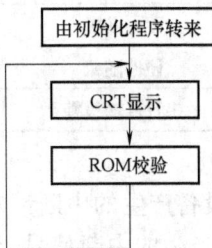

图 3-26　1 级中断

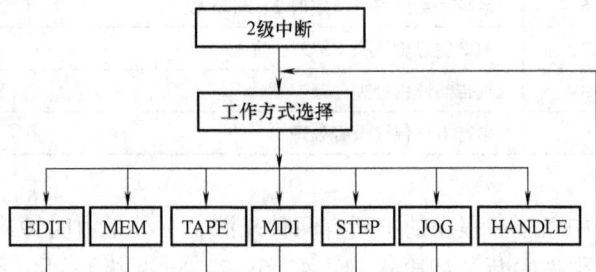

图 3-27　2 级中断

6）5 级中断服务程序。每 8ms 进行一次，主要完成插补运算、伺服位置控制、加减速控制及各种补偿。

7）6 级中断服务程序。6 级中断为硬件定时中断，每 2ms 产生一次中断请求。其主要工作是产生 2 级、3 级的 16ms 软中断定时。

8）7 级中断服务程序。主要用于从 RS-232C 接口读入数据，并存入相应的缓冲区。

9）8 级中断服务程序。该程序的主要工作是将零件程序由带卷盘的纸带阅读机送入到零件程序缓冲器中。

10）9 级中断服务程序。该程序是串行报警中断程序，当系统掉电、ROM 校验出错及其他报警信号出现时，导致此中断。

这种软件结构在 20 世纪 80 年代末期至 90 年代初期的数控机床上得到了广泛应用。

3. 基于实时操作系统的结构模式

实时操作系统（RTOS）是操作系统的一个重要分支，它除了具有通用操作系统的功能外，还具有任务管理、多种实施任务调度机制（如优先级抢占调度、时间片轮转调度等）、任务间的通信机制等功能。它的优点是弱化了功能模块间的耦合关系，系统的开放性和可维护性好，能大大减少系统开发的工作量。目前，采用该模式开发数控系统软件的方法有两种：一种是在商品化的实时操作系统下开发 CNC 装置软件；另一种是将通用的 PC 机操作系统（DOS、Windows）扩展成实时操作系统，然后在此基础上开发 CNC 装置软件。后一种方法是国内厂家目前常采用的方法。

3.3.5　CNC 装置软件的特点

1. 多任务并行处理

（1）多任务　数控系统通常作为一个独立的过程控制单元用于工业自动化生产中，因此它的系统软件必须完成管理和控制两大任务。系统的管理部分包括输入、I/O 处理、显示和诊断。系统的控制部分包括译码、刀具补偿、速度处理、插补和位置控制。在许多情况下，管理和控制的某些工作必须同时进行。例如，当 CNC 装置工作在加工控制状态时，为了使操作人员能及时地了解 CNC 装置的工作状态，管理软件中的显示模块必须与控制软件同时运行。当 CNC 装置工作在数控加工方式时，管理软件中的零件程序输入模块必须与控制软件同时运行。而当控制软件运行时，其本身的一些处理模块也必须同时运行。例如，为了保证加工过程的连续性，即刀具在各程序段之间不停刀，译码、刀具补偿和速度处理模块必须与插补模块同时运行，而插补又必须与位置控制同时进行。

（2）并行处理　并行处理是指计算机在同一时刻或同一时间间隔内完成两种或两种以上性质相同或不相同的工作。如图 3-28 所示，并行处理最显著的优点是提高了运算速度。比较 n 位串行运算和 n 位并行运算，在元件处理速度相同的情况下，后者运算速度几乎提高为前者的 n 倍。这是一种资源重复的并行处理方法，它是根据"以数量取胜"的原则大幅度提高运算速度的。并行处理分为资源重复并行处理、时间重叠并行处理和资源共享并行处理。所谓时间重叠是根据流水线处理技术，使多个处理过程在时间上相互错开，轮流使用同一套设备的几个部分；而资源共享则是根据"分时共享"的原则，使多个用户按时间顺序使用同一套设备。

目前在 CNC 装置的硬件设计中，已广泛使用资源重复的并行处理方法，如采用多 CPU 的系统体系结构来提高系统的速度。而在 CNC 装置的软件设计中，主要采用资源分时共享和资源重叠的流水线处理技术。

①资源分时共享并行处理。在单 CPU 的 CNC 装置中，主要采用 CPU 分时共享的原则来解决多任务的同时运行。一般来讲，在使用分时共享并行处理的计算机系统

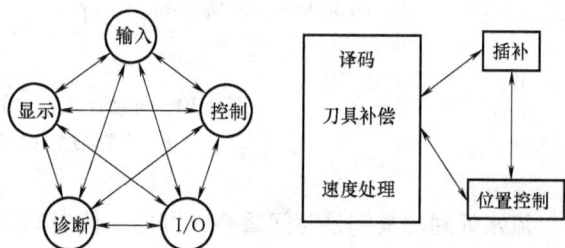

图 3-28　CNC 系统的多任务并行处理关系

中，首先要解决的问题是各任务占用 CPU 时间的分配原则，这里面有两方面的含义：其一是各任务何时占用 CPU；其二是允许各任务占用 CPU 的时间长短。

在 CNC 装置中，对各任务使用 CPU 是用循环轮流和中断优先相结合的方法来解决。图 3-29 所示是一个典型的 CNC 装置各任务分时共享 CPU 的时间分配图。系统在完成初始化以后自动进入时间分配环中，在环中依次轮流处理各任务。而对于系统中一些实时性很强的任务则按优先级排队，分别放在不同中断优先级上。环外的任务可以随时中断环内各任务的执行。

每个任务允许占用 CPU 的时间受到一定限制，通常是这样处理的：对于某些占用 CPU 时间比较多的任务，如插补准备，可以在其中的某些地方设置断点，当程序运行到断点处时，自动让出 CPU，待到下一个运行时间里自动跳到断点处继续执行。

②资源重叠流水并行处理。当 CNC 装置处在自动工作方式时，其数据的转换过程将由

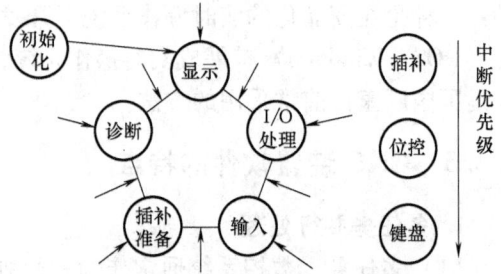

图 3-29　CPU 分时共享的并行处理

零件程序输入、插补准备（包括译码、刀具补偿和速度处理）、插补、位置控制 4 个子过程组成。如果每个子过程的处理时间分别为 Δt_1、Δt_2、Δt_3、Δt_4，那么一个零件程序段的数据转换时间将是 $t = \Delta t_1 + \Delta t_2 + \Delta t_3 + \Delta t_4$。如果以顺序方式处理每个零件程序段，即第一个零件程序段处理完以后再处理第二个程序段，依次类推，这种顺序处理时的时间空间关系如图 3-30a 所示。从图中可以看出，如果等到第一个程序段处理完之后才开始对第二个程序段进行处理，那么在两个程序段的输出之间将有一个时间长度为 t 的间隔。同样在第二个程序段与第三个程序段的输出之间也会有时间间隔，依次类推。这种时间间隔反映在电动机上就是电动机时转时停，反映在刀具上就是刀具时走时停。不管这种时间间隔多么小，这种时走时停在加工工艺上都是不允许的。消除这种间隔的方法是用流水处理技术。采用流水处理后的时间空间关系如图 3-30b 所示。

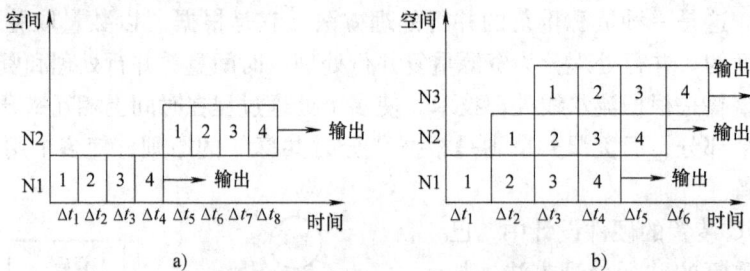

图 3-30　自动加工方式的程序执行过程

a）顺序处理　b）流水处理

流水处理的关键是时间重叠，即在一段时间间隔内不只处理一个子过程，而是处理两个或更多的子过程。从图 3-30b 可以看出，经过流水处理后，从时间 t_4 开始，每个程序段的输出之间不再有间隔，从而保证了电动机转动和刀具移动的连续性。流水处理要求每一个处理子程序的运算时间相等，而在 CNC 装置中每一个子程序所需的处理时间都是不相等的，解

决的办法是取最长的子程序处理时间为处理时间间隔。这样当处理时间较短的子程序时，处理完成之后就进入等待状态。

在多CPU的CNC装置中，由于每个子过程的处理是由不同的CPU来完成，所以可以实现真正意义上的时间重叠。在单CPU的CNC装置中，流水处理的时间重叠只有宏观的意义，即在一段时间内，CPU处理多个子程序，但从微观上看是各子程序分时占用CPU。

2. 多重中断实时处理

所谓中断是指中止现行程序转而去执行另一程序，待另一程序处理完毕后，再转回来继续执行原程序。所谓多重中断，就是将中断按级别优先权排队，高级中断源能中断低级的中断处理，等高级中断处理完毕后，再返回来接着处理低级中断尚未完成的工作。所谓实时，是指在确定的有限时间里对外部产生的随机事件作出响应，并在确定的时间里完成这种响应或处理。

数控系统是一个实时控制系统，被控对象是一个并发活动的有机整体，对被控对象进行控制和监视的任务也是并发执行的，它们之间存在着各种复杂的逻辑关系。有时这些任务是顺序执行的，表现为一个任务结束后，激发另一个任务执行，如数控加工程序段的预处理、插补计算、位置控制和输入输出控制；有时这些任务是周期性地以连续反复的方式执行，如每隔一个插补周期进行一次插补计算，每隔一个采样周期进行一次位置控制等；有时一个任务执行到某处时，必须延时到某个时刻后才又继续执行，如必须等待换刀等有关辅助功能完成后，进一步的切削控制才能开始；有时是几个协同任务并发执行，如在加工控制中，人机交互处理及各种突发事件的处理等。

对于有实时要求且各种任务互相交错并发的多任务控制系统，可采用多重中断的并行处理技术。各种实时任务被安排成不同优先级别的中断服务程序，或者在同一个中断程序中按其优先级高低而顺序运行，任务主要按优先级进行调度，在任何时候CPU运行的都是当前优先级较高的任务。

无论采用哪种并行处理技术，各种协同任务都存在着逻辑联系，它们之间必须进行通信，以便共同完成对某个对象（如数控机床）的控制和监视。各任务之间可以采用设置标志、共同使用某一公共存储区及多处理器串行通信等方法进行联系。

目前，针对数控系统多任务性和实时性两大特点，一方面在硬件上越来越多地采用多微处理器系统，另一方面在软件上综合了前面所述的多种并行处理技术。常见的CNC装置软件结构有对应于单微处理器系统的前后台型和多重中断型，以及对应于多微处理器系统的功能模块软件结构。

3.3.6　华中数控系统的软件结构

1. 软件结构说明

华中数控系统的软件结构如图3-31所示。图中细实线以下的部分称为底层软件，它是华中数控系统的软件平台，其中RTM模块为自行开发的实时多任务管理模块，负责CNC系统的任务管理管理调度。NCBIOS模块为基本输入输出系统，管理CNC系统所有的外部控制对象，包括设备驱动程序（I/O）的管理、位置控制、PLC控制、插补计算以及内部监控等。

RTM和NCBIOS两模块合起来统称NCBASE，如图中细实线框所示。图中细实线以上的部分称为过程控制软件（或过程层软件），它包括编辑程序、参数设置、解释程序、PLC 管理、MDI、故障显示等与用户操作有关的功能子模块。对于不同的数控系统，其功能的区别都在这一层，系统功能的增减均在这一层进行；各功能模块通过 NCBASE 的 NCBIOS 与底层进行信息交换。

2. NCBASE 的功能

（1）实时多任务的调度　该功能由 RTM 模块实现。调度核心由时钟中断服务程序和任务调度程序组成，如图 3-32 所示。根据任务要求的调度机制（采用优先抢占加时间片轮转调度）和任务的状态，调度核心对任务实行管理，即决定当前哪个任务获得 CPU 的控制权，并监控任务的状态。系统中各个任务只能通过调度核心才能运行和终止。图 3-32 描述了各个任务与调度核心的关系，图中的实线表示从调度核心进入任务或任务在一个时间片内未能运行完而返回调度核心的状态；虚线表示任务在时间片内运行完毕返回调度核心的状态。

（2）设备驱动程序　对于不同的控制对象，如加工中心、数控铣床、数控车床、数控磨床等，硬件的配置可能不同，而不同的硬件模块其驱动

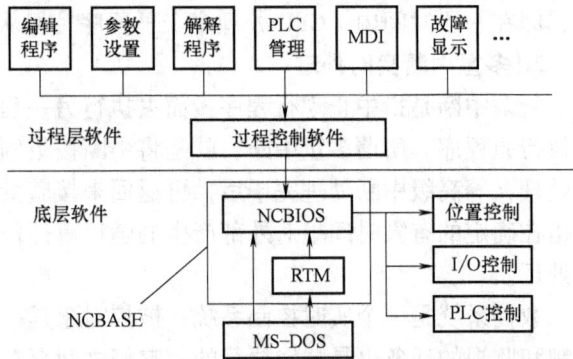

图 3-31　华中数控系统软件结构

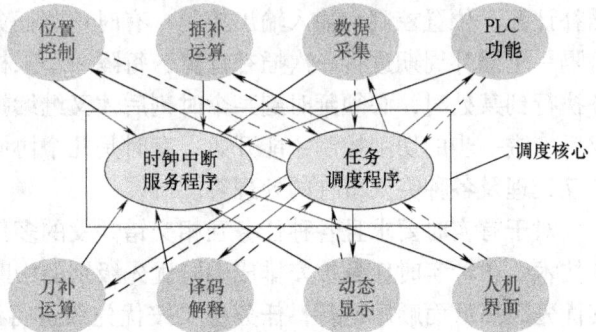

图 3-32　华中系统的实时多任务调度

程序也不同。华中数控系统就很好地解决了这个问题。在配置系统时，所有的硬件模块的驱动程序都要在 NCBIOS 模块的 NCBIOS. CFG 中说明（格式为：DEVICE = 驱动程序名）。系统在运行时，NCBIOS 模块根据 NCBIOS. CFG 的预先设置，调入对应模块的驱动程序，建立相应的接口通道。

（3）位置控制　位置控制是 NCBIOS 模块的一个固定程序，主要是接受插补运算程序送来的位置控制指令，经进行螺距误差补偿、传动间隙补偿、极限位置判别等处理后，输出速度指令值给位置控制模块。

（4）插补器　华中数控系统为多通道（可为四通道）数控系统，每个通道都有一个插补器，相应就创建一个插补任务。其任务主要是完成直线、圆弧、螺纹、攻螺纹及微小直线段（供自由曲线和自由曲面加工用）等插补运算。

（5）PLC 调度　PLC 调度的主要任务包括：故障的报警处理；M、S、T 处理；急停和复位处理；虚拟轴驱动处理；刀具寿命管理；操作面板的开关处理；指示灯及突发事件处理等。

（6）内部监控　实现对 CNC 装置各部分故障的监控。

3.4　CNC 装置的接口电路

3.4.1　概述

数控机床的 CNC 装置需要与下列设备进行数据传输和信息通信。

（1）数据输入/输出设备　如光电纸带阅读机（PTR）、纸带穿孔机（PP）、打印和穿孔复校设备（TTY）、零件加工程序的编程机和可编程序控制器的编程机等。

（2）外部机床控制面板　许多数控机床，特别是大型数控机床，为了操作方便，往往在机床侧设置一个外部机床控制面板。其结构可以是固定的或悬挂式的，远离 CNC 装置。早期采用专用的远距离输入/输出接口，近几年都采用 RS232C（24V）/20mA 电流环接口。

（3）通用的手摇脉冲发生器

（4）进给驱动线路和主轴驱动线路　一般情况下，这两部分装置与 CNC 装置在同一机柜或相邻机柜内，通过内部连线相连，它们之间不设置通用输入/输出接口。

接口是保证信息快速、正确传输的关键部分，接口技术发展很快，现代 CNC 装置都具有完备的数据传输和通信接口。例如，西门子公司的 SINUMERIK 3 或 SINUMERIK 8 系统设有 V24（RS-232C）/20mA 接口供程序输入/输出之用；SINUMERIK 810/820 系统的 CNC 装置设有两个通用的 RS-232C/20mA 接口，可用以连接数据输入/输出设备。外部机床面板通过 I/O 模块相连。规定 RS-232C 接口传输距离不大于 50m，20mA 电流环接口可达 1000m。

随着工厂自动化（Factory Automation，FA）和计算机集成制造系统（CIMS）的发展，CNC 装置作为 FA 或 CIMS 结构中一个基础层次，用作设备层或工作站层的控制器时，可以是分布式数控系统（DNC，亦称群控系统）、柔性制造系统（FMS）的有机组成部分，一般通过工业局部网络相连。

3.4.2　CNC 装置常用外部设备及接口

CNC 装置的外部设备（简称外设）是指为了实现机床控制任务而设置的输入与输出装置。不同的数控设备配备外部设备的类型和数量都不一样。大体来说，外部设备包括输入设备和输出设备两种。常见的输入设备有自动输入的纸带阅读机、磁带机、磁盘驱动器等，手动输入的键盘、手动操作的各种控制开关等。零件的加工程序、各种补偿的数据、开关状态等都要通过输入设备送入数控系统。常见的输出设备有指示灯，如 CRT 显示器、LED 显示器、纸带穿孔机、电传打字机、打印机等。

下面介绍一些常见的外部设备和相应接口。由于纸带阅读机现在已很少使用，这里不作介绍。

1. 键盘输入及接口

键盘是数控机床最常用的输入设备，是实现人机对话的一种重要手段，通过键盘可以向计算机输入程序、数据及控制命令。键盘有两种基本类型：全编码键盘和非编码键盘。

对于全编码键盘，每按下一键，由键盘的硬件逻辑自动提供被按键的 ASCII 代码或其他编码，并能产生一个选通脉冲，向 CPU 申请中断，CPU 响应后将键的代码输入内存，通过译码执行该键的功能。此外，该键盘还有消除抖动、多键和串键的保护电路。这种键盘的优点是使用方便，不占用 CPU 的资源，但价格昂贵。非编码键盘，其硬件上仅提供键盘的行和列的矩阵，其他识别、译码等全部工作都由软件来完成，所以非编码键盘结构简单，是较便宜的输入设备。这里主要介绍非编码键盘的接口技术和控制原理。

非编码键盘在软件设计过程中必须解决的问题是：识别键盘矩阵中被按下的键，产生与被按键对应的编码，消除按键时产生的抖动干扰，防止键盘操作中串键的错误（同时按下一个以上的键）。图 3-33 所示是一般微机系统常用的键盘结构线路，它由 8×8 的矩阵组成，有 64 个键可供使用。行线和列线的交点是单键按钮的触点，键按下，行线和列线接通；CPU 的 8 条低位地址线通过反相驱动器接至矩阵的列线，矩阵的行线经反相三态缓冲器接至 CPU 的数据总线上；CPU 的高位地址通过译码接至三态缓冲器的控制端，所以 CPU 访问键盘是通过地址线，与访问其他内存单元相同。键盘也占用内存空间，若高位地址译码的信号是 38H，则 3800H ~ 38FFH 的存储空间为键盘所占用。

键盘输入信息的过程如下。

1）操作者按下一个键。

2）查出按下的是哪一个键，称为键扫描。

3）给出该键的编码，即键译码。在这种方式中，键的识别和译码是由软件来实现的，采用程序查询的方法来扫描键盘，其扫描的步骤如下：

平时三态缓冲器的输入端是高电平，扫描键盘是否有键按下时，首先访问键盘所占用的空间地址，高位地址选通，经译码器打开三态缓冲器的控制端，低位地址 A0 ~ A7 全为高电平，然后检查行线，用读入数据的方法是判断 D0 ~ D7 是否全为零，若全为零，则表示没有键按下。程序再反复扫描，直到查出输入的信息不是零。某一根数据线为高电平，表示键盘中有一个键按下，根据数据的值知道按键是在哪一行。查到有键按下后，必须找出键在哪一列上，接着 CPU 再逐列扫描地址线，其方法是使第 1 列地址线为高电平，其他 7 列为低电平，然后再读入数据检查行线，是否有一根数据线为高电平，若不为高电平，则使第 2 列为高电平，其余列为低电平，再读入数据，看是否不全是零，以此类推一直到读入数据不全是零，即可找出所按下的键在哪一列。

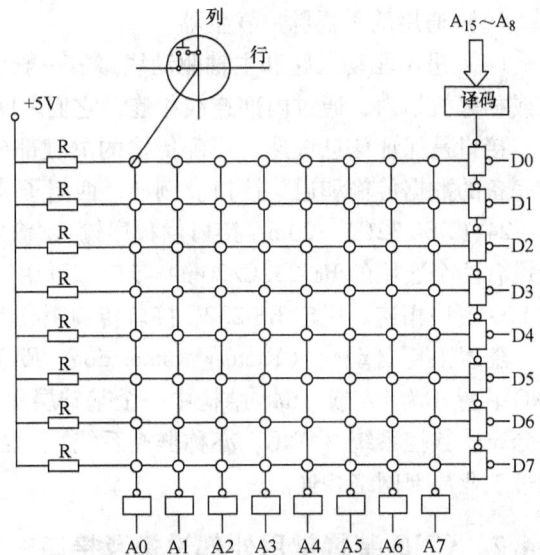

图 3-33　8×8 非编码键盘矩阵

找到按下的键所属的行列，就知道按下的是什么键，通过程序处理即可执行按键的功能。

2. 显示器及其接口

CNC 装置接收到操作者输入的信息以后，往往还要把接收到的信息告知操作者，以便进行下一步的操作。例如，操作者用按键选择了 CNC 装置的某种工作方式，CNC 装置就要用文字把当前的状态显示出来，告知操作者是否已经接收到了正确的信息；在零件程序的输入过程中，每输入一个字符，CNC 装置也都要将其显示出来，操作者可以很方便地知道正在输入的当前位置；已经在内存的零件程序如果需要修改，也可以显示出来，以便操作者找到修改的位置。所有这些，都要求 CNC 装置具有显示数据和其他信息的功能。因此，显示器是数控机床最常用的输出设备，也是实现人机对话的一个重要手段。尤其是现代 CNC 系统采用的 CRT 显示器，大大扩展了显示功能，它不仅能显示字符，还能显示图形。CNC 装置有专门的显示器接口，用于连接显示器。

因此，在 CNC 装置中，常采用各种显示方式以简化操作和丰富操作内容，如显示编制的零件加工程序、输入的数据、参数和加工过程的状态（动态坐标值等）以及加工过程的动态模拟等，使操作既直观又方便。早期的 CNC 装置多采用 LED 显示器，现代 CNC 装置都配有 CRT 显示器，最新的还采用液晶显示器（LCD）。

3.4.3　机床开关量及其接口

1. 概述

数控机床接口指的是数控系统与机床电气控制设备（由继电器、接触器等组成的强电控制设备）之间的电气连接部分。

在数控机床中，由机床向 CNC 装置传输的信号称为输入信号；由 CNC 装置向机床传输的信号称为输出信号。这些输入/输出信号有：直流数字输入/输出信号，直流模拟输入/输出信号，交流输入/输出信号。而应用最多的是直流数字输入/输出信号；直流模拟信号用于进给坐标轴和主轴的伺服控制（或其他接收、发送模拟信号的设备）；交流信号用于直接控制功率执行器件。接收或发送模拟信号和交流信号，需要专门的接口电路，实际应用中一般都采用 PLC，并配置专门的接口电路。首先，输入信号都经过光电隔离，使机床和 CNC 装置之间的信号在电气上实现隔离，防止干扰引起误动作；其次，CNC 装置内一般是 TTL 电平，而要控制的设备或电路不一定是 TTL 电平，故在接口电路中要进行电平转换和功率放大，以及实行 A/D 转换。此外，为了减少控制信号在传输过程中的衰减、噪声、反射和畸变等影响，还要按信号类别及传输线质量，采取一些措施和限制传输距离。

2. 数控机床上的接口规范

根据国际标准 ISO 4336—1981（E）《机床数字控制—数控装置和数控机床电气设备之间的接口规范》的规定，接口分为四类。

第 I 类：与驱动命令有关的连接电路；

第 II 类：数控系统与检测系统和测量传感器间的连接电路；

第 III 类：电源及保护电路；

第 IV 类：开关信号和代码信号连接电路。

第 I 类和第 II 类接口传输的信息是数控系统与伺服驱动单元（即速度控制环）、伺服电动机、位置检测和速度检测之间的控制信息及反馈信息，它们属于数字控制及伺服控制。

第 III 类接口电路由数控机床强电线路中的电源控制电路构成。强电线路由电源变压器、控制变压器、各种断路器、保护开关、接触器、功率继电器及熔断器等连接而成，以便为辅助交流电动机、电磁铁、离合器、电磁阀等功率执行元件供电。强电线路不能与低压下工作的控制电路或弱电线路直接连接，只能通过断路器、热动开关、中间继电器等器件转换成直流低压下工作触点的开、合动作，才能成为继电器逻辑电路和 PLC 可接收的电信号。反之，由 CNC 装置输出的信号，应先去驱动小型中间继电器，（一般工作电压直流 +24V），然后用中间继电器的触点接通强电线路的功率继电器，直接激励这些负载（电磁铁、电磁离合器、电磁阀）。

第Ⅳ类接口信号（开关信号和代码信号）是数控系统与外部传输的输入输出控制信号。当数控系统带有 PLC 时，这些信号除极少数的高速信号外，均通过 PLC 传输。第Ⅳ类接口信号根据其功能的必要性又可分为两种：必需的信号以及为了保护人身和设备安全，或者为了操作、兼容性所必需的信号。如急停、进给保持、NC 准备好等。任选的信号，并非任何数控机床都必须有，而是在特定的数控系统和机床相配条件下才需要的信号，如行程极限、JOG 命令（手动连续进给）NC 报警、程序停止、复位、M 信号、S 信号、T 信号等。

3. 数控机床典型的 I/O 接口

（1）输入接口　输入接口接收机床操作面板各开关、按钮的信号及机床各种限位开关的信号，分为触点输入的接收电路和电压输入的接收电路两种，分别如图 3-34 和图 3-35 所示。

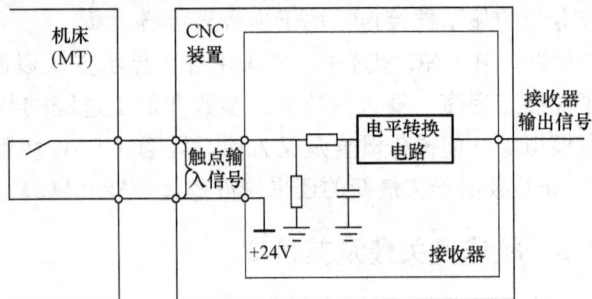

图 3-34　触点输入电路

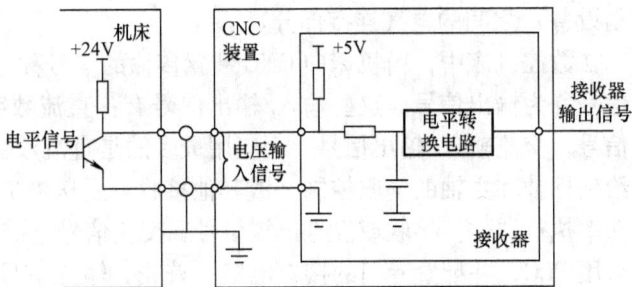

图 3-35　电压输入电路

（2）输出接口　输出接口将机床各种工作状态灯的信息送到机床操作面板，把控制机床动作的信号送到强电柜。它分为继电器输出电路和无触点输出电路（光电隔离输出电路），分别如图 3-36 和图 3-37 所示。

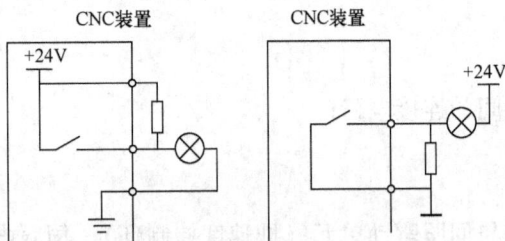

图 3-36　继电器输出电路

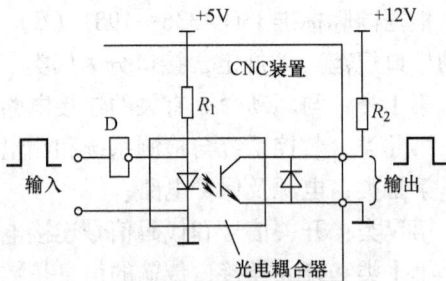

图 3-37　光电隔离输出电路

光电隔离电路通过滤波吸收来抑制干扰信号的产生，采用光电隔离的办法使微机与机床强电部件不共地，从而阻断干扰信号的传导，同时实现电平转换。输入端为高电平时，由于反相器的作用，使发光二极管不通，从而光敏晶体管也不通，输出为高电平，反之输出为低电平。

3.4.4 串行接口

数据在设备间的传输可用串行方式或并行方式。相距较远的设备数据传输采用串行方式。串行接口需要有一定的逻辑，将机内的并行数据转换成串行信号后再传输出去，接收时也要将收到的串行 I/O 信号经过缓冲器转换成并行数据，再送至机内处理。常用的芯片有8251A、MC6850、6852 等。

为了保证数据传输的正确性和一致性，接收和发送双方对数据的传输应确定一致的且互相遵守的约定，包括定时、控制、格式化和数据表示方法等。这些约定称为通信规则或通信协议。串行传输分为异步传输和同步传输两种。异步传输比较简单，但速度不快。同步传输效率高，但接口结构复杂，传输大量数据时使用。

异步串行传输在数控机床上应用比较广泛，主要的接口标准有 RS232C/20mA 电流环和RS422/RS449。CNC 装置中 RS-232C 接口用以连接输入/输出设备（PTR、PP 或 TTY），外部机床控制面板或手摇脉冲发生器，传输速率不超过 9600bit/s。

3.4.5 网络通信接口

随着制造技术的不断发展，对网络通信要求越来越高。计算机网络是由通信线路，根据一定的通信协议互连起来的独立自主的计算机的集合，联网中的各设备应能保证高速和可靠的数据和程序传输。在这种情况下一般采取同步串行传输方式，在 CNC 装置中设有专用的微处理机的通信接口，完成网络通信任务。

现在网络通信协议都采用以 ISO 开放式互连系统参考模型的七层结构为基础的有关协议，或者采用 IEEE802 局部网络有关协议。近年来制造自动化协议（Manufacturing Automation Protocol，MAP）已成为应用于工厂自动化的标准工业局部网络的协议。FANUC、SIEMENS、A-B 等公司表示支持 MAP，在它们生产的 CNC 装置中可以配置 MAP2.1 或 MAP3.0的网络通信接口。工业局部网络（LAN）有距离限制（几公里），要求较高的传输速率，较低的误码率，可以采用各种传输介质，如电话线、双绞线、同轴电缆和光导纤维等。

3.5 CNC 系统中运动轨迹的插补原理

3.5.1 运动轨迹插补的概念

在数控机床中，刀具的最小移动单位是一个脉冲当量，而刀具的运动轨迹为折线，并不是光滑的曲线，不能严格地沿着所加工的曲线运动，只能用折线轨迹逼近所加工的曲线。在数控加工中，根据给定的信息进行某种预定的数学计算，不断向各个坐标轴发出相互协调的进给脉冲或数据，使被控机械部件按指定路线移动（即产生 2 个坐标轴以上的配合运动），这就是插补。换言之，插补就是沿着规定的轮廓，在轮廓的起点和终点之间按一定算法进行数据点的密化，给出相应轴的位移量，或者用脉冲把起点和终点间的空白填补（逼近误差要小于 1 个脉冲当量）。一般数控机床都具备直线和圆弧插补功能。

1. 直线插补

按照规定的直线给出两端点间的插补数字信息，以控制刀具的运动，使之加工出理想的平面，称为直线插补。

2. 曲线插补

按照规定的圆弧或其他二次曲线、高次函数，给出两端点间的插补数字信息，以控制刀具的运动，使之加工出理想的曲面，称为曲线插补。

3. NC 与 CNC 插补

NC 插补是早期 NC 装置采用的插补方法，插补功能主要由硬件插补器（数字电路装置）实现。

CNC 插补是现代 CNC 装置采用的插补方法，插补功能主要由软件（计算机程序）实现。

3.5.2　运动轨迹插补的方法

1. 脉冲增量法

把每次插补运算产生的指令脉冲输出到步进电动机等伺服机构，并且每次产生一个单位的行程增量，这就是脉冲增量插补，如逐点比较法、DDA 法及一些相应的改进算法等都属此类。这类插补法比较简单，仅需几次加法和移位操作就可完成，用硬件和软件模拟都可实现。但是进给速度指标和精度指标都难以满足现在零件加工的要求，因此，这种插补法只适用于中等精度和中等速度的机床 CNC 装置，主要用在早期的采用步进电动机驱动的数控系统中，现在的数控系统已很少采用这类算法了。

2. 数据采样法

在这种方法中，整个控制系统通过计算机形成闭环，输出的不是单个脉冲，而是数据，即标准二进制字。数据采样插补算法中较常见的有时间分割法插补，也就是根据编程进给速度将零件轮廓曲线按插补周期分割为一系列微小直线段，然后将这些微小直线段对应的位置增量数据进行输出，用以控制伺服系统，实现坐标轴的进给。这类插补算法适用于以直流或交流伺服电动机作为执行元件的闭环或半闭环控制系统。

3. 软件、硬件相配合的两级插补法

软件插补法：它是在给定起点和终点的曲线之间插入若干个点，即用若干条微小直线段来逼近给定曲线，也称粗插补。粗插补在每个插补计算周期中计算一次。

硬件插补法：它是在粗插补计算出的每一条微小直线段上再做数据点的密化工作，这一步相当于对直线的脉冲增量插补，也称精插补。

3.5.3　逐点比较法

1. 逐点比较法的原理

逐点比较法的原理是以区域判别为特征，每走一步都要将加工点的瞬时坐标与规定的图形轨迹相比较，判断其偏差，然后决定下一步的走向。如果加工点走到图形外面，那么下一步就要向图形里面走；如果加工点在图形里面，则下一步就要向图形外面走，以缩小偏差，并且每次只进行一个坐标轴的插补进给。通过这种方法能得到一个接近规定图形的轨迹，而最大偏差不超过一个脉冲当量。在逐点比较法中，每进给一步都要四个节拍，如图 3-38 所示。

（1）偏差判别　判别偏差号，确定加工点是在图形的外面还是里面。

（2）坐标进给 根据偏差情况，控制 X 坐标或 Y 坐标进给一步。

（3）新偏差计算 进给一步后，计算加工点与规定轮廓的新偏差，作为下一步偏差判别的依据。

（4）终点判别 根据这一步的进给结果，判定终点是否到达。

2. 逐点比较法 I 象限直线插补

（1）基本原理

1）偏差判别。如图 3-39 所示，假设动点 N 刚好在直线 OE 上，则

$$Y_i / X_i = Y_E / X_E，即 X_E Y_i - X_i Y_E = 0$$

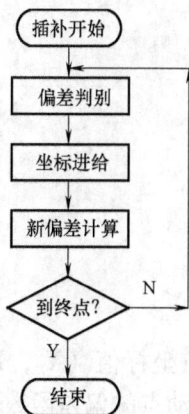

图 3-38 逐点比较法工作流程图

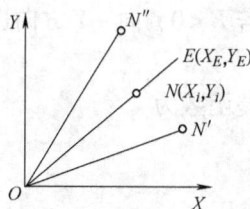

图 3-39 I 象限动点与直线
之间的关系

假设动点在 OE 的下方 N' 处，则

$$Y_i / X_i < Y_E / X_E，即 X_E Y_i - X_i Y_E < 0$$

假设动点在 OE 的上方 N'' 处，则

$$Y_i / X_i > Y_E / X_E，即 X_E Y_i - X_i Y_E > 0$$

为此取偏差判别函数为

$$F = X_E Y_i - X_i Y_E$$

从而有如下结论：

当 $F = 0$ 时，点在直线上；

当 $F > 0$ 时，点在直线上方；

当 $F < 0$ 时，点在直线下方。

2）坐标进给如图 3-40 所示。

当 $F > 0$ 时，向 $+X$ 方向进给一步。

当 $F < 0$ 时，向 $+Y$ 方向进给一步。

图 3-40 I 象限直线的进给

当 $F = 0$ 时，既可以向 $+X$ 方向前进一步，也可以向 $+Y$ 方向前进一步。但通常将 $F = 0$ 和 $F > 0$ 作同样的处理，即都向 $+X$ 方向前进一步。

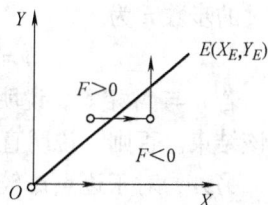

3）新偏差计算（采用递推法）。由偏差计算公式可以看出，每次求 F 时要作乘法和减法运算，而这在使用硬件或汇编语言软件实现插补时不大方便，还会增加运算的时间。因此，为了简化运算，通常采用递推法，即每进给一步后新加工点的加工偏差值通过前一点的

偏差递推算出。

假设第 I 次插补后动点坐标为 N $(X_i,\ Y_i)$，偏差函数为

$$F_i = X_E Y_i - X_i Y_E$$

若 $F_i \geqslant 0$，则向 $+X$ 方向进给一步，新的动点坐标值为

$$X_{i+1} = X_i + 1,\ Y_{i+1} = Y_i$$

这里，设坐标值单位是脉冲当量，进给一步即走一个脉冲当量的距离。则新的偏差函数为

$$F_{i+1} = X_E Y_{i+1} - X_{i+1} Y_E$$
$$= X_E Y_i - X_i Y_E - Y_E$$
$$= F_i - Y_E$$

同理，若 $F < 0$，向 $+Y$ 方向进给一步，新的动点坐标值为

$$X_{i+1} = X_i,\ Y_{i+1} = Y_i + 1$$

新的偏差函数为

$$F_{i+1} = X_E Y_{i+1} - X_{i+1} Y_E$$
$$= X_E Y_i - X_i Y_E + X_E$$
$$= F_i + X_E$$

由此可见，采用递推算法后，偏差函数 F 的计算只与终点坐标值 $(X_E,\ Y_E)$ 有关，而不涉及动点坐标 $(X_i,\ Y_i)$ 的值，且不需要进行乘法运算，新动点的偏差函数可由上一个动点的偏差函数值递推出来（减 Y_E 或加 X_E）。因此，该算法相当简单，易于实现。但要一步步递推，且需知道开始加工点处的偏差值。一般是采用人工方法将刀具移到加工起点（对刀），这时刀具正好处于直线上，当然也就没有偏差，所以递推开始时偏差函数的初始值为 $F_0 = 0$。

4）终点判别。从直线的起点 O 移动到终点 E，刀具沿 X 轴应走的步数为 X_E，沿 Y 轴应走的步数为 Y_E，沿 X、Y 两坐标轴应走的总步数 N 为

$$N = X_E + Y_E$$

刀具运动到点 N $(X_i,\ Y_i)$ 时，沿 X、Y 轴已经走过的步数 n 为

$$n = X_i + Y_i$$

若 n 与 N 相等，说明直线已加工完毕，插补过程应该结束。否则，说明直线轮廓还没有加工完毕。

另外，对于逐点比较插补法，每进行一个插补循环，刀具或者沿 X 轴走一步，或者沿 Y 轴走一步，因此插补循环数与刀具沿 X、Y 轴已走的总步数相等。这样就可以根据插补循环数 i 与刀具沿 X、Y 轴应进给的总步数 N 是否相等来判断终点，即直线加工结束的条件为 $i = N$。

（2）软件插补程序　逐点比较法 I 象限直线插补流程图如图 3-41 所示。

【例 3-1】　在数控机床上加工 I 象限直线 OE，起

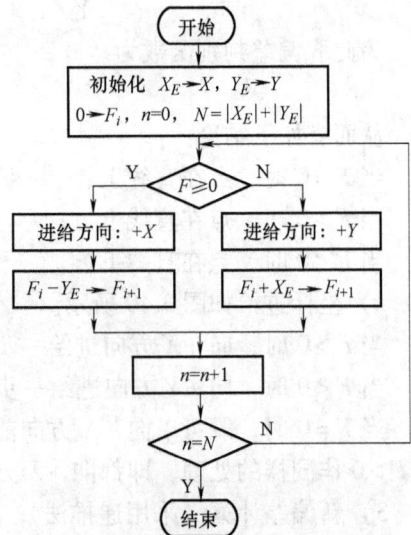

图 3-41　逐点比较法 I 象限
直线插补流程图

点为坐标原点，终点坐标为 $X_E = 4$，$Y_E = 3$，用逐点比较法插补并画出插补轨迹。

解： 由于刚开始刀具在直线起点，所以 $F_0 = 0$，插补总步数为 $N = |X_E| + |Y_E| = 7$，具体插补过程见表 3-5，插补轨迹如图 3-42 所示。

表 3-5　例题 3-1 的插补过程

步数	偏差判别	进给方向	偏差计算	终点判别
0			$F_0 = 0, X_E = 4, Y_E = 3$	$i = 0$
1	$F_0 = 0$	$+X$	$F_1 = F_0 - Y_E = 0 - 3 = -3$	$i = 0 + 1 = 1$
2	$F_1 = -3 < 0$	$+Y$	$F_2 = F_1 + X_E = -3 + 4 = 1$	$i = 1 + 1 = 2$
3	$F_2 = 1 > 0$	$+X$	$F_3 = F_2 - Y = 1 - 3 = -2$	$i = 2 + 1 = 3$
4	$F_3 = -2 < 0$	$+Y$	$F_4 = F_3 + X_E = -2 + 4 = 2$	$i = 3 + 1 = 4$
5	$F_4 = 2 > 0$	$+X$	$F_5 = F_4 - Y_E = 2 - 3 = -1$	$i = 4 + 1 = 5$
6	$F_5 = -1 < 0$	$+Y$	$F_6 = F_5 + X_E = -1 + 4 = 3$	$i = 5 + 1 = 6$
7	$F_6 = 3 > 0$	$+X$	$F_7 = F_6 - Y_E = 3 - 3 = 0$	$i = 6 + 1 = 7$，到达终点

3. 逐点比较法 I 象限逆圆插补

（1）基本原理

1）偏差判别。如图 3-43 所示，当动点 N（X_i，Y_i）位于圆弧上时有

$$X_i^2 + Y_i^2 = X_E^2 + Y_E^2 = R^2$$

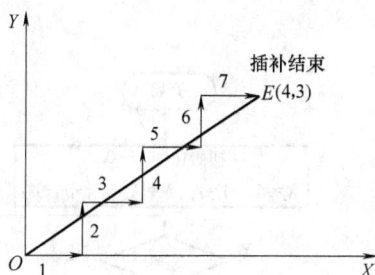

图 3-42　例题 3-1 的插补轨迹

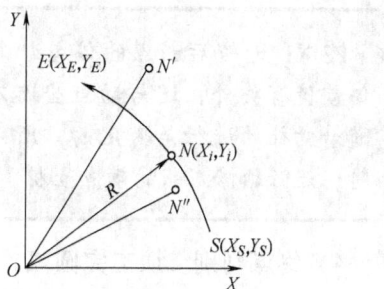

图 3-43　动点与圆弧之间的关系

当动点 N（X_i，Y_i）在圆弧外侧时，有

$$X_i^2 + Y_i^2 > X_E^2 + Y_E^2 = R^2$$

当动点 N（X_i，Y_i）在圆弧内侧时，有

$$X_i^2 + Y_i^2 < X_E^2 + Y_E^2 = R^2$$

为此，可取圆弧插补偏差函数判别式为

$$F = X_i^2 + Y_i^2 - R^2$$

从而有如下结论：

当 $F = 0$ 时，点在圆弧上；

当 $F > 0$ 时，点在圆弧外；

当 $F < 0$ 时，点在圆弧内。

2）坐标进给如图 3-44 所示。

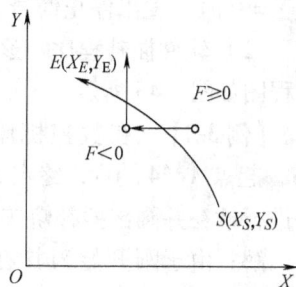

图 3-44　I 象限圆弧的进给

当 $F>0$ 时，点在圆外，向 $-X$ 方向进给一步。

当 $F=0$ 时，点在圆上，向 $-X$ 方向进给一步。

当 $F<0$ 时，点在圆内，向 $+Y$ 方向进给一步。

3）新偏差计算（采用递推法）。假设第 i 次插补后动点坐标为 $N\ (X_i,\ Y_i)$，偏差函数为

$$F = X_i^2 + Y_i^2 - R^2$$

若 $F_i \geqslant 0$，向 $-X$ 方向进给一步，新的动点坐标值为

$$X_{i+1} = X_i - 1,\ Y_{i+1} = Y_i$$

则新的偏差函数为

$$F_{i+1} = X_{i+1}^2 + Y_{i+1}^2 - R^2 = (X_i - 1)^2 + Y_i^2 - R^2$$

从而

$$F_{i+1} = F_i - 2X_i + 1$$

同理，若 $F_i < 0$，向 $+Y$ 方向进给一步，新的动点坐标值为

$$X_{i+1} = X_i,\ \ Y_{i+1} = Y_i + 1$$

新的偏差函数为

$$\begin{aligned} F_{i+1} &= X_{i+1}^2 + Y_{i+1}^2 - R^2 \\ &= X_i^2 + (Y_i + 1)^2 - R^2 \end{aligned}$$

从而

$$F_{i+1} = F_i + 2Y_i + 1$$

> 💡**注意**：进给后新点的偏差计算公式除与前一点偏差值有关外，还与动点坐标有关，动点坐标值随着插补的进行是变化的，所以在圆弧插补的同时，还必须修正新的动点坐标。

4）终点判别。加工完圆弧，刀具沿坐标轴应走的总步数 $N = |X_E - X_S| + |Y_E - Y_S|$，设插补循环数为 i，每插补循环一次，i 加 1，若 i 与 N 相等，说明圆弧已加工完毕，插补结束。

也可将 X、Y 轴走的步数总和存入一个计数器 Σ，$\Sigma = |X_E - X_S| + |Y_E - Y_S|$，每走一步 Σ 减 1，当 $\Sigma = 0$ 时，发出停止信号，插补结束。

（2）软件插补程序　逐点比较法Ⅰ象限逆圆插补流程图如图 3-45 所示。

【例 3-2】　在数控机床上加工第一象限逆圆弧 AB，起点 $A\ (4,\ 0)$，终点 $B\ (0,\ 4)$，试用逐点比较法进行插补并画出插补轨迹。

解：由于刚开始刀具在圆弧起点，所以 $F_0 = 0$，插补总步数为 $\Sigma = |X_E - X_S| + |Y_E - Y_S| = 8$，具体插补过程见表 3-6，插补轨迹如图 3-46 所示。

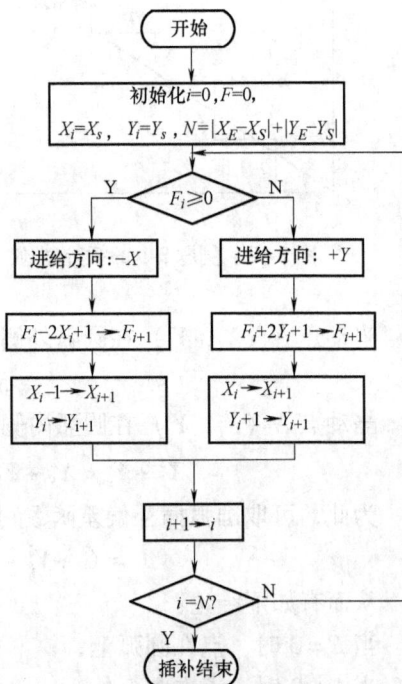

图 3-45　逐点比较法Ⅰ象限逆圆插补流程图

表 3-6　例题 3-2 的插补过程

步数	偏差判别	坐标进给	偏差计算	坐标计算	终点判别
起点			$F_0=0$	$X_0=4, Y_0=0$	$\Sigma=8$
1	$F_0=0$	$-X$	$F_1=F_0-2X_0+1=-7$	$X_1=3, Y_1=0$	$\Sigma=7$
2	$F_1<0$	$+Y$	$F_2=F_1+2Y_1+1=-6$	$X_2=3, Y_2=1$	$\Sigma=6$
3	$F_2<0$	$+Y$	$F_3=F_2+2Y_2+1=-3$	$X_3=3, Y_3=2$	$\Sigma=5$
4	$F_3<0$	$+Y$	$F_4=F_3+2Y_3+1=2$	$X_4=3, Y_4=3$	$\Sigma=4$
5	$F_4>0$	$-X$	$F_5=F_4-2X_4+1=-3$	$X_5=2, Y_5=3$	$\Sigma=3$
6	$F_5<0$	$+Y$	$F_6=F_5+2Y_5+1=4$	$X_6=2, Y_6=4$	$\Sigma=2$
7	$F_6>0$	$-X$	$F_7=F_6-2X_6+1=1$	$X_7=1, Y_7=4$	$\Sigma=1$
8	$F_7>0$	$-X$	$F_8=F_7-2X_7+1=0$	$X_8=0, Y_8=4$	$\Sigma=0$ 插补结束

4. 插补象限和圆弧走向处理

（1）四个象限直线插补　先以Ⅱ象限直线为例，如图 3-47 所示，直线的起点在原点 O (0，0)，终点为 E ($-X_E$, Y_E)。

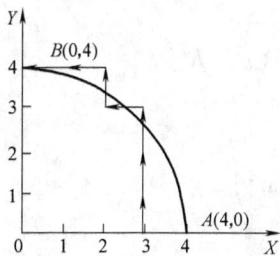

图 3-46　例题 3-2 的插补轨迹

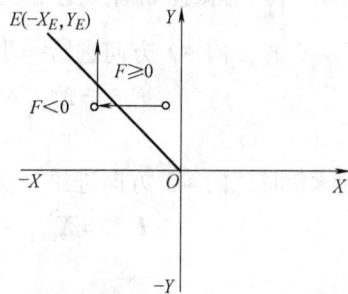

图 3-47　逐点比较法Ⅱ象限直线插补

和Ⅰ象限直线一样，取偏差判别函数为 $F=X_E Y_i - X_i Y_E$，只是此时公式中的所有坐标值均为绝对值，则偏差判别结果如图 3-47 所示。

当 $F_i \geq 0$ 时，向 $-X$ 方向进给一步，则动点坐标绝对值变化为 $X_{i+1}=X_i+1$，$Y_{i+1}=Y_i$，从而新的偏差函数仍然为

$$F_{i+1}=F_i-Y_E$$

当 $F_i<0$ 时，$+Y$ 方向进给一步，则动点坐标绝对值变化为 $X_{i+1}=X_i$，$Y_{i+1}=Y_i+1$，从而新的偏差函数仍然为

$$F_{i+1}=F_i+X_E$$

> **注意：** 和Ⅰ象限的插补情况相比较，只需用 $|X|$ 代替 X，$|Y|$ 代替 Y，即可完全按Ⅰ象限直线插补的偏差计算公式进行。

从而可得出四个象限的直线插补情况。四个象限直线的偏差符号和插补进给方向如图 3-48 所示，用 L1、L2、L3、L4 分别表示第Ⅰ、Ⅱ、Ⅲ、Ⅳ象限的直线。为适用于四个象限直线插补，插补运算时用 $|X|$、$|Y|$ 代替 X、Y，偏差符号确定可按Ⅰ象限进行，动点

与直线的位置关系按 I 象限判别方式进行判别。

由图 3-48 可见，靠近 Y 轴区域偏差大于零，靠近 X 轴区域偏差小于零。$F \geq 0$ 时，进给都是沿 X 轴，不管是 $+X$ 向还是 $-X$ 向，X 的绝对值增大；$F < 0$ 时，进给都是沿 Y 轴，不论 $+Y$ 向还是 $-Y$ 向，Y 的绝对值增大。

（2）四个象限圆弧插补

1）I 象限顺圆。图 3-49 所示为 I 象限顺圆插补。同样取偏差判别函数为

$$F_i = X_i^2 + Y_i^2 - R^2$$

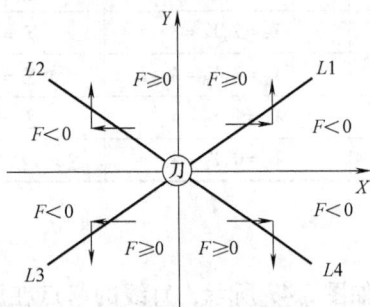

图 3-48　四个象限直线插补的进给方向

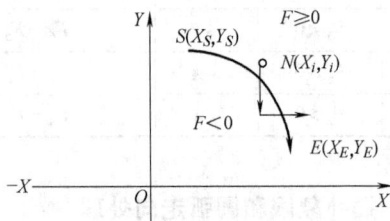

图 3-49　逐点比较法 I 象限顺圆

当 $F_i \geq 0$ 时，向 $-Y$ 方向进给一步，新的偏差函数为

$$F_{i+1} = X_{i+1}^2 + Y_{i+1}^2 - R^2 = X_i^2 + (Y_i - 1)^2 - R^2$$

则

$$F_{i+1} = F_i - 2Y_i + 1$$

当 $F_i < 0$ 时，向 $+X$ 方向进给一步，新的偏差函数为

$$F_{i+1} = X_{i+1}^2 + Y_{i+1}^2 - R^2 = (X_i + 1)^2 + Y_i^2 - R^2$$

则

$$F_{i+1} = F_i + 2X_i + 1$$

> 注意：和 I 象限的逆圆插补有两点不同。其一，当 $F_i \geq 0$ 和 $F_i < 0$ 时，对应的进给轴不同；其二，插补计算公式中动点坐标的修正不同。

【例3-3】　在数控机床上加工第一象限顺圆弧 AB，起点 A（0，4），终点 B（4，0），试用逐点比较法进行插补。

解：由于刚开始刀具在圆弧起点，所以 $F_0 = 0$，插补总步数为 $\Sigma = |X_E - X_s| + |Y_E - Y_s| = 8$，具体插补过程见表3-7，插补轨迹如图3-50所示。

表 3-7　例题 3-3 的插补过程

步数	偏差判别	坐标进给	偏差计算	坐标计算	终点判别
起点			$F_0 = 0$	$X_0 = 0, Y_0 = 4$	$\Sigma = 8$
1	$F_0 = 0$	$-Y$	$F_1 = F_0 - 2Y_0 + 1 = -7$	$X_1 = 0, Y_1 = 3$	$\Sigma = 7$
2	$F_1 < 0$	$+X$	$F_2 = F_1 + 2X_1 + 1 = -6$	$X_2 = 1, Y_2 = 3$	$\Sigma = 6$
3	$F_2 < 0$	$+X$	$F_3 = F_2 + 2X_2 + 1 = -3$	$X_3 = 2, Y_3 = 3$	$\Sigma = 5$
4	$F_3 < 0$	$+X$	$F_4 = F_3 + 2X_3 + 1 = 2$	$X_4 = 3, Y_4 = 3$	$\Sigma = 4$
5	$F_4 > 0$	$-Y$	$F_5 = F_4 - 2Y_4 + 1 = -3$	$X_5 = 3, Y_5 = 2$	$\Sigma = 3$
6	$F_5 < 0$	$+X$	$F_6 = F_5 + 2X_5 + 1 = 4$	$X_6 = 4, Y_6 = 2$	$\Sigma = 2$

（续）

步数	偏差判别	坐标进给	偏差计算	坐标计算	终点判别
7	$F_6 > 0$	$-Y$	$F_7 = F_6 - 2Y_6 + 1 = 1$	$X_7 = 4, Y_7 = 1$	$\Sigma = 1$
8	$F_7 > 0$	$-Y$	$F_8 = F_7 - 2Y_7 + 1 = 0$	$X_8 = 4, Y_8 = 0$	$\Sigma = 0$ 插补结束

2）4 个象限的不同情况。如果插补计算都用坐标的绝对值，将进给方向另作处理，四个象限插补公式就可以统一起来，当对 I 象限顺圆插补时，将 X 轴正向进给改为 X 轴负向进给，则走出的是 II 象限逆圆，若将 X 轴沿负向、Y 轴沿正向进给，则走出的是 III 象限顺圆，以此类推。如果用 $SR1$、$SR2$、$SR3$、$SR4$ 分别表示 I、II、III、IV 象限的顺时针圆弧，用 $NR1$、$NR2$、$NR3$、$NR4$ 分别表示 I、II、III、IV 象限的逆时针圆弧，四个象限圆弧的进给方向表示如图 3-51 中。图中横向虚线框内的为一组，以 $NR1$ 为代表，偏差计算公式均为 $NR1$ 的偏差计算公式，进给方向都由 $NR1$ 的进给方向变换得到；竖向虚线框内的为一组，以 $SR1$ 为代表，偏差计算公式均为 $SR1$ 的偏差计算公式，进给方向都由 $SR1$ 的进给方向变换得到。四个象限的圆弧进给方向和偏差计算公式见表 3-8。

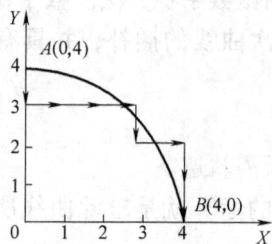

图 3-50　例题 2-3 的插补轨迹

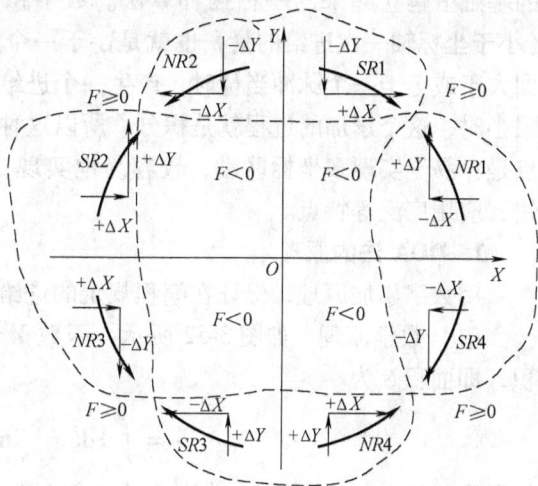

图 3-51　四个象限圆弧插补的进给方向

表 3-8　四个象限圆弧插补的进给方向和偏差计算

线型	进给	偏差计算	进给	偏差计算
		$F \geq 0$		$F < 0$
$SR1$	$-Y$		$+X$	
$SR3$	$+Y$	$F_{i+1} = F_i - 2Y_i + 1$	$-X$	$F_{i+1} = F_i + 2X_i + 1$
$NR2$	$-Y$		$-X$	
$NR4$	$+Y$		$+X$	
$SR2$	$+X$		$+Y$	
$SR4$	$-X$	$F_{i+1} = F_i - 2X_i + 1$	$-Y$	$F_{i+1} = F_i + 2Y_i + 1$
$NR1$	$-X$		$+Y$	
$NR3$	$+X$		$-Y$	

规定 $F=0$ 时，进给方向和 $F>0$ 时相同。为便于记忆偏差判别公式，可将上表归纳为如下两个公式

$$F_{i+1} = F_i \pm 2\,|X_i| + 1$$
$$F_{i+1} = F_i \pm 2\,|Y_i| + 1$$

当某一时刻动点沿 X 轴进给，则取第一个偏差公式；反之，当动点沿 Y 轴进给，则取第二个偏差公式。当动点坐标的绝对值增大时，偏差公式取"＋"；反之，当动点坐标的绝对值减小时，偏差公式取"－"。例如，Ⅲ象限的顺圆弧 $SR3$，当 $F \geqslant 0$ 时，向 $+Y$ 方向进给一步，绝对值在减小，则偏差公式为 $F_{i+1} = F_i - 2Y_i + 1$。

> **注意：** 如果偏差计算公式中的动点坐标不带绝对值符号，则表明其本身为绝对值。

3.5.4　DDA 法——数字积分法

数字积分法又称数字微分分析法（Digital Differential Analyzer，DDA），是在数字积分器的基础上建立起来的一种插补算法。数字积分法的原理就是将插补元素分割成微小的段（小于坐标轴一次进给的量，也就是小于一个脉冲当量），然后将这些小段进行累加，累加到大于或等于一个脉冲当量时，产生一个进给脉冲，控制坐标轴进给一步。当元素分割得无限小时，这个累加的过程就是积分，所以这种插补方法就叫做数字积分法。数字积分法的优点是：易于实现多坐标联动，较容易地实现二次曲线、高次曲线的插补，并具有运算速度快、应用广泛等特点。

1. DDA 法的原理

用数字累加原理，保证在编程规定的进给速度下获得所需轨迹。

（1）数学原理　如图 3-52 所示，函数 $Y=f(t)$ 求积分的运算就是求此曲线所包围的面积，即面积 S 为

$$S = \int_a^b Y \mathrm{d}t = \lim_{N \to \infty} \sum_{i=0}^{N-1} Y_i (t_{i+1} - t_i)$$

如果取 $\Delta t = t_{i+1} - t_i$ 为最小单位"1"，即 1 个脉冲当量，则上式可化简为

$$S = \sum_{i=0}^{N-1} Y_i$$

由此看出，当 Δt 足够小时，函数的积分运算便转化为求和运算（积累加运算）。

（2）脉冲分配原理　设坐标轴的最小脉冲当量为 δ，则在 X 轴上每走一个 δ，在 Y 轴上相应地走 0.4δ，如图 3-53 所示，脉冲分配过程见表 3-9。

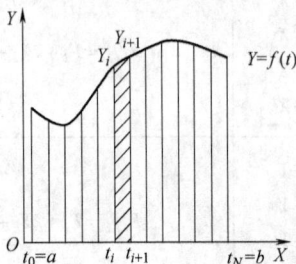

图 3-52　函数 $Y=f(t)$ 的积分

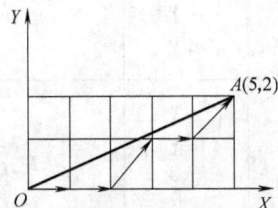

图 3-53　DDA 法的脉冲分配原理

2. 数字积分法直线插补

（1）插补原理

1）被积函数与余数（积分函数）。如图 3-54 所示，刀具在 X、Y 方向上移动的微小增量为

$$\Delta X = v_x \Delta t$$
$$\Delta Y = v_y \Delta t$$

表 3-9　脉冲分配

X 轴	Y 轴
δ	0.4δ
δ	0.8δ
δ	δ（溢出）$+ 0.2\delta$（寄存）
δ	0.6δ
δ	δ（溢出）

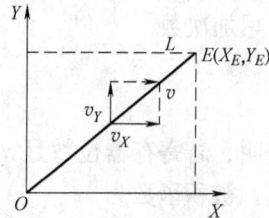

图 3-54　DDA 法直线插补

又由图中的几何关系可得

$$\frac{v}{L} = \frac{v_X}{X_E} = \frac{v_Y}{Y_E} = K \text{（常数）}$$

从而

$$\Delta X = v_X \Delta t = K X_E \Delta t$$
$$\Delta Y = v_Y \Delta t = K Y_E \Delta t$$

各坐标轴的位移量为

$$X = \int_0^t K X_E \mathrm{d}t = \sum_{i=1}^N \Delta X_i = \sum_{i=1}^N K X_E \Delta t_i = N K X_E$$

$$Y = \int_0^t K Y_E \mathrm{d}t = \sum_{i=1}^N \Delta Y_i = \sum_{i=1}^N K Y_E \Delta t_i = N K Y_E$$

数字积分法是求上式从 O 到 E 区间的定积分。此积分值等于由 O 到 E 的坐标增量（位移量），因积分是从原点开始的，所以坐标增量即是终点坐标。即

$$X = K N X_E = X_E$$
$$Y = K N Y_E = Y_E$$

可见累加次数与比例系数之间有如下关系

$$KN = 1 \text{ 或 } N = 1/K$$

两者互相制约，不能独立选择，N 是累加次数，只能取正整数，从而 K 取小数。即先将直线终点坐标 X_E，Y_E 缩小到 $K X_E$，$K Y_E$，然后再经 N 次累加到达终点。另外，还要保证沿坐标轴每次进给脉冲不超过一个，保证插补精度，应使下式成立

$$\Delta X = K X_E < 1$$
$$\Delta Y = K Y_E < 1$$

如果存放 X_E、Y_E 寄存器的位数是 n，对应最大允许数字量（各位均为 1）为 $2^n - 1$，所以 X_E，Y_E 最大寄存数值为 $2^n - 1$，则

$$K(2^n - 1) < 1$$

即
$$K < \frac{1}{2^n - 1}$$

为使上式成立，不妨取 $K = \frac{1}{2^n}$，代入得

$$\frac{2^n - 1}{2^n} < 1$$

满足精度要求。

从而，累加次数

$$N = \frac{1}{K} = 2^n$$

上式表明，若寄存器位数是 n，则直线整个插补过程要进行 2^n 次累加才能到达终点。

很明显，被积函数为

$$\begin{cases} f_X = KX_E = \frac{1}{2^n}X \\ f_Y = KY_E = \frac{1}{2^n}Y_E \end{cases}$$

积分函数为

$$\begin{cases} S_X = \sum f_X \\ S_Y = \sum f_Y \end{cases}$$

累加器中的值满"1"则溢出，不足"1"的部分则作为余数寄存。

对于二进制数来说，一个 n 位寄存器中存放 X_E 和存放 KX_E 的数字是一样的，只是小数点的位置不同罢了，X_E 除以 2^n，只需把小数点左移 n 位，小数点出现在最高位数 n 的前面。采用 KX_E 进行累加，累加结果大于1，就有溢出。若采用 X_E 进行累加，超出寄存器容量 2^n 才有溢出。将溢出脉冲用来控制机床进给，其效果是一样的。因此，为了计算的方便，在被寄函数寄存器里可只存 X_E，而省略 K。

例如，$X_E = 100101$ 在一个6位寄存器中存放，若 $K = 1/2^6$，$KX_E = 0.100101$ 也存放在6位寄存器中，数字是一样的，若进行一次累加，都有溢出，余数数字也相同，只是小数点位置不同而已，因此可用 X_E 替代 KX_E 作为被积函数。

若以 X_E 和 Y_E 作为被积函数，则累加器中的值满 2^n 则溢出。

2）终点判别。DDA 直线插补的终点判别较简单，因为直线程序段需要进行 2^n 次累加运算，进行 2^n 次累加后就一定到达终点，故可由一个与积分器中寄存器容量相同的终点判别计数器 J_L 实现，其初值为零。每累加一次，J_L 加1，当累加 2^n 次后，产生溢出，使 $J_L = N = 2^n$，完成插补。

3）寄存器位数的选取。由于直线插补的被积函数为直线的终点坐标 X_E、Y_E，因此寄存器位数的选取应保证寄存器容量大于等于直线的终点坐标中的最大值，即

$$2^n \geq \max(X_E, Y_E)$$

（2）软、硬件插补的实现

1）软件流程图。用 DDA 法进行插补时，X 和 Y 两坐标可同时进给，即可同时送出 ΔX、

ΔY 脉冲，同时每累加一次，要进行一次终点判别。DDA 法直线插补流程如图 3-55 所示，其中 J_{vX}、J_{vY} 为积分函数寄存器，J_{RX}、J_{RY} 为余数寄存器，J_L 为终点判别计数器。

2）硬件插补器（图 3-56）。直线插补器由两个数字积分器组成，每个坐标的积分器由累加器和被积函数寄存器组成。终点坐标值存在被积函数寄存器中，Δt 相当于插补控制脉冲源发出的控制信号。每发生一个插补迭代脉冲（即来一个 Δt），被积函数 X_E 和 Y_E 向各自的累加器里累加一次，累加的结果有无溢出脉冲而使坐标轴进给位移量 ΔX（或 ΔY），取决于累加器的容量和 X_E（或 Y_E）的大小。

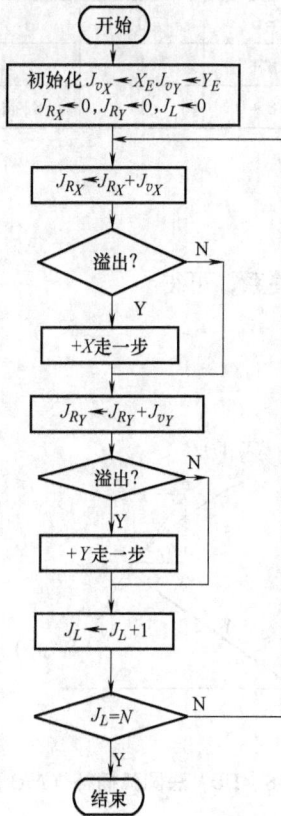

图 3-55　DDA 法直线插补流程

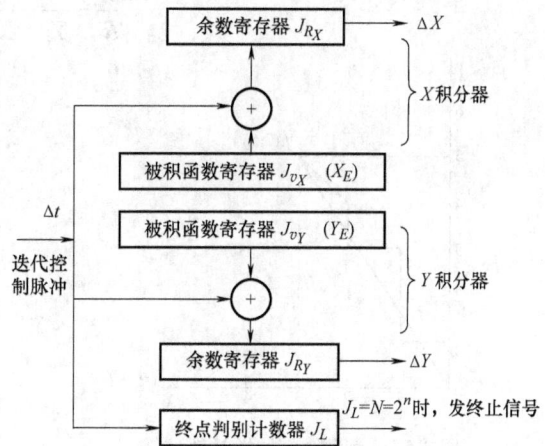

图 3-56　DDA 法直线插补原理

【例 3-4】 设要插补 I 象限直线 OE，起点 O 为坐标原点，终点 E 的坐标为（3，5）。请用 DDA 法对其进行插补并画出插补轨迹。

解：选取寄存器位数为 $n=3$，则累加次数 $N=2^3=8$。插补前进行初始化，使 $J_L=0$，$X_E=3$，$Y_E=5$。具体插补过程见表 3-10，插补轨迹如图 3-57 所示。

表 3-10　例题 3-4 的插补过程

累加次数	X 积分器			Y 积分器			终点计数器
（Δt）	$J_{vX}(X_E)$	J_{RX}	溢出（ΔX）	$J_{vY}(Y_E)$	J_{RY}	溢出（ΔY）	J_L
0	3	0	0	5	0	0	0
1	3	3+0=3	0	5	5+0=5	0	1
2	3	3+3=6	0	5	5+5=8+2	1	2
3	3	6+3=8+1	1	5	2+5=7	0	3
4	3	1+3=4	0	5	7+5=8+4	1	4
5	3	4+3=7	0	5	4+5=8+1	1	5

（续）

累加次数	X 积分器			Y 积分器			终点计数器
（Δt）	$J_{v_X}(X_E)$	J_{R_X}	溢出（ΔX）	$J_{v_Y}(Y_E)$	J_{R_Y}	溢出（ΔY）	J_L
6	3	$7+3=8+2$	1	5	$1+5=6$	0	6
7	3	$2+3=5$	0	5	$6+5=8+3$	1	7
8	3	$5+3=8+0$	1	5	$3+5=8+0$	1	8，插补结束

3. 数字积分法圆弧插补

插补原理介绍如下。

（1）被积函数与余数　如图 3-58 所示，由图中的几何关系，可得

$$\frac{v}{R}=\frac{v_X}{Y_i}=\frac{v_Y}{X_i}=K$$

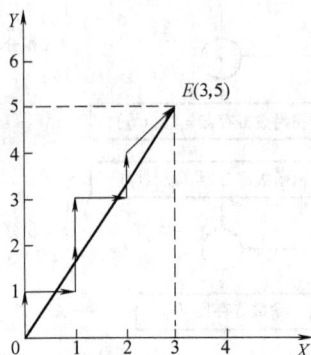

图 3-57　例题 3-4 的插补轨迹

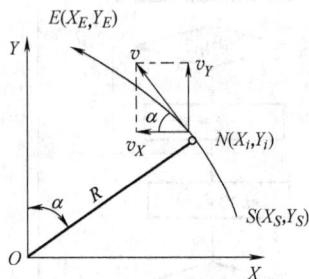

图 3-58　DDA 法圆弧插补（$NR1$）

对应于时间增量 Δt，X、Y 轴上的位移增量分别为

$$\begin{cases} \Delta X=-v_X\Delta t=-KY_i\Delta t \\ \Delta Y=v_Y\Delta t=KX_i\Delta t \end{cases}$$

从而各坐标轴的位移量为

$$X=\int_0^t -KY_i \mathrm{d}t=\sum_{i=1}^N \Delta X_i=\sum_{i=1}^N -KY_i\Delta t=-K\sum_{i=1}^N Y_i\Delta t$$

$$Y=\int_0^t KX_i \mathrm{d}t=\sum_{i=1}^N \Delta Y_i=\sum_{i=1}^N KX_i\Delta t=K\sum_{i=1}^N X_i\Delta t$$

由此看出，数字积分法圆弧插补的被积函数为

$$f_X=Y_i$$
$$f_Y=X_i$$

积分函数为

$$S_X=\sum Y_i$$
$$S_Y=\sum X_i$$

DDA 法圆弧插补原理如图 3-59 所示。

> **注意**：DDA 法圆弧插补与直线插补的主要区别有两点。一是坐标值 X、Y 存入被积函数器 J_{v_X}、J_{v_Y} 的对应关系与直线不同，即 X 不是存入 J_{v_X} 而是存入 J_{v_Y}，Y 不是存入 J_{v_Y} 而是存入 J_{v_X}；二是 J_{v_X}、J_{v_Y} 寄存器中寄存的数值与 DDA 法直线插补有本质的区别：直线插补时，J_{v_X}（或 J_{v_Y}）寄存的是终点坐标 X_E（或 Y_E），是常数，而在 DDA 法圆弧插补时寄存的是动点坐标，是变量。

因此在插补过程中，必须根据动点位置的变化来改变 J_{v_X} 和 J_{v_Y} 中的内容。在起点时，J_{v_X} 和 J_{v_Y} 分别寄存起点坐标 Y_S、X_S。对于 I 象限逆圆来说，在插补过程中，J_{R_Y} 每溢出一个脉冲，J_{v_X} 应该加 1；J_{R_X} 每溢出一个脉冲，J_{v_Y} 应该减 1。对于其他各种情况的 DDA 法圆弧插补，J_{v_X} 和 J_{v_Y} 是加 1 还是减 1，取决于动点坐标所在象限及圆弧走向。

（2）终点判别　DDA 法圆弧插补时，由于 X、Y 方向到达终点的时间不同，需对 X、Y 两个坐标分别进行终点判断。实现这一点可利用两个终点计数器 J_{L_X} 和 J_{L_Y}，把 X、Y 坐标所需输出的脉冲数 $|X_E-X_S|$、$|Y_E-Y_S|$ 分别存入这两个计数器中，X 或 Y 积分累加器每输出一个脉冲，相应的减法计数器减 1，当某一个坐标的计数器为零时，说明该坐标已到达终点，此时即停止该坐标的累加运算。当两个计数器均为零时，圆弧插补结束。

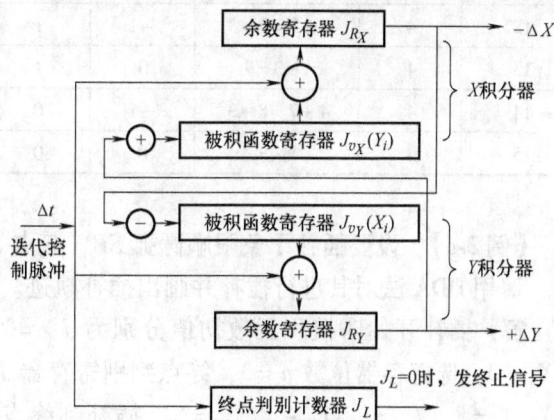

图 3-59　DDA 法圆弧插补器原理

【例 3-5】　设要插补 I 象限逆圆弧 SE，起点 S 的坐标为（4，0），终点 E 的坐标为（0，4）。请用 DDA 法对其进行插补并画出插补轨迹。

解：插补开始时被积函数初值分别为：$J_{v_X}=Y_S=0$，$J_{v_Y}=X_S=4$。选寄存器位数 $n=3$，终点判别寄存器 $J_{L_X}=|X_E-X_S|=4$，$J_{L_Y}=|Y_E-Y_S|=4$，其插补过程见表 3-11，插补轨迹如图 3-60 中的折线所示。

表 3-11　例题 3-5 的插补过程

累加次数 （Δt）	X 积分器				Y 积分器			
	J_{v_X}	J_{R_X}	ΔX	J_{L_X}	J_{v_Y}	J_{R_Y}	ΔY	J_{L_Y}
0	0	0	0	4	4	0	0	4
1	0	0	0	4	4	4+0=4	0	4
2	0	0	0	4	4	4+4=8+0	1	3
3	1	1+0=1	0	4	4	4+0=4	0	3
4	1	1+1=2	0	4	4	4+4=8+0	1	2
5	2	2+2=4	0	4	4	4+0=4	0	2
6	2	2+4=6	0	4	4	4+4=8+0	1	1
7	3	3+6=8+1	-1	3	4	4+0=4	0	1

（续）

累加次数	X 积分器				Y 积分器			
（Δt）	J_{vX}	J_{RX}	ΔX	J_{LX}	J_{vY}	J_{RY}	ΔY	J_{LY}
8	3	3 + 1 = 4	0	3	3	3 + 4 = 7	0	1
9	3	3 + 4 = 7	0	3	3	3 + 7 = 8 + 2	1	0
10	4	4 + 7 = 8 + 3	−1	2	3	停止		
11	4	4 + 3 = 7	0	2	2			
12	4	4 + 7 = 8 + 3	−1	1	2			
13	4	4 + 3 = 7	0	1	1			
14	4	4 + 7 = 8 + 3	−1	0	1			
15	4	停止	0	0	0			

【例3-6】 设要插补 I 象限顺圆弧 SE，起点 S 的坐标为（0，5），终点 E 的坐标为（5，0）。请用 DDA 法对其进行插补并画出插补轨迹。

解： 插补开始时被积函数初值分别为 $J_{vX} = Y_S = 5$，$J_{vY} = X_S = 0$。选寄存器位数 n = 3，终点判别寄存器 $J_{LX} = |X_E - X_S| = 5$，$J_{LY} = |Y_E - Y_S| = 5$，插补到终点坐标轴应走的总步数为 $N = |X_E - X_S| + |Y_E - Y_S| = 10$。

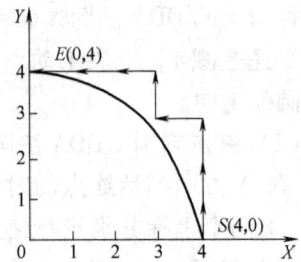

图 3-60　例题 3-5 的插补轨迹

先看第一种插补方法（终点判别用总步长法，设两个轴的已走步数为 m），其插补过程见表 3-12，插补轨迹如图 3-61 中的折线所示。

表 3-12　例 3-6 的插补过程 1

累加次数	X 积分器			Y 积分器			终点判别
（Δt）	J_{vX}	J_{RX}	ΔX	J_{vY}	J_{RY}	ΔY	
0	5	0	0	0	0	0	m = 0, N = 10
1	5	5 + 0 = 5	0	0	0 + 0 = 0	0	m = 0 < N
2	5	5 + 5 = 8 + 2	+1	0	0 + 0 = 0	0	m = 1 < N
3	5	5 + 2 = 7	0	1	1 + 0 = 1	0	m = 1 < N
4	5	5 + 7 = 8 + 4	+1	1	1 + 1 = 2	0	m = 2 < N
5	5	5 + 4 = 8 + 1	+1	2	2 + 2 = 4	0	m = 3 < N
6	5	5 + 1 = 6	0	3	3 + 4 = 7	0	m = 3 < N
7	5	5 + 6 = 8 + 3	+1	3	3 + 7 = 8 + 2	−1	m = 5 < N
8	4	4 + 3 = 7	0	4	4 + 2 = 6	0	m = 5 < N
9	4	4 + 7 = 8 + 3	+1	4	4 + 6 = 8 + 2	−1	m = 7 < N
10	3	3 + 3 = 6	0	5	5 + 2 = 7	0	m = 7 < N
11	3	3 + 6 = 8 + 1	+1	5	5 + 7 = 8 + 4	−1	m = 9 < N
12	2	2 + 1 = 3	0	6	6 + 4 = 8 + 2	−1	m = 10 = N, 插补结束

由插补过程可看出，采用总步长判别法，由于两个积分器存放的被积函数的初值相差很大，X 积分器溢出脉冲的速度远远快于 Y 积分器，导致 X 轴多走了一步，Y 轴少走了一步，最终的插补未能到达终点。所以数字积分法采用总步长判别的插补误差比较大，有时会大于 1 个脉冲当量（但不会大于两个脉冲当量）。

如果第二种插补方法（终点判别分别用两个计数器），其插补过程见表 3-13，插补轨迹如图 3-62 中的折线所示。由插补过程可看出，由于两个积分器的终点判别分开进行，从而保证每个轴溢出的脉冲数互不影响，最终两个轴可以准确到达终点，避免了采用总步长法插补到不了终点的问题。

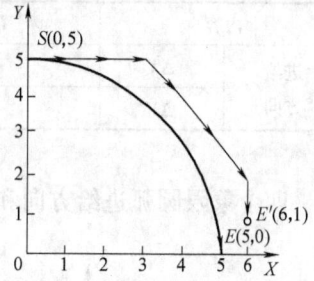
图 3-61 例题 3-6 的插补轨迹 1

表 3-13 例 3-6 的插补过程 2

累加次数 (Δt)	X 积分器				Y 积分器			
	$J_{vX}(Y_i)$	J_{RX}	溢出 (ΔX)	J_{L_X}	$J_{vY}(X_i)$	J_{RY}	溢出 (ΔY)	J_{L_Y}
0	5	0	0	5	5	0	0	5
1	5	5+0=5	0	5	0	0+0=0	0	5
2	5	5+5=8+2	1	4	0	0+0=0	0	5
3	5	2+5=7	0	4	1	1+0=1	0	5
4	5	7+5=8+4	1	3	1	1+1=2	0	5
5	5	4+5=8+1	1	2	2	2+2=4	0	5
6	5	1+5=6	0	2	3	4+3=7	0	5
7	5	6+5=8+3	1	1	3	7+3=8+2	-1	4
8	4	3+4=7	0	1	4	2+4=6	0	4
9	4	7+4=8+3	1	0	4	6+4=8+2	-1	3
10	3	停止			5	2+5=7	0	3
11	3				5	7+5=8+4	-1	2
12	2				5	4+5=8+1	-1	1
13	1				5	1+5=6	0	1
14	1				5	6+5=8+3	-1	0,结束
15	0				5	停止		

4. DDA 法插补象限与圆弧走向的处理

用 DDA 法插补其他象限直线和圆弧时，只需用绝对值进行累加，把进给方向另作讨论，即可得到四个象限直线和圆弧插补的脉冲分配和动点坐标修正。

DDA 法插补是沿着工件切线方向移动，四个象限直线进给方向和脉冲分配见表 3-14 及如图 3-63 所示。

圆弧插补时被积函数是动点坐标绝对值，在插补过程中要进行修正，被积函数的修正要看动点运动是使坐标绝对值增加还是减少，来确定是加 1 还是减 1。

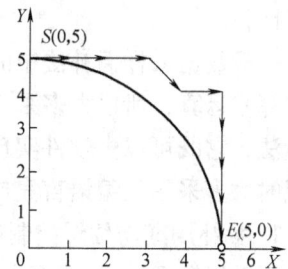
图 3-62 例题 2-6 的插补轨迹 2

表 3-14 DDA 法直线插补的脉冲分配

内容		L1	L2	L3	L4
进给方向	ΔX	+	−	−	+
	ΔY	+	+	−	−

四个象限圆弧进给方向和圆弧插补的进给方如图 3-64 所示，被积函数修正见表 3-15。

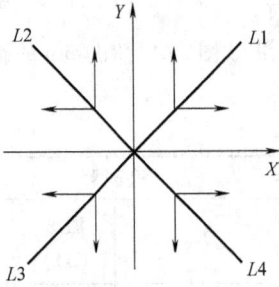

图 3-63 四个象限 DDA 法直线
插补的脉冲分配

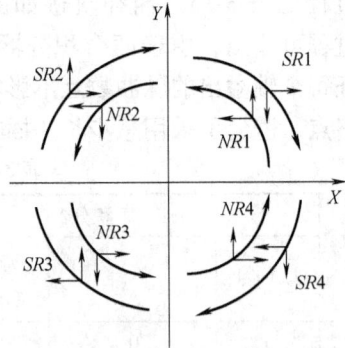

图 3-64 四个象限 DDA 法圆弧
插补的脉冲分配

表 3-15 四个象限 DA 圆弧插补的脉冲分配

内　容		SR1	SR2	SR3	SR4	NR1	NR2	NR3	NR4
进给方向	ΔX	+	+	−	−	−	−	+	+
	ΔY	−	+	+	−	+	−	−	+
被积函数修正	$J_{v_X}(|Y_i|)$	−1	+1	−1	+1	+1	−1	+1	−1
	$J_{v_Y}(|X_i|)$	+1	−1	+1	−1	−1	+1	−1	+1

3.5.5 数据采样法

数据采样法实质上就是用一系列首尾相连的微小直线段来逼近给定的曲线。由于这些线段是按加工时间进行分割的，所以也称为时间分割法。一般分割后得到的小线段相对于系统精度来讲仍是比较大的。为此，必须进一步进行数据的密化工作。微小直线段的分割过程也称为粗插补，而后续进一步的密化过程称为精插补。通过两者的紧密配合即可实现高性能的轮廓插补。

一般数据采样插补法中的粗插补是由软件实现的。由于其算法中涉及一些三角函数和复杂的算术运算，所以大多采用高级计算机语言完成。而精插补算法大多采用前面介绍的脉冲增量法，它既可以由软件实现，也可以由硬件实现。由于相应的算术运算较简单，所以软件实现时大多采用汇编语言完成。

1. 插补周期与位置控制周期

插补周期 T_S 是相邻两个微小直线段之间的插补时间间隔。位置控制周期 T_c 是数控系统中伺服位置环的采样控制周期。对于给定的某个数控系统而言，插补周期和位置控制周期是两个固定不变的时间参数。

通常 $T_S \geqslant T_C$，并且为了便于系统内部控制软件的处理，当 T_S 与 T_C 不相等时，一般要求 T_S 是 T_C 的整数倍。这是由于插补运算较复杂，处理时间较长，而位置环数字控制算法较简单，处理时间较短，所以每次插补运算的结果可供位置环多次使用。现假设编程进给速度为 F，插补周期为 T_S，则可求得插补分割后的微小直线段长度为 ΔL（暂不考虑单位）

$$\Delta L = FT_S$$

插补周期对系统稳定性没有影响，但对被加工轮廓的轨迹精度有影响，而位置控制周期对系统稳定性和轮廓误差均有影响。因此选择 T_S 时主要从插补精度方面考虑，而选择 T_C 时则从伺服系统的稳定性和动态跟踪误差两方面考虑。

一般插补周期 T_S 越长，插补计算的误差也越大。因此，单从减小插补计算误差的角度考虑，插补周期 T_S 应尽量选得小一些。但 T_S 也不能太短，因为 CNC 装置在进行轮廓插补控制时，其 CNC 装置中的 CPU 不仅要完成插补运算，还必须处理一些其他任务（如位置误差计算、显示、监控、I/O 处理等），因此 T_S 不单是指 CPU 完成插补运算所需的时间，还必须留出一部分时间用于执行其他相关的 CNC 任务。一般要求插补周期 T_S 必须大于插补运算时间和完成其他相关任务所需时间之和。

CNC 装置位置控制周期的选择有两种形式：一种是 $T_C = T_S$，另一种 T_S 为 T_C 的整数倍。

2. 插补周期与精度、速度之间的关系

在数据采样法直线插补过程中，由于给定的轮廓本身就是直线，则插补分割后的小直线段与给定直线是重合的，也就不存在插补误差问题。但在圆弧插补过程中，一般采用切线、内接弦线和内外均差弦线来逼近圆弧，显然这些微小直线段不可能完全与圆弧相重合，从而造成了轮廓插补误差。下面就以弦线逼近法为例加以分析。

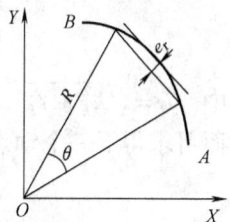

图 3-65 内接弦线法
圆弧逼近

图 3-65 所示为弦线逼近圆弧的情况，其最大径向误差为

$$e_r = R\left(1 - \cos\frac{\theta}{2}\right) \tag{3-1}$$

式中 R——被插补圆弧半径；

θ——步距角，是每个插补弦线所对应的圆心角，且

$$\theta \approx \frac{\Delta L}{L} = \frac{FT_S}{R}$$

反之，在给定允许的最大径向误差 e_r 后，也可求出最大步距角，即

$$\theta_{max} = 2\arccos\left(1 - \frac{e_r}{R}\right)$$

由于 θ 很小，现将 $\cos\frac{\theta}{2}$ 按幂指数展开，有

$$\cos\frac{\theta}{2} = 1 - \frac{\left(\frac{\theta}{2}\right)^2}{2!} + \frac{\left(\frac{\theta}{2}\right)^4}{4!} - \cdots$$

现取其中的前两项代入式（3-1）中，得

$$e_r \approx R - R\left[1 - \frac{\left(\frac{\theta}{2}\right)^2}{2!}\right] = \frac{\theta^2 R}{8} = \frac{(FT_S)^2}{8} \cdot \frac{1}{R}$$

由上式可见，插补误差 e_r 与被插补圆弧半径 R、插补周期 T_S 以及编程进给速度 F 有关。若 T_S 越长、F 越大、R 越小，则插补误差就越大。但对于给定的某段圆弧轮廓来讲，如果将 T_S 选得尽量小，则可获得尽可能高的进给速度 F，从而提高了加工效率。同样在其他条件相同的情况下，大曲率半径的轮廓曲线可获得较高的允许切削速度。

3. 数据采样法直线插补

（1）插补原理　假设刀具在 XOY 平面内加工直线轮廓 OE，起点为 $O(0，0)$，终点为 $E(X_E，Y_E)$，动点为 $N_{i-1}(X_{i-1}，Y_{i-1})$，编程进给速度为 F，插补周期为 T_S，如图3-66所示。

在一个插补周期内进给直线长度为 $\Delta L = FT_S$，根据图中的几何关系，很容易求得插补周期内各坐标轴对应的位置增量为

$$\Delta X_i = \frac{\Delta L}{L} X_E = K X_E$$

$$\Delta Y_i = \frac{\Delta L}{L} Y_E = K Y_E$$

式中　$L = \sqrt{X_E^2 + Y_E^2}$，$K = \Delta L/L = FT_S/L$。

从而可求得下一个动点 N_i 的坐标值为

$$X_i = X_{i-1} + \Delta X_i = X_{i-1} + \frac{\Delta L}{L} X_E$$

$$Y_i = Y_{i-1} + \Delta Y_i = Y_{i-1} + \frac{\Delta L}{L} Y_E$$

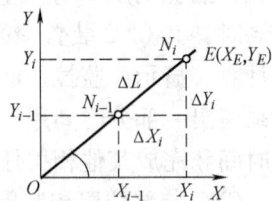

图3-66　数据采样法
直线插补

（2）插补流程　利用数据采样法插补直线时的算法相当简单，可在 CNC 装置中分两步完成：第一步是插补准备，完成一些常量的计算工作，如 L、K 的计算等（一般对于每个零件轮廓段仅执行一次）；第二步是插补计算，每个插补周期均执行一次，求出该周期对应的坐标增量值（ΔX_i，ΔY_i）及动点坐标值（X_i，Y_i）。

数据采样法插补过程中所使用的起点坐标、终点坐标及插补所得到的动点坐标都是带有符号的代数值，而不像脉冲增量插补算法那样使用绝对值参与插补运算。并且这些坐标值也不一定转换成以脉冲当量为单位的整数值，即数据采样法中涉及的坐标值是带有正、负号的真实坐标值。另外，求取坐标增量值和动点坐标的算法并非唯一，如也可利用轮廓直线与横坐标夹角 α 的三角函数关系来求得。

4. 数据采样法圆弧插补

数据采样法圆弧插补的基本思想是采用时间分割法，在每个插补周期内用微小直线段（弦线或切线）来逼近曲线。下面以内接弦线法为例来讲解圆弧插补原理。

对图3-67所示的 I 象限顺时针圆弧进行插补，$N_i(X_i，Y_i)$ 为圆弧上的某插补点，$N_{i+1}(X_{i+1}，Y_{i+1})$ 为下一插补点，ΔL 为合成进给量，圆弧的半径为 R，圆心为坐标原点。

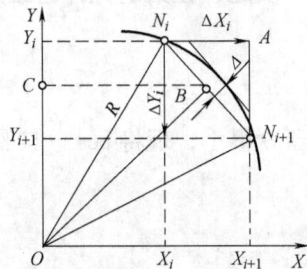

图3-67　数据采样法圆弧插补

由图中的几何关系可知

$$\triangle N_iAN_{i+1} \backsim \triangle OCB$$

则

$$\frac{N_iA}{OC} = \frac{AN_{i+1}}{CB} = \frac{N_iN_{i+1}}{OB}$$

即

$$\frac{\Delta X_i}{Y_i - \dfrac{\Delta Y_i}{2}} = \frac{\Delta Y_i}{X_i + \dfrac{\Delta X_i}{2}} = \frac{\Delta L}{R - \Delta}$$

因 $\Delta \ll R$，故可将其忽略不计，认为 $OB = R - \Delta \approx R$，且在插补过程中由于前后两次插补的坐标增量相差很小，因而可用 $\dfrac{\Delta X_{i-1}}{2}$、$\dfrac{\Delta Y_{i-1}}{2}$ 来分别代替 $\dfrac{\Delta X_i}{2}$、$\dfrac{\Delta Y_i}{2}$，所以上式可变为

$$\frac{\Delta X_i}{Y_i - \dfrac{\Delta Y_{i-1}}{2}} = \frac{\Delta Y_i}{X_i + \dfrac{\Delta X_{i-1}}{2}} = \frac{\Delta L}{R}$$

因此，坐标轴的位移增量为

$$\Delta X_i = \frac{\Delta L}{R}\left(Y_i - \frac{\Delta Y_{i-1}}{2}\right)$$

$$\Delta Y_i = \frac{\Delta L}{R}\left(X_i + \frac{\Delta X_{i-1}}{2}\right)$$

插补开始时，$\Delta Y_{i-1} = \Delta Y_0 = 0$，$\Delta X_{i-1} = \Delta X_0 = 0$，由此可知，下一插补点 N_{i+1}（X_{i+1}，Y_{i+1}）的坐标值为

$$X_{i+1} = X_i + \Delta X_i, \quad Y_{i+1} = Y_i + \Delta Y_i$$

3.6　CNC 装置中的 PLC

3.6.1　PLC 在数控机床中的应用

1. PLC 在数控机床中的作用

数控机床的控制信息有两类。一类是控制机床进给运动坐标轴的位置信息，如数控机床工作台的前、后，左、右移动，主轴箱的上、下移动和围绕某一直线轴的旋转运动位移量等。对于数控车床，是控制 Z 轴和 X 轴的移动量；对于三坐标数控机床，是控制 X、Y、Z 轴的移动距离，同时还有各轴运动之间关系，插补、补偿等的控制。这些控制是用插补计算出的理论位置与实际反馈位置比较后得到的差值，对伺服进给电动机进行控制而实现的。这种控制的核心作用就是保证加工零件的轮廓轨迹，除点位加工外，各个轴的运动之间随时随刻都必须保持严格的比例关系。这一类数字量信息是由 CNC 装置（专用计算机）进行处理的，即数字控制。另一类是数控机床运行过程中，以 CNC 装置内部和机床上各行程开关、传感器、按钮、继电器等的开关量信号的状态为条件，并按照预先规定的逻辑顺序，对主轴的起停、换向，刀具的更换，工件的夹紧、松开，液压、冷却、润滑等系统的运行控制。这

一类控制信息主要是开关量信号的顺序控制，一般由可编程序逻辑控制器（Programmable Logic Controller，PLC）来完成。

PLC 控制的虽然是动作的先后逻辑顺序，可它处理的信息是数字量"0"和"1"。所以，不管是 PLC 本身带的 CPU，还是 CNC 装置的 CPU 来处理这些信号，一台数控机床确是通过计算机将第一类数字量信息和第二类开关量信息很好协调起来，实现正常的运转和工作。因此，PLC 控制技术同样是数控技术的一个重要方面。

2. 数控机床用 PLC 的类型及特点

数控机床中所用的 PLC 可分为两类：一类是专为实现数控机床顺序控制而设计制造的内装型 PLC，另一类是那些输入/输出技术规范、输入/输出点数、程序存储容量以及运算和控制功能等均能满足数控机床控制要求的独立型 PLC。

（1）内装型 PLC　内装型 PLC 从属于 CNC 装置，PLC 与 CNC 之间信号的传输在 CNC 装置内部就可完成，而 PLC 与机床侧的信息传输则要通过输入/输出接口来完成。内装型 PLC 的 CNC 系统框图如图 3-68 所示。

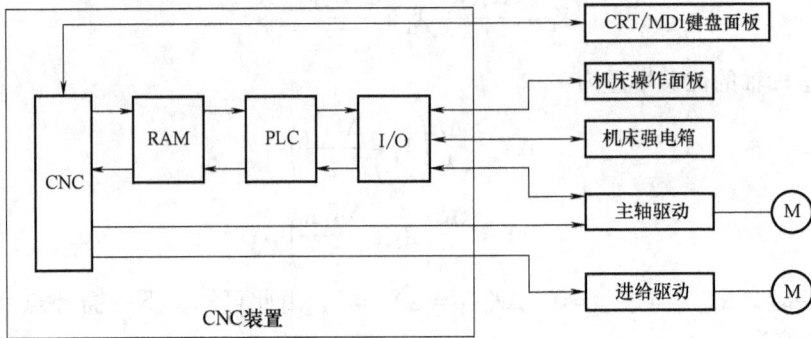

图 3-68　内装型 PLC 的 CNC 系统框图

内装型 PLC 具有如下特点：

1）内装型 PLC 实际上可以看做是带有 PLC 功能的 CNC 装置，一般作为 CNC 的一种基本功能提供给用户。

2）其性能指标（如输入/输出点数、程序最大步数、每步执行时间、程序扫描周期和功能指令数目等）是根据所从属的 CNC 装置的规格、性能和适用机床的类型等确定的。其硬件和软件部分是被作为 CNC 装置的基本功能或附加功能与 CNC 装置一起统一设计制造的。因此系统硬件和软件整体结构十分紧凑。PLC 所具有的功能针对性强，技术指标较合理、实用，较适合用于单台数控机床等场合。

3）在系统结构上，内装型 PLC 既可以与 CNC 共用一个 CPU，也可以单独使用一个 CPU，此时的 PLC 对外有单独配置的输入/输出电路，而不使用 CNC 装置的输入/输出电路。

4）采用内装型 PLC，扩大了 CNC 装置内部直接处理的通信窗口功能，可以使用梯形图的编辑和传输等高级控制功能，且造价便宜，提高了 CNC 装置的性能价格比。

（2）独立型 PLC　独立型 PLC 又称通用型 PLC。独立型 PLC 独立于 CNC 装置，具有完备的硬件和软件，是能独立完成规定控制任务的装置。独立型 PLC 的 CNC 系统框图如图 3-69 所示。

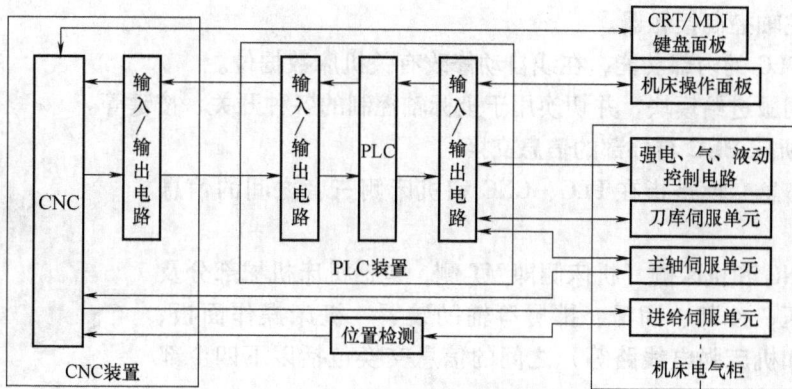

图 3-69　独立型 PLC 的 CNC 系统框图

独立型 PLC 具有如下特点：

1）独立型 PLC 本身就是一个完整的计算机系统，具有 CPU、EPROM、RAM、I/O 接口及编程器等外部设备通信接口和电源等。

2）独立型 PLC 的 I/O 模块种类齐全，其输入点数可通过增减 I/O 模块来灵活配置。

3）与内装型 PLC 相比，独立型 PLC 功能更强，但一般要配置单独的编程设备。独立型 PLC 与数控系统之间的信息交换可通过 I/O 接口对接方式或通信方式来实现。I/O 接口对接方式就是将数控系统的输入/输出点通过连线与 PLC 的输入/输出点连接起来，适应于数控系统与各种 PLC 之间的信息交换，但由于每一点的信息传递都需要一根信号线，所以这种方式的连线多，信息交换量小。采用通信方式可克服上述 I/O 对接的缺点，但采用这种方式的数控系统与 PLC 必须采用同一通信协议，一般来说，数控系统与 PLC 需是同一家公司的产品。采用通信方式时，数控系统与 PLC 的连线少，信息交换量大而且非常方便。

3. 数控机床中 PLC 的功能

（1）机床操作面板的控制　将机床操作面板的控制信号直接送入 PLC，控制机床的运行。

（2）机床外部开关输入信号控制　将机床侧的开关信号送入 PLC，经逻辑运算后，输出给控制对象。这些开关包括各类控制开关、行程开关、接近开关、压力开关和温控开关等。

（3）输出信号控制　PLC 输出信号通过对电气柜中的继电器、接触器的控制，完成机床的液压、气动电磁阀、刀库、机械手和回转工作台等装置的动作控制。另外，PLC 输出信号通过继电器、接触器还对冷却泵电动机、润滑泵电动机及电磁制动器进行控制。

（4）伺服控制　通过驱动装置，控制主轴电动机、伺服进给电动机和刀库电动机等。

（5）报警处理控制　PLC 收集强电柜、机床侧和伺服驱动装置的故障信号，将报警标志区中的相应报警标志位置位，数控系统便显示报警信号及报警文本，以方便故障诊断。

（6）磁盘驱动装置控制　有些数控机床用计算机软盘取代了传统的光电阅读机。通过控制软盘驱动装置，实现与数控系统进行零件程序、机床参数和刀具补偿等数据的传输。

（7）转换控制　一些加工中心的主轴能实现立、卧转换。图 3-70 所示为立卧转换主轴头，当进行立、卧转换时，PLC 完成下述工作：

①切换主轴控制接触器。

②通过 PLC 的内部功能，在线自动修改有关机床数据位。

③切换伺服进给模块，并切换用于坐标轴控制的各种开关、按键等。

4. 数控机床 PLC 与外部的信息交换

PLC 的信息交换是指在 PLC、CNC 和机床侧三者之间的信息交换。

PLC、CNC 和机床侧（机床侧即 MT 侧，包括机床机械部分及其液压、气压、冷却、润滑、排屑等辅助装置，机床操作面板、继电器线路和机床强电线路等）之间的信息交换包括以下四个部分：

图 3-70 立卧转换主轴头

（1）CNC 至 PLC CNC 送至 PLC 的信息可由开关量输出信号（对 CNC 侧而言）完成，也可由 CNC 直接送入 PLC 的寄存器中。主要包括 M、S、T 各种功能代码的信息，手动/自动方式信息及各种使能信息等。

（2）PLC 至 CNC PLC 送至 CNC 的信息可由开关量输入信号（对 CNC 侧而言）完成，所有 PLC 送至 CNC 的信息地址与含义由 CNC 装置生产厂家确定，PLC 编程者只可使用，不可改变和增删。主要包括 M、S、T 功能的应答信息和各坐标轴对应的机床参考点信息等。

（3）PLC 至 MT PLC 控制机床的信号通过 PLC 的开关量输出接口送至 MT 中。主要用来控制机床的执行元件，如电磁阀、继电器、接触器以及各种状态指示和故障报警等。

（4）MT 至 PLC 机床侧的开关量信号可通过 PLC 的开关量输入接口送入 PLC 中，主要是机床操作面板输入信息和其上各种开关和按钮等信息，如机床的起、停，主轴正、反转和停止，各坐标轴点动，刀架和卡盘的夹紧与松开，切削液的开、关，倍率选择及各运动部件的限位开关信号等信息。

不同 CNC 装置与 PLC 之间的信息交换方式和功能强弱差别很大，但其最基本的功能是 CNC 将所需执行的 M、S、T 功能代码送到 PLC，由 PLC 控制完成相应的动作，然后再由 PLC 送给 CNC，完成信号的交换。

3.6.2 M、S、T 功能的实现

1. M 功能的实现

PLC 完成的 M 功能（辅助功能）是很广泛的。根据不同的 M 代码，可控制主轴的正反转及停止，主轴齿轮箱的变速，切削液的开、关，卡盘的夹紧和松开，以及自动换刀装置、机械手取刀和归刀等运动。辅助功能通常用 M00～M99 指令指定。CNC 装置送出 M 代码进入 PLC，经 PLC 的译码处理后，输出对应的开关量 0 或 1 来控制相应动作的开/关和启/停。

2. S 功能的实现

以往主轴转速用 2 位代码指定，而现在在 PLC 中可较容易地用 4 位或 5 位代码直接指定转速（单位为 r/min）。CNC 装置送出 S 代码进入 PLC，经过 PLC 内的 D/A 变换和限位控制后，输出 ±10V 模拟电压给主轴电动机伺服系统。如果 S 用二位代码编程（S00～S99），则在 D/A 变换前还应经过译码、数据转换，将 00～99 转换为对应的转速。为了提高主轴转速的稳定性，增大转矩，调整转速范围，还可增加 1～2 级机械变速档。主轴换档一般通过 PLC 的 M 代码功能来实现。

3. T 功能的实现

PLC 控制为加工中心自动换刀的管理带来了很大的方便。自动换刀控制方式有固定存取换刀方式和随机存取换刀方式，它们分别采用刀套编码制和刀具编码制。刀套编码的 T 功能处理过程是：CNC 装置送出 T 代码进入 PLC，PLC 经过译码，在数据表内检索，找到 T 代码指定的新刀号在数据表中的地址，并与现行刀号进行判别比较，如不符合，则将刀库回转指令发送给刀库控制系统，直到刀库定位到新刀号位置时，刀库停止回转，并准备换刀。

思考与训练

3-1　什么是 CNC 系统？

3-2　CNC 装置的主要功能有哪些？

3-3　单微处理器结构和多微处理器结构各有何特点？

3-4　常规的 CNC 装置软件有哪几种结构模式？

3-5　数控机床常用的输入方法有几种？各有何特点？

3-6　可编程序逻辑控制器（PLC）与传统的继电器逻辑控制器（RLC）相比有什么区别？它的主要功能有哪些？

3-7　何谓插补？有哪两类插补算法？各有什么特点？

3-8　试述逐点比较法的四个节拍。

3-9　利用逐点比较法插补直线 AB，起点为 A $(0, 0)$，终点为 B $(4, 5)$，试写出插补计算过程并画出插补轨迹。

3-10　逐点比较法插补圆弧 AB，起点为 A $(4, 0)$，终点为 B $(0, 4)$，试写出插补计算过程并画出插补轨迹。

3-11　试推导出逐点比较法插补 I 象限顺圆弧的偏差函数递推公式，并写出插补圆弧 AB 的计算过程，画出其插补轨迹。设轨迹的起点为 A $(0, 6)$，终点为 B $(6, 0)$。

3-12　试述 DDA 法插补的原理。

3-13　设有一直线 AB，起点在坐标原点，终点的坐标为 A $(3, 5)$，试用 DDA 法插补此直线。

3-14　在数控机床上加工 I 象限逆圆弧 AB，起点 A $(5, 0)$，终点 B $(0, 5)$，设寄存器位数为 3，用 DDA 法插补。

3-15　何谓刀具半径补偿？其执行过程如何？

3-16　B 刀具补偿与 C 刀具补偿有何区别？

第 4 章　数控机床的位置检测装置

☞**知识提要**：本章对数控机床的位置检测装置作了介绍，重点介绍了光电脉冲编码器、光栅尺、直线式感应同步器、旋转变压器、磁尺的结构、工作原理、测量系统和在数控机床中的具体应用。

☞**学习目标**：通过本章内容的学习，学习者应该对数控机床的位置检测装置有基本的了解，对所介绍检测装置的结构和工作原理有基本的掌握，对其在数控机床中的具体作用要非常熟悉。

4.1　概述

在闭环和半闭环伺服系统中，位置控制是指将计算机数控系统插补计算的理论值与实际检测值相比较，用两者的差值去控制进给电动机，使工作台或刀架运动到指令位置。实际值的采集需要位置检测装置来完成。位置检测元件可以检测机床工作台的位移、伺服电动机转子的角位移和速度。实际应用中，位置检测和速度检测可以采用彼此相互独立的检测元件，如速度检测采用测速发电机，位置检测采用光电编码器；也可以共用一个检测元件，如都用光电编码器。

4.1.1　位置检测装置的分类

根据安装形式和测量方式的不同，位置检测有直接测量和间接测量、增量式测量和绝对式测量、数字式测量和模拟式测量等方式。

1. 直接测量和间接测量

在数控机床中，位置检测的对象有工作台的直线位移及旋转工作台的角位移，因此检测装置也相应地有直线式和旋转式。典型的直线式测量装置有光栅、磁栅、感应同步器等，旋转式测量装置有光电编码器和旋转变压器等。

若位置检测装置测量的对象就是直线位移量，该测量方式称为位移的直接测量。直接测量组成位置闭环伺服系统，其测量装置直接安装在机床的移动部件（工作台）上，测量精度由测量元件和安装精度决定，不受传动精度的直接影响。但是，检测装置要和行程等长，这对大型机床是一个限制。

若位置检测装置测量出的数值通过转换才能得到直线位移量，如用旋转式检测装置测量工作台的直线位移，要通过角位移与直线位移之间的线性转换求出工作台的直线位移，这种测量方式称为位移的间接测量。间接测量组成位置半闭环伺服系统，其测量装置一般安装在机床的旋转部件（电动机轴端或传动丝杠端部）上，测量精度取决于测量元件和机床传动链两者的精度。因此，为了提高定位精度，常常需要对机床的传动误差进行补偿。间接测量的优点是测量方便可靠，并且无长度限制。

2. 增量式测量和绝对式测量

增量式测量装置只测量位移增量，即工作台每移动一个基本长度单位，检测装置便发出一个检测信号，此信号通常是脉冲形式。增量式检测装置均有零点标志，作为基准起点。

数控机床采用增量式检测装置时，在每次接通电源后都要进行回参考点操作，以保证测量位置的正确性。

绝对式测量是指被测的任一点位置都从一个固定的零点算起，每一个测点都有一个对应的编码，常以二进制数据形式表示。

3. 数字式测量和模拟式测量

数字式测量是以量化后的数字形式表示被测量，得到的测量信号为脉冲形式，以计数后得到的脉冲个数表示位移量。数字式测量的特点是：便于显示、处理；测量精度取决于测量单位，与量程基本无关；抗干扰能力强。

模拟式测量是将被测量用连续的变量来表示。模拟式测量的信号处理电路较复杂，易受干扰，数控机床中常用于小量程测量。

4.1.2　数控机床对位置检测装置的要求

数控机床对检测装置的要求主要如下：

1）高可靠性和高抗干扰性。

2）满足精度和速度要求。

3）使用维护方便，适合机床运行环境。

4）成本低。对于不同类型的数控机床，因工作条件和检测要求不同可以采用不同的检测方式。

4.2　光电脉冲编码器

脉冲编码器是一种旋转式脉冲发生器，能把机械转角转变成电脉冲，因此它既可以作为位置检测装置，也可以作为速度检测装置。光电脉冲编码器是脉冲编码器的一种，它在精度与可靠性方面优于接触式和电磁感应式脉冲编码器，因此广泛应用于数控机床。电动机每转过一个角度光电脉冲编码器就发出数个脉冲，即通过记录从某一时刻起光电脉冲编码器发出的脉冲数，便能换算出电动机转过的角度。

4.2.1　光电脉冲编码器的结构

光电脉冲编码器的结构如图 4-1 所示，由圆盘形主光栅 2 和指示光栅 3、光源 1、光电接收元件 4、信号处理的印制电路板 7 等组成。

在一个圆盘（一般为真空镀膜的玻璃圆盘）的圆周上刻有间距相等的细密线纹，分为透明和不透明部分，称为圆盘形主光栅。主光栅与转轴一起旋转。在主光栅的圆周位置，与主光栅平行地放置一个固定的指示光栅，它是一小块扇形薄片，其上刻有三个狭缝。其中两个狭缝在同一圆周上相差 1/4 节距（称为辨向狭缝），另外一个狭缝称为零位狭缝，主光栅转一周时，由此狭缝发出一个脉冲。在主光栅和指示光栅两边，与主光栅垂直的方向上固定安装有光源、光电接收元件。此外，还有用于信号处理的印制电路板。光电脉冲编码器通过十字连接头与伺服电动机相连，它的法兰盘固定在电动机端面上。将这些元器件罩上防护罩，就构成一个完整的检测装置。

4.2.2　光电脉冲编码器的工作原理

当圆盘形主光栅旋转时，光线透过两个光栅的线纹部分，形成明暗相间的三路莫尔条纹。同时，光电元件接收这些光信号，并转化为交替变化的电信号 A、B（近似于正弦波）和 Z，再经放大和整形变成方波。其中，A、B 信号称为主计数脉冲，它们在相位上相差 90°，如图 4-2 所示。当电动机正转时，A 信号超前 B 信号 90°；当电动机反转时，B 信号超前 A 信号 90°，数控装置正是利用这一相位关系来判断电动机的转向的，并同时利用 A 信号（或 B 信号）的脉冲数来计算电动机的转角。Z 信号称为零位脉冲，一转一个，该信号与 A、B 信号严格同步。零位脉冲的宽度是主计数脉冲宽度的一半，细分后同比例变窄。在进给电动机上所用的光电脉冲编码器，其零位脉冲用于精确确定机床的参考点，而在主轴电动机上的光电脉冲编码器，其零位脉冲主要用于主轴准停及螺纹加工等。这些信号作为位移测量脉冲，如经过频率/电压变换，也可作为速度测量反馈信号。

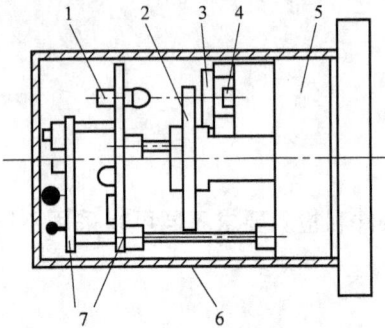

图 4-1　光电脉冲编码器的结构

1—光源　2—圆盘形主光栅　3—指示光栅　4—光电
接收元件　5—机械部件　6—护罩　7—印制电路板

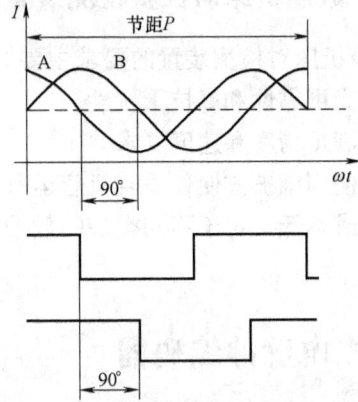

图 4-2　光电脉冲编码器输出波形

4.2.3　信号处理方式

光电脉冲编码器应用在数控机床的数字比较伺服系统中，作为位置检测装置，其信号处理有两种方式：一是适应带加减要求的可逆计数器，形成加计数脉冲和减计数脉冲；二是适应有计数控制端和方向控制端的计数器，形成正走、反走计数脉冲和方向控制电平。

第一种处理方式的电路和波形如图 4-3 所示。光电脉冲编码器的输出脉冲信号 A、$\overline{A}$、B、$\overline{B}$ 经过差分驱动传输进入 CNC 装置，仍为 A 相信号和 B 相信号。A、B 信号经整形后，变成规整的方波。当光电脉冲编码器正转时，A 相信号超前 B 相信号，经过单稳电路变成 d 点的窄脉冲，B 相反向后，c 点的信号进入"与"门，由 e 点输出正向计数脉冲；而 f 点由于在窄脉冲出现时，b 点的信号为低电平，所以 f 点也保持低电平，这时可逆计数器进行加计数。当光电脉冲编码器反转时，B 相信号超前 A 相信号，在 d 点窄脉冲出现时，因为 c 点是低电平，所以 e 点保持低电平；而 f 点输出窄脉冲，作为反向减计数脉冲，这时可逆计数器进行减计数。这样就实现了不同旋转方向时，数字脉冲由不同的通道输出，然后分别进入可逆计数器，进行进一步的误差处理工作。

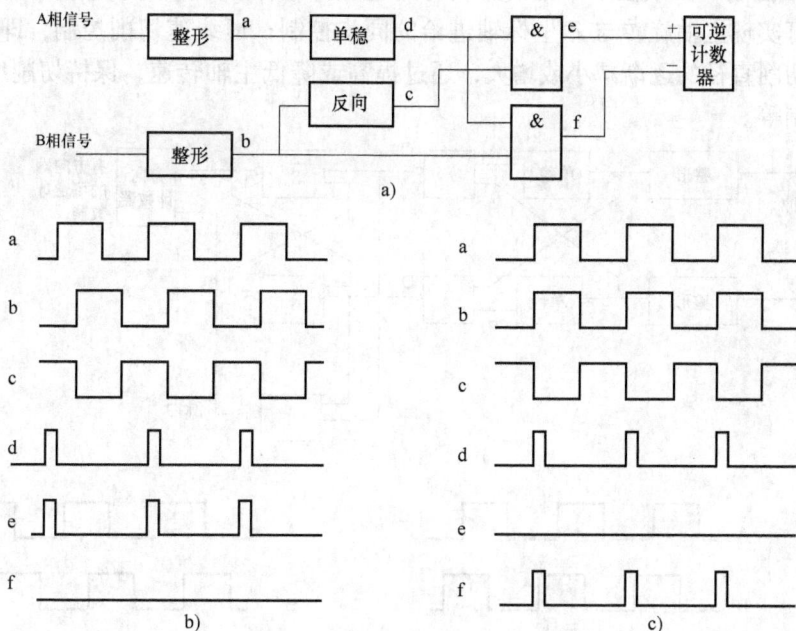

图 4-3　第一种处理方式的电路和波形

a）电路　b）正转时波形　c）反转时波形

　　第二种处理方式的电路和波形如图 4-4 所示。光电脉冲编码器的输出脉冲信号 A、$\overline{\text{A}}$、B、$\overline{\text{B}}$ 经差分驱动传输进入 CNC 装置，仍为 A 相信号和 B 相信号，为本电路的输入脉冲。经整形和单稳后变成 A_1、B_1 窄脉冲。正走时，A 信号超前 B 信号，B 方波和 A_1 窄脉冲进入与非门 C，A 方波和 B_1 窄脉冲进入与非门 D，则 C 和 D 分别输出高电平和负脉冲。这两个信号使由与非门 1、2 组成的 R-S 触发器置 "0"，（此时，Q 端输出 "0"，代表正方向），使 3 与非门输出正走计数脉冲。反走时，B 脉冲超前 A 脉冲。B、A_1 和 A、B_1 信号同样进入 C、D 与非门，但由于其信号相位不同，使 C、D 与非门分别输出负脉冲和高电平，从而将 R-S 触发器置 "1"（Q 端输出 "1"，代表负方向）、与非门 3 输出反走计数脉冲。不论正走、反走，与非门 3 都是计数脉冲输出门，R-S 触发器的 Q 端输出方向控制信号。

4.2.4　光电脉冲编码器在数控机床中的应用

　　（1）位移测量　在数控机床中，光电脉冲编码器和伺服电动机同轴连接，或者连接在滚珠丝杠末端，用于工作台和刀架的直线位移测量。在数控回转工作台中，通过在回转轴末端安装光电脉冲编码器，可直接测量回转工作台的角位移。

　　由于增量式光电脉冲编码器每转过一个分辨角就发出一个脉冲信号，因此，根据脉冲的数量、传动比及滚珠丝杠螺距即可得出移动部件的直线位移量。例如某带光电脉冲编码器的伺服电动机与滚珠丝杠直连（传动比为 1:1），已知光电脉冲编码器参数为 1024 脉冲/r，丝杠螺距为 8mm，如果在一转时间内计数 1024 脉冲，则在该时间段里，工作台移动的距离为

$$\frac{8\text{mm/r}}{1024\ \text{脉冲/r}} \times 1024\ \text{脉冲} = 8\text{mm}$$

（2）主轴控制　当数控车床主轴安装有光电脉冲编码器后，则该数控车床具有：C 轴插补功能，可实现主轴旋转与 Z 坐标轴进给的同步控制；恒线速切削控制，即随着刀具的径向进给及切削直径的逐渐减小或增大，通过提高或降低主轴转速，保持切削线速度不变；主轴定向控制等。

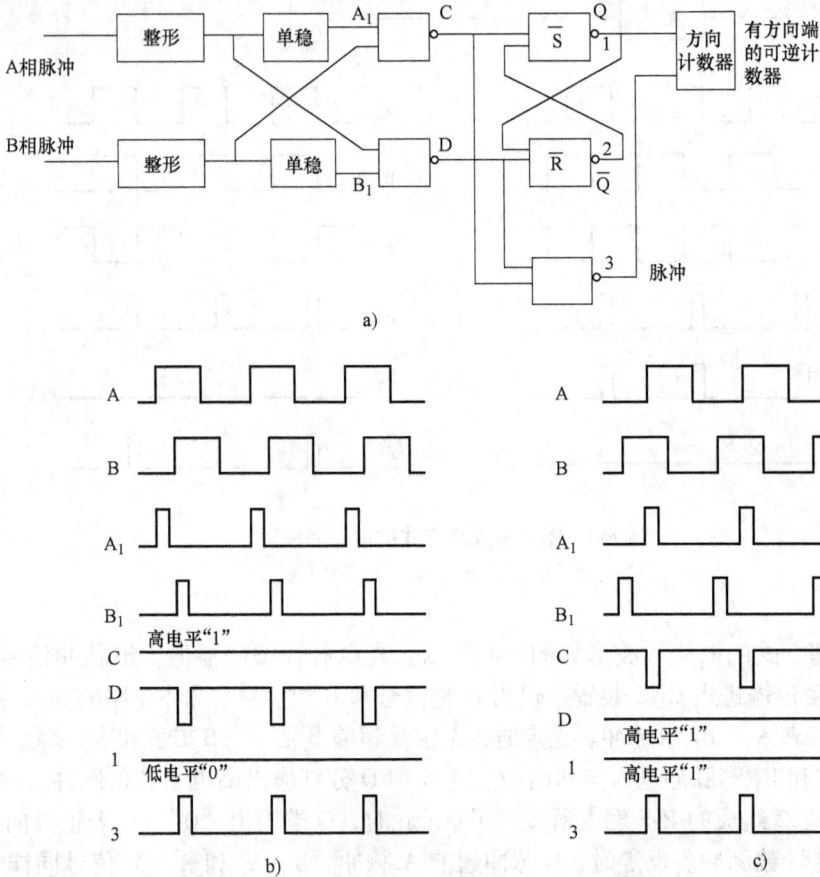

图 4-4　第二种处理方式的电路和波形
a）电路　b）正走时的波形　c）反走时的波形

（3）测速　光电脉冲编码器输出脉冲的频率与其转速成正比，因此，光电脉冲编码器可代替测速发电机的模拟测速而成为数字测速装置。

（4）伺服控制　光电脉冲编码器应用于交流伺服电动机控制中，用于转子位置检测，提供速度和位置反馈信号。

4.3　光栅尺

光栅是利用光的反射、透射和干涉现象制成的一种光电检测装置，分为物理光栅和计量光栅。物理光栅刻线比较细密，两刻线之间的距离（称为栅距）为 0.002～0.005mm，通常用于光谱分析和光波波长的测定。计量光栅刻线较粗，栅距为 0.003～0.025mm，在数字检测系统中，通常用于高精度位移的检测，是数控系统中应用较多的一种检测装置，尤其是在闭环伺服系统中，其测量精度仅次于激光式测量。

4.3.1　计量光栅的种类

按照不同的分类方法，计量光栅可分为直线光栅和圆形光栅，透射光栅和反射光栅，增量式光栅和绝对式光栅等。

1. 直线光栅

（1）玻璃透射光栅　在玻璃表面上刻有透明和不透明的间隔相等的线纹（即黑白相间的线纹），称为透射光栅。其制造工艺为在玻璃表面加感光材料或金属镀膜，然后刻成光栅线纹，也可采用刻蜡、腐蚀或涂黑工艺。透射光栅的特点是：光源可以垂直入射，光电接收元件可以直接接收信号，信号幅值比较大，信噪比高，光电转换元件结构简单。同时，透射光栅单位长度上所刻的条纹数比较多，一般可以达到每毫米 100 条线纹，即达到 0.01mm 的分辨力，使检测电路大大简化。但其长度不能做得太长，目前可达到 2m 左右。

（2）金属反射光栅　在钢尺或不锈钢镜面上用照相腐蚀工艺制作线纹，或者用钻石刀刻制条纹，所制成的光栅称为金属反射光栅。金属反射光栅的特点是：线膨胀系数很容易做到与机床的床身材料的线膨胀系数一致，可补偿热变形的影响，接长比较方便，甚至可以用带钢做成整根的长光栅，不易破碎。金属反射光栅安装在机床上所需的面积小，而且安装调整方便，可以直接用螺钉或压板固定在机床床身上。因此，大位移检测主要使用这种类型的光栅。常用的金属反射光栅每毫米的线纹数为 4、10、25、40、50。

2. 圆光栅

圆光栅是在玻璃盘的圆周上做成黑白相间的线纹，线纹呈辐射状，线纹之间夹角相等，用于检测角位移。根据使用要求不同，圆周上的线纹数也不同。一般有三种形式：60 进制，如 10800、21600、32400、64800 等；10 进制，如 1000、2500、5000 等；2 进制，如 512、1024、2048 等。

4.3.2　透射光栅的结构与莫尔条纹的产生原理

1. 透射光栅的结构

透射光栅检测装置（直线光栅传感器）是由标尺光栅和光栅读数头等组成，如图 4-5 所示。标尺光栅一般固定在机床活动部件上，光栅读数头固定在机床上。光栅读数头由光源、指示光栅、光敏元件、驱动电路组成。当光栅读数头相对于标尺光栅移动时，指示光栅便在标尺光栅上相对移动。标尺光栅和指示光栅的平行度以及两者之间的间隙要严格保证为 0.05～0.1mm。

图 4-6 所示为光栅读数头，又叫光电转换器，其主要功能是把光栅莫尔条纹变成电信号。图中的标尺光栅不属于光栅读数头，但它要穿过光栅读数头，且保证与指示光栅有准确的相互位置关系。

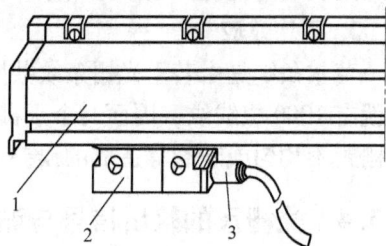

图 4-5　光栅的外观示意图
1—标尺光栅　2—光栅读数头
3—测量反馈电缆

2. 莫尔条纹的产生原理

当指示光栅上的线纹和标尺光栅上的线纹之间形成一个小角度 θ，并且两个光栅尺刻面相对平行放置时，在光源的照射下，形成明暗相间的条纹，这种条纹称为莫尔条纹，如图 4-7 所示。严格地说，莫尔条纹排列的方向是与两片光栅线纹夹角的平分线相垂直。图中 ω 为栅距，是透光部分与不透光部分的宽度之和，莫尔条纹中两条亮纹或两条暗纹之间的距离称为莫尔条纹的宽度，用 W 表示。

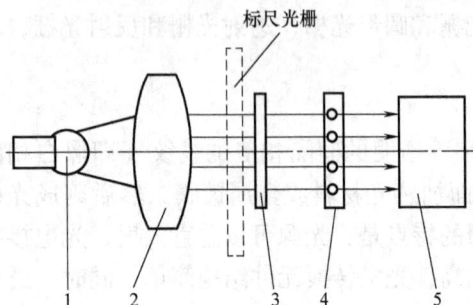

图 4-6　光栅读数头

1—光源　2—准直镜　3—指示光栅
4—光敏元件　5—驱动电路

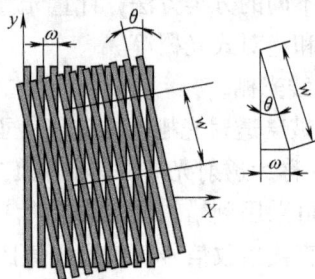

图 4-7　莫尔条纹

4.3.3　莫尔条纹的特点及作用

1. 放大作用

两光栅栅线夹角较小的情况下，莫尔条纹宽度和光栅栅距、栅线夹角之间有下列关系

$$W = \frac{\omega}{\sin\theta} \tag{4-1}$$

式中　θ——栅线夹角（rad）；

　　　W——莫尔条纹宽度（mm）；

　　　ω——栅距（mm）。

由于 θ 角很小，$\sin\theta \approx \theta$，则 $W \approx \omega/\theta$，若 $\omega = 0.01\text{mm}$，$\theta = 0.01\text{rad}$，则由该式可得 $W = 1\text{mm}$，即把光栅栅距转换成放大 100 倍的莫尔条纹宽度。

2. 莫尔条纹的变化规律

两片光栅相对移过一个栅距，莫尔条纹移过一个条纹间距。由于光的衍射与干涉作用，莫尔条纹的变化规律近似正（余）弦函数，变化周期数与两光栅相对移过的栅距数同步。

3. 平均效应

莫尔条纹是由若干光栅条纹共同形成的。例如每毫米 100 线的光栅，10mm 宽的莫尔条纹就有 1000 根线纹，因而对个别栅线间距误差（或缺陷）就平均化了，在很大程度上消除了栅距不均匀或断裂等造成的误差。

4.3.4　光栅尺的输出信号与测量电路

在光栅测量系统中，提高分辨率和测量精度不可能仅靠增大栅线的密度来实现。工程上采用莫尔条纹的细分技术，细分技术有光学细分、机械细分和电子细分等方法。伺服系统中，应用最多的是电子细分方法。下面介绍一种常用的 4 倍频光栅位移-数字变换电路，其组成如图 4-8 所示。

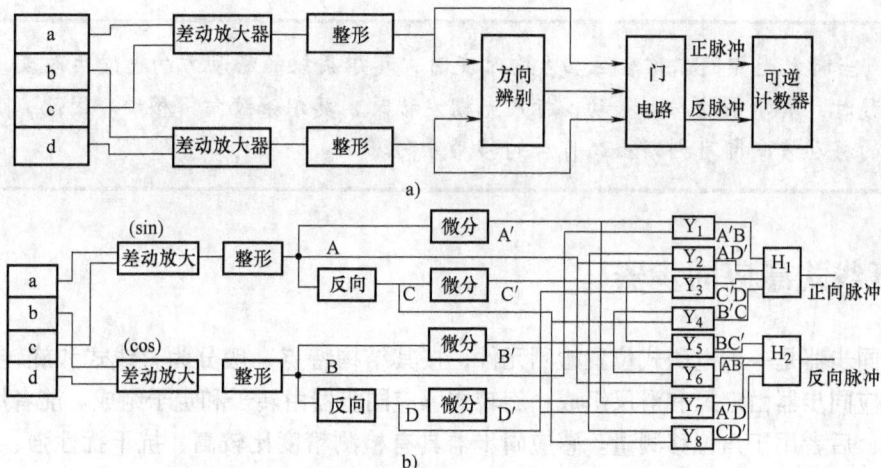

图 4-8　光栅信号 4 倍频电路

a）原理框图　b）逻辑电路图

　　光栅移动时产生的莫尔条纹信号由光电池组接受，然后经过位移 – 数字变换电路，形成正、反走时的正、反向脉冲，由可逆计数器接收。图 4-8 中，由 4 块光电池发出的信号分别为 a、b、c、d，相位彼此相差 90°。a、c 信号相位差为 180°，送入差动放大器放大，得正弦信号，将信号幅度进行放大。同理，b、d 信号送入另一个差动放大器，得到余弦信号。正弦、余弦信号经整形变成方波 A 和 B，A、B 信号经反向得 C、D 信号。A、B、C、D 信号再经微分变成窄脉冲 A′、B′、C′、D′。即在正走或反走时每个方波的上升沿产生窄脉冲，由与门电路把 0°、90°、180°、270° 共 4 个位置上产生的窄脉冲组合起来，根据不同的移动方向形成正向脉冲或反向脉冲，用可逆计数器进行计数。测量光栅的 4 倍频电路波形如图 4-9 所示。

4.3.5　光栅在数控机床中的应用

　　光栅在数控机床上主要用来测量工作台的直线位移，当标尺光栅移动时，莫尔条纹就沿着垂直于光栅尺运动的方向移动，并且光栅尺每移动一个栅距 ω，莫尔条纹就准确地移动一个莫尔条纹宽度 W。因此，只要测出莫尔条纹的数目，就可以知道

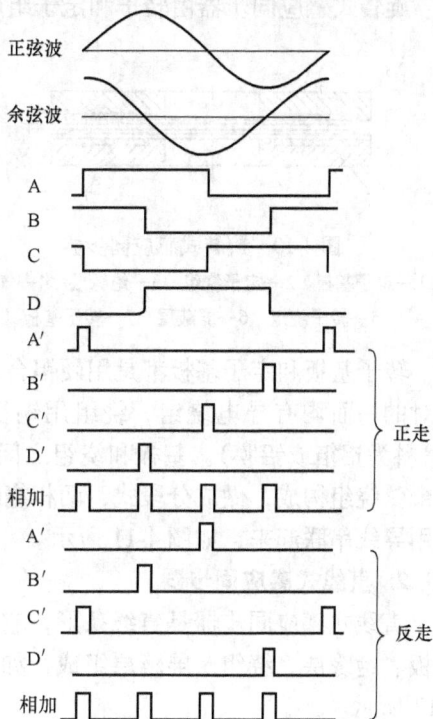

图 4-9　4 倍频电路波形图

光栅尺移动了多少个栅距，而栅距是制造光栅尺时确定的，因此工作台的移动距离就可以计算出来。例如一光栅尺栅距 $\omega = 0.01\text{mm}$，测得由莫尔条纹产生的脉冲为 1000 个，则安装有该光栅尺的工作台移动了 $0.01\text{mm/个} \times 1000 \text{个} = 10\text{mm}$。

> **注意：** 当标尺光栅随工作台运动方向改变时，莫尔条纹的移动方向也发生改变。标尺光栅右移时，莫尔条纹向上移动；标尺光栅左移时，莫尔条纹向下移动。因此，通过莫尔条纹的移动方向即可判断出工作台的移动方向。

4.4　直线式感应同步器

感应同步器是一种电磁式位置检测元件，按其结构特点一般分为直线式和旋转式两种。直线式感应同步器由定尺和滑尺组成；旋转式感应同步器由转子和定子组成。前者用于直线位移测量，后者用于角位移测量。感应同步器具有检测精度比较高、抗干扰性强、寿命长、维护方便、成本低、工艺性好等优点，广泛应用于数控机床及各类机床数显改造。本节着重以直线式感应同步器为例，对其结构特点和工作原理进行阐述。

4.4.1　感应同步器的分类

1. 旋转式感应同步器

旋转式感应同步器由转子和定子组成，结构如图 4-10 所示。

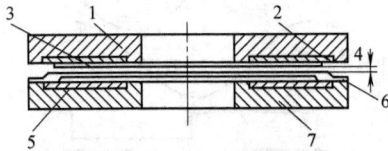

图 4-10　旋转式感应同步器
1—定子基板　2—定子绕组　3—绝缘层　4—气隙
5—转子绕组　6—屏蔽层　7—转子基板

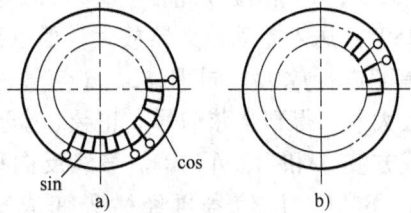

图 4-11　圆感应同步器绕组图
a）定子绕组（分段式）　b）转子绕组（连续式）

转子基板和定子基板都是用硬铝合金或不锈钢合金做成的，呈环形辐射状。转子和定子相对的一面均有导电绕组，绕组用铜箔构成。绕组表面还要加一层和绕组绝缘的屏蔽层（材料为铝箔或铝膜）。基板和绕组之间有绝缘层。转子绕组为连续绕组；定子由正弦绕组和余弦绕组构成，做成分段式，两相绕组交差分布，相差 90°相位角。属于同一相的各相绕组用导线串联起来，如图 4-11 所示。

2. 直线式感应同步器

直线式感应同步器是直线条形，它由基板、绝缘层、绕组及屏蔽层组成，如图 4-12 所示。

由于直线式感应同步器一般都用在机床上，感应同步器基板的材料采用钢板或铸铁。考虑到接线和安装，通常定尺绕组做成连续式单相绕组，滑尺绕组做成分段式的两相正交绕组，如图 4-13 所示。

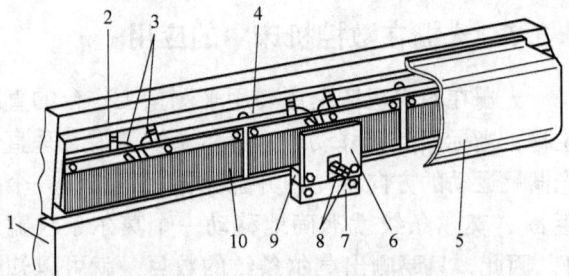

图 4-12　直线式感应同步器
1—固定部件（床身）　2—运动部件（工作台或刀架）　3—定尺绕组引线　4—定尺座　5—防护罩　6—滑尺　7—滑尺座
8—滑尺绕组引线　9—调整垫　10—定尺

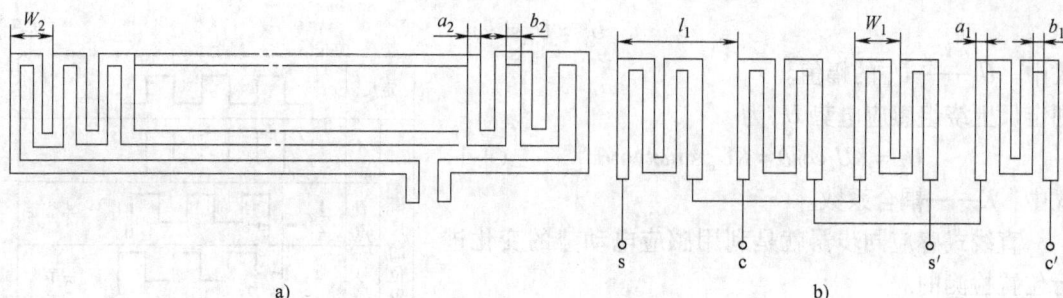

图 4-13　定尺绕组与滑尺绕组

a）定尺绕组　b）滑尺绕组

其中 ss′为正弦绕组，cc′为余弦绕组，目的为检测时辨向和细分用。定尺与滑尺之间的间隙为 0.3mm 左右，滑尺比定尺短。直线式感应同步器的极数指定尺被全部滑尺绕组所覆盖时的有效导体数。滑尺绕组相邻两有效导体之间的距离为节距 W_1，定尺绕组相邻两有效导体之间的距离称为极距 W_2，一般都通称为节距，用 2τ 表示，常取为 2mm，节距代表了测量周期。绕组节距 $W_2 = W_1 = 2(a_1 + b_1)$，其中 a_1、b_1 分别为导片宽度和间隙，滑尺的节距也可取 $W_2 = 2W_1/3$。

4.4.2　直线式感应同步器的工作原理

如图 4-14 所示，定尺固定在床身上，滑尺安装在机床的移动部件上。工作时，在滑尺的绕组上加一定频率的交流电压后，根据电磁感应原理，在定尺上将感应出相同频率的感应电动势。当励磁的滑尺移动时，在定尺上产生感应电动势，通过测量感应电动势可以精确地测量出直线位移量。

图 4-15 所示为滑尺在不同位置时定尺上感应电动势的变化。当滑尺绕组与定尺绕组完全重合时（图中 A 点），定尺绕组感应电势为正向最大；如果滑尺相对定尺从重合处逐渐向右（或左）平行移动，感应电势就随之逐渐减小，在两绕组刚好处于 1/4 节距的 B 点位置时，感应电动势为零；滑尺向右移动到 1/2 节距位置 C 点时，感应电势为负向最大；当到达整节距位置 E 点时，感应电势又为正向最大。这时，滑尺移动了一个节距（$W = 2\tau$），感应电势变化了一个周期（2π），呈余弦函数，如图 4-15 所示。

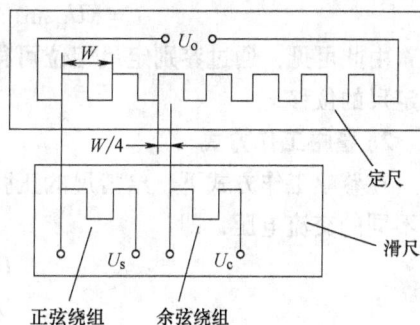

图 4-14　直线式感应同步器工作原理

设滑尺移动距离为 x，则感应电势将以相位角 θ 余弦函数变化。在一个节距内，位移 x 与 θ 的比例关系为

$$\frac{\theta}{2\pi} = \frac{x}{2\tau} \tag{4-2}$$

可得

$$\theta = \frac{x\pi}{\tau}$$

令 U_s 表示滑尺上一相绕组的励磁电压

$$U_s = U_m \sin\omega t \qquad (4\text{-}3)$$

式中　U_m——U_s 的幅值。

则定尺上绕组感应电势 U_o 为

$$U_o = KU_s \cos\theta = KU_m \sin\omega t \cos\theta \qquad (4\text{-}4)$$

式中　K——耦合系数。

直线式感应同步器就是利用感应电动势的变化进行位置检测的。

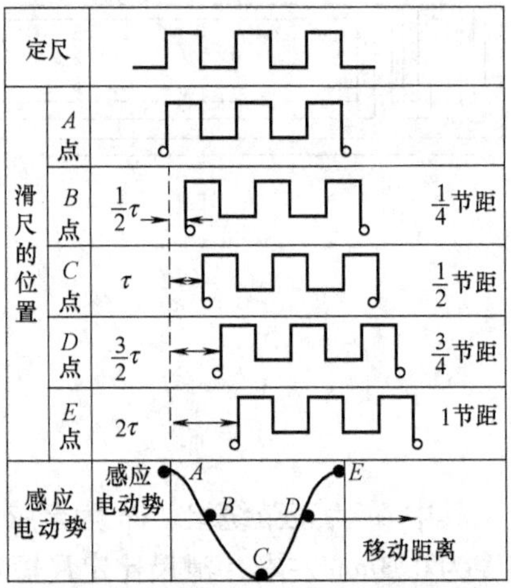

图 4-15　直线式感应同步器
感应电动势的变化

4.4.3　典型测量方式

根据滑尺上两相绕组通入的励磁信号不同，直线式感应同步器有鉴相式和鉴幅式两种工作方式。励磁方式不同，感应输出信号的处理方式不同。

1. 鉴相工作方式

在鉴相工作方式下，给滑尺的正弦绕组和余弦绕组分别通以幅值相等、频率相同、相位相差 90° 的交流电压，即

$$U_s = U_m \sin\omega t$$
$$U_c = U_m \cos\omega t$$

根据电磁感应及叠加原理，励磁信号产生移动磁场，该励磁切割定尺绕组，在定子绕组产生的感应电势 U_o 为

$$U_o = KU_m \sin\omega t \cos\theta + KU_m \cos\omega t \cos(\theta + \pi/2)$$
$$= KU_m \sin\omega t \cos\theta - KU_m \cos\omega t \sin\theta$$
$$= KU_m \sin(\omega t - \theta) \qquad (4\text{-}5)$$

由此可见，通过鉴别定尺相位可得感应电势的相位 θ，再由式（4-2）即测得滑尺相对于定尺的位移 x。

2. 鉴幅工作方式

在鉴幅工作方式下，给滑尺的正弦绕组和余弦绕组分别通以相位相等、频率相同，但幅值不同的交流电压，即

$$U_s = U_m \sin\alpha_{电} \sin\omega t$$
$$U_c = U_m \cos\alpha_{电} \sin\omega t$$

式中　$\alpha_{电}$——励磁电压的给定相位角。

同理，在定尺绕组中产生的感应电势 U_o 为

$$U_o = KU_m \sin\alpha_{电} \sin\omega t \cos\theta - KU_m \cos\alpha_{电} \sin\omega t \sin\theta$$
$$= KU_m \sin\omega t (\sin\alpha_{电} \cos\theta - \cos\alpha_{电} \sin\theta)$$
$$= KU_m \sin(\alpha_{电} - \theta) \sin\omega t$$
$$= KU_m \sin\left(\alpha_{电} - \frac{\pi}{\tau}x\right)\sin\omega t \qquad (4\text{-}6)$$

由此可见，在 $\alpha_{电}$ 已知时，只要测量出 U_o 的幅值 $KU_m \sin(\alpha_{电} - \theta)$，便可得到 θ，进而求得线位移。具体实现原理是：若原始状态 $\alpha_{电} = \theta$，则 $U_o = 0$。然后滑尺相对定尺有一位移

Δx，使 θ 变为 $\theta + \Delta\theta$，则感应电压增量为

$$\Delta U_{\mathrm{o}} \approx K U_{\mathrm{m}}\left(\frac{\pi}{\tau}\right)\Delta x \sin\omega t \tag{4-7}$$

式（4-7）表明，在 Δx 很小的情况下，ΔU_{o} 与 Δx 成正比，通过鉴别 ΔU_{o} 幅值，即可测得 Δx 的大小。当 Δx 较大时，通过改变 $\alpha_{\mathrm{电}}$，使 $\alpha_{\mathrm{电}} = \theta$，使 $U_{\mathrm{o}} = 0$，根据 $\alpha_{\mathrm{电}}$ 可以确定 θ，从而确定 Δx。

4.4.4　直线式感应同步器的特点及应用

1. 直线式感应同步器的特点

1）精度高。因为定尺的节距误差有平均补偿作用，所以定尺本身的精度能做得较高。直线式感应同步器对机床位移的测量是直接测量，不经过任何机械传动装置，测量精度取决于定尺的精度。

感应同步器的灵敏度或称分辨力，取决于一个周期进行电气细分的程度，灵敏度的提高受到电子细分电路中信噪比的限制，但是通过线路的精心设计和采取严密的抗干扰措施，可以把电噪声减到很低，并获得很高的稳定性。

2）测量长度不受限制。当测量长度大于 250mm 时，可以采用多块定尺接长的方法进行测量。行程为几米到几十米的中型或大型机床中，工作台位移的直线测量大多数采用直线式感应同步器来实现。

3）对环境的适应性较强。直线式感应同步器的定尺绕组和滑尺绕组是在基板上用光学腐蚀方法制成的铜箔锯齿形的印制电路绕组，铜箔与基板之间有一层极薄的绝缘层。可在定尺的铜绕组上面涂一层耐腐蚀的绝缘层，以保护尺面；在滑尺的绕组上面用绝缘粘结剂粘贴一层铝箔，以防静电感应。定尺和滑尺的基板采用与机床床身热胀系数相近的材料，因此当温度变化时，仍能获得较高的重复精度。

4）维修简单、寿命长。直线式感应同步器的定尺和滑尺互不接触，因此无任何摩擦、磨损，使用寿命长，不怕灰尘、油污及冲击振动。同时由于它是电磁耦合器件，所以不需要光源、光敏元件，不存在元件老化及光学系统故障等问题。

5）工艺性好，成本较低便于成批生产。

但是直线式感应同步器大多装在切屑或切削液容易入侵的部位，为避免切屑划伤滑尺绕组与定尺绕组，必须用钢带或防护罩覆盖。

2. 直线式感应同步器在数控机床上的安装和使用注意事项

1）直线式感应同步器在安装时必须保持两尺平行，两平面的间隙约为 0.25mm，倾斜度小于 0.5°，装配面波纹度在 0.01mm/250mm 以内。滑尺移动时，晃动的间隙及平行度误差的变化小于 0.1mm。

2）直线式感应同步器大多装在容易被切屑及切削液浸入的地方，所以必须加以防护，否则切屑夹在间隙内，会使定尺绕组和滑尺绕组刮伤或短路，使装置发生无动作及损坏。

3）电路中的阻抗和励磁电压不对称以及励磁电流失真度超过 2%，将对检测精度产生很大的影响，因此在调整系统时，应加以注意。

4）由于直线式感应同步器感应电动势低，阻抗低，所以应加强屏蔽，以防干扰。

4.5 旋转变压器

4.5.1 旋转变压器的结构

从转子感应电压的输出方式来看，旋转变压器分为有刷旋转变压器和无刷旋转变压器两种类型。在有刷旋转变压器结构中，转子绕组的端点通过电刷和集电环引出。目前数控机床常用的是无刷旋转变压器，其结构如图4-16 所示。

无刷旋转变压器由两部分组成：一部分称为分解器，由旋转变压器的定子和转子组成；另一部分称为变压器，用它取代电刷和集电环，其一次绕组 7 与分解器的转子轴 2 固定在一起，与转子轴一起旋转。分解器中的转子 4 输出信号接在变压器的一次绕组上，变压器的二次绕组 8 与分解器中的定子 3 一样固定在旋转变压器的壳体 1 上。工作时，分解器的定子绕组外加励磁电压，转子绕组即耦合出与偏转角相关的感应电压，此信号接在变压器的一次绕组上，经耦合由变压器的二次绕组输出。

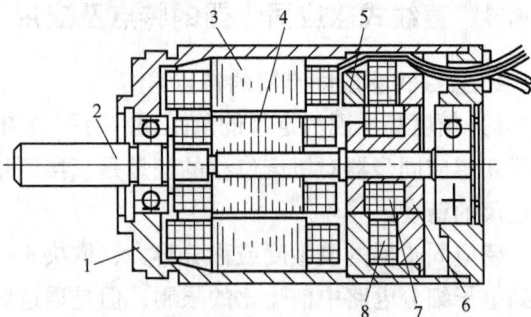

图 4-16 无刷旋转变压器结构示意图
1—壳体 2—转子轴 3—旋转变压器定子 4—旋转变压器转子 5—变压器定子 6—变压器转子 7—变压器一次绕组 8—变压器二次绕组

4.5.2 旋转变压器的工作原理

旋转变压器一般都采用一种称为正弦绕组的特殊绕组形式，这种绕组形式保证了定子和转子之间气隙磁通呈正（余）弦规律分布。当定子绕组加励磁电压（交变电压，频率为 2 ~ 4kHz），通过电磁耦合，转子绕组产生感应电动势。在单极情况下，其工作原理如图 4-17 所示，输出电压的大小取决于定子和转子两个绕组轴线在空间的相对位置。两者平行时感应电动势最大；两者垂直时，感应电动势为零。感应电动势随着转子偏转的角度成正（余）弦规律变化，即

$$E_2 = KU_1 \cos\alpha = KU_m \sin\omega t \cos\alpha \qquad (4-8)$$

当 $\alpha = 90°$ 时 $E_2 = 0$

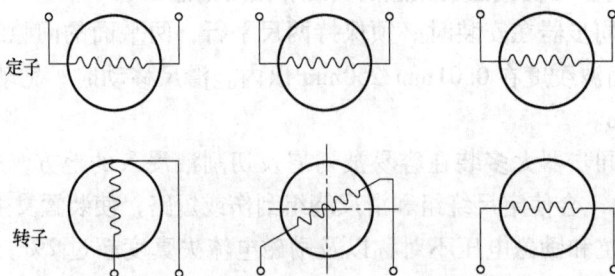

图 4-17 旋转变压器的工作原理

当 $\alpha = 0°$ 时　　　　　　　　　　　　　　$E_2 = KU_m \sin\omega t$

式中　E_2——转子绕组感应电动势（V）；

　　　U_1——定子绕组励磁电压（V），$U_1 = U_m \sin\omega t$；

　　　U_m——电压信号幅值（V）；

　　　α——定子绕组、转子绕组轴线间夹角（°）；

　　　K——变压比（绕组匝数比）。

4.5.3　旋转变压器的典型工作方式

数控机床中旋转变压器一般作为位置检测与反馈元件，工作在位置控制的相位、幅值两种工作方式下。

1. 鉴相工作方式

在鉴相工作状态下，旋转变压器定子的两相正交绕组（正弦绕组 s、余弦绕组 c）分别加上幅值相等、频率相同、相位相差 90°的正弦交变电压，即

$$U_s = U_m \sin\omega t$$
$$U_c = U_m \cos\omega t$$

通过电磁感应，在转子绕组中产生感应电动势。转子中的一相绕组作为工作绕组，另一相绕组用来补偿电枢反应。根据线性叠加原理，在转子工作绕组中产生的感应电动势为

$$E_2 = KU_s \cos\alpha - KU_c \sin\alpha$$
$$= KU_m (\sin\omega t \cos\alpha - \cos\omega t \sin\alpha)$$
$$= KU_m \sin(\omega t - \alpha) \tag{4-9}$$

式中　α——定子正弦绕组轴线与转子工作绕组轴线间的夹角（°）；

　　　ω——励磁角频率。

由式（4-9）可见，旋转变压器感应电动势 E_2 与定子绕组中的励磁电压为相同频率、相同幅值，但相位不同，其差值为 α。若测量转子工作绕组输出电压的相位角 α，即可得到转子相对于定子的空间转角位置。在实际应用中，把定子正弦绕组交变激励电压的相位作为基准相位，转子绕组感应输出电压相位与此进行比较，从而确定转子转角的位置。

2. 鉴幅工作方式

在鉴幅工作方式中，定子两相绕组加的是相位相同、频率相同，而幅值分别按正弦、余弦变化的交变电压。即

$$U_s = U_m \sin\alpha_{电} \sin\omega t$$
$$U_c = U_m \cos\alpha_{电} \sin\omega t$$

式中　$U_m \sin\alpha_{电}$，$U_m \cos\alpha_{电}$——定子绕组交变激磁电压信号的幅值。

在转子中感应出的电动势为

$$E_2 = KU_s \cos\alpha_{机} - KU_c \sin\alpha_{机}$$
$$= KU_m \sin\omega t (\sin\alpha_{电} \cos\alpha_{机} - \cos\alpha_{电} \sin\alpha_{机})$$
$$= KU_m \sin(\alpha_{电} - \alpha_{机}) \sin\omega t \tag{4-10}$$

式中　$\alpha_{机}$——机械角（°），同式（4-9）中的 α 含义相同；

　　　$\alpha_{电}$——电气角，交变励磁电压信号的相位角（°）。

由式（4-10）可看出转子感应电动势不但与转子和定子的相对位置（$\alpha_{机}$）有关，还与

激励交变电压信号的幅值有关。感应电动势（E_2）是以 ω 为角频率、以 $KU_m\sin(\alpha_电 - \alpha_机)$ 为幅值的交变电压信号。若电气角 $\alpha_电$ 已知，那么只要测出 E_2 幅值，便可间接求出机械角 $\alpha_机$，从而得出被测角位移。实际应用中，利用幅值为零（即感应电动势等于零）的特殊情况进行测量。由感应电动势的幅值表达式知道，幅值为零，也就是 $\alpha_电 - \alpha_机 = 0$。当 $\alpha_电 - \alpha_机$ = ±90°时，转子绕组感应电动势最大。

鉴幅测量的具体过程是：不断地调整定子励磁信号的电气角 $\alpha_电$，使转子感应电势 E_2 为零（即感应信号的幅值为零），跟踪 $\alpha_机$ 的变化，当 E_2 等于零时，说明电气角和机械角相等，这样一来，用 $\alpha_电$ 代替了对 $\alpha_机$ 的测量。$\alpha_电$ 可以通过具体的电路测得。

4.5.4　旋转变压器在数控机床中的应用

数控机床中用的无刷旋转变压器一般为多级旋转变压器。所谓多级旋转变压器就是增加定子或转子的磁极对数，使电气转角为机械转角的倍数，用来代替单级旋转变压器，不需要升速齿轮，从而提高了定位精度。另外还可用三个旋转变压器按1∶1、10∶1和100∶1的比例相互配合串联，组成精、中、粗三级旋转变压器测量装置。若精测的丝杠位移为10mm，则中测范围为100mm，粗测为1000mm。为了使机床工作台按指令值到达规定位置，须用电气转换电路在实际值不断接近指令值的过程中，使旋转变压器从"粗"到"中"再到"精"，最后的位置精度由精旋转变压器决定。

4.6　磁尺

磁尺是一种精度较高的位置检测装置，可用于各种测量机、精密机床和数控机床。磁尺按其结构可分为直线磁尺和圆形磁尺，分别用于直线位移和角度位移的测量。磁尺制作简单，安装调整方便，对使用环境的条件要求较低，对周围电磁场的抗干扰能力较强，在油污、粉尘较多的场合下有较好的稳定性。现将其结构及工作原理分述如下。

4.6.1　磁尺的结构

磁尺由磁性标尺、磁头和检测电路组成，如图4-18所示。磁性标尺一般采用非导磁材料做基体，在上面镀上一层 $0 \sim 30\mu m$ 厚的高导磁材料，形成均匀的膜，再用录磁磁头在尺上记录相等节距的周期性的方波、正弦波或脉冲磁化信号，作为测量的基准。最后在磁尺表面涂上一层 $1 \sim 2\mu m$ 厚的保护层，以防磁尺与磁头频繁接触而引起的磁膜磨损。

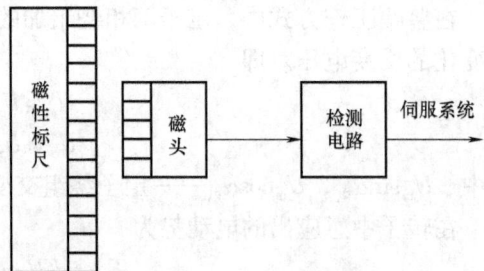

图4-18　磁尺的结构

4.6.2　磁尺检测装置的工作原理

磁头是进行磁—电转换的变换器，它把反映空间位置的磁信号转换为电信号，然后输送到检测电路中去，其原理与录音磁带的原理相同。但录音磁带的磁头（称为速度响应型磁头）只有在和磁带之间有一定的相对运动速度时，才能检测出磁化信号，这种磁头只能用于动态测量。而检测数控机床位置时，为了在低速运动和静止时也能进行位置检测，必须采用磁通响应型磁头。如图 4-19 所示，磁通响应磁头由铁心、两个产生磁通方向相反的励磁绕组和两个串联的拾磁绕组组成。将高频励磁电流通入励磁绕组时，在磁头上产生磁通，当磁头靠近磁尺时，磁尺上的磁信号产生的磁通进入磁头铁心，并被高频激磁电流产生的磁通所调制。于是在拾磁线圈中产生一个周期性的感应电动势 U，该电动势在一个周期内两次过零，两次出现峰值，公式为

$$U = U_0 \sin(2x\pi/\lambda)\sin\omega t \qquad (4\text{-}11)$$

式中　U_0——感应电动势系数；

　　　λ——磁尺的录磁节距（mm）；

　　　x——磁头相对于磁尺的位移（mm）；

　　　ω——励磁电流的角频率（rad/s）。

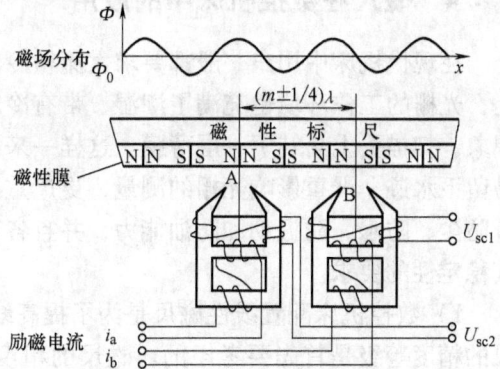

图 4-19　磁通响应型磁头

可见磁头输出信号的幅值是位移 x 的函数，只需测出 U 的过零次数，即可得到位移大小。

4.6.3　磁尺检测装置的检测电路

磁尺检测是模拟测量，测出的信号是模拟量，必须经检测电路处理变换，才能获得表示位移量的脉冲信号。检测电路包括励磁电路、信号滤波、放大、整形、倍频、数字化等。根据励磁方式的不同，磁尺检测也可分为鉴幅检测和鉴相检测两种，其中鉴相检测方式应用较多。

鉴相检测的分辨率可以大大高于录磁节距 λ，可通过提高内插脉冲频率以提高系统的分辨率。鉴相检测的原理如图 4-20 所示，两个磁头 Ⅰ、Ⅱ 的励磁电流由分频、滤波和功放后获得，磁头移动距离 x 后的输出电压为

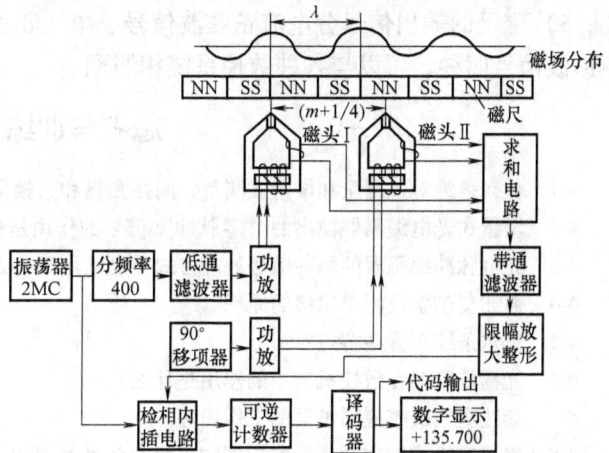

图 4-20　磁尺鉴相检测电路

$$U_1 = U_0 \sin\omega t\cos(2x\pi/l)$$

$$U_2 = U_0 \cos\omega t\cos(2x\pi/l + \pi/2) = -U_0\cos\omega t\sin(2x\pi/l)$$

在求和电路中将 U_1 和 U_2 相加，则得磁头总输出电压为

$$U = U_0 \sin(\omega t - 2x\pi/l) \qquad (4\text{-}12)$$

由式（4-12）可知，合成输出电压 U 的幅值恒定，而相位随磁头与磁尺的相对位置 x 变化而变化。其输出信号与旋转变压器、感应同步器的读取绕组中取出的信号相似，所以其检测电路也相同。总输出电压 U 经带通滤波器、限幅、放大整形得到与位置量有关的信号，送入检相内插电路中进行内插细分，得到预定分辨串的计数脉冲信号。计数信号送入数控系

统，即可进行数字控制和数字显示。

4.6.4　磁尺在数控机床中的应用

在现代机床中用户一般都要求大流量冷却，而在大流量冲洗时，会有切削液飞溅到光栅上，光栅的工作环境也充满了潮湿、带有冷却喷雾的空气，在这种环境下光栅容易产生冷凝现象，扫描头上易结下一层薄膜。这样一来，就会导致光栅的光线投射不佳，再加上光栅容易留下水迹，严重影响光栅的测量，更严重的会使光栅损坏，使整机处于瘫痪状。而磁尺具有防尘、防水、防振动和防油能力，并且各项技术指标均能满足普通数控机床的加工精度及其稳定性的要求。

1）数控机床配置线性磁尺是为了提高线性坐标轴的定位精度、重复定位精度，所以磁尺的精度等级是首先要考虑的。磁尺的精度等级有 $\pm 0.03\text{mm}$、$\pm 0.015\text{mm}$、$\pm 0.01\text{mm}$等，基本满足数控机床设计精度要求，而且磁尺的磁性载体的材料热膨胀系数与机床光栅尺安装基体材料的热膨胀系数基本一致。

目前，磁尺的最大移动速度可达 400m/min 以上，长度可达 30m 以上，完全满足任何数控机床的设计要求。

2）磁尺按测量方式可分为增量式磁尺和绝对式磁尺，能满足数控机床的各种要求。增量式磁尺参考点有循环参考点和固定参考点两种，可以选择作为坐标轴找参考点位置；绝对式磁尺则可以选择任意一点作为坐标轴找参考点位置。

3）磁尺的输出信号分电流正弦波信号、电压正弦波信号、TTL 矩形波信号和 TTL 差动矩形波信号四种，可以与各种数控系统相匹配。

思考与训练

4-1　什么是绝对式测量和增量式测量，间接测量和直接测量？

4-2　增量式光电编码器输出的"零脉冲"信号的作用是什么？怎样进行电动机转向判别？

4-3　光电脉冲编码器的两种信号处理方式分别适用于什么场合？

4-4　简述莫尔条纹测量位移的原理。

4-5　莫尔条纹有哪些特点？

4-6　光栅传感器在数控机床中的作用是什么？

4-7　简述直线式感应同步器的工作原理。

4-8　简述直线式感应同步器鉴相型和鉴幅型信号处理的原理。

4-9　直线式感应同步器有哪些特点？

4-10　旋转变压器由哪些部件组成？有哪些工作方式？

4-11　磁性标尺一般采用什么材料做成？有何特点？

4-12　数控机床用磁通响应磁头的工作原理是什么？

第 5 章　数控机床进给运动的控制

☞**知识提要**：本章介绍数控机床进给运动的控制，主要介绍步进电动机、直流伺服电动机、交流伺服电动机等伺服驱动元件的结构及调速方法，阐述开环伺服系统、闭环伺服系统的构成及控制原理等内容。

☞**学习目标**：通过本章内容的学习，学习者应该对伺服系统的概念、分类及其特点有基本了解，对开环伺服系统的组成及工作原理有深刻的认识，对步进电动机的结构、工作原理、在数控机床上的具体应用要非常熟悉，对直流和交流伺服驱动的特点及工作原理有基本的掌握。

5.1　概述

如果说 CNC 装置是数控机床的"大脑"，是发布"命令"的指挥机构，那么，伺服系统就是数控机床的"四肢"，是一种执行机构，它忠实而准确地执行由 CNC 装置发来的运动命令。

数控机床伺服系统是以数控机床移动部件（如工作台、主轴或刀具等）的位置和速度为控制对象的自动控制系统，也称为随动系统、拖动系统或伺服机构。它接受 CNC 装置输出的插补指令，并将其转换为移动部件的机械运动（主要是转动和平动）。伺服系统是数控机床的重要组成部分，是数控装置和机床本体的联系环节，其性能直接影响数控机床的精度、工作台的移动速度和跟踪精度等技术指标。

5.1.1　数控机床对进给伺服系统的要求

伺服系统的动态响应和伺服精度是影响数控机床加工精度、表面质量和生产效率的重要因素。因此，数控机床的伺服系统应满足以下基本要求。

1）调速范围宽，进给速度范围要大。不仅要满足低速切削进给的要求，如 5mm/min，还要能满足高速进给的要求，如 10000mm/min。

由于工件材料、刀具及加工要求各不相同，为了保证数控机床在任何情况下都能得到最佳切削条件，伺服系统必须具有足够的调速范围，既能满足高速切削要求，又能满足低速加工要求，而且能在尽可能宽的调速范围内保持恒功率输出。调速范围是指在额定负载时电动机能提供的最高转速与最低转速之比。

2）位移精度要高。为了保证零件加工质量和提高效率，要求数控机床具有很高的位移精度和加工精度。在位置控制中要求有高的定位精度；而在速度控制中，则要求有高的调速精度，较强的抗负载、抗干扰能力。

伺服系统的位移精度是指指令脉冲要求机床工作台进给的位移量和该指令脉冲经伺服系统转化为工作台实际位移量之间的符合程度。两者误差越小，伺服系统的位移精度越高。通常，插补器或计算机的插补软件每发出一个进给脉冲指令，伺服系统将其转化为一个相应的机床工作台位移量,我们称此位移量为机床的脉冲当量。一般机床的脉冲当量为 0.01 ~ 0.005mm/脉冲,高精度数控机床的脉冲当量可达 0.001mm/脉冲。脉冲当量越小,机床的位移精度越高。

3)快速响应特性好,跟随误差小,即伺服系统的速度响应要快。快速响应是伺服系统动态品质的标志之一。为了保证轮廓切削形状精度和加工表面粗糙度,除了要求有较高的定位精度外,还要求系统有良好的快速响应特性,即要求伺服系统跟踪指令信号的响应要快,位置跟踪误差要小。

4)工作稳定性高,可靠性好。伺服系统要具有较强的抗干扰能力,保证进给速度均匀、平稳,保证加工出表面粗糙度值低的零件。同时,数控机床作为一种高精度、高效率的自动化设备,对其可靠性提出了更高的要求。所谓可靠性是指产品在规定条件下和规定时间内,完成规定功能的概率。

5)低速大转矩。为了满足低速时的重切削,要求进给伺服系统在低速时能够输出大的转矩,以适应低速重切削的加工要求。

6)高性能电动机。伺服电动机是伺服系统的重要组成部分,为使伺服系统具有良好的性能,伺服电动机也应具有高精度、快响应、宽调速和大转矩的性能。

①电动机从最低转速到最高转速的调速范围内能够平滑运转,转矩波动要小,尤其是在低速时应无爬行现象。

②电动机应具有大的、长时间的过载能力,一般要求数分钟内过载 4 ~ 6 倍而不烧毁。

③为了满足快速响应的要求,即随着控制信号的变化,电动机应能在较短的时间内达到规定的速度。

④电动机应能承受频繁起动、制动和反转的要求。

综上所述,对伺服系统的要求包括静态和动态特性两方面,对于高精度的数控机床,对进给伺服系统动态性能的要求更严。

5.1.2　进给伺服系统的作用和组成

1. 进给伺服系统的作用

进给伺服系统是以移动部件的位置和速度作为控制量的自动控制系统。

伺服系统是数控装置和机床主机的联系环节,它用于接收数控装置插补器发出的进给脉冲或进给位移量信息,经过一定的信号转换和电压、功率放大,由伺服电动机和机械传动机构驱动机床的工作台等,最后转化为机床工作台相对于刀具的直线位移或回转位移。

2. 进给伺服系统的组成

数控机床的伺服驱动系统按有无反馈检测单元分为开环和闭环两种类型(见进给伺服系统分类),这两种类型的伺服驱动系统的基本组成不完全相同。但不管是哪种类型,执行元件及其驱动控制单元都必不可少。驱动控制单元的作用是将进给指令转化为驱动执行元件所需要的信号形式,执行元件则将该信号转化为相应的机械位移。数控机床的进给伺服系统一般由位置控制单元、速度控制单元、驱动元件(电动机)、检测与反馈单元、机械执行部件等组成。

1)位置控制单元主要包括位置测量元件以及位置比较元件,由 CNC 装置中位置控制、速度控制、位置检测与反馈控制等环节组成,用以完成对数控机床运动坐标轴的控制。

2）速度控制单元由速度调节器、电流调节器及功率驱动放大器等部分组成，利用测速发电机、脉冲编码器等速度传感元件，作为速度反馈的测量装置。

3）驱动元件主要指包括直流电动机、交流电动机、步进电动机在内的各种动力源。

4）检测与反馈单元主要包括检测元件（如光电编码器、测速发电机、直线式感应同步器、光栅和磁尺等）以及反馈电路。

5）机械执行部件主要指包括减速箱、滚珠丝杠、工作台等在内的机械传动装置。

5.1.3 进给伺服系统的分类

按照不同的分类方法，数控机床进给伺服系统可分为不同的类型。

1. 按有无检测元件和反馈环节分类

（1）开环伺服系统 开环伺服系统（图5-1）只有指令信号的前向控制通道，没有检测反馈控制通道，其驱动元件主要是步进电动机。这种系统工作原理是将指令数字脉冲信号转换为电动机的角度位移。运动和定位主要靠驱动装置（即驱动电路）和步进电动机本身保证。转过的角度正比于指令脉冲的个数；运动速度由进给脉冲的频率决定。

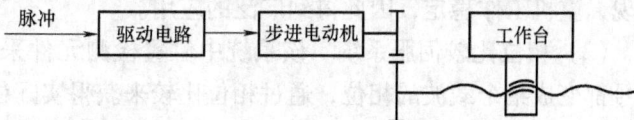

图 5-1 开环伺服系统

（2）半闭环伺服系统 位置检测元件装在电动机轴端或丝杠轴端，如图5-2所示。半闭环系统通过角位移的测量间接计算出工作台的实际位移量。机械传动部件不在控制环内，容易获得稳定的控制特性。只要检测元件分辨率高、精度高，并使机械传动件具有相应的精度，就会获得较高精度和速度。半闭环控制系统的精度介于开环和全闭环系统之间。其精度虽没有全闭环系统高，调试却比全闭环系统方便，因此是广泛使用的一种数控伺服系统。

图5-2中，脉冲编码器（通常用光电脉冲编码器）为检测元件（一般用于位置检测）。在这里，该器件既用来检测位移量，又用于检测速度量（经过转换），这是半闭环中广泛使用的一种检测方案。

（3）闭环伺服系统 闭环系统是误差控制随动系统。数控机床进给系统的控制量是 CNC 输出的位移指令和机床工作台（或刀架等）实际位移的差值（误差），因此需要有位置检测装置。该装置放在工作台上，测出各坐标轴的实时位移量或实际所处位置，并将测量值反馈给 CNC 装置，与指令进行比较，求得误差，由 CNC 装置控制机床向着消除误差的方向运动。

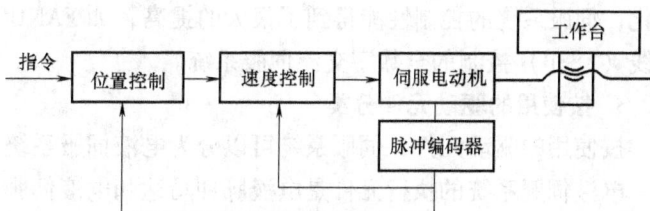

图 5-2 半闭环伺服系统

标轴的实时位移量或实际所处位置，并将测量值反馈给 CNC 装置，与指令进行比较，求得误差，由 CNC 装置控制机床向着消除误差的方向运动。在闭环控制中还引入了实际速度与给定速度比较调解的速度环（内部有电流环），其作用是对电动机运行状态实时进行校正、控制，达到速度稳定和变化平稳的目的，从而改善位置环的控制品质。这种既有指令的前向控制通道，又有测量输出的反馈控制通道，就构成了闭环控制伺服系统，如图5-3所示。

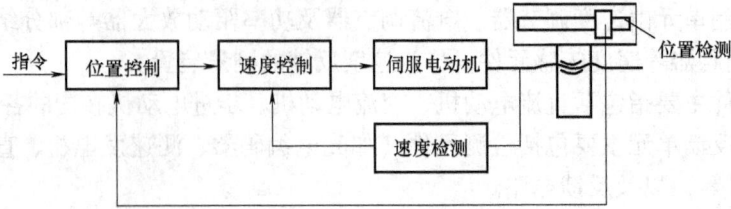

图 5-3　闭环伺服系统

2. 按反馈比较控制方式分类

（1）脉冲、数字比较伺服系统　该系统是闭环伺服系统中的一种控制方式，它是将数控装置发出的数字（或脉冲）指令信号与检测装置测得的数字（或脉冲）形式的反馈信号直接进行比较，以产生位置误差，实现闭环控制。脉冲、数字比较伺服系统机构简单，容易实现，整机工作稳定，因此得到广泛的应用。

（2）相位比较伺服系统　该系统中位置检测元件采用相位工作方式，指令信号与反馈信号都变成某个载波的相位，通过相位比较来获得实际位置与指令位置的偏差，实现闭环控制。相位比较伺服系统适应于感应式检测元件（如旋转变压器、感应同步器）的工作状态，同时由于载波频率高、响应快，抗干扰能力强，因此特别适合于连续控制的伺服系统。

（3）幅值比较伺服系统　该系统以位置检测信号的幅值大小来反映机械位移的数值，并以此信号作为位置反馈信号，与指令信号进行比较获得位置偏差信号，从而构成闭环控制。

上述三种伺服系统中，相位比较伺服系统和幅值比较伺服系统的结构与安装都比较复杂，因此一般情况下选用脉冲、数字比较伺服系统。

（4）全数字伺服系统　随着微电子技术、计算机技术和自动化技术的发展，数控机床的伺服系统已开始采用高速、高精度的全数字伺服系统，使伺服控制技术从模拟方式、混合方式走向全数字方式，由位置、速度和电流构成的三环反馈全部数字化，柔性好，使用灵活。全数字控制使伺服系统的控制精度和控制品质大大提高。此外，随着伺服系统控制的软件化，伺服系统的控制性能得到了很大的提高，如 FANUC 公司已经成功地开发出高速串行总线（FSSB）控制的全数字交流伺服系统。

3. 按使用的驱动元件分类

按使用的驱动元件，伺服系统可以分为电液伺服系统和电气伺服系统。

电液伺服系统的执行元件是电液脉冲马达和电液伺服马达。但由于该系统存在噪声、漏油等问题，逐渐被电气伺服系统所取代。电气伺服系统全部采用电子元件和电动机部件，操作方便，可靠性高。电气伺服驱动系统又分为直流伺服驱动系统、交流伺服驱动系统及直线电动机伺服系统。

5.2　步进驱动及开环控制系统

步进电动机伺服系统主要应用于开环位置控制中，构成开环伺服系统。该系统由环形分配器、步进电动机、驱动电源等部分组成。这种系统简单，容易控制，维修方便且控制为全数字化。

在这种开环伺服系统中，执行元件是步进电动机。通常系统中无位置、速度检测环节，其精度主要取决于步进电动机的步距角和与之相连的传动链的精度。步进电动机的最高转速通常均比直流伺服电动机和交流伺服电动机低，且在低速时容易产生振动，影响加工精度。但步进电动机伺服系统的制造与控制比较容易，在速度和精度要求不太高的场合有一定的使用价值；同时步进电动机细分技术的应用使步进电动机开环伺服系统的定位精度显著提高，并可有效地降低步进电动机的低速振动，从而使步进电动机伺服系统得到更加广泛的应用。

5.2.1 步进电动机的分类、结构及工作原理

步进电动机是一种可将电脉冲转换为机械角位移的控制电动机，并通过丝杠带动工作台移动。每来一个电脉冲，电动机转动一个角度，带动机械设备移动一段距离。电脉冲的数量代表了转子的角位移量，转子的转速与电脉冲的频率成正比，旋转方向取决于脉冲的顺序，转矩是由于磁阻作用所产生。步进电动机一定要与控制脉冲联系起来才能运行，否则无法工作。其运行形式是步进的，故称为步进电动机。对定子绕组所加电源形式既不是正弦波，也不是恒定直流，而是电脉冲电压、电流，所以也称为脉冲电动机或脉冲马达。

1. 步进电动机的分类与结构

（1）步进电动机的分类

1）按作用原理来分类。可分为有反应式（磁阻式）步进电动机、永磁式步进电动机和永磁感应式（混合式）步进电动机三大类。

①反应式步进电动机也叫感应式、磁滞式或磁阻式步进电动机，其转子无绕组，定子和转子均由软磁材料制成。定子上均匀分布的大磁极上装有多相励磁绕组，定子、转子周边均匀分布小齿和槽，通电后利用磁导的变化产生转矩。一般为三、四、五、六相；可实现大转矩输出（消耗功率较大，电流最高可达 20A，驱动电压较高）；步距角小（最小可做到 1°/6）；断电时无定位转矩；电动机内阻尼较小，单步运行（指脉冲频率很低时）振荡时间较长；起动和运行频率较高。

②永磁式步进电动机转子或定子的一方具有永久磁钢，另一方由软磁材料制成。通常电动机转子由永磁材料制成，软磁材料制成的定子上有多相励磁绕组，定、转子周边没有小齿和槽，通电后利用永磁体与定子电流磁场相互作用产生转矩。一般为两相或四相；输出转矩小（消耗功率较小，电流一般小于 2A，驱动电压 12V）；步距角大（如 7.5°、15°、22.5°等）；断电时具有一定的保持转矩；起动和运行频率较低，效率高，电流小，发热低。因永磁体的存在，永磁式电动机具有较强的反电势，自身阻尼作用比较好，在运转过程中比较平稳、噪声低、低频振动小，某种程度上可以看作是低速同步电动机。

③永磁反应式步进电动机也称为混合式、永磁感应式步进电动机，综合了永磁式步进电动机和反应式步进电动机的优点。其定子和四相反应式步进电动机没有区别（但同一相的两个磁极相对，且两个磁极上绕组产生的 N、S 极性必须相同），转子结构较为复杂（转子内部为圆柱形永磁铁，两端外套软磁材料，周边有小齿和槽）。一般为两相或四相；须供给正负脉冲信号；输出转矩较永磁式步进电动机大（消耗功率相对较小）；步距角较永磁式步进电动机小（一般为 1.8°）；断电时无定位转矩；起动和运行频率较高。

2）按输出功率和使用场合分类。可分为功率步进电动机和控制步进电动机。功率步进

电动机输出转矩较大，能直接带动较大的负载（一般使用反应式、混合式步进电动机）；控制步进电动机的输出力矩在百分之几至十分之几牛·米，输出转矩较小，只能带动较小的负载（一般使用永磁式、混合式步进电动机）。

3）按结构分类。分为径向式（单段式）步进电动机、轴向式（多段式）步进电动机和印刷绕组式步进电动机。径向式步进电动机各相按圆周依次排列；轴向式步进电动机各相按轴向依次排列。

4）按相数分类。可分为三相步进电动机、四相步进电动机、五相步进电动机、六相步进电动机等。

（2）步进电动机的结构　步进电动机都是由定子和转子组成的，但因其类型不同，结构也不完全一样。反应式步进电动机（以三相径向式为例）结构如图5-4所示。其中定子又分为定子铁心和定子绕组。定子铁心由电工钢片叠压而成，定子绕组是绕制在定子铁心6个均匀分布的齿上的线圈，在直径方向上相对的两个齿上的线圈串联在一起，构成一相控制绕组。

图5-4所示的步进电动机可构成A、B、C三相控制绕组，故称三相步进电动机。若任一相绕组通电，便形成一组定子磁极。在定子的每个磁极上面向转子的部分，又均匀分布着5个小齿，这些小齿呈梳状排列，齿槽等宽，齿间夹角为9°。转子上没有绕组，只有均匀分布的40个齿，其大小和间距与定子上的完全相同。此外，三相定子磁极上的小齿在空间位置上依次错开1/3齿距，如图5-5所示。当A相磁极上的小齿与转子上的小齿对齐时，B相磁极上的齿刚好超前（或滞后）转子齿1/3齿距角，C相磁极齿超前（或滞后）转子齿2/3齿距角。步进电动机每走一步所转过的角度称为步距角，其大小等于错齿的角度。错齿角度的大小取决于转子上的齿数，磁极数越多，转子上的齿数越多，步距角越小，步进电动机的位置精度越高，其结构也越复杂。

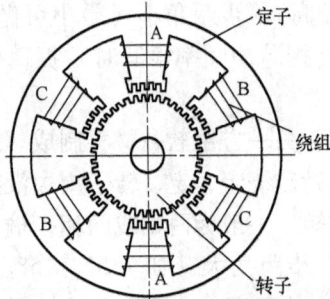

图5-4　三相反应式步进电动机的结构　　　图5-5　步进电动机齿距

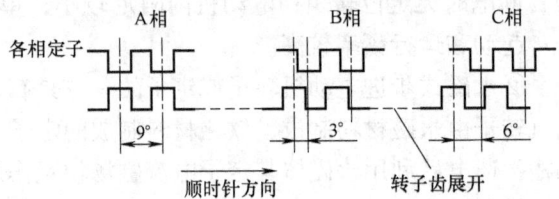

注意：永磁式步进电动机和永磁感应式步进电动机虽然结构不同，但工作原理与上述反应式步进电动机相同。

2. 步进电动机的工作原理

以反应式步进电动机为例，其工作原理是按电磁吸引的原理工作的，如图5-6所示。当某一相定子绕组加上电脉冲，即通电时，该相磁极产生磁场，并对转子产生电磁转矩，将靠近定子通电绕组磁极的转子上一对齿吸引过来，当转子一对齿的中心线与定子磁极中心线对齐时，磁阻最小，转矩为零，停止转动。如果定子绕组按顺序轮流通电，A、B、C 三相的三对磁极就依次产生磁场，使转子一步步按一定方向转动起来。如果控制电路不停地按一定方向切换定子绕组各相电流，转子便按一定方向不停地转动。步进电动机每次转过的角度称为步距角。

（1）三相单三拍控制　如图 5-6 所示，当 A 相通电时，转子 1、3 齿被磁极 A 产生的电磁引力吸引过去，使 1、3 齿与 A 相磁极对齐；接着 B 相通电，A 相断电，磁极 B 又把距它最近的一对齿 2、4 吸引过来，使转子按逆时针方向转动 30°；然后 C 相通电，B 相断电，转子又逆时针旋转 30°。依次类推，定子按 A→B→C→A 顺序通电，转子就一步步地按逆时针方向转动，每步转 30°。若改变通电顺序，按 A→C→B→A 使定子绕组通电，步进电动机就按顺时针方向转动，同样每步转 30°。这种控制方式称为单三拍方式。由于每次只有一相绕组通电，在切换瞬间失去自锁转矩，容易失步；此外，只有一相绕组通电吸引转子，易在平衡位置附近产生振荡。因此实际上不采用单三拍工作方式，而采用双三拍控制方式。

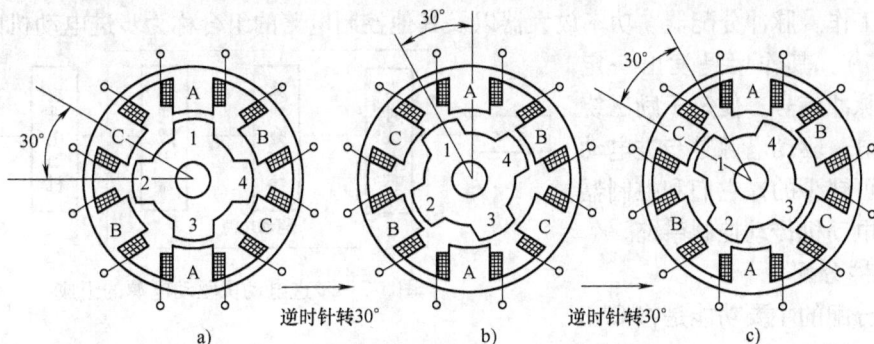

图 5-6　三相单三拍控制

a）A 相通电　b）B 相通电　c）C 相通电

所谓"三相"是指定子有三相绕组 A、B、C；"单"指每次只有一相绕组通电；"拍"指从一种通电状态转变为另一种通电状态；"三拍"是指每三次换接为一个循环。

（2）三相单、双拍（六拍）控制　定子按 A→AB→B→BC→C→CA→A 顺序通电，即首先 A 相通电，然后 A 相不断电，B 相再通电，即 A、B 两相同时通电，接着 A 相断电而 B 相保持通电状态，然后再使 B、C 两相通电，依次类推，每切换一次，步进电动机逆时针转过 15°。如通电顺序改为 A→AC→C→CB→B→BA→A，则步进电动机以步距角 15° 顺时针旋转。这种控制方式称为三相单、双拍控制。

（3）三相双三拍控制　双三拍通电顺序是按 AB→BC→CA→AB→… （逆时针方向）或按 AC→CB→BA→AC→… （顺时针方向）进行。由于双三拍控制每次有二相绕组通电，而且切换时总保持一相绕组通电，所以工作较稳定。所谓"双"是指每次有两相绕组通电。

设步进电动机定子的相数为 m，z_r 为转子的齿数，θ_t 为转子的齿距角，N 为转子转过一个齿距角所用的拍数，则单拍或双拍控制时电动机一转所需的步数为 mz_r，而单、双拍控制时电动机一转所需的步数为 $2mz_r$。设 k 为与通电系数有关的参数，单拍时 $k=1$，单、双拍时 $k=2$，则步距角 θ_s 为

$$\theta_s = \frac{\theta_t}{N} = \frac{360°}{z_r N} = \frac{360°}{mkz_r}$$

综上所述，可以得到如下结论：

1）步进电动机按电磁吸引的原理工作，其结构特点是磁力线力图走磁阻最小的路径，从而产生反应力矩；各相定子齿之间彼此错齿 $1/m$ 齿距，m 为相数。

2）改变步进电动机定子绕组的通电顺序，转子的旋转方向随之改变。

3）步进电动机定子绕组通电状态的改变速度越快，其转子旋转的速度越快，即通电状态的变化频率越高，转子的转速越高。

总之，步进电动机的控制十分方便，而且每转中没有累积误差，动态响应快，自起动能力强，角位移变化范围宽。其缺点是效率低，带负载能力差，低频易振荡、失步，自身噪声和振动较大。一般用在轻载或负载变动不大的场合。

5.2.2　步进电动机的驱动电源

步进电动机应由专用的驱动电源来供电，由驱动电源和步进电动机组成一套伺服装置来驱动负载工作。脉冲分配器、功率放大器以及其他控制电路的组合称为步进电动机的驱动电源（图5-7），其作用是发出一定功率的电脉冲信号，使定子励磁绕组顺序通电。驱动电源是步进电动机工作不可缺少的，它们和控制器构成步进电动机传动控制系统。

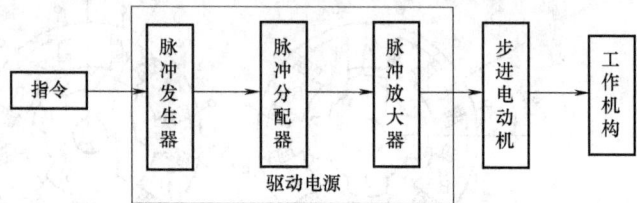

图5-7　步进电动机驱动电源的组成

1. 脉冲分配

脉冲分配的主要功能是将 CNC 装置的插补脉冲，按步进电动机所要求的规律分配给步进电动机驱动电源的各相输入端，以控制励磁绕组的导通或关断。同时由于电动机有正反转要求，所以脉冲分配的输出是周期性的，又是可逆的，因此又叫环形脉冲分配。

脉冲分配有两种方式：一种是硬件脉冲分配；另一种是软件脉冲分配，是由计算机软件完成的。

（1）硬件脉冲分配　硬件脉冲分配由环形脉冲分配器来实现。环形脉冲分配器是由门电路和双稳态触发器组成的逻辑电路，常用的是由专用集成芯片或通用可编程序逻辑器件组成的环形脉冲分配器，主要通过一个脉冲输入端控制步进的速度，一个输入端控制电动机的转向，并由与步进电动机相数同数目的输出端分别控制电动机的各相。这种硬件脉冲分配器通常直接包含在步进电动机驱动控制电源内。数控系统通过插补运算，得出每个坐标轴的位移信号，通过输出接口，只要向步进电动机驱动控制电源定时发出位移脉冲信号和正反转信号，就可实现步进电动机的运动控制，图5-8 所示为三相硬件环形脉冲分配器的驱动控制示意图，CLK 为 CNC 装置发出的脉冲信号，DIR 为 CNC 装置发出的方向信号，FULL/HALF 为用于控制电动机整步或半步运行的信号。

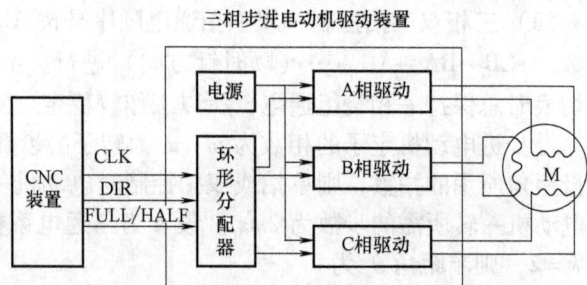

图5-8　三相硬件环形分配器的驱动控制

假设用 A、B、C 分别代表步进电动机的三相绕组，步进电动机的正、反转可用控制端 X 来控制，X = 1 表示正转，X = 0 表示反转，正、反转时其脉冲分配电路状态转换如图 5-9 所示。实现正转的环行脉冲分配器逻辑如图 5-10 所示，置位、复位端加 "0" 之后，则 A = 1，B = 0，C = 0，输入一个 CP 脉冲，则 A = 1，B = 1，C = 0，再输入 CP 脉冲则 A = 0，B = 1，C = 0，依此下去即实现了步进电动机的正转状态转换关系。

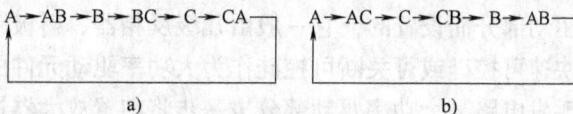

图 5-9　正、反转时脉冲分配电路状态转换
a）正转　b）反转

（2）软件脉冲分配（以三相六拍为例）　目前，随着微型计算机特别是单片机的发展，变频脉冲信号源和脉冲分配器的任务均可由单片机来承担，这样不但工作更可靠，而且性能更好。

在计算机控制的步进电动机驱动系统中，可以采用软件的方法实现环形脉冲分配，如图 5-11 所示。软件环形脉冲分配器的设计方法有很多，如查表法、比较法、移位寄存器法等，它们各有特点，其中常用的是查表法。

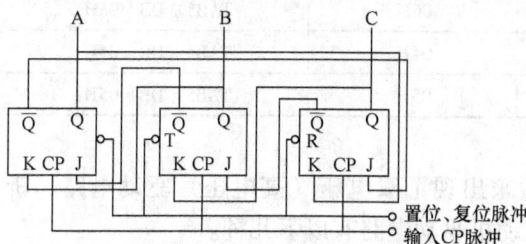

图 5-10　实现正转的环形脉冲分配器逻辑图

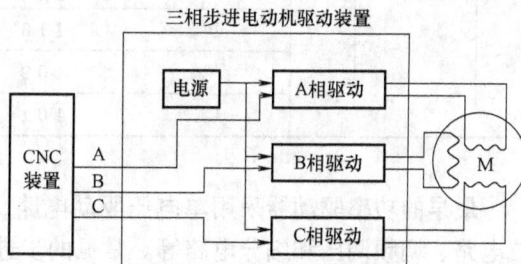

图 5-11　软环分驱动控制

图 5-12 所示是一个 8031 单片机与步进电动机驱动电路接口连接的框图。P1 口的三个引脚经过光电隔离、功率放大之后，分别与电动机的 A、B、C 三相连接。当采用三相六拍方式时，电动机正转的通电顺序为 A→AB→B→BC→C→CA→A；电动机反转的顺序为 A→AC→C→CB→B→BA→A。脉冲的环形分配见表 5-1。把表中的数值按顺序存入内存的 EPROM 中，并分别设定表头的地址为 TAB0，表尾

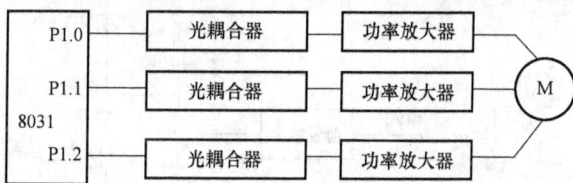

图 5-12　计算机控制的三相步进电动机驱动电路框图

的地址为 TAB5。计算机的 P1 口按照从表头 TAB0 开始逐次加 1 的顺序变化，电动机正向旋转；如果按照从 TAB5 逐次减 1 的顺序变化，电动机则反转。

采用软件进行脉冲分配虽然增加了软件编程的复杂程度，但它省去了硬件环形脉冲分配器，减少了系统器件，降低了成本，也提高了系统的可靠性。

2. 功率驱动电路

步进电动机的定子绕组需要几安培的驱动电流，从环形分配器来的进给控制信号的电流只有几毫安，不能直接驱动步进电动机。因此，在脉冲分配器后面都接有脉冲放大电路作为功率驱动（放大）电路，对从环形分配器来的信号进行功率放大。经功率放大后的电脉冲

信号可直接输出到定子各相绕组中去控制步进电动机工作。功率放大器一般由两部分组成，即前置放大器和大功率放大器。前者是为了放大环形分配器送来的进给控制信号并推动大功率驱动部分而设置的，它一般由几级反相器、射极跟随器或带脉冲变压器的放大器组成。在以快速可控硅或可关断可控硅作为大功率驱动元件的场合，前置放大器还包括控制这些元件的触发电路。大功率驱动部分进一步将前置放大器送来的电平信号放大，得到步进电动机各相绕组所需要的电流。它既要控制步进电动机各相绕组的通断电，又要起到功率放大的作用，因而是步进电动机驱动电路中很重要的一部分。大功率驱动一般采用大功率晶体管、快速可控硅或可关断可控硅来实现。

表5-1 计算机的三相六拍环形分配表

步序		导电相	工作状态	数值（16 进制）	程序的数据表
正转	反转		CBA		TAB
		A	0 0 1	01H	TAB0 DB 01H
		AB	0 1 1	03H	TAB1 DB 03H
		B	0 1 0	02H	TAB2 DB 02H
		BC	1 1 0	06H	TAB3 DB 06H
		C	1 0 0	04H	TAB4 DB 04H
		CA	1 0 1	05H	TAB5 DB 05H

最早的功率驱动器采用单电压驱动电路，后来出现了双电压（高电压）驱动电路、斩波电路、调频调压和细分电路等。常见的步进电动机驱动电路有以下几种。

（1）单电源驱动电路 这种电路采用单一电源供电，结构简单，成本低，但电流波形差，效率低，输出力矩小，主要用于对速度要求不高的小型步进电动机的驱动，图5-13所示为步进电动机的一相绕组驱动电路（每相绕组的电路相同）。

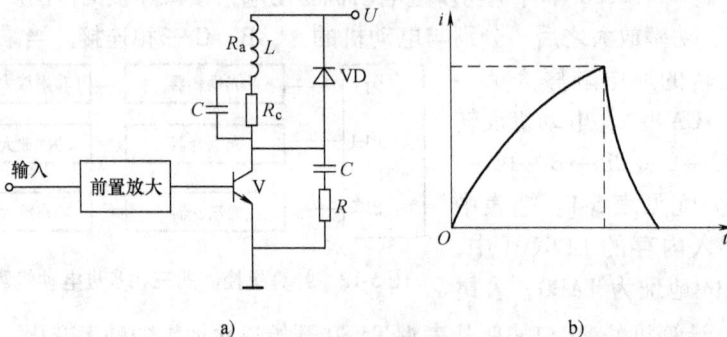

图 5-13 单电源驱动电路
a）原理图 b）电流波形

图中 L 为步进电动机励磁绕组的电感，R_a 为绕组电阻，R_c 为限流电阻。当输入端接收到环形脉冲分配器输出的脉冲信号时，经前置放大电路处理，晶体管 V 导通，励磁绕组上有电流流过，电动机转动一步。由于步进电动机每相都有一个放大器，当三相的放大器轮流工作时，三相绕组分别有电流通过，使步进电动机一步步转动。R_c 上并联一个电容 C，能够提高电流上升速度，续流二极管 VD 以及阻容吸收回路主要用来保护晶体管 V。

单电源驱动电路的优点是线路简单，缺点是电流上升不够快，高频时带负载能力低，而且由于限流电阻的作用，功耗比较大，所以常用于功率要求较小且要求不高的场合。

（2）双电源驱动电路　又称高低压驱动电路，采用高压和低压两个电源供电。在步进电动机绕组刚接通时，通过高压电源供电，以加快电流上升速度，延迟一段时间后，切换到低压电源供电。这种电路使电流波形、输出转矩及运行频率等都有较大改善，如图 5-14 所示。

双电源驱动电路的特点是高压充电，低压维持。当环形分配器的脉冲输入信号 I_H、I_L 到来时，为高电平时（要求该相绕组通电），V_1、V_2 的基极都有信号电压输入，使 V_1、V_2 均导通。于是在高压电源 U_1 作用下（这时二极管 VD_1 两端承受的是反向电压，处于截止状态，可使低压电源不对绕组作用），绕组电流迅速上升，电流前沿很陡，如图 5-15 所示。当电流达到或稍微超过额定稳态电流时，V_1 截止，但此时 V_2 仍然是导通的，因此绕组电流即转而由低压电源 U_2 经过二极管 VD_1 供给。采用这种高低压切换型电源，电动机绕组上不需要串联电阻或只需要串联一个很小的电阻 R_1（为平衡各相的电流），所以电源的功耗比较小，而且电流波形得到很大改善，所以步进电动机的转矩-频率特性好，起动和运行频率得到很大的提高。但是高低压驱动电路的电流波形的波顶会出现凹陷，所以高频输出转矩可能降低。

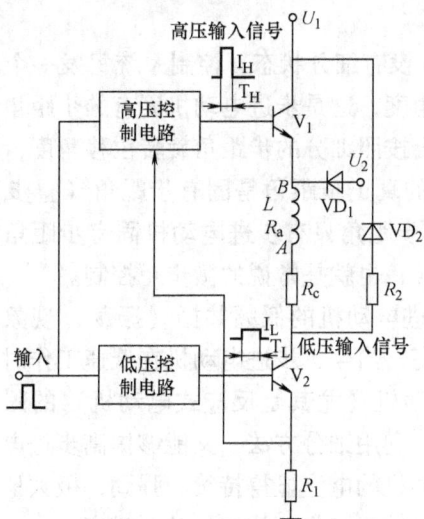

图 5-14　高、低压驱动电路原理

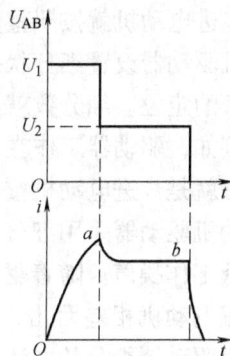

图 5-15　高、低压驱动电路电压、电流波形

（3）斩波限流驱动电路　采用单一高压电源供电，以加快电流上升速度，并通过对绕组电流的检测控制功放管的开和关，使电流在控制脉冲持续期间始终保持在规定值上下。这种电路功耗小，效率高，目前应用比较广泛。图 5-16 所示为一种斩波限流驱动电路原理图，其工作原理如下。

环行脉冲分配器输出的脉冲作为输入信号，若输入信号为正脉冲，则 V_1、V_2 同时导通，由高电压 U_1 经 V_1、V_2 给绕组供电。由于 U_1 较高，绕组回路又没有串接电阻，所以绕组中的电流迅速上升，当绕组中的电流上升到额定值以上的某个数值时，由于采样电阻 R_e

的反馈作用，经整形、放大后送到 V_1 的基极，使 V_1 截止。接着由低电压 U_2 给绕组供电，绕组中的电流立即下降，当降至额定值以下时，由于采样电阻 R_e 的反馈作用，使整形电路信号无法输出，此时高压前置放大电路又使 V_1 导通，电流又上升。如此反复进行，形成一个在额定电流值上下波动呈锯齿状的绕组电流波形，近似恒流，如图 5-17 所示。所以也称这种电路为恒流斩波驱动电路，其中锯齿波的频率可以通过调整采样电阻 R_e 以及整形电路的参数来改变。

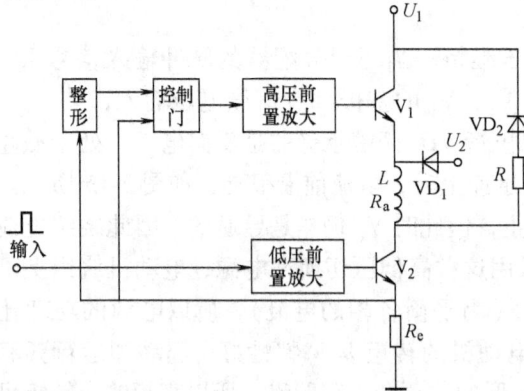

图 5-16　斩波限流驱动电路原理　　　　图 5-17　斩波限流驱动电路电流波形

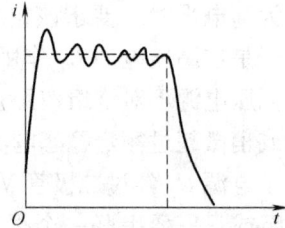

　　(4) 细分控制　"细分"是针对步距角而言的。没有细分状态，控制系统每发一个步进脉冲信号，步进电动机就按照整步旋转一个特定的角度，这是步进电动机固有的步距角。通过步进电动机驱动器设置细分状态，步进电动机将会按照细分的步距角旋转位移角度，从而实现更为精密的定位。细分数就是指电动机运行时的真正步距角是固有步距角（整步）的几分之一。例如，驱动器工作在 10 细分状态时，其步距角只有步进电动机固有步距角的十分之一，细分就是步进电动机按照微小的步距角旋转，也就是常说的微步距控制。

　　步进电动机驱动器采用细分功能，能够消除步进电动机的低频共振（振荡）现象，减少振动，降低工作噪声。随着驱动器技术的不断提高，当今，步进电动机在低速工作时的噪声已经与直流电动机相差无几。低频共振是步进电动机（尤其是反应式电动机）的固有特性，只有采用驱动器细分的办法，才能减轻或消除。利用细分方法，又能够提高步进电动机的输出转矩。驱动器在细分状态下，提供给步进电动机的电流显得持续、强劲，极大地减少步进电动机旋转时的反向电动势，同时改善了步进电动机工作的旋转位移分辨率。

5.2.3　步进电动机的进给控制

1. 工作台位移量的控制

　　数控装置发出 N 个进给脉冲，经驱动电路放大后，使步进电动机定子绕组的通电状态变化 N 次，步进电动机转过的角位移量 $\varphi = N\theta_S$（θ_S 为步距角）。该角位移经丝杠螺母副转化为工作台的位移量 L，其进给脉冲数决定了工作台的直线位移量。一个进给脉冲对应的工作台位移量称为脉冲当量 δ（mm/脉冲），其计算公式

$$\delta = \frac{\theta_S h}{360i}$$

式中 θ_S——步进电动机步距角（°）；

　　 h——滚珠丝杠螺距（mm）；

　　 i——减速齿轮传动机构的减速比。

增加减速齿轮机构主要是为了调整速度，同时还可以满足结构要求，同时增大转矩。

2. 工作台运动方向的控制

当数控装置发出的进给脉冲是正向时，经驱动控制电路之后，步进电动机的定子绕组按一定顺序依次通电、断电。当进给脉冲是反向时，定子各相绕组则按相反的顺序通电、断电。因此，改变进给脉冲信号的循环顺序方向，可以改变定子绕组的通电顺序，使步进电动机正转或反转，从而改变工作台的进给方向。

3. 工作台进给速度的控制

数控装置发出的进给脉冲的频率 f 经驱动控制电路后，转换为控制步进电动机定子绕组通电、断电的电平信号变化的频率，因而就决定了步进电动机转子的转速 n，该转速经减速机构、丝杠、螺母后，转换为工作台的进给速度 v_f（mm/min），$v_f = 60f\delta$ 或 $\omega = 60f\delta$（°/min）（δ 为脉冲当量），其中 f 为输入到步进电动机的脉冲频率（Hz）。因此，定子绕组通电状态的变化频率决定步进电动机转子的转速，即进给脉冲的频率决定了工作台的进给速度。同时，在相同脉冲频率 f 的条件下，脉冲当量 δ 越小，则进给速度越小，进给运动的分辨率和精度越高。步进电动机开环进给系统的脉冲当量一般为 $0.01 \sim 0.005$mm，脉冲位移的分辨率和精度较高，在同样的最高工作频率 f 时，δ 越小，则最大进给速度之值也越小。

综上所述，在步进电动机驱动的开环系统中，输入的进给脉冲数量、频率、方向经驱动控制电路以及步进电动机后，完成了对工作台位移量、速度以及进给方向的控制，从而满足了数控系统对位移控制的要求。

5.2.4 步进电动机的主要特性及选择

1. 步进电动机的主要特性

（1）步距角和静态步距误差 步进电动机的步距角是指步进电动机定子绕组每改变一次通电状态，转子转过的角度，它取决于电动机的结构和控制方式。生产厂家对每种步进电动机一般给出两种步距角，彼此相差一倍。大的为供电拍数与相数相等时的步距角，小的为供电拍数与相数不相等时的步距角。步进电动机每走一步的步距角 α 应是圆周 360° 的等分值。但是，实际的步距角与理论值有误差，在一转内各步距误差的最大值被定为步距误差。连续走若干步时，上述步距误差的累积值称为步距的累积误差。由于步进电动机转过一转后，将重复上一转的稳定位置，步进电动机的步距累积误差将以一转为周期重复出现。步距误差直接影响执行部件的定位精度，步进电动机单相通电时，步距误差取决于定子和转子的分齿精度和各相定子错位角度的精度以及气隙均匀程度等因素。

选择步距角时需要根据总体方案要求，综合考虑，通过公式 $\delta = \theta_S h/(360i)$ 进行计算。如果步进电动机的步距角 θ_S 和丝杠螺距 h（滚珠丝杠导程）不能满足脉冲当量 δ 的要求时，应在步进电动机与丝杠之间加入齿轮传动，用减速比来满足 δ 的要求。

（2）静态矩角特性 所谓静态指的是当步进电动机不改变通电状态时，转子处在不动状态。如果在电动机轴上外加一个负载转矩，使转子按一定方向转过一个角度 θ，此时转子所受的电磁转矩 T 称为静态转矩，角度 θ 称为失调角。步进电动机的转矩就是同步转矩

（即电磁转矩），转角就是通电相对应的定子、转子齿中心线间用电角度表示的夹角 θ，如图 5-18 所示。

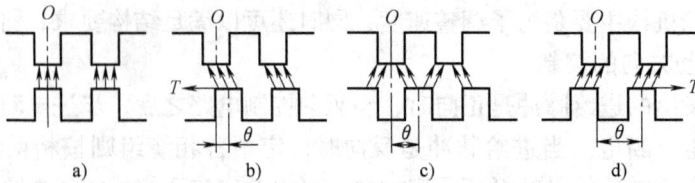

图 5-18　定子、转子间的作用力

a) $\theta = 0$　b) $0° < \theta < 180°$　c) $\theta = 180°$　d) $\theta > 180°$

当步进电动机通电相（一相通电时）的定子、转子齿对齐时，$\theta = 0$，电动机转子上无切向磁拉力作用，转矩 T 等于零，如图 5-18a 所示。若转子齿相对于定子齿向右错开一个角度 θ，这时出现了切向磁拉力，产生转矩 T，转矩方向与 θ 偏转方向相反，规定为负，如图 5-18b 所示。显然，在 $\theta < 90°$ 时，θ 越大，转矩 T 越大。当 $\theta > 90°$ 时，由于磁阻显著增大，进入转子齿顶的磁通量急剧减少，切向磁拉力以及转矩减少，直到 $\theta = 180°$ 时，转子齿处于两个定子齿正中，因此，两个定子齿对转子齿的磁拉力互相抵消，如图 5-18c 所示，此时，转矩 T 又为零。

如果 θ 再增大，则转子齿将受到另一个定子齿的作用，出现相反的转矩，如图 5-18d 所示。由此可见，转矩 T 随转角 θ 作周期变化，变化周期是一个齿距，即 2π 电弧度。

描述静态时 T 与 θ 的关系称为矩角特性。矩角特性 $T = f(\theta)$ 曲线的形状比较复杂，它与定子、转子齿的形状以及饱和程度有关。实践证明，反应式步进电动机的矩角特性接近正弦曲线，如图 5-19 所示（图中只画出 θ 从 $-\pi$ 到 $+\pi$ 的范围）。若电动机空载，在静态运行时，转子必然有一个稳定平衡位置。从上面分析看出，这个稳定平衡位置在 $\theta = 0$ 处，即通电相定子、转子齿对齐位置。因为当转子处于这个位置时，如有

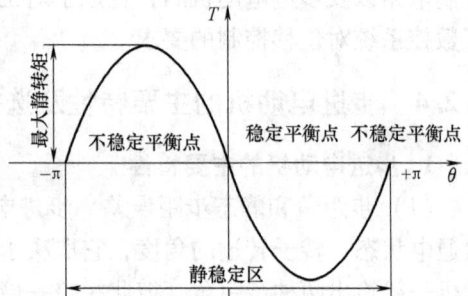

图 5-19　反应式步进电动机的矩角特性

外力使转子齿偏离这个位置，只要偏离角 $0° < \theta < 180°$，除去外力，转子能自动地重新回到原来位置。当 $\theta = \pm\pi$ 时，虽然两个定子齿对转子一个齿的磁拉力互相抵消，但是只要转子向任一方向稍偏离，磁拉力就失去平衡，稳定性被破坏，所以 $\theta = \pm\pi$ 这个位置是不稳定的，两个不稳定点之间的区域为静稳定区。

矩角特性图中，电磁转矩的最大值称为最大静态转矩 T_{max}，它表示步进电动机承受负载的能力，是步进电动机最主要的性能指标之一。

（3）起动频率　空载时，步进电动机由静止状态突然起动，并进入不丢步的正常运行的最高频率，称为起动频率或突跳频率。起动时，加给步进电动机的指令脉冲频率如大于起动频率，就不能正常工作。起动频率要比连续运行频率低得多，这是因为步进电动机起动时，既要克服负载力矩，又要克服运转部分的惯性矩，电动机的负担比连续运转时重。

步进电动机在带负载，尤其是惯性负载下的起动频率比空载起动频率要低。而且，随着负载加大（在允许范围内），起动频率会进一步降低。图 5-20 所示为起动的矩频、惯频特性。

（4）连续运行频率 步进电动机起动以后，运行速度能跟踪指令脉冲频率连续上升而不丢步的最高工作频率称为连续运行频率，其值远大于起动频率。它随着电动机所带负载的性质和大小而异，与驱动电源也有很大的关系。连续运行频率也是步进电动机的重要性能指标，对于提高生产率和系统的快速性具有重要意义。连续运行频率应能满足机床工作台最高运行速度。

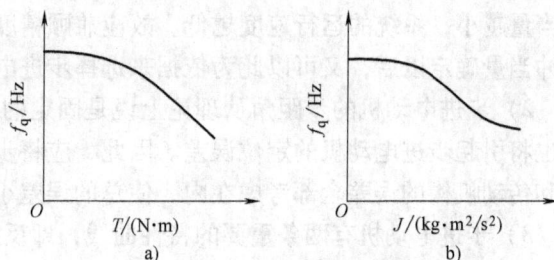

图 5-20 起动的矩频、惯频特性
a）起动矩频特性 b）起动惯频特性

（5）运行矩频特性 运行矩频特性 $T = F(f)$ 是描述步进电动机连续稳定运行时，输出转矩 T 与连续运行频率 f 之间的关系，该特性上每一个频率对应的转矩称为动态转矩。它是衡量步进电动机运转时承载能力的动态性能指标，使用时，一定要考虑动态转矩随连续运行频率的上升而下降的特点，如图 5-21 所示。

（6）加减速特性 步进电动机的加减速特性是描述步进电动机由静止到工作频率和由工作频率到静止的加减速过程中，定子绕组通电状态的变化频率与时间的关系。当要求步进电动机起动到大于突跳频率的工作频率时，变化速度必须逐渐上升；同样，从最高工作频率或高于突跳频率的工作频率停止时，变化速度必须逐渐下降。逐渐上升和下降的加速时间、减速时间不能过小，否则会出现失步或超步。图 5-22 所示为步进电动机的加速和减速特性曲线。

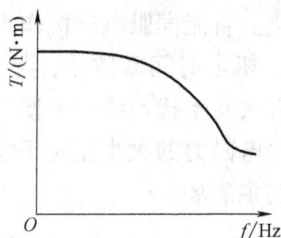

图 5-21 运行矩频特性

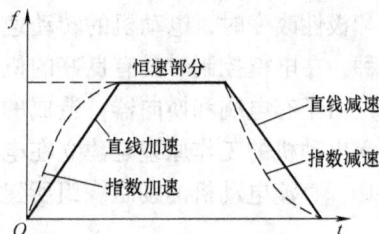

图 5-22 直线与指数加减速特性

除以上介绍的几种特性外，惯频特性和动态特性等也都是步进电机很重要的特性。其中，惯频特性所描述的是步进电机带动纯惯性负载时起动频率和负载转动惯量之间的关系；动态特性所描述的是步进电动机各相定子绕组通断电时的动态过程，它决定了步进电动机的动态精度。

2. 步进电动机的选用

合理地选用步进电动机是相当重要的。步进电动机的选用主要是满足运动系统的转矩、精度（脉冲当量）、速度等要求，这样就要充分考虑步进电动机的静动态转矩、起动频率、连续运行频率。当脉冲当量、转矩不够时，可加入减速传动机构。通常希望步进电动机的输出转矩大，起动频率和运行频率高，步距误差小，性能价格比高。但增大转矩与快速运行存在一定程度的矛盾，高性能与低成本也存在矛盾，因此实际选用时，必须全面考虑。

1）首先，应考虑系统的精度和速度的要求。为了提高精度，希望脉冲当量小。但是脉冲当量越小，系统的运行速度越低。故应兼顾精度与速度的要求来选定系统的脉冲当量。在脉冲当量确定以后，又可以此为依据来选择步进电动机的步距角和传动机构的传动比。

2）步进电动机的步距角从理论上说是固定的，但实际上还是有误差的。另外，负载转矩也将引起步进电动机的定位误差。因此，应将步进电动机的步距误差、负载引起的定位误差和传动机构的误差全部考虑在内，使总的误差小于数控机床允许的定位误差。

3）步进电动机有两条重要的特性曲线，即反映起动频率与负载转矩之间关系的曲线和反映转矩与连续运行频率之间关系的曲线。这两条曲线是选用步进电动机的重要依据。一般将反映起动频率与负载转矩之间关系的曲线称为起动矩频特性，将反映转矩与连续运行频率之间关系的曲线称为工作矩频特性。

已知负载转矩，可以在起动矩频特性曲线中查出起动频率。这是起动频率的极限值，实际使用时，只要起动频率小于或等于这一极限值，步进电动机就可以直接带负载起动。

若已知步进电动机的连续运行频率 f，就可以从工作矩频特性曲线中查出转矩 T_q，这也是转矩的极限值，有时称其为失步转矩。也就是说，若步进电动机以频率 f 运行，它所拖动的负载转矩必须小于 T_q，否则就会导致失步。

数控机床的运行可分为两种情况：快速进给和切削进给。这两种情况下，对转矩和进给速度有不同的要求。选用步进电动机时，应注意使其在两种情况下都能满足要求。

5.3　直流伺服驱动系统

伺服电动机的作用是驱动控制对象。被控对象的转矩和转速受信号电压控制，信号电压的大小和极性改变时，电动机的转动速度和方向也跟着变化。直流伺服电动机作为伺服电动机的一种，在电枢控制时具有良好的机械特性和调节特性，机电时间常数小，起动电压低。其缺点是由于有电刷和换向器，造成的摩擦转矩比较大，有火花干扰及维护不便。

直流电动机的工作原理是建立在电磁力定律基础上的，电磁力的大小正比于电动机中的气隙磁场。直流电动机的励磁绕组所建立的磁场是电动机的主磁场。

5.3.1　直流伺服电动机

1. 直流伺服电动机的分类与特点

1）按照定子磁场产生方式，直流伺服电动机可以分为永磁式直流电机、励磁式直流电机。励磁式的磁场由励磁绕组产生，按照对励磁绕组的励磁方式不同，又可分为他励式直流伺服电动机、并励式直流伺服电动机、串励式直流伺服电动机、复励式直流伺服电动机；永磁式的磁场由永磁体产生。励磁式直流伺服电动机是一种普遍使用的伺服电动机，特别是大功率电动机（100W 以上）。永磁式伺服电动机具有体积小、转矩大、力矩和电流成正比、伺服性能好、响应快、功率体积比大、功率重量比大、稳定性好等优点，由于功率的限制，目前主要应用在办公自动化、家用电器、仪器仪表等领域。

2）按电枢的结构与形状，直流伺服电动机可分为平滑电枢型直流伺服电动机、空心电枢型直流伺服电动机和有槽电枢型直流伺服电动机等。平滑电枢型直流伺服电动机的电枢无槽，其绕组用环氧树脂粘固在电枢铁心上，因而转子形状细长，转动惯量小。空心电枢型直流伺服电动机的电枢无铁心，且常做成杯形，其转子转动惯量最小。有槽电枢型直流伺服电动机的电枢与普通直流电动机的电枢相同，因而转子转动惯量较大。

3）按转子转动惯量的大小，直流伺服电动机还可分为大惯量直流伺服电动机、中惯量直流伺服电动机和小惯量直流伺服电动机。大惯量直流伺服电动机（又称直流力矩伺服电动机或宽调速直流伺服电动机）负载能力强，易于与机械系统匹配，而小惯量直流伺服电动机的加减速能力强，响应速度快，能够频繁起动，低速运行平稳，动态特性好，但其过载能力低，电枢惯量与机械传动系统匹配较差。

一般直流进给伺服系统使用永磁式直流电动机类型中的有槽电枢永磁直流电动机（普通型）；直流主轴伺服系统使用励磁式直流电动机类型中的他励直流电动机。

2. 直流伺服电动机的结构与工作原理

（1）直流伺服电动机的结构　直流伺服电动机由静止的定子和旋转的转子两大部分组成，在定子和转子之间有一定大小的间隙（称气隙）。图 5-23 所示为一台直流电动机的基本结构，N、S 为定子上固定不动的两个主磁极，主磁极可以采用永久磁铁，也可以采用电磁铁，在电磁铁的励磁线圈上通以方向不变的直流电流，便形成一定极性的磁极。在两个主磁极 N、S 之间装有一个可以转动的、由铁磁材料制成的圆柱体，圆柱体表面嵌有一线圈（称为电枢绕组），线圈首末两端分别连接到两个弧形钢片（称为换向片）上。换向片之间用绝缘材料构成一个整体，称为换向器，它固定在转轴上（但与转轴绝缘），随转轴一起转动，整个转动部分称为电枢。为了接通电枢内电路和外电路，在定子上装有两个固定不动的电刷 A 和 B，并压在换向器上，与其滑动接触。

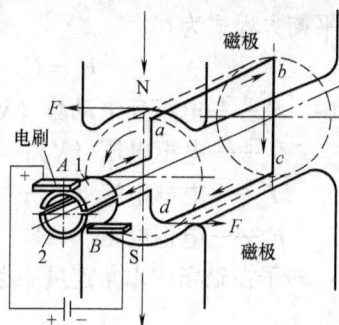

图 5-23　直流伺服电动机基本结构
1、2—换向片

（2）直流伺服电动机的工作原理　直流伺服电动机是在定子磁场的作用下，使通有直流电的电枢（转子）受到电磁转矩的驱使，带动负载旋转。通过控制电枢绕组中电流的方向和大小，就可以控制直流伺服电动机的旋转方向和速度。当电枢绕组中电流为零时，伺服电动机则静止不动。

如图 5-23 所示，电刷 A、B 外接一直流电源，图示瞬时电流的流向为 $+ \rightarrow A \rightarrow$ 换向片 1 $\rightarrow a \rightarrow b \rightarrow c \rightarrow d \rightarrow$ 换向片 2 $\rightarrow B \rightarrow -$。根据电磁力定律，载流导体 ab、cd 都将受到电磁力 F 的作用

$$F = BLi$$

式中　L——导体在磁场中的长度（m）；

i——流过的电枢电流（A）；

B——导体所在处的磁感应强度（T）。

导体所受电磁力的方向用左手定则确定，在此瞬时，ab 位于 N 极下，受力方向从右向左，cd 位于 S 极上，受力方向从左向右，电磁力对转轴便形成一电磁转矩 T。在 T 的作用下，电枢逆时针旋转。

当电枢转到 $90°$，电刷不与换向片接触，而与换向片间的绝缘片相接触，此时线圈中没

有电流流过，$i=0$，故电磁转矩 $T=0$。但由于机械惯性的作用，电枢仍能转过一个角度，电刷 A、B 又将分别与换向片 2、1 接触。线圈中又有电流 i 流过，此时导体 ab、cd 中的电流改变了方向，即为 $b{\to}a$，$d{\to}c$，且导体 ab 转到 S 极上，所受的电磁力 F 方向从左向右，导体 cd 转到 N 极下，所受的电磁力方向从右向左。因此，线圈仍然受到逆时针方向电磁转矩的作用，电枢始终保持同一方向旋转。

在直流电动机中，电刷两端虽然加的是直流电源，但在电刷和换向器的作用下，线圈内部却变成了交流电，从而产生了单方向的电磁转矩，驱动电动机持续旋转。同时，旋转的线圈中也将感应产生电动势 E，其方向与线圈中的电流方向相反，故称为反电动势。直流电动机若要维持继续旋转，外加电压就必须高于反电动势，才能不断地克服反电动势而流入电流，正是这种不断克服，实现了将电能转换成为机械能。

3. 直流伺服电动机的工作特性

直流伺服电动机的静态特性指电动机在稳态情况下工作时，其转子转速、电磁力矩和电枢控制电压之间的关系。

直流伺服电动机采用电枢电压控制时的电枢等效电路如图 5-24 所示。当电动机处于稳态运行时，回路中的电流 I_a 保持不变，则电枢回路中的电压平衡方程式为

$$E_a = U_a - I_a R_a \tag{5-1}$$

图 5-24 电枢等效电路

式中　E_a——电枢反电动势（V）；
　　　U_a——电枢电压（V）；
　　　I_a——电枢电流（A）；
　　　R_a——电枢电阻（Ω）。

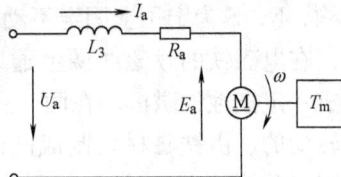

转子在磁场中以角速度 ω 切割磁力线时，电枢反电动势 E_a 与角速度 ω 之间存在如下关系

$$E_a = C_e \Phi \omega \tag{5-2}$$

式中　C_e——电动势常数，仅与电动机结构有关；
　　　Φ——定子磁场中每极气隙磁通量（Wb）。

由式（5-1）、式（5-2）得

$$U_a - I_a R_a = C_e \Phi \omega \tag{5-3}$$

此外，电枢电流切割磁场磁力线所产生的电磁转矩 T_m，可由下式表达

$$T_m = C_m \Phi I_a$$

则

$$I_a = \frac{T_m}{C_m \Phi} \tag{5-4}$$

式中　C_m——转矩常数，仅与电动机结构有关。

将式（5-4）代入式（5-3）并整理，可得到直流伺服电动机运行特性的一般表达式

$$\omega = \frac{U_a}{C_e \Phi} - \frac{R_a}{C_e C_m \Phi^2} T_m \tag{5-5}$$

该机械特性公式对应的机械特性曲线如图 5-25 所示。由图可知，当电动机电枢所加电压 U_a 一定时，随着负载力矩的增大，电动机输出转矩 T_m 也随之增大，从而转速下降。

4. 永磁直流伺服电动机

数控机床采用的永磁直流伺服电动机按电枢惯量可分为小惯量直流伺服电动机与大惯量直流伺服电动机。

（1）小惯量直流伺服电动机 小惯量直流伺服电动机是为了提高伺服系统的快速响应特性而研制的，它由一般的直流电动机演变而来，但其转子与一般直流电动机的转子不同：一是它的转子长而直径小；二是它的转子是光滑无槽的铁心，线圈直接用绝缘粘结剂粘在铁心表面上。因此，这种电动机的转动惯量比小，具有机械时间常数小、响应快、动态特性好、低速运转平稳等优

图 5-25 直流电动机的机械特性曲线

点。但因为这种电动机转子的惯量小，因而过载能力低。另外，这种电动机转子惯量比机床移动部件的惯量小，两者之间须使用齿轮减速才能很好地匹配，从而增加了传动链误差。小惯量直流伺服电动机在早期的数控机床上得到了广泛应用。

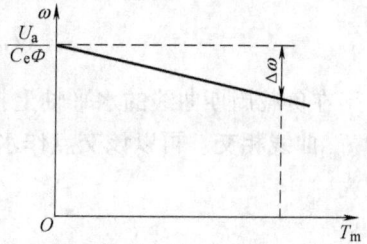

（2）大惯量直流伺服电动机（宽调速直流伺服电机） 宽调速直流伺服电动机是在维持一般直流电动机转动惯量不变的前提下，通过提高转矩来改善其特性的，具体措施如下：

1）增加定子磁极对数，并采用矫顽力强的永磁材料。

2）在同样的转子外径和电枢电流的情况下，增加转子上的槽数和槽的截面积，从而提高了电动机的瞬时加速力矩，改善了其动态响应能力。因此，这种电动机具有动态响应好、过载能力强、转矩大、调速范围宽、低速时输出转矩大等优点，可直接与丝杠相连，提高机床的进给传动精度。目前在各种直流伺服电动机中，宽调速直流伺服电动机是应用最广的一种。不过这种电动机的价格较贵，结构复杂，维修也较麻烦。

5. 永磁式直流伺服电动机的特性曲线

（1）转矩速度特性曲线 又叫工作曲线，如图 5-26 所示，伺服电动机的工作区域被划分为三个。I区为连续工作区，在该区域里转速和转矩的任意组合都可实现长期、连续的工作，适于长时间额定负载切削。II区为间断工作区，在该区域中电动机间歇工作，适于短时间低速重载切削。III为加减速区，电动机加减速时在该区工作，并且只能在该区工作极短的一段时间。

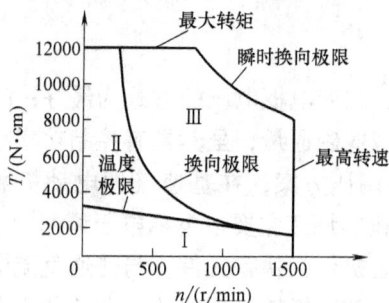

（2）负载周期曲线 描述电动机过载运行的允许时间，如图 5-27 所示，图中给出了在满足负载所需转矩而又确保电动机不过热的情况下，允许电动机的工作时间。

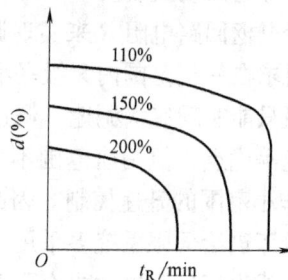

图 5-26 永磁式直流伺服
电动机的工作曲线

图 5-27 永磁式直流伺服
电动机的负载周期曲线

负载周期曲线的使用方法为：根据实际负载转矩，求出电动机过载倍数的百分比 T_{md}，其计算公式为

$$T_{md} = \frac{负载转矩}{电动机额定转矩} \times 100\%$$

在负载周期曲线的水平轴上找到实际工作所需时间 t_R，并从该点向上作垂线，与所要求的 T_{md} 曲线相交。再以该交点作水平线，与纵轴的交点即为允许的负载周期比 d，其计算公式为

$$d = t_R / (t_R + t_F)$$

式中　t_R——电动机工作时间；

　　　t_F——电动机断电时间。

5.3.2　直流电动机的驱动控制

直流电动机伺服驱动系统为了达到速度和位置的控制，一般采用三闭环的控制方式。所谓三闭环指的是电流环、速度环和位置环。电流环反馈元件一般采用取样电阻及传感器；速度环反馈一般采用测速发电机等；而位置环反馈常采用光栅、直线感应同步器等检测装置。

由电工学的知识可知，在转子磁场不饱和的情况下，改变电枢电压即可改变转子转速。直流电动机的转速和其他变量的关系可用表示为

$$n = \frac{U - IR}{C_e \Phi} \tag{5-6}$$

式中　n——转速（r/min）；

　　　U——电枢电压（V）；

　　　I——电枢电流（A）；

　　　R——电枢回路总电阻（Ω）；

　　　Φ——励磁磁通量（Wb）；

　　　C_e——由电动机结构决定的电动势常数。

根据上述关系式，实现电动机调速主要方法有三种：

①调节电枢供电电压 U。电动机加以恒定励磁，用改变电枢两端电压 U 的方式来实现调速控制，这种方法也称为电枢控制。

②减弱励磁磁通量 Φ。电枢加以恒定电压，用改变励磁磁通的方法来实现调速控制，这种方法也称为磁场控制。

③改变电枢回路电阻 R 来实现调速控制。

对于要求在一定范围内无级平滑调速的系统来说，改变电枢电压的方式为最好；改变电枢回路电阻只能实现有级调速，调速平滑性比较差；减弱磁通量，虽然具有控制功率小和能够平滑调速等优点，但调速范围不大，往往只是配合调压方案，在基速（即电动机额定转速）以上作小范围的升速控制。因此，直流伺服电动机的调速主要以电枢电压调速为主。

数控机床进给伺服系统多采用永磁式直流伺服电动机作为执行元件。与普通直流电动机相比，永磁式直流伺服电动机有更高的过载能力、更大的转矩转动惯量比、调速范围大等优点。永磁式直流伺服电动机的调整方法主要是调整电动机电枢电压。目前数控机床伺服系统中，速度控制已经成为一个独立、完整的模块，称为速度控制模块或速度控制单元。现在的

直流调速单元较多采用晶闸管（Silicon Controlled Rectifier，SCR）调速系统和晶体管脉宽调制（Pulse Width Modulation，PWM）调速系统。由于晶体管脉宽调制（PWM）调速具有响应快、效率高、调速范围宽、定位速度快、定位精度高、噪声污染小、抗负载扰动的能力强、简单可靠等一系列优点，因而已成为数控设备驱动系统的主流，在直流驱动装置上被大量采用。目前，在中小功率的伺服驱动装置中，大多采用性能优异的晶体管脉宽调速系统，而在大功率场合中，则采用晶闸管调速系统。这两种调速系统都是改变电动机的电枢电压，其中以晶体管脉宽调制系统应用最为广泛。下面以晶体管脉宽调制方式为例，说明直流伺服电动机的驱动方式。

1. 脉宽调制的基本概念

利用脉宽调制器，将直流电压转换成某一频率的矩形波电压，加到直流电动机的转子回路两端，通过对矩形波脉冲宽度的控制，改变转子回路两端的平均电压，从而达到调节电动机转速的目的。

2. 直流 PWM 调速系统的组成

调速系统由控制电路、主回路及功率整流电路三部分组成。其中，控制电路由速度调节器、电流调节器和脉宽调制器（包括固定频率振荡器、调制信号发生器、脉宽调制及基极驱动电路）组成。系统的核心部分是主回路和脉宽调制器，如图 5-28 所示。

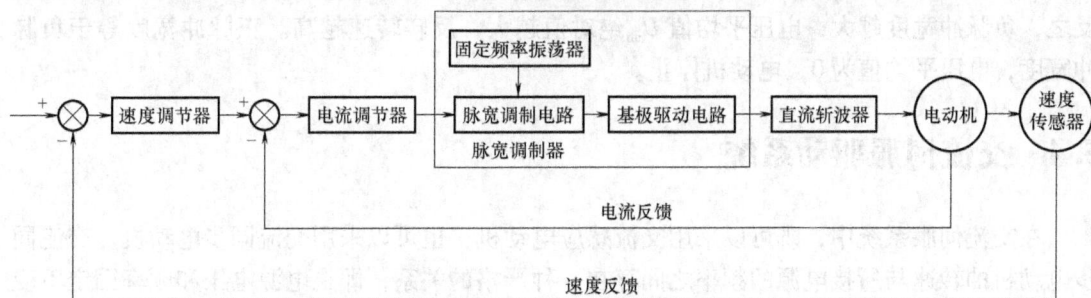

图 5-28　直流 PWM 系统原理框图

3. PWM 调速的基本原理

在直流 PWM 调速系统中，多采用 H 形（也称桥式）开关功率放大器作为主回路。H 形开关功率放大器是由四个大功率开关管和四个续流二极管构成的桥式电路，有单极性和双极性两种工作方式。H 形双极性功率驱动电路的原理如图 5-29 所示。图中 $VD_1 \sim VD_4$ 为续流二极管，用于保护功率晶体管 $VT_1 \sim VT_4$，M 是直流伺服电动机。

四个功率晶体管分为两组，VT_1 和 VT_4 是一组，VT_2 和 VT_3 为另一组，同一组的两个晶体管同时导通或同时关断。一组晶体管导通，则另一组晶体管关断，两组交替导通和关断，不能同时导通，即 $U_{b1} = U_{b4}$，$U_{b2} = U_{b3} = -U_{b1}$。假设加在晶体管基极上的电压波形如图 5-30 所示。

当 $0 \le t \le t_1$ 时，$U_{b1} = U_{b4}$ 为正，使 VT_1、VT_4

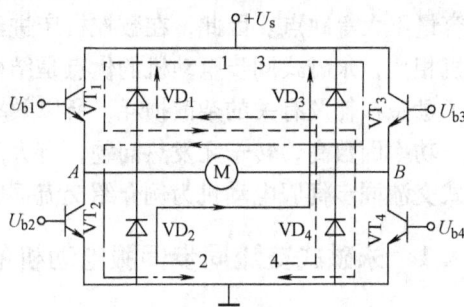

图 5-29　H 型回路的驱动原理图

饱和导通，$U_{b2} = U_{b3}$，为负，使 VT_2、VT_3 截止。直流伺服电动机 M 的电枢电压 $U_{ab} = U_s$，流经 M 的电枢电流 i_a 沿回路 1 流通。

当 $t_1 \leqslant t \leqslant T$ 时，$U_{b1} = U_{b4}$ 为负，使 VT_1、VT_4 截止，$U_{b2} = U_{b3}$ 为正，但是由于电枢电感反电动势的作用，电枢电流 i_a 经 VD_2、VD_3 续流，沿回路 2 流通，由于 VD_2、VD_3 的压降使 VT_2、VT_3 承受反电压，所以 VT_2、VT_3 并不能立即导通。如果 $t_1 \sim T$ 时间很短，即负半周时间较短，而续流 i_a 较大，则 VT_2、VT_3 还未来得及导通，下一个正半周到来，又使 VT_1、VT_4 导通，i_a 又开始上升，使 i_a 维持在一个正值且上下波动，电动机继续维持正转。如果加在基极上的电压负半周 $t_1 \sim T$ 时间较长，在 $t_1 \sim T$ 时间内，脉冲宽度大或者 i_a 续流较小时，则在 $t_1 \sim T$ 时间内续流 i_a 可能降到 0，于是 VT_2、VT_3 在电源电压 U_s 作用下导通，电流 i_a 沿回路 3 流通，与回路 1 方向相反，电动机反转。

图 5-30 H 型驱动回路的工作电压

若加在 U_{b1} 和 U_{b4} 上的方波正半周比负半周宽，则加到电动机电枢两端的平均电压为正，电动机正转。反之电动机反转。若方波电压的正、负宽度相等，加在电枢的平均电压等于零，电动机不转。加在基极上的电压正脉冲宽度越大，电压平均值越大，电动机转速越高；反之，负脉冲宽度越大，电压平均值 U_{ab} 绝对值越大，反转转速越高。正脉冲宽度等于负脉冲宽度，电压平均值为 0，电动机停止。

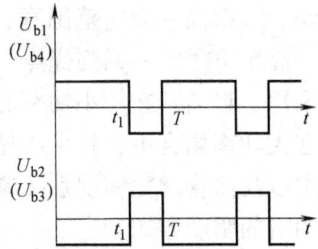

5.4 交流伺服驱动系统

在交流伺服系统中，既可以采用交流感应电动机，也可以采用交流同步电动机。交流同步电动机的转速与所接电源的频率之间存在一种严格的关系，即在电源电压和频率固定不变时，它的转速是稳定不变的。因此可以设想，由变频电源供电给同步电动机时，可方便地获得与频率成正比的可变转速，由此可以得到非常硬的机械特性及宽的调速范围。在结构方面，同步电动机虽比感应电动机复杂，但比直流电动机简单，它的定子与感应电动机一样，而转子则不同。

同步电动机从建立所需气隙磁场的磁势源来说，可分为电磁式同步电动机及非电磁式同步电动机两大类。在后一类中，又有磁滞式同步电动机、永磁式同步电动机和反应式同步电动机等多种。其中，磁滞式同步电动机和反应式同步电动机存在效率低、功率因数较差、制造容量不大等缺点。因此，在数控机床进给驱动中多为永磁式同步电动机。与电磁式同步电动机相比，永磁式同步电动机的优点是结构简单，运行可靠，而且由于采用永磁铁励磁，消除了励磁损耗及有关的杂散损耗，所以效率高。另外，永磁式同步电动机的体积比小，重量轻，功率因数高，转子无发热问题，有大的过载能力、小的转动惯量和转矩脉动。下面以永磁式交流同步伺服电动机为例介绍交流伺服系统的相关内容。

5.4.1 永磁式交流同步伺服电动机的结构

永磁式交流同步伺服电动机主要由定子、定子绕组及转子、检测元件和接线盒等组成。定子具有齿槽，内有三相绕组，形状与普通交流电动机的定子相同，但其外形多呈多边形，且无外壳，利于散热，可以避免电动机发热对机床精度的影响。转子由多块永久磁铁和冲片组成，如图 5-31 所示。同一种冲片和相同的磁铁块数可以装成不同的极数，如图 5-32a 所示为 8 极，图 5-32b 所示为 4 极。

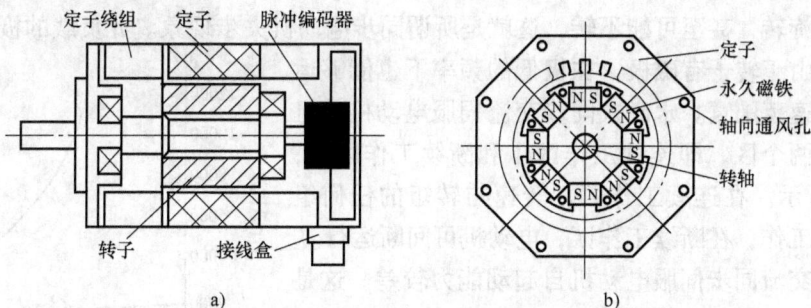

图 5-31　永磁式交流同步伺服电动机结构

a) 纵剖面示意图　b) 横剖面示意图

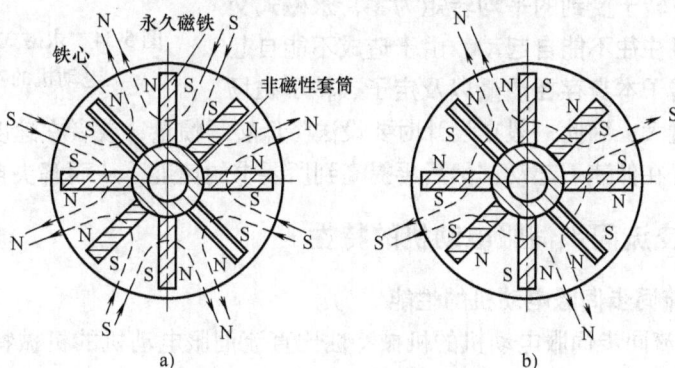

图 5-32　永磁式电动机转子结构

a) 8 极　b) 4 极

5.4.2　永磁式交流同步伺服电动机的工作原理

永磁式交流同步伺服电动机的工作原理很简单，与励磁式交流同步电动机类似，即转子磁场与定子磁场相互作用的原理。所不同的是，转子磁场不是由转子中的励磁绕组产生，而是由转子永久磁铁产生的。具体是：当定子三相绕组通上交流电后，就产生一个旋转磁场，该旋转磁场以同步转速 n_s 旋转（图 5-33）。根据磁极的同性相斥，异性相吸的原理，定子旋转磁极与转子的永久磁铁磁极互相吸引住，并带动转子一起旋转。因此，转子也将以同步转速 n_s 与定子旋转磁场一起旋转。当转子轴上加有负载转矩之后，将造成定子磁场轴线与转子磁极轴线不一致（不重合），相差一个 θ 角，负载转矩变化，θ 角也变化。只要不超过一定界限，转子仍然跟着定子以同步转数旋转。设转子转速为 n_0（r/min），则

$$n_0 = n_s = \frac{60f}{p} \tag{5-7}$$

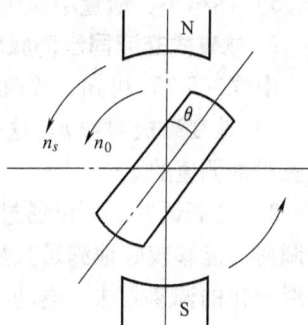

图 5-33　永磁式交流同步伺服电动机工作原理图

式中　　f——电源交流电频率（Hz）；

　　　　p——转子磁极对数。

　　因此，转子转速 n_0 决定于电源频率 f 和极对数 p。但当负载超过一定极限后，转子不再按同步转速旋转，甚至可能不转，这就是所谓同步电动机失步现象。此负载的极限称为最大同步转矩。由于转子有磁极，在极低的频率下也能够运行，因此调速范围宽。永磁式同步交流伺服电动机的机械特性分为两个区，即连续工作区Ⅰ和断续工作区Ⅱ，如图5-34所示。在连续工作区，转速与转矩的任何组合都能连续工作；在断续工作区，电动机可间断运行。

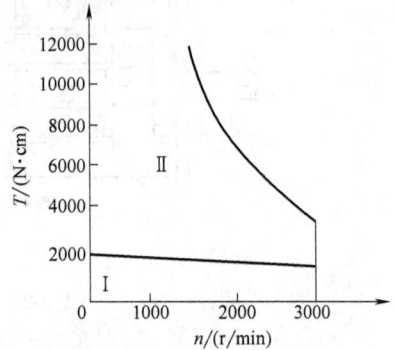

图5-34　永磁式交流同步伺服
电动机的特性曲线

　　永磁式交流同步伺服电动机自起动能力较差。这是因为当三相电源供给定子绕组时，虽已产生旋转磁场，但此时转子仍处于静止状态，由于惯性作用跟不上旋转磁场的转动，此时转子受到的平均转矩为零，永磁式交流同步伺服电动机往往不能自起动。由于造成不能自起动的主要原因是转子本身存在惯量以及定子、转子磁场之间的转速相差过大，因此一般在设计时要设法降低转子惯量，或者在速度控制单元中采取措施，让电动机先在低速下起动，然后再提高到所要求的速度，从而解决自起动问题。

5. 4. 3　永磁式交流同步伺服电动机的特性

1. 永磁式交流同步伺服电动机的性能

　　1）永磁式交流同步伺服电动机的机械特性比直流伺服电动机的机械特性要硬，其直线更为接近水平线。另外，断续工作区范围更大，尤其是高速区，这有利于提高电动机的加减速能力。

　　2）高可靠性。用电子逆变器取代了直流电动机的换向器和电刷，工作寿命由轴承决定。因无换向器及电刷，也省去了此项目的保养和维护。

　　3）主要损耗在定子绕组与铁心上，故散热容易，便于安装热保护；而直流电动机损耗主要在转子上，散热困难。

　　4）转子惯量小，因而其结构允许高速工作。

　　5）体积小，质量小。

2. 永磁式交流同步伺服电动机的速度控制

　　由式（5-7）可知，要改变电动机转速可采用以下几种方法：

　　1）改变磁极对数 p。这是一种有级的调速方法，是通过对定子绕组接线的切换以改变磁极对数调速的。

　　2）变频调速。可以通过改变电动机电源频率 f 来调节电动机的转速。此法可以实现无级调速，能够较好地满足数控机床的要求。变频调速是平滑改变定子供电电压频率而使转速平滑变化的调速方法。电动机从高速到低速其转差率都很小，因而变频调速的效率和功率因数都很高。变频调速的关键是设计能为电动机提供变频电源的变频器。变频器分为交-直-交变频器和交-交变频器。

　　交-直-交变频器先将电网交流电通过整流变为直流，再经过电容或电感或电容、电感组合电路滤波后供给逆变器。逆变器输出的是电压和频率可调的交流电。

交-交变频器没有中间环节，直接将电网的交流电变为频率和电压都可变的交流电。

目前应用比较多的是交-直-交变频器。交-直-交变频器中的逆变器有多种类型。数控机床进给伺服系统中所用电动机的容量都比较小，一般采用 PWM 逆变器。PWM 逆变器的关键技术是 PWM 的调制方法。现已研制出的调制方法有十余种之多，其中最基本、应用最广泛的一种调制方法是 SPWM（正弦波脉宽调制）。

思考与训练

5-1　什么是数控伺服系统？主要有哪些性能指标？

5-2　什么是开环伺服系统和闭环伺服系统？各自有哪些特点？闭环伺服系统和半闭环伺服系统的区别是什么？各自有何特点？

5-3　步进电动机的工作原理是什么？如何将其分类？步进电动机的主要性能指标是什么？

5-4　反应式步进电动机的步距角大小与哪些因素有关？如何控制步进电动机的输出角位移量和转速？

5-5　直流伺服电动机的工作原理是什么？其调速方法有哪几种？各有何特点？数控直流伺服系统主要采用哪种调速方法？

5-6　交流伺服电动机的调速原理是什么？实际应用中是如何实现的？

第6章 数控机床主轴运动的控制

☞**知识提要**：本章对数控机床主轴运动控制的特点、主轴电动机的工作特性和常用驱动装置做了介绍，重点介绍主轴驱动装置的工作原理、主轴分段无级变速及控制、主轴准停控制的概念与控制方法。

☞**学习目标**：通过本章内容的学习，学习者应对主轴运动的控制方式及特点有基本的了解，对主轴驱动装置的工作原理有基本的掌握，对主轴分段无级变速的概念及实现方法、主轴准停控制的概念与控制方法有深刻的理解并熟练掌握。

6.1 数控机床对主轴驱动系统的要求

主轴驱动系统是数控机床的重要组成部分之一。在数控机床上，主轴夹持工件或刀具旋转，直接参加表面成形运动。主轴部件的刚度、精度、抗振性和热变形直接影响加工零件的精度和表面质量。主轴的转速高低及转速范围，传递功率大小和动力特性，决定了数控机床的切削效率和加工能力。

随着数控技术的不断发展，传统的主轴驱动已不能满足加工要求。与普通机床一样，数控机床也必须通过变速才能使主轴获得不同的转速，以适应不同的加工要求。在变速的同时，还要求传递一定的功率和足够的转矩来满足切削的需要。作为高度自动化的机械加工设备，现代数控机床对主轴传动提出了更高的要求，具体表现如下：

1）数控机床主传动要有较宽的调速范围，以保证加工时选用合理的切削用量，从而获得最佳的生产率、加工精度和表面质量。特别对多道工序自动换刀的数控机床（加工中心），为适应各种刀具、工序和各种材料的要求，对主轴的调速范围要求更高。数控机床主轴的变速是依指令自动进行的，要求能在较宽的转速范围内进行无级调速。目前，主轴驱动装置普遍具有调速范围达 1:(100~1000)、恒功率调速范围达 1:30、过载 1.5 倍可正常运行达 30min 的能力。主轴变速分为有级变速、无级变速和分段无级变速三种形式，其中有级变速仅用于经济型数控机床，绝大多数数控机床均采用无级变速或分段无级变速。

2）要求主轴在整个调速范围内均能提供切削所需功率，并且尽可能在全速度范围内提供主轴电动机的最大功率，即恒功率范围要宽。由于主轴电动机与驱动的限制，其在低速段均为恒转矩输出，为满足数控机床低速强力切削的需要，常采用分段无级变速的方法，即在低速段采用机械减速装置，以提高输出转矩。

3）要求主轴在正、反向转动时均可进行自动加减速控制，即要求具有四象限驱动能力，并且加、减速时间要短。

4）为了降低噪声、减轻发热、减少振动，主轴驱动系统应简化结构，减少传动件，润滑充分，冷却可靠。

5）为满足加工中心自动换刀（Auto Tools Change，ATC）以及某些加工工艺的需要，要求主轴具有高精度的准停功能。

6）在车削中心上，为了扩展机床的功能，还要求主轴具有旋转进给轴（C 轴）的控制功能。主轴还需要安装位置检测装置，以实现对主轴位置的控制。

7）为保证加工工件的表面质量，数控磨床和数控车床还要求具有恒线速控制功能，采用恒线速磨削和车削来减小工件的表面粗糙度数值，提高表面质量。

6.2 主轴驱动装置的工作原理

6.2.1 主轴驱动装置的特点

为满足数控机床对主轴驱动的要求，主轴电动机必须具备的功能有：①输出功率大。②在整个调速范围内速度稳定且恒功率范围宽。③在断续负载下电动机转速波动小，过载能力强。④加、减速时间短。⑤电动机温升低。⑥振动、噪声小。⑦电动机可靠性高，寿命长，易维护。⑧体积小，重量轻，与机械连接容易。

6.2.2 直流主轴电动机及驱动装置

1. 直流主轴电动机

为了满足数控机床对主轴驱动的要求，主轴电动机必须具备上述 8 个功能。为了实现这些功能，早期的数控机床多采用直流主轴驱动系统。由于直流主轴驱动系统具有很好的调速性能，一度在对精度、速度要求高的数控机床上得到广泛应用。

直流主轴电动机的结构与永磁式直流伺服电动机的结构不同。因为要求主轴电动机输出很大的功率，所以其在结构上不能做成永磁式。直流主轴电动机与普通的直流电动机相同，也是由定子和转子两部分组成，如图 6-1 所示。转子与直流伺服电动机的转子相同，由电枢绕组和换向器组成。而定子则完全不同，它由主磁极和换向极组成。有的主轴电动机主磁极上不但有主磁极绕组，还有补偿绕组。

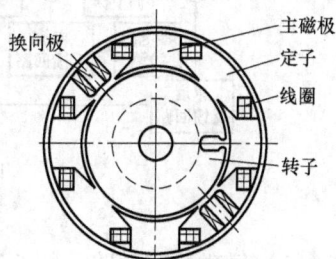
图 6-1 直流主轴电动机结构示意图

这类电动机在结构上的特点是：为了改善换向性能，电动机上都有换向极；为缩小体积，改善冷却效果，以免使电动机热量传到主轴上，采用了轴向强迫通风冷却或水管冷却；为适应主轴调速范围宽的要求，一般主轴电动机都能在调速比 1∶10 范围内实现无级调速，而且在基本速度以上达到恒功率输出，在基本速度以下为恒转矩输出，以适应重载切削；电动机的主磁极和换向极都采用硅钢片叠成，以便在负载变化或加速、减速时有良好的换向性能；电动机外壳结构为密封式，以适应机加工车间的环境；在电动机的尾部一般都同轴安装有测速发电机，作为速度反馈元件。

2. 直流主轴电动机的特性

直流主轴电动机的转矩-速度特性曲线如图 6-2 所示。在基本速度以下时属于恒转矩范围，用改变电枢电压来调速；在基本速度以上时属于恒功率范围，采用控制励磁的调速方法来调速。一般来说，恒转矩的速度范围与恒功率

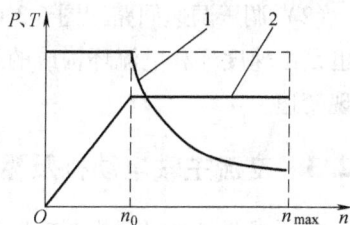
图 6-2 直流主轴电动机特性曲线
1—转矩特性曲线 2—功率特性曲线

的速度范围之比为 1:2。

直流主轴电动机一般都有过载能力,且大都能过载 150%(即为连续额定电流的 1.5 倍)。至于过载的时间,则根据生产厂的不同有较大的差别,从 1min 至 30min 不等。

3. 直流主轴驱动装置

直流主轴控制系统类似于直流速度控制系统,它也是由速度环和电流环构成的双环控制系统,用于控制直流主轴电动机的电枢电压。主回路为可逆整流电路。因为主轴电动机的容量较大,所以主回路的功率开关元件采用晶闸管元件。

直流主轴控制系统的驱动装置有晶闸管调速和脉宽调制(PWM)调速两种形式。由于脉宽调制(PWM)调速具有很好的调速性能,曾经在对精度、速度要求较高的数控机床进给驱动装置上广泛使用;而三相全控晶闸管调速装置则在大功率应用方面具有优势,因此常用于直流主轴驱动装置。

数控机床常用的直流主轴驱动系统的原理框图如图 6-3 所示。

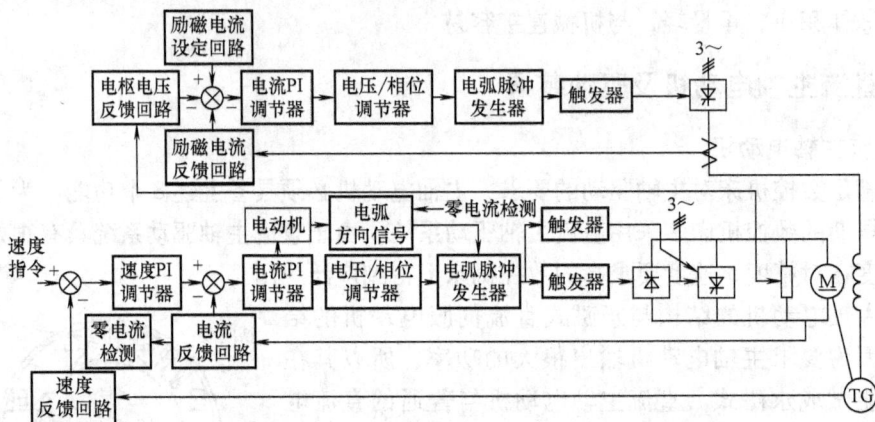

图 6-3　直流主轴驱动系统原理框图

(1)励磁控制回路　图 6-3 的上半部分为励磁控制回路。由于主轴电动机功率通常较大,并且要求恒功率调速范围尽可能大,因此一般采用他励电动机,励磁绕组与电枢绕组相互独立,并且由单独的可调直流电源供电。

励磁控制回路的电流设定、电枢电压反馈、励磁电流反馈三组信号经比较之后输入至电流 PI 调节器,调节器的输出经过电压/相位调节器控制晶闸管触发脉冲的相位,调节励磁绕组的电流大小,实现电动机的恒功率弱磁调速。

(2)调压调速回路　图 6-3 中的下半部分为调压调速回路,类似于直流进给伺服系统,它也是由速度环和电流环构成的双闭环速度控制系统,通过控制直流主轴电动机的电枢电压实现变速。

6.2.3　交流主轴电动机及驱动装置

由于直流电动机有机械换向的弱点,其应用受到很多限制。换向器表面线速度及换向电流、换向电压均受到限制,增加了电动机制造的难度、成本以及调速控制系统的复杂性,限制了其转速和功率的提高,并且它的恒功率调速范围也较小。此外,换向器必须定期停机检查和维修，使用和维护都比较麻烦。

进入 20 世纪 80 年代后，微电子技术、交流调速理论、现代控制理论等有了很大的发展，同时新型大功率半导体器件、大功率晶体管 GTR、绝缘栅双极晶体管 IGET 不断成熟，为交流驱动进入实用阶段创造了必要的条件。

现代绝大多数数控机床均采用交流主轴电动机配矢量变换控制的变频调速装置的主轴驱动系统。这是因为一方面笼型交流电动机克服了直流电动机机械换向的弱点及其在高速、大功率方面受到的限制，另一方面配置矢量变换控制的变频交流驱动性能已达到直流驱动的水平。另外，交流电动机体积小，重量轻，采用全封闭罩壳，防灰尘和油污性能较好，因而交流电动机取代直流电动机已是必然趋势。

1. 交流主轴电动机

目前交流主轴驱动中均采用笼型感应电动机。笼型感应电动机由固定的、有三相绕组的定子和可以旋转的、有笼条的转子构成。定子的三相对称绕组通入三相交流电后，在电动机气隙中产生旋转磁场，这一点与同步电动机相同。笼型感应电动机转子的结构比较特殊，在转子铁心上开有许多槽，每个槽内装有一根导体，所有导体两端短接在端环上。如果去掉铁心，转子绕组的形状像一个笼型，所以称为笼型转子，其结构如图 6-4 所示。

图 6-5 所示为一个简单的实验装置，磁极 N、S 表示定子旋转磁场，把一个能够自由转动的笼型转子放在可用手柄转动的两极永久磁铁中间，转动手柄使永久磁铁旋转，笼型转子也将跟着转动，且转子的转速总比磁铁慢。当磁极改变旋转方向时，笼型转子也跟着改变转向。

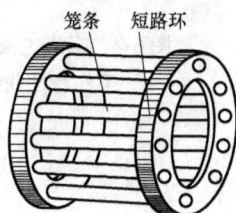

图 6-4　笼型转子的结构

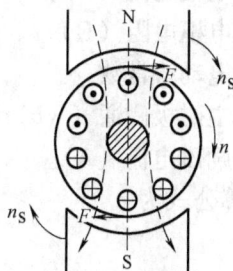

图 6-5　笼型感应电动机的工作原理实验装置

图 6-6 所示为笼型转子产生电磁转矩的原理。永久磁铁沿顺时针方向以速度 n 旋转，其磁力线也顺时针切割转子笼条，而相对于磁场，转子笼条逆时针切割磁力线，转子中产生感应电动势。根据右手定则，N 极下导体的感应电动势方向从纸面出来，而 S 极上导体的感应电动势方向垂直进入纸面。由于笼型转子的导体均通过短路环连接起来，因此在感应电动势的作用下，转子导体中有电流流过，电流方向与感应电动势方向相同。再根据通电导体在磁场中的受力原理，转子导体要与磁场相互作用产生电磁力，电磁力作用于转子，产生电磁转矩。根据左手定则，电磁转矩方向与磁铁转动方向一致，转子便在电磁转矩的作用下转动起来。

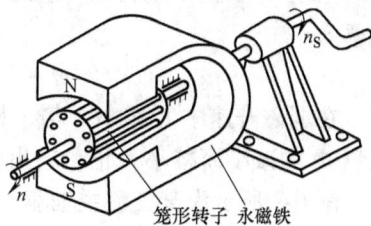

图 6-6　笼型转子电磁转矩的产生

因为电动机轴上总带有机械负载，即使空载时也存在摩擦、风阻等。为了克服负载阻力，转子绕组中必须有一定大小的电流，以产生足够的电磁转矩。而转子绕组中的电流是由旋转磁场切割转子产生的，要产生一定的电流，转子转速必须低于磁场转速。因为如果两者转速相同，则不存在相对运动，转子导体将不切割磁力线，感应电动势、电流及电磁转矩也就不会产生。这一点与同步电动机有本质的差别。转子转速比旋转磁场低多少主要由机械负载决定，负载大则需要较大的导体电流，转子导体相对旋转磁场就必须有较大的相对速度。

因为电动机转子中本来没有电流，转子导体的电流是切割定子旋转磁场时感应产生的，因此也称其为感应电动机，并且其转子总要滞后于定子的旋转磁场。笼型感应电动机具有结构简单、价格便宜、运行可靠、维护方便等许多优点。

2. 交流主轴驱动特性

典型的交流主轴驱动的工作特性曲线如图6-7所示。由于矢量变换控制的交流驱动具有与直流驱动相似的数学模型，下面以直流驱动的数学模型进行分析。由工作特性曲线可见，基速 n_0 以下属于恒转矩调速，通过改变电枢电压的方法实现，其调速基本公式为

$$n = \frac{U - I_a R}{C_e \Phi}$$

$$\Phi = K I_f$$

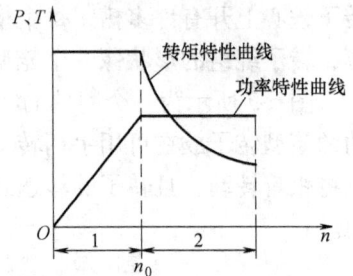

图 6-7　交流主轴驱动的
工作特性曲线

式中　n——转子转速（r/min）；

　　　U——电枢电压（V）；

　　　I_a——电枢电流（A）；

　　　R——电枢电阻（Ω）；

　　　C_e——电动势常数；

　　　Φ——主磁极磁通（Wb）；

　　　I_f——励磁电流（A）。

最大转矩计算公式为

$$T_{max} = C_m \Phi I_{max}$$

式中　T_{max}——最大转矩（N·m）；

　　　C_m——转矩常数；

　　　I_{max}——电枢电流的最大值（A）。

基速 n_0 以下的励磁电流 I_f 不变，通过改变电枢电压 U 调速，其输出的最大转矩 T_{max} 取决于电枢电流的最大值 I_{max}。主轴电动机的最大电流是恒定的，因此所能输出的最大转矩也是恒定的，因此基速 n_0 以下称为恒转矩调速。

基速 n_0 以上采用弱磁升速的方法调速，即采用调节励磁电流 I_f 的方法。它输出的最大功率为

$$P_{max} = T_{max} n$$

在弱磁升速中 I_f 减小 K 倍，相应的转速即增加 K 倍，电动机所输出最大转矩则因为磁通量 Φ 的减小而减小 K 倍，输出的最大功率不变，所以称为恒功率调速。

图6-8所示为某交流主轴驱动装置的特性曲线，其功率为5.5～7.5kW，通常主轴驱动装置的过载能力较强，可在30min内过载30%左右运行。

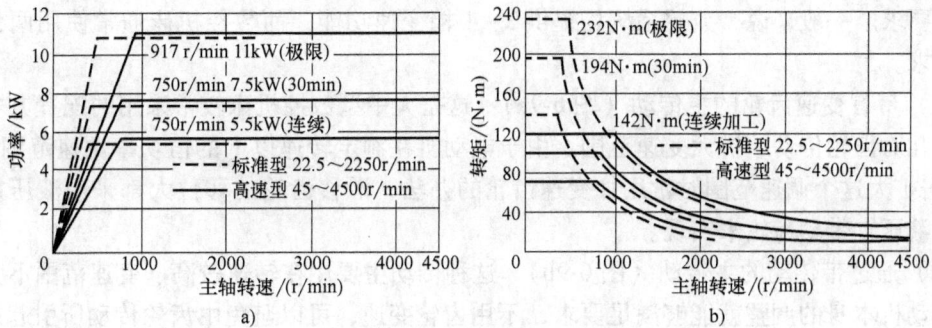

图 6-8　交流主轴驱动的特性曲线

a）转速-功率曲线　b）转速-转矩曲线

3. 交流主轴驱动装置

过去交流调速的性能无法与直流调速相比，因而大大限制了它在数控机床中的应用。矢量变换控制是 1971 年由德国 F. Blaschke 等人提出的，是对交流电动机调速控制的理想方法。矢量变换控制法的应用使交流电动机变频调速后的机械特性和动态性能足以与直流电动机相媲美。

直流电动机的励磁电路磁通量 Φ 和电枢电流 I_a 是互相独立的，电磁转矩与磁通量 Φ 和电枢电流 I_a 成正比，而感应电动机的励磁电流和负载电流彼此互相关联。

直流电动机的主磁场和电枢磁场在空间互相垂直，而感应电动机的主磁场与转子电流磁场间的夹角与转子回路的功率因数有关。

直流电动机通过独立调节主磁场和电枢磁场之一进行调速，感应电动机则不能。因此，如果在交流电动机中也能对负载电流和励磁电流分别进行控制，并使它们的磁场在空间上垂直，则交流电动机的调速性能就可以和直流电动机相比。

矢量变换控制的基本思路就是用等效概念，通过复杂的坐标变换，将三相交流输入电流变为等效的、彼此独立的励磁电流 I_f 和电枢电流 I_a，从而使交流电动机能像直流电动机一样，通过对等效电枢绕组电流和励磁绕组电流的反馈控制，达到控制转矩和励磁磁通的目的。最后，通过相反的变换，将等效的直流量再还原为三相交流量，控制实际的三相感应电动机。采用这种控制方法，交流电动机的数学模型与直流电动机极其相似，从而使交流电动机能得到与直流电动机同样的调速性能。

6.3　主轴分段无级变速及控制

6.3.1　主轴分段无级变速的概念

数控机床在实际生产中，并不需要在整个变速范围内均为恒功率，一般要求在中、高速段为恒功率传动，在低速段为恒转矩传动。为了确保数控机床主轴低速时有较大的转矩和主轴的变速范围尽可能大，有的数控机床在交流电动机或直流电动机无级变速的基础上配以齿轮变速，使之成为分段无级变速，如图 6-9a 所示。采用齿轮减速虽然低速的输出转矩增大，但降低了最高主轴转速。因此通常均采用齿轮自动变速，达到同时满足低速转矩和最高主轴转速的要求。一般来说，数控系统均提供 2 ~ 4 档变速功能，而数控机床通常使用两档即可满足要求。

（1）带有变速齿轮的主传动（图 6-9a）　这是大中型数控机床较常采用的配置方式，通过少数几对齿轮传动，扩大变速范围。由于电动机在额定转速以上的恒功率调速范围为 2 ~ 5，当需扩大这个调速范围时常用加变速齿轮的办法，滑移齿轮的移位大都采用液压拨叉或直接由液压缸带动齿轮来实现。

（2）通过带传动的主传动（图 6-9b）　这种传动主要用在转速较高、变速范围不大的机床。电动机本身的调整就能够满足要求，不用齿轮变速，可以避免由齿轮传动所引起的振动和噪声。它适用于高速低转矩特性的主轴，常用的是同步带。

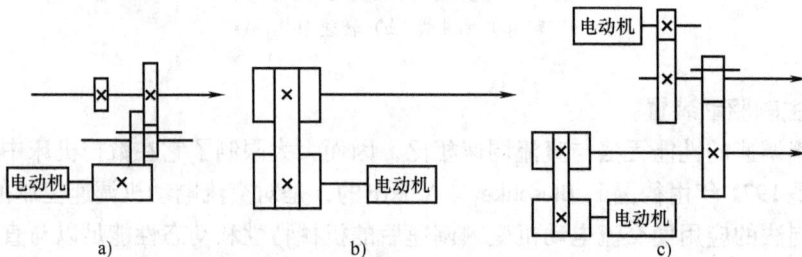

图 6-9　主轴分段变速结构图
a）变速齿轮　b）带传动　c）两个电动机分别驱动

（3）用两个电动机分别驱动主轴　这是上述两种方式的混合传动，具有上述两种性能（图 6-9c）。高速时，由一个电动机通过带传动；低速时，由另一个电动机通过齿轮传动，齿轮起到减速和扩大变速范围的作用。这样就使恒功率区增大，扩大了变速范围，避免了低速时转矩不够且电动机功率不能充分利用的问题。但两个电动机不能同时工作，避免浪费。

6.3.2　主轴分段无级变速的原理

数控装置可通过三种方式控制主轴转速。一种是通过主轴模拟电压输出接口，输出 0 ~ ±10V 模拟电压到主轴驱动装置，电压的正负控制电动机转向，电压的大小控制电动机的转速；另一种是输出单极性 0 ~ +10V 模拟电压至主轴驱动装置，通过正转与反转开关量信号指定正、反转；第三种是选择数控装置输出 12 位二进制代码或 2 位 BCD 码（或 3 位 BCD 码）开关量信号至主轴驱动，控制主轴的转速。

不论采用哪一种方法，均可实现主轴电动机的无级调速。采用无级调速的主轴机构，主轴箱虽然得到大大简化，但其低速段的输出转矩常常无法满足机床切削转矩的要求。如单纯追求无级调速，势必要增大主轴电动机的功率，从而使主轴电动机与驱动装置的体积、重量及成本大大增加，电动机的运行效率也大大降低。因此，数控机床常采用 1 ~ 4 档齿轮变速与无级调速相结合的方案，即分段无级变速。图 6-10 所示为采用与不采用齿轮

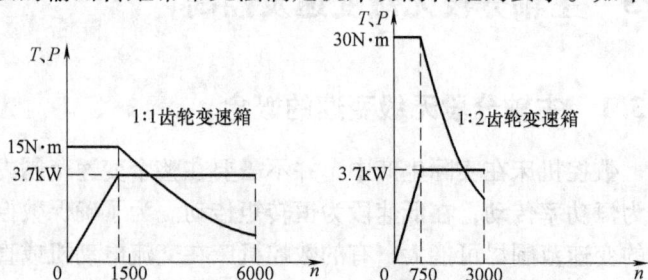

图 6-10　二挡齿轮变速 $T(n)$ 和 $P(n)$ 曲线

减速主轴的输出特性。

在数控系统参数区设置 M41～M44 四档对应的最高主轴转速后，即可用 M41～M44 指令控制齿轮自动换档。控制过程中，数控系统将根据当前 S 指令值，自动判断档位，向 PLC 输出相应的 M41～M44 指令，由 PLC 控制变换齿轮位置；数控装置同时输出相应的模拟电压或数字信号，设定对应的速度。其控制结构如图 6-11 所示。

例如，M41 对应的主轴最高转速为 1000r/min，M42 对应的主轴最高转速为 3500r/min，主轴电动机的最高转速为 3500r/min，则当 S 指令在 0～1000r/min 范围时，M41 对应的齿轮啮合，S 指令在 1001～3500r/min 范围时，M42 对应的齿轮啮合。数控机床主轴换档有多种方式，都由 PLC

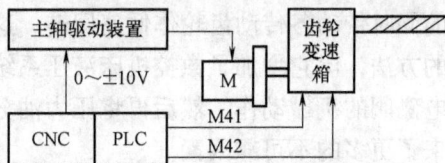

图 6-11　主轴分段无级调速

完成。目前常采用液压拨叉或电磁离合器来带动不同的齿轮啮合。此例中 M42 对应的齿轮传动比为 1∶1，而 M41 对应的齿轮传动比为 1∶2.5，此时主轴输出的最大转矩为主轴电动机最大输出转矩的 2.5 倍。为解决变速时出现顶齿问题，在变速时，数控系统须控制主轴电动机低速转动或振动，以实现齿轮的顺序啮合。主轴电动机低速转动或振动的速度可在数控系统参数区中设定。

6.3.3　自动换档的实现

现代数控机床常采用"主轴电动机→变速齿轮传递→主轴"的结构，当然变速齿轮箱比传统机床主轴箱要简单得多。液压拨叉换档和电磁离合器换档是两种常用的变速方法。

1. 液压拨叉换档

液压拨叉是一种用一只或几只液压缸带动齿轮移动的变速机构，最简单的是用二位液压缸实现双联齿轮变速。对于三联或三联以上的齿轮变速，则需使用差动液压缸。图 6-12 所示为三位液压拨叉的原理图，其由液压缸 1 与 5、活塞杆 2、拨叉 3 和套筒 4 组成，通过改变不同的通油方式可以使三联齿轮获得三个不同的变速位置。

当液压缸 1 通压力油而液压缸 5 排油卸压时（图 6-12a），活塞杆 2 带动拨叉 3 使三联齿轮移到左端。当液压缸 5 通压力油而液压缸 1 排油卸压时（5-12b），活塞杆 2 和套筒 4 一起向右移动，在套筒 4 碰到液压缸 5 的断部之后，活塞杆 2 继续右移到极限位置，此时三联齿轮被拨叉 3 移到右端。当压力油同时进入左右两缸时（图 6-12c），由于活塞杆 2 的两端直径不同，使活塞杆向左移动。在设计活塞杆 2 和套筒 4 的截面面积时，应使油压作用在套筒 4 的圆环上向右的推力大于活塞杆 2 向左的推力，因而套筒 4 仍然压在液压缸 5 的右端，使活塞杆 2 紧靠在套筒 4 的右端。此时，拨叉和三联齿轮被限制在中间位置。

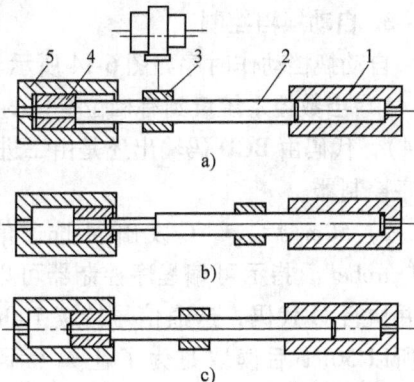

图 6-12　三位液压拨叉的工作原理
1、5—液压缸　2—活塞杆　3—拨叉　4—套筒

> ⚙ **注意：** 每个齿轮到位后需要到位检测元件检测，检测信号有效时，说明换档已经结束。

液压拨叉变速必须在主轴停止之后才能进行，但停机时拨动滑移齿轮啮合又可能出现顶齿现象。在自动变速的数控机床主运动系统中，通常增设一台微电机，它在拨叉移动滑移齿轮的同时带动各传动齿轮作低速回转，这样滑移齿轮便能顺利啮合。液压拨叉变速是一种有效的方法，但它增加了数控机床液压系统的复杂性，而且必须将数控装置送来的信号先转换成电磁阀的机械动作，然后再将压力油分配到相应的液压缸，因而增加了变速的中间环节，带来了更多的不可靠因素。

2. 电磁离合器换档

电磁离合器是应用电磁效应接通、切断运行的元件，便于实现自动化操作，但它的缺点是体积大，磁通易使机械零件磁化。在数控机床主传动中，使用电磁离合器能够简化变速机构，通过安装在各传动轴上离合器的吸合与分离，形成不同的运动组合传动路线，实现主轴变速。

在数控机床中常使用无滑环摩擦片式电磁离合器和牙嵌电磁离合器。图 6-13 所示是牙嵌电磁离合器的结构图，当线圈 1 通电后，带有端面齿的衔铁 2 被吸引，与磁轭 8 的端面齿相啮合，衔铁 2 又通过花键与定位环 5 连接，再通过螺钉 7 传递给齿轮。隔离环 6 用于防止磁力线从传动轴构成回路而削弱电磁吸力，保证了传动精度。衔铁 2 和定位环 5 采用渐开线花键联接，保证了衔铁与传动轴的同轴度，使端面间齿轮更可靠地啮合。采用螺钉 3 和压力弹簧 4 的结构能使离合器的安装方式不受限制，不管衔铁是水平还是垂直、向上还是向下安装，当线圈 1 断电时都能保证合理的齿端间隙。

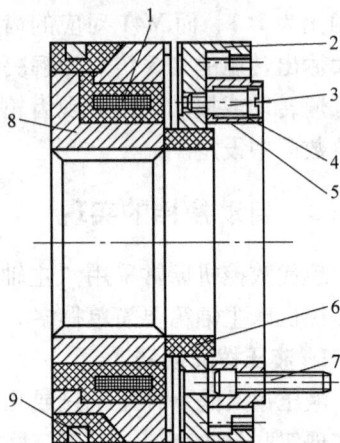

图 6-13　牙嵌电磁离合器的结构图
1—线圈　2—衔铁　3、7—螺钉
4—压力弹簧　5—定位环　6—隔
离环　8—磁轭　9—旋转环

3. 自动换档控制

自动换档动作时序如图 6-14 所示。控制过程如下：

1）当数控系统读到有档位变化的 S 指令时，则输出相应的 M 代码（M41、M42、M43、M44），代码由 BCD 码输出还是由二进制输出可由数控系统的参数确定，输出信号送至可编程序控制器。

2）50ms 后，CNC 发出 M 选通信号"M strobe"，指示可编程序控制器可以读取并执行 M 代码，选通信号持续 100ms。之所以 50ms 后读取是为了让 M 代码稳定，保证读取的数据正确。

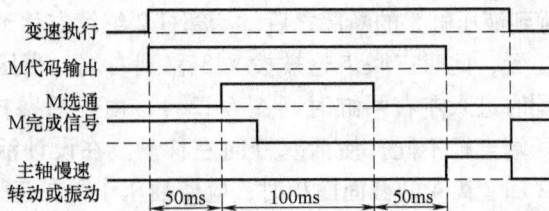

图 6-14　自动换档动作的时序图

3）可编程序控制器接收到"M strobe"信号后，立即使 M 完成信号为无效，并告知数控系统 M 代码正在执行。

4）可编程序控制器开始对 M 代码进行译码，并执行相应的变速控制逻辑。

5）M 代码输出 200ms 后，数控系统根据参数设置输出一定的主轴微动量，从而使主轴慢速转动或振动，以解决齿轮顶齿问题。

　　6）可编程序控制器完成变速后，置 M 信号有效，并告诉数控系统变速工作已经完成。

　　7）数控系统根据参数设置的每档主轴最高转速。自动输出新的模拟电压，使主轴转速为给定的值。

6.4　主轴准停控制

6.4.1　主轴准停控制在数控机床上的作用

　　主轴准停功能又称为主轴定位功能（Spindle Specified Position Stop），即当主轴停止时，控制其停于固定位置，这是实现自动换刀所必需的功能。在自动换刀的镗铣加工中心上，切削的转矩通常是通过刀杆的端面键来传递的，这就要求主轴具有准确定位于圆周上特定角度的功能，如图 6-15 所示。当加工阶梯孔或精镗孔后退刀时，为防止刀具与小阶梯孔碰撞或拉毛已精加工的孔表面，必须先让刀，再退刀，而要让刀刀具必须具有准停功能，如图 6-16 所示。

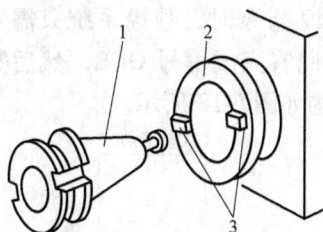

图 6-15　主轴准停换刀示意图
1—刀柄　2—主轴　3—键

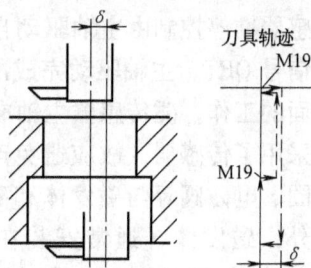

图 6-16　主轴准停镗阶梯孔示意图

　　主轴准停功能分为机械式准停和电气式准停。

6.4.2　机械准停控制

　　图 6-17 所示为典型的 V 形槽轮定位盘准停结构，带有 V 形槽的定位盘与主轴端面保持一定的关系，以确定定位位置。当指令准停控制 M19 时，首先使主轴减速至某一可以设定的低速转动，然后当无触点开关有效信号被检测到后，立即使主轴电动机停转并断开主轴传动链，此时主轴电动机与主轴传动件靠惯性继续空转，同时定位液压缸定位销伸出并压向定位盘。当定位盘 V 形槽与定位销正对时，由于液压缸的压力，定位销插入 V 形槽中，LS2 准停到信号有效，表明准停动作完成。这里 LS1 为准停释放信号。采用这种准停方式，必须有一定的逻辑互锁，即当 LS2 有效时，才能进行下面如换刀等动作。而只有当 LS1 有效时才能起动主轴电动机正常运转。上述准停功能通常

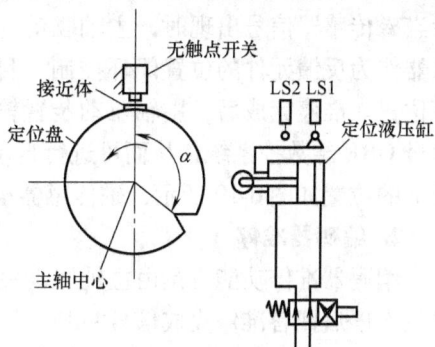

图 6-17　V 形槽轮定位准停

可由数控系统配置的可编程序控制器完成。

机械准停还有其他方式，如端面螺旋凸轮准停等，但基本原理是一样的。

6.4.3 电气准停控制

目前国内外中高档数控系统均采用电气准停控制，优点如下：

①简化机械结构。与机械准停相比，电气准停只需在旋转部件和固定部件上安装传感器即可。

②缩短准停时间。准停时间包括在换刀时间内，而换刀时间是加工中心的一项重要指标。采用电气准停，即使主轴在高速转动时，也能快速定位于准停位置。

③可靠性增加。由于无需复杂的机械开关、液压缸等装置，也没有机械准停所形成的机械冲击，因而电气准停控制使设备寿命与可靠性大大增加。

④性能价格比提高。由于简化了机械结构和强电控制逻辑，成本大大降低。电气准停常作为选择功能，订购电气准停附件需另增费用。但总体来看，性能价格比大大提高。

目前电气准停通常有以下三种方式。

1. 磁传感器准停

磁传感器准停控制由主轴驱动自身完成。当执行 M19 指令时，数控系统只需发出主轴准停启动信号 ORT，主轴驱动完成准停后会向数控装置回答完成信号 ORE，然后数控系统再进行下面的工作。磁传感器主轴准停控制系统基本结构如图 6-18 所示。

由于采用了传感器，故应避免产生磁场的元件如电磁线圈、电磁阀等与磁发体和磁传感器安装在一起。另外，磁发体（通常安装在主轴旋转部件上）与磁传感器（固定不动）的安装是有严格要求的，应按说明书要求的精度安装。

采用磁传感器准停步骤如下：当主轴转动或停止时，接收到数控系统发来的准停开关信号 ORT，主轴立即加速或减速至某一准停速度（可在主轴驱动装置中设定）。主轴达到准停速度且到达准停位置时（即磁发体与磁传感器对准），主轴立即减速至某一爬行速度（可在主轴驱动装置中设定）。然后当磁传感器信号出现时，主轴驱动立即进入磁传感器作为反馈元件的位置闭环控制，目标位置为准停位置。准停完成后，主轴驱动装置输出准停完成

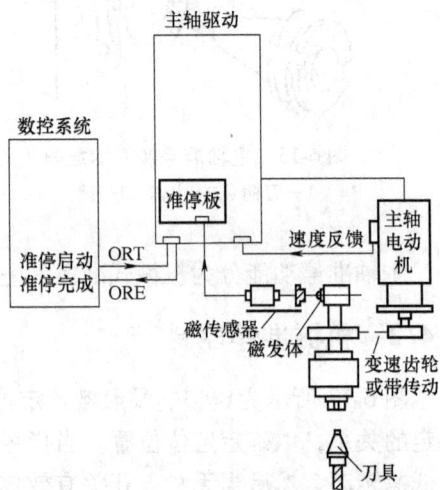

图 6-18 磁传感器准停控制系统结构

信号 ORE 给数控系统，从而可进行自动换刀（ATC）或其他动作。磁发体与磁传感器在主轴上的位置如图 6-19 所示，磁传感器准停控制时序如图 6-20 所示。

2. 编码器准停

编码器准停功能也是由主轴驱动完成的，数控系统只需发出 ORT 信号即可，主轴驱动完成准停后回答准停完成信号 ORE。

图 6-21 所示为编码器准停控制系统结构图。可采用主轴电动机内部安装的编码器信号（来自于主轴驱动装置），也可以在主轴上直接安装另外一个编码器。采用前一种方式时，

要注意传动链对主轴准停精度的影响。主轴驱动装置内部可自动转换，使主轴驱动处于速度控制或位置控制状态。

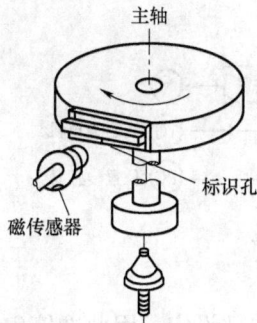

图 6-19　磁发体与磁传感器

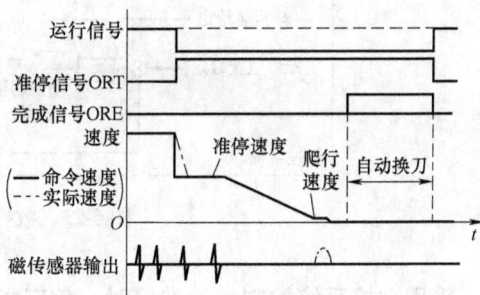

图 6-20　磁传感器准停控制时序图

准停角度可由外部开关量设定，这一点与磁传感器准停不同，磁传感器准停的角度无法随意设定，要想调整准停位置，只有调整磁发体与磁传感器的相对位置。编码器准停控制时序如图 6-22 所示，其步骤与磁传感器型类似。

对于上述两种准停控制方式，无论采用何种准停方式（特别是对磁传感器准停方式），当需要在主轴上安装元件时，应注意动平衡问题，因为数控机床精度很高，转速也很高，对动平衡要求严格。一般对中速以下的主轴来说，有一点不平衡还不至于有太大的问题，但对高速主轴，这一不平衡量会引起主轴振动。为适应主轴高速化的需要，国外已开发出整环式磁传感器主轴准停装置，由于磁发体是整环，所以动平衡好。

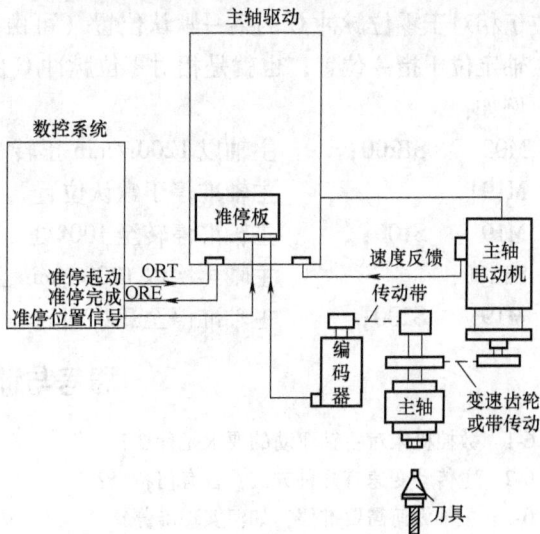

图 6-21　编码器准停控制系统结构

3. 数控系统准停

数控系统准停控制方式是由数控系统完成的，采用这种控制方式时需注意以下问题：

1) 数控系统须具有主轴闭环控制功能。通常为避免冲击，主轴驱动都具有软起动功能，但这会对主轴位置闭环控制产生不良影响。此时，位置增益过低则准停精度和刚度（克服外界扰动的能力）不能满足要求，而过高则会产生严重的定位振荡现象。因此，必须使主轴进入伺服状态，此时其特性与进给系统伺服系统相近，可进行位置控制。

2) 当采用电动机轴端编码器信号反馈给数控装置时，主轴传动链精度可

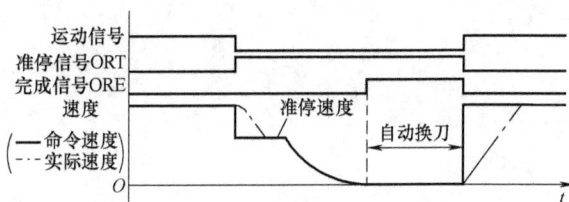

图 6-22　编码器准停控制时序图

能对准停精度产生影响。数控系统准停控制系统的原理与进给位置控制的原理非常相似，其结构如图 6-23 所示。

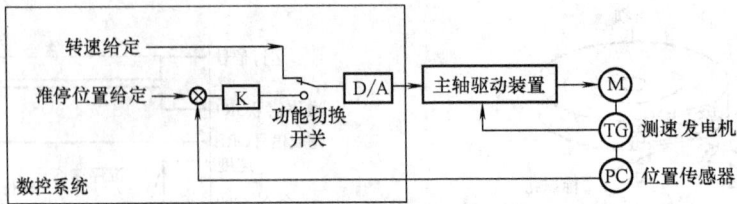

图 6-23　数控系统准停控制系统

采用数控系统控制主轴准停时，角度指定由数控系统内部设定，因此准停角度可更方便地设定。准停步骤如下：

数控系统执行 M19 指令或"M19 S ___;"指令时，首先将 M19 送至可编程序控制器，可编程序控制器经译码送出控制信号，使主轴驱动进入伺服状态，同时数控系统控制主轴电动机减速并寻找零位脉冲 C，然后进入位置闭环控制状态。如果执行 M19，无 S 指令，则主轴定位于相对于零位脉冲 C 的某一默认位置（可由数控系统设定）。如果执行"M19 S ___;"，则主轴定位于指令位置，也就是相对零位脉冲 C 由程序字 S 指定的角度位置。

例如：

M03	S1200;	主轴以 1200r/min 正转
M19;		主轴准停于默认位置
M19	S100;	主轴准停转至 100°处
S1200;		主轴再次以 1200r/min 正转
M19	S200;	主轴准停至 200°处

思考与训练

6-1　数控机床对主轴驱动的要求是什么？

6-2　主传动变速有几种方式？各有何特点？

6-3　主轴为何需要准停？如何实现准停？

6-4　试述三位液压拨叉的工作原理。

6-5　什么是主轴分段无级变速？为什么要采用主轴分段无级变速？

6-6　主轴电气准停与机械准停相比有何优点？

6-7　试述磁传感器准停系统的结构与工作原理。

第7章 数控机床的机械结构

☞**知识提要：**本章主要介绍数控车床、数控铣床及加工中心的组成与布局、分类，数控车床、铣床及加工中心的主传动系统、进给传动系统、工装夹具，数控车床、数控铣床及加工中心的刀具等内容。

☞**学习目标：**通过本章内容的学习，学习者应对数控车床、数控铣床及加工中心的组成与布局、分类、主传动系统、进给传动系统、工装夹具、刀具的知识全面掌握，对数控车床、数控铣床及加工中心的机械结构有全面的认识并熟练掌握。

7.1 数控车床的机械结构

数控车床、数控铣床及加工中心的机械结构既有相同或相似的部分，也有各自不同的部分，对于不同的部分，将分开介绍，对于相同或相似的部分，如滚珠丝杠副、导轨、主传动的形式等内容，为了避免重复，将分别安排在不同的节次介绍。

7.1.1 数控车床的组成与布局

1. 数控车床的基本组成

数控车床一般由数控装置（NC 装置）、床身、主轴系统（主轴箱、主轴电动机、卡盘、夹紧装置）、刀架、进给系统（工作台、伺服电动机、传动机构）、尾座、辅助系统（液压装置、冷却装置、润滑装置）、电气柜等部分组成，图7-1 所示为数控车床的结构组成简图。

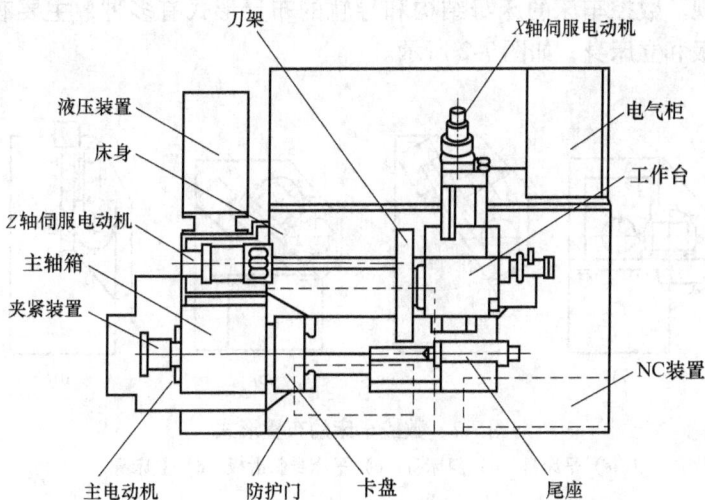

图7-1 数控车床的结构组成简图

（1）主轴箱　主轴箱固定在床身的最左边。主轴箱中的主轴通过卡盘等夹具夹住工件，主轴箱支承主轴并使主轴带动工件按照规定的转速旋转，以实现车床的主运动。

（2）刀架　刀架安装在车床的刀架滑板上，在刀架上可安装 4～12 把车刀，加工时可实现自动换刀。

（3）刀架进给系统　刀架进给系统由横向（X 向）进给系统和纵向（Z 向）进给系统组成。纵向进给系统安装在床身导轨上，沿床身实现纵向（Z 向）运动；横向进给系统安装在纵向进给系统上，沿纵向进给系统实现横向（X 向）运动。

（4）尾座　尾座安装在床身导轨上，可以沿床身导轨进行纵向移动，其作用是安装顶尖和支承工件。

（5）床身　床身固定在机床底座上，是车床的基本支承件，其上安装车床的各主要部件。

（6）底座　底座是车床的基础，用于支承车床的各部件，连接电气柜，支承防护罩和安装排屑装置。

（7）防护门　防护门安装在车床底座上，用于加工时保护操作者的安全和保护环境的清洁。

（8）液压装置　液压装置实现车床上的一些辅助运动，主要是实现车床主轴的变速、尾座的移动及工件自动夹紧机构的动作。

（9）润滑系统　润滑系统是为车床运动部件提供润滑和冷却的系统。

（10）切削液系统　切削液系统为车床在加工中提供切削液，以满足切削加工的需要。

（11）车床电气控制系统　车床电气控制系统由数控系统（包括数控装置、伺服系统及可编程序控制器）、车床的强电控制系统组成。它完成对车床的自动控制。

2. 数控车床的布局

数控车床的主轴、尾座等部件相对于床身的布局形式与普通车床基本一致，而刀架和导轨的布局形式发生了根本的变化，这是因为刀架和导轨的布局形式直接影响数控车床的使用性能、结构和外观。数控车床的床身结构和导轨的布局形式有多种，主要有平床身、斜床身、平床身斜滑板和立床身，如图7-2所示。

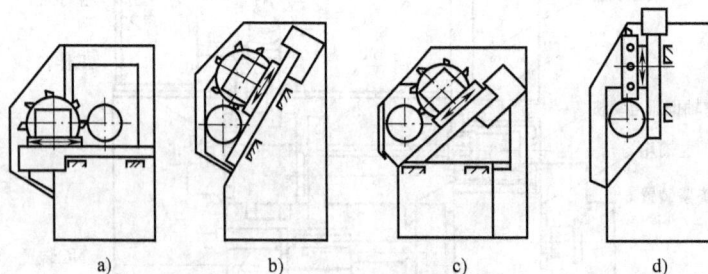

图7-2　数控车床的布置形式

a）平床身　b）斜床身　c）平床身斜滑板　d）立床身

（1）平床身　平床身的工艺性好，并配有水平放置的刀架，可提高刀架的运动精度，但下部空间小，故排屑困难。从结构尺寸上看，刀架水平放置使得滑板横向尺寸较长，从而加大了车床宽度方向的结构尺寸，因此，平床身布局一般用于大型或小型精密数控车床。

（2）斜床身　斜床身导轨倾斜的角度为30°、45°、60°、75°和90°（称为立式床身）。倾斜角度小，排屑不便；倾斜角度大，导轨的导向性差，受力也受影响。导轨倾斜角度的大小还会影响车床高度和宽度的比例。综合考虑，中小规格的数控车床，其床身倾斜角度以60°为宜。

（3）平床身斜滑板　水平床身配倾斜放置的滑板并配置倾斜导轨，使数控车床具有平床身工艺性好的特点，车床宽度方向的结构尺寸较平床身配置滑板的要小，排屑方便且占地面积小，外形简洁美观，故中、小型数控车床普遍采用这种布局形式。

（4）立床身　立床身是指床身导轨倾斜的角度为90°的布局。立床身的数控车床排屑方便，但导轨的导向性差，受力也较差，故数控车床较少用该种布局形式。

3. 数控车床的结构特点

与传统的车床相比，数控车床的结构有以下特点：

1）由于数控车床刀架的两个方向运动分别由两台伺服电动机驱动，所以它的传动链短，不必使用交换齿轮、光杠等传动部件，用伺服电动机直接与丝杠联接带动刀架运动。伺服电动机与丝杠之间也可以用同步带传动或齿轮传动联接。

2）多功能数控车床是采用直流或交流主轴控制单元来驱动主轴的，按控制指令作无级变速，主轴之间不必用多级齿轮传动来进行变速。为扩大变速范围，现在一般还要通过一级齿轮传动，以实现分段无级调速，即使这样，主轴箱内的结构已比传统车床的简单得多。数控车床的另一个结构特点是刚度大，这是为了与控制系统的高精度控制相匹配，以便适应高精度的加工。

3）轻拖动。刀架移动一般采用滚珠丝杠副，用滚珠滚动代替普通丝杠螺母副的滑动，使传动的摩擦阻力减小。同时，为了拖动轻便，数控车床的润滑都比较充分，大部分采用油雾自动润滑。

4）由于数控机床的价格较高、控制系统的寿命较长，所以数控车床的滑动导轨也要求耐磨性好。数控车床一般采用镶钢导轨，这样机床精度保持的时间就比较长，其使用寿命也可延长许多。

5）数控车床还具有加工冷却充分、防护较严密等特点，自动运转时一般都处于全封闭或半封闭状态。

6）数控车床一般还配有自动排屑装置。

7.1.2　数控车床的分类

数控车床品种繁多，功能各异，可从不同的角度对其进行分类。

1. 按车床主轴位置分类

（1）立式数控车床　立式数控车床简称数控立车，如图7-3所示，车床主轴垂直于水平面，一个直径很大的圆形工作台用来装夹工件。这类机床主要用于加工径向尺寸大、轴向尺寸相对较小的大型复杂零件。

（2）卧式数控车床　卧式数控车床又分为水平导轨卧式数控车床和倾斜导轨卧式数控车床。其中，倾斜导轨结构可以使车床具有更大的刚性，并易于排除切屑。图7-4所示为水平导轨卧式数控车床。

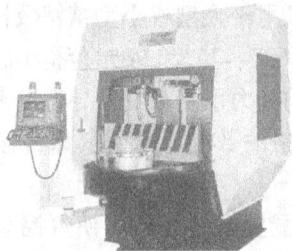

图 7-3　立式数控车床

图 7-4　数控水平导轨卧式数控车床

2. 按加工零件的基本类型分类

（1）卡盘式数控车床　这类车床没有尾座，适合车削盘类（含短轴类）零件。夹紧方式多为电动或液压控制，卡盘结构多具有可调卡爪或不淬火卡爪（即软卡爪）。

（2）顶尖式数控车床　这类车床配有普通尾座或数控尾座，适合车削较长的零件及直径不太大的盘类零件。

3. 按刀架数量分类

（1）单刀架数控车床　如图 7-5 所示，数控车床一般都配置有各种形式的单刀架，如四工位卧动转位刀架或多工位转塔式自动转位刀架。

（2）双刀架数控车床　如图 7-6 所示，这类车床的双刀架配置平行分布，也可以是相互垂直分布。

图 7-5　单刀架数控车床

图 7-6　双刀架数控车床

4. 按功能分类

（1）经济型数控车床　采用步进电动机和单片机对普通车床的进给系统进行改造后形成的简易型数控车床。其成本较低，但自动化程度和功能都比较差，车削加工精度也不高，适用于要求不高的回转类零件的车削加工。

（2）普通数控车床　根据车削加工要求在结构上进行专门设计并配备通用数控系统而形成的数控车床。其数控系统功能强，自动化程度和加工精度也比较高，适用于一般回转类零件的车削加工。这种数控车床可同时控制两个坐标轴，即 X 轴和 Z 轴。

（3）车削加工中心（图 7-7）　在普通数控车床的基础上，增加了 C 轴（图 7-8）和动力头，更高级的数控车床还带有刀库，可控制 X、Z 和 C 三个坐标轴，联动控制轴可以是

$(X、Z)$、$(X、C)$ 或 $(Z、C)$。由于增加了 C 轴和铣削动力头，这种数控车床的加工功能大大增强，除可以进行一般车削外，还可以进行径向和轴向铣削、曲面铣削、中心线不在零件回转中心的孔和径向孔的钻削加工等。

图 7-7　车削加工中心　　　　　　　　　　　图 7-8　C 轴控制

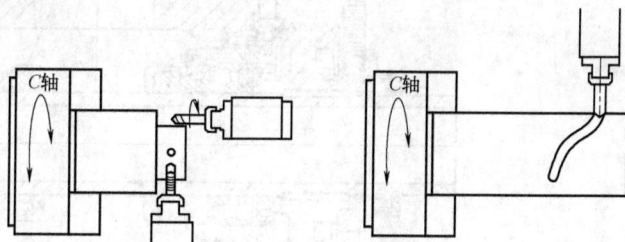

7.1.3　数控车床的主运动系统

1. 主运动系统概述

数控机床的主运动系统是指驱动主轴运动的系统。主轴是数控机床上带动刀具和工件旋转，产生切削运动的运动轴，它往往是数控机床上单轴功率消耗最大的运动轴。

数控车床的主运动系统一般采用直流或交流无级调速电动机，通过带传动带动主轴旋转，实现自动无级调速及恒线速度控制。

主运动系统有如下作用：

① 传递动力，即传递切削加工所需要的动力。

② 传递运动，即传递切削加工所需要的运动。

③ 运动控制，即控制主运动运行的速度大小、方向和起停。

与进给伺服系统相比，主运动系统具有转速高、传递的功率大等特点，是数控机床的关键部件之一，因此对其运动精度、刚度、噪声、温升、热变形的要求较高。

2. 数控车床主运动系统的主轴部件

主轴部件是机床实现旋转运动的执行件，其结构如图 7-9 所示，工作原理如下：

交流主轴电动机通过带轮 15 把运动传递给主轴 7。主轴有前、后两个支承。其中前支承由一个双列圆柱滚子轴承 11 和一对角接触球轴承 10 组成，轴承 11 用来承受径向载荷，两个角接触球轴承一个大口向外（朝向主轴前端），另一个大口向里（朝向主轴后端），用来承受双向的轴向载荷和径向载荷。前支承轴的间隙用螺母 8 来调整。螺钉 12 用来防止螺母 8 回松。主轴的后支承为双列圆柱滚子轴承 14，轴承间隙由螺母 1 和 6 来调整。螺钉 17 和 13 是防止螺母 1 和 6 回松的。主轴的支承形式为前端定位，主轴受热膨胀向后伸长。前、后支承所用双列圆柱滚子轴承的支承刚性好，允许的极限转速高。前支承中的角接触球轴承能承受较大的轴向载荷，且允许的极限转速高。主轴所采用的支承结构能满足低速大载荷的需要。主轴的运动经过同步带轮 16 和 3 以及同步带 2 带动脉冲编码器 4，使其与主轴同速运转。脉冲编码器用螺钉 5 固定在主轴箱体 9 上。

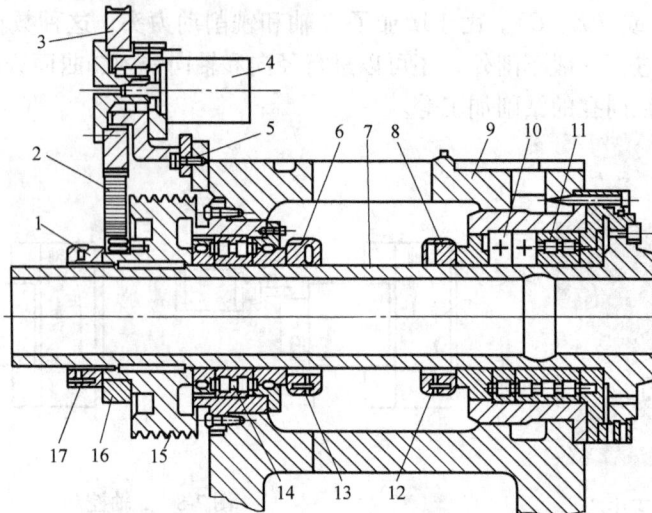

图 7-9 数控车床的主轴部件

1、6、8—螺母 2—同步带 3、16—同步带轮 4—脉冲编码器

5、12、13、17—螺钉 7—主轴 9—主轴箱体 10—角接触

球轴承 11、14—圆柱滚子轴承 15—带轮

7.1.4 数控车床的进给系统

数控车床的进给系统多采用伺服电动机直接带动或通过同步带带动滚珠丝杠旋转。横向进给系统带动刀架作横向（X 轴）移动，它控制工件的径向尺寸；纵向进给装置带动刀架作轴向（Z 轴）运动，它控制工件的轴向尺寸。

1. 进给系统的作用

数控机床的进给传动系统负责接收数控系统发出的脉冲指令，并经放大和转换后驱动机床运动执行件实现预期的运动。

2. 对进给系统的要求

为保证数控机床高的加工精度，要求其进给系统工作稳定、传动精度高、灵敏度高（响应速度快）、构件刚度高及使用寿命长、摩擦及运动惯量小，并能消除传动间隙。

3. 进给系统的种类

（1）步进电动机伺服进给系统 一般用于经济型数控机床。

（2）直流电动机伺服进给系统 功率稳定，但因采用电刷，其磨损导致在使用中需进行更换，一般用于中档数控机床。

（3）交流电动机伺服进给系统 应用极为普遍，主要用于中、高档数控机床。

（4）直线电动机伺服进给系统 无中间传动链，精度高，进给快，无长度限制；但散热差，防护要求特别高，主要用于高速机床。

4. 进给系统传动部件

（1）滚珠丝杠副 数控加工时，需将旋转运动转变成直线运动，故采用丝杠螺母传动机构。数控机床上一般采用滚珠丝杠副，如图 7-10 所示，它可将滑动摩擦变为滚动摩擦，满足进给系统减少摩擦的基本要求。滚珠丝杠副传动效率高，摩擦力小，并可消除间隙，无反向空行程；但其制造成本高，不能自锁，尺寸亦不能太大，一般用于中小型数控机床的直线进给。

1）滚珠丝杠副的结构组成。目前国内外生产的滚珠丝杠副可分为内循环及外循环两类。图 7-11a 所示为内循环滚珠丝杠副，在螺母外侧孔中装有接通相邻滚道的反向器，以迫使滚珠翻越丝杠的齿顶而进入相邻滚道。图 7-11b 所示为外循环螺旋槽式滚珠丝杠副，在螺母的外圆上铣有螺旋槽，并在螺母内部装上挡珠器，挡珠器的舌部切断螺纹滚道，迫使滚珠流入通向螺旋槽的孔中而完成循环。

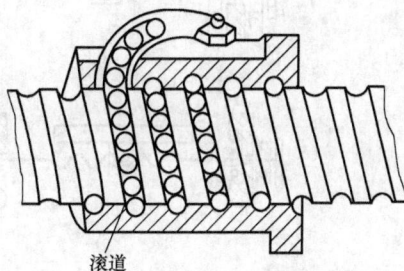

滚道

图 7-10　滚珠丝杠副

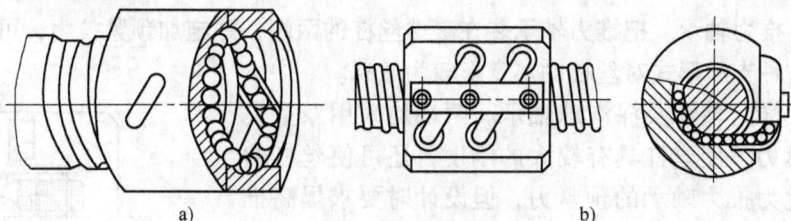

a)　　　　　　　　　　b)

图 7-11　滚珠丝杠副的循环方式
a）内循环方式　b）外循环方式

2）滚珠丝杠副的特点。

①传动效率高、摩擦损失小。滚珠丝杠副的传动效率 η 高达 85% ~ 98%，是普通滑动丝杠的 2 ~ 4 倍。因此，其功率消耗只相当于常规丝杠的 1/4 ~ 1/2。

②运动灵敏，低速时无爬行。由于滚珠与丝杠和螺母之间的摩擦是滚动摩擦，运动件的摩擦阻力及动、静摩擦阻力之差都很小，采用滚珠丝杠副是提高进给系统灵敏度、定位精度和防止爬行的有效措施之一。

③传动精度高，刚性好。通过适当的预紧，可消除传动间隙，实现无间隙传动。

④滚珠丝杠副的磨损很小，使用寿命长。

⑤无自锁能力，具有传动的可逆性，故对于垂直使用的丝杠，由于重力的作用，当传动切断时不能立即停止运动，应增加自锁装置。

⑥滚珠丝杠副制造工艺复杂，滚珠、丝杠和螺母的材料、热处理和加工要求与滚动轴承相同，且螺旋滚道必须磨削，因而制造成本高。

3）滚珠丝杠副的支承结构。对于数控机床的进给传动系统，要获得较高的传动刚度，除了加强滚珠丝杠副本身的刚度外，其正确安装及支承结构的刚度也是不可忽视的因素。常用的滚珠丝杠副支承形式有以下四种，如图 7-12 所示。

①一端装推力轴承。这种支承形式适用于短丝杠，它的承载能力小，轴向刚度低，一般用于数控机床的调节环节或升降台式数控铣床的垂直方向。

②一端装推力轴承，另一端装深沟球轴承。这种支承形式用于丝杠较长的情况，当热变形造成丝杠伸长时，其一端固定，另一端能作微量的轴向浮动。安装时应注意使推力轴承端远离热源及丝杠的常用段，以减少丝杠热变形的影响。

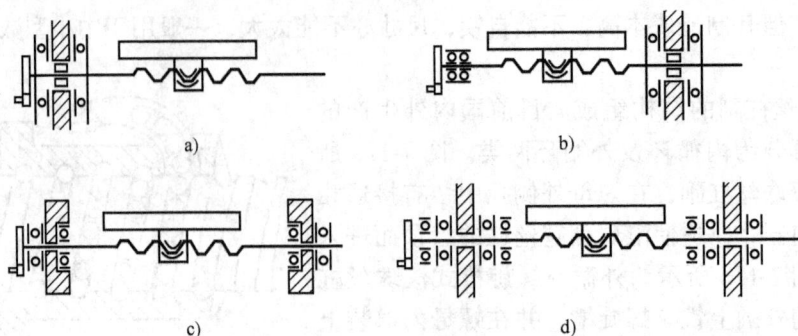

图 7-12 滚珠丝杠副的支承形式

③两端装推力轴承。把推力轴承装在滚珠丝杠的两端，并施加预紧拉力，可以提高其轴向刚度，但这种支承形式对丝杠的热变形较为敏感。

④两端装推力轴承及深沟球轴承。两端均采用双重支承并施加预紧力，使丝杠具有较大的刚度，还可使丝杠的温度变形转化为推力轴承的预紧力，但设计时要求提高推力轴承的承载能力和支承刚度。

4）滚珠丝杠的制动。滚珠丝杠副的传动效率高但不能自锁，需要设置制动装置，特别是用在垂直传动或高速大惯量场合时。

最常见的制动方式是电气电磁方式，即采用电磁制动器，且这种制动器就做在电动机内部。图 7-13 所示为伺服电动机电磁制动器的示意图，机床工作时，在电磁线圈 7 电磁力的作用下，外齿轮 8 与内齿轮 9 脱开，弹簧受压缩，当停机或停电时，永久磁铁 5 失电，在弹簧恢复力作用下，齿轮 8、9 啮合，内齿轮 9 与电动机端盖合为一体，故与电动机轴联接的丝杠得到制动。这种电磁制动器装在电动机壳内，与电动机形成一体化的结构。

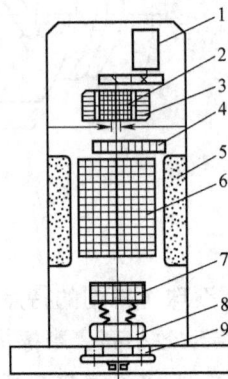

图 7-13　电磁制动器示意图
1—旋转变压器　2—测速发电机转子
3—测速发电机定子　4—电刷
5—永久磁铁　6—伺服电动机
转子　7—电磁线圈　8—外齿轮
9—内齿圈

（2）导轨　该部分内容将在数控铣床部分介绍。

7.1.5 数控车床的工装夹具

1. 数控车床夹具

数控车床的夹具主要有自定心卡盘、单动卡盘、花盘等，除此之外，还有液压卡盘。

自定心卡盘如图 7-14 所示，可自动定心，装夹方便，应用较广，但它夹紧力较小，不便于夹持外形不规则的工件。

单动卡盘如图 7-15 所示，其四个爪都可单独移动，安装工件时需找正，夹紧力大，适用于装夹毛坯及截面形状不规则和不对称的较重、较大的工件。

通常用花盘装夹不对称和形状复杂的工件，装夹工件时需反复找正和平衡。

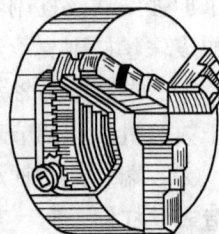

图 7-14　自定心卡盘

　　液压卡盘（图 7-16）是数控车削加工时夹紧工件的重要附件。对一般回转类零件可采用普通液压卡盘；对被夹持部位不是圆柱形的零件，则需要采用专用卡盘。用棒料作为毛坯直接加工零件时，需要采用弹簧夹头卡盘（图 7-17）。

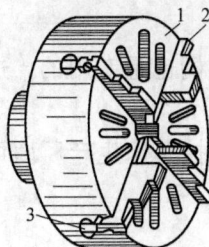

图 7-15　单动卡盘

1—卡盘体　2—卡爪　3—扳手孔

图 7-16　液压卡盘

2. 数控车床的尾座

　　对轴向尺寸和径向尺寸的比值较大的零件，需要采用安装在液压尾座上的活顶尖对零件尾端进行支承，才能保证对零件进行正确的加工。尾座有普通液压尾座和可编程液压尾座（图 7-18）。

图 7-17　弹簧夹头卡盘

图 7-18　可编程液压尾座

3. 数控车床的刀架

　　自动回转刀架是数控车床上使用的一种简单的自动换刀装置，有四方刀架和六角刀架等多种形式。数控车床根据其功能，刀架上可安装的刀具数量一般为 4 把（图 7-19 所示为电动四方刀架）、8 把、10 把、12 把（图 7-20 所示为 12 工位刀架）或 16 把，有些数控车床还可以安装更多的刀具。回转刀架又有立式和卧式两种，其中立式回转刀架的回转轴与机床主轴成垂直布置，结构比较简单，经济型数控车床多采用这种刀架。

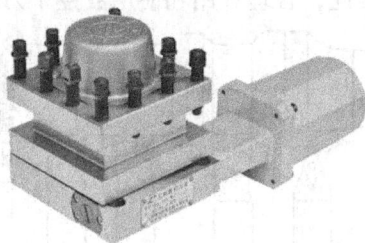

图 7-19　电动四方刀架

图 7-20　可转位 12 工位刀架

刀架的结构形式一般为回转式，刀具沿圆周方向安装在刀架上，可以安装径向车刀、轴向车刀、钻头、镗刀。车削加工中心还可安装轴向铣刀、径向铣刀。少数数控车床的刀架为直排式，刀具沿一条直线安装，如图 7-21 所示。

数控车床可以配备两种刀架。

（1）专用刀架　由车床生产厂商自己开发，所使用的刀柄也是专用的。这种刀架的优点是制造成本低，但缺乏通用性。

（2）通用刀架　根据一定的通用标准而生产的刀架，数控车床生产厂商可以根据数控车床的功能要求选择配置。

4. 数控车床的铣削动力头

数控车床刀架上安装铣削动力头可以大大扩展数控车床的加工能力，主要特点是通过铣削动力头的转化使车削加工中心在一次装夹中不仅能完成车削功能，还能完成铣削功能，这样就使机床的应用范围扩大。由于是一次装夹完成多种功能，如车、钻、铰、攻螺纹、铣平面、铣槽、切口等，所以工件的加工精度和质量较高，而且也提高了加工效率。铣削动力头必须安装在有动力输出的机床上，其外观结构如图 7-22 所示。

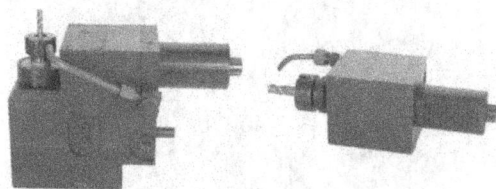

图 7-21　排式刀架　　　　图 7-22　铣削动力头的外观结构

铣削动力头按动力传递方向分为径向动力头和轴向动力头，每一种动力头按使用用途分为钻铣类、攻螺纹类、铣槽类和镗孔类。

7.1.6　数控车床的刀具

数控车床的刀具在数控车削加工中直接接触工件，从工件上切除多余的余量，其性能的优劣直接决定了切削效率的高低及工件质量的好坏。因此，合理选用和使用数控车刀已成为充分发挥数控车床性能、降低成本、提高效率、达到工件质量要求的重要保证。图 7-23 所示为数控车床各种外轮廓刀具的具体用途。

数控车床上使用的车刀按结构可分为整体车刀、焊接车刀、机夹车刀和可转位车刀。

（1）整体车刀　整体车刀是采

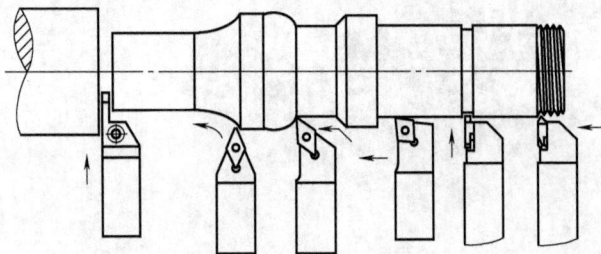

图 7-23　数控车床各种外轮廓刀具的作用

用整块高速钢制造成的长条状刀条，然后磨出切削刃。这种车刀在切削过程中磨钝后可根据加工要求重新修磨，但刀具的几何角度不易精确控制，对操作者磨刀的要求较高。整体车刀韧性好，可靠性高，刀具材料利用率较高，能制造小型刀具。

（2）焊接车刀　焊接车刀是由硬质合金刀片和普通结构钢刀杆通过焊接而成的，也称硬质合金焊接式车刀。其结构简单，制作方便，刀具刚性好，使用灵活，故应用广泛，如图 7-24 所示。焊接车刀刀片分为 A、B、C、D、E 五类，刀片型号由一个字母和一个或两个数字组成，字母表示刀片形状、数字代表刀片主要尺寸。

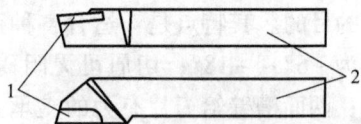

图 7-24　焊接车刀
1—焊接刀片　2—刀柄

（3）机夹车刀　机夹车刀采用优质碳素工具钢或合金工具钢制造刀杆，用硬质合金制造刀片，用机械夹紧的方式将刀片装入刀杆，如图 7-25 所示。机夹车刀的切削刃位置可以根据车削加工的需要调整，并且用钝后可重磨；刀杆机构复杂，制造成本高，但可反复使用。

（4）可转位车刀

1）可转位车刀的特点。可转位车刀采用优质碳素工具钢或合金工具钢制造刀杆，用硬质合金制造刀片，并在硬质合金刀片上预制有多条几何角度相同的切削刃，然后用机械夹紧的方式将刀片装入刀杆，如图 7-26 所示。可转位车刀的硬质合金刀片在使用的过程中，刀片的一条切削刃在磨钝后只需要转动刀片就可更换切削刃；当几条切削刃都磨钝后，只需要更换相同型号规格的新刀片就可继续使用。这种车刀使换刀的时间大大缩短，有效地提高了切削的效率；刀杆制造精度高，可反复使用。

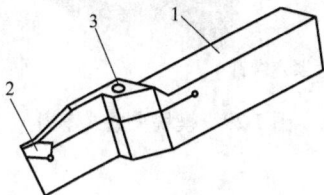

图 7-25　机夹车刀
1—刀柄　2—刀片　3—螺钉

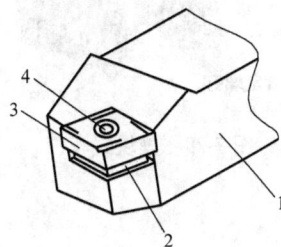

图 7-26　可转位车刀
1—刀柄　2—垫片　3—可转位刀片　4—螺钉

2）可转位车刀的种类。可转位车刀按其用途可分为外圆车刀、仿形车刀、端面车刀、内圆车刀、切断车刀、螺纹车刀和切槽车刀等，见表 7-1。

表 7-1　可转位车刀的种类

类　型	主　偏　角	适用机床
外圆车刀	90°、50°、60°、75°、45°	普通车床和数控车床
仿形车刀	93°、107.5°	仿形车床和数控车床
端面车刀	90°、45°、75°	普通车床和数控车床
内圆车刀	45°、60°、75°、90°、91°、93°、95°、107.5°	普通车床和数控车床
切断车刀		普通车床和数控车床
螺纹车刀		普通车床和数控车床
切槽车刀		普通车床和数控车床

3）可转位车刀的结构形式。

①杠杆式车刀。结构如图 7-27 所示，由杠杆、螺钉、刀垫、刀垫销、刀片所组成。这种结构形式依靠螺钉旋紧压靠杠杆，由杠杆的力压紧刀片来达到夹固的目的。其特点是：适合各种正、负前角的刀片，有效的前角范围为 $-6° \sim +18°$；切屑可无阻碍地流过，切削热不影响螺孔和杠杆；两面槽壁给刀片有力的支承，并确保转位精度。

②楔块式车刀。结构如图 7-28 所示，由紧定螺钉、刀垫、定位销、楔块、刀片所组成。这种方式依靠销与楔块的挤压力将刀片紧固。其特点是：适合各种负前角刀片，有效的前角范围为 $-6° \sim +18°$；两面无槽壁，便于仿形切削或倒转操作时留有间隙。

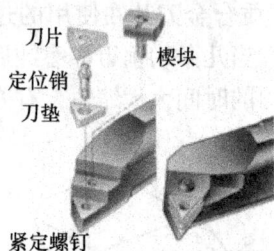

图 7-27　杠杆式车刀

③楔块夹紧式车刀。结构如图 7-29 所示，由紧定螺钉、刀垫、定位销、压紧楔块、刀片所组成。这种方式依靠销与楔块的压下力将刀片夹紧。其特点同楔块式，但切屑流畅性不如楔块式。

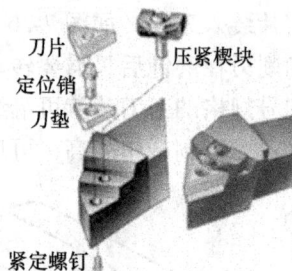

此外还有压孔式、螺栓上压式、上压式等形式。

图 7-28　楔块式车刀

图 7-29　楔块夹紧式车刀

7.2　数控铣床的机械结构

7.2.1　数控铣床的组成与特点

1. 数控铣床的组成

数控铣床主要由床身、工作台、主轴系统、进给系统、控制系统（电气柜、NC 装置）、辅助装置、机床基础件等组成，能够完成基本的铣削及自动工作循环等，可加工各种形状复杂的凸轮、样板及模具零件等。图 7-30 所示为数控铣床，床身固定在底座上，用于安装和支承机床各部件，控制台上有彩色液晶显示器、机床操作按钮和各种开关及指示灯。纵向、横向工作台安装在升降台上，通过纵向进给伺服电动机、横向进给伺服电动机和垂直升降进给伺服电动机的驱动，完成 X、Y、Z 坐标的进给。电气柜安装在床身立柱的后面，并装有电气控制部分。

（1）主轴系统　包括主轴箱体和主轴传动系统，在主轴的夹具上装夹刀具并带动刀具旋转，主轴转速范围和输出转矩对加工有直接的影响。

（2）进给伺服系统　由进给电动机和进给执行机构组成，按照程序设定的进给速度来实现刀具和工件之间的相对运动，包括直线进给运动和旋转运动。

（3）控制系统　数控铣床运动控制的中心，执行数控加工程序，控制机床进行加工。

（4）辅助装置　如液压、气动、润滑、冷却系统和排屑、防护等装置。

（5）机床基础件　通常是指底座、立柱、横梁等，它是整个机床的基础和框架。

2. 数控铣床的结构特点

与传统铣床相比，数控铣床有以下结构特点：

（1）半封闭或全封闭式防护　经济型数控铣床多采用半封闭式；全功能型数控铣床会采用全封闭式防护，防止切削液、切屑溅出，保证安全。

（2）主轴无级变速且变速范围宽　主传动

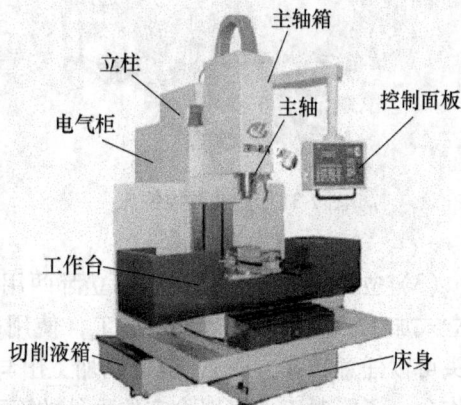

图 7-30　数控铣床的组成

系统采用伺服电动机（高速时采用无传动方式——电主轴）实现无级变速，且调速范围较宽，这既保证了良好的加工适应性，同时也为小直径铣刀工作形成了必要的切削速度。

（3）采用手动换刀，装夹刀具方便　数控铣床没有配备刀库，采用手动换刀，刀具安装方便。

（4）一般为三坐标联动　数控铣床多为三坐标（即 X、Y、Z 三个直线运动坐标）、三轴联动的机床，以完成平面轮廓及曲面的加工。

（5）应用广泛　与数控车床相比，数控铣床有着更为广泛的应用范围，能够进行外形轮廓铣削、平面或曲面型腔铣削及三维复杂型面的铣削，如各种凸轮、模具等；若再添加回转工作台等附件（此时变为四坐标），则应用范围更广，可用于螺旋桨、叶片等空间曲面零件的铣削。此外，随着高速铣削技术的发展，数控铣床可以加工形状更为复杂的零件，加工精度也更高。

7.2.2　数控铣床的分类

1. 按机床主轴的布置形式分类

按机床主轴的布置形式，数控铣床通常可分为立式数控铣床、卧式数控铣床和立卧两用式数控铣床三种。

（1）立式数控铣床　如图 7-31 所示，立式数控铣床的主轴轴线垂直于水平面，是数控铣床中最常见的一种布局形式，应用范围最广泛，其中以三轴联动铣床居多。立式数控铣床主要用于水平面内的型面加工，增加数控分度头后，可在圆柱表面上加工曲线沟槽。

（2）卧式数控铣床　如图 7-32 所示，卧式数控铣床的主轴轴线平行于水平面，主要用于垂直平面内的各种型面加工，配置万能数控转盘后，还可以对工件侧面上的连续回转轮廓进行加工，并能在一次安装后加工箱体零件的四个表面。通常采用增加数控转盘来实现四轴或五轴加工。

图 7-31　立式数控铣床

图 7-32　卧式数控铣床

（3）立卧两用式数控铣床　立卧两用式数控铣床的主轴轴线方向可以变换，既可以进行立式加工，又可以进行卧式加工，使用范围更宽，功能更强。若采用数控万能主轴（主轴头可以任意转换方向），就可以加工出与水平面成各种角度的工件表面；若采用数控回转工作台，还能对工件实现除定位面外的五面加工。

2. 按数控系统的功能分类

（1）简易型数控铣床　简易型数控铣床是在普通铣床的基础上，对机床的机械传动结构进行简单的改造，并增加简易数控系统后形成的。这种数控铣床成本较低，自动化程度和功能都较差，一般只有 X、Y 两坐标联动功能，加工精度也不高，可以加工平面曲线类和平面型腔类零件。

（2）普通数控铣床　普通数控铣床可以三坐标联动，用于各类复杂的平面、曲面和壳体类零件的加工，如各种模具、样板、凸轮和连杆等。

（3）数控仿形铣床　数控仿形铣床主要用于各种复杂型腔模具或工件的铣削加工，特别对不规则的三维曲面和复杂边界构成的工件，更显示出其优越性。

（4）数控工具铣床　数控工具铣床在普通工具铣床的基础上，对机床的机械传动系统进行了改造，并增加了数控系统，从而使工具铣床的功能大大增强。这种铣床适用于各种工装、刀具对各类复杂的平面、曲面零件的加工。

3. 数控铣床按构造分类

（1）工作台升降式数控铣床　这类数控铣床采用工作台移动、升降，而主轴不动的方式。小型数控铣床一般采用此种方式。

（2）主轴头升降式数控铣床　这类数控铣床的工作台可纵向和横向移动，且主轴可沿垂向溜板上下运动。主轴头升降式数控铣床在精度保持、承载重量、系统构成等方面具有很多优点，已成为主流数控铣床。

（3）龙门式数控铣床　如图 7-33 所示，这类数控铣床主轴可以在龙门架的横向与垂向溜板上运动，而龙门架则沿床身作纵向运动。大型数控铣床，因要考虑到扩大行程、缩小占地面积及刚性等技术上的问题，往往采用龙门架移动式结构。

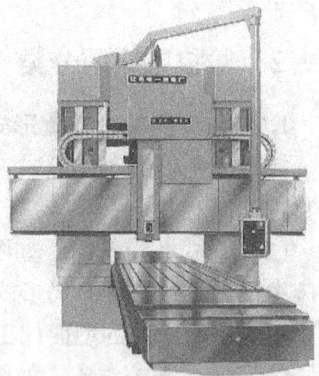

图 7-33　龙门式数控铣床

7.2.3 数控铣床的主运动系统

1. 数控铣床主运动的特点

与普通铣床相比，数控铣床主运动系统具有下列特点：

（1）转速高、功率大 这样能使数控铣床进行大功率的切削和高速切削，实现高效率加工。

（2）变速范围宽 数控铣床的主运动系统有较宽的调速范围，以保证加工时能选用合适的切削用量，从而获得最佳的生产率、加工精度和表面质量。

（3）主轴变速迅速可靠 数控机床的变速是按照控制指令自动进行的，因此变速机构必须适应自动操作的要求。由于直流和交流主轴电动机的调速范围日趋完善，不仅能够方便地实现宽范围无级调速，而且减少了中间传递的环节，提高了变速控制的可靠性。

（4）主轴组件耐磨性高 这样就能使传动系统长期保证精度。凡有机械摩擦的部位（如轴承、锥孔等），都有足够的硬度，轴承处还有良好的润滑。

2. 数控铣床主运动系统的主轴部件

主轴部件是数控铣床上的重要部件之一，它带动刀具旋转来完成切削，其精度、抗振性和热变形对加工质量有直接的影响。

（1）主轴 数控铣床的主轴为一中空轴，其前端为锥孔，与刀柄相配，在其内部和后端安装有刀具自动夹紧机构，用于刀具装夹。有自动卸刀功能的数控铣床主轴结构如图7-34a所示。对于电主轴而言，往往设有温控（冷却）系统，且主轴外表面有槽结构，以确保散热冷却。图7-34b所示为电主轴实物，图7-34c所示为电主轴结构。

（2）刀具自动夹紧机构 在数控铣床上多采用气压或液压刀具装夹装置，常见的刀具自动夹紧机构主要由拉杆、拉杆端部的夹头、碟形弹簧、活塞、气缸等组成。夹紧状态时，碟形弹簧通过拉杆及夹头拉住刀柄的尾部，使刀具锥柄和主轴锥孔紧密配合；松刀时，通过气缸活塞推动拉杆，压缩碟形弹簧，使夹头松开，夹头与刀柄上的拉钉脱离，即可拔出刀具，进行新、旧刀具的交换；新刀装入后，气缸活塞后移，新刀具又被碟形弹簧拉紧。

（3）端面键 带动铣刀旋转，传递运动和动力。

（4）自动切屑清除装置 自动清除主轴孔内的灰尘和切屑是换刀过程中的一个不容忽视的问题。如果主轴锥孔中落入了切屑、灰尘或其他污物，在拉紧刀杆时，锥孔表面和刀杆的锥柄就会被划伤，甚至会使刀杆发生偏斜，破坏刀杆的正确定位，影响零件的加工精度，甚至会使零件超差报废。为了保持主轴锥孔的清洁，常采用的方法是使用压缩空气经主轴内部通道吹屑，清除主轴孔内脏物。

7.2.4 数控铣床的进给系统

如图7-35所示，数控铣床的进给传动装置多采用伺服电动机直接带动滚珠丝杠旋转，在电动机轴和滚珠丝杠之间用锥环无键连接或高精度十字联轴器结构，以获得较高的传动精度。下面介绍进给系统传动部件。

1. 滚珠丝杠副

在数控车床部分已作介绍，这里不再详述。

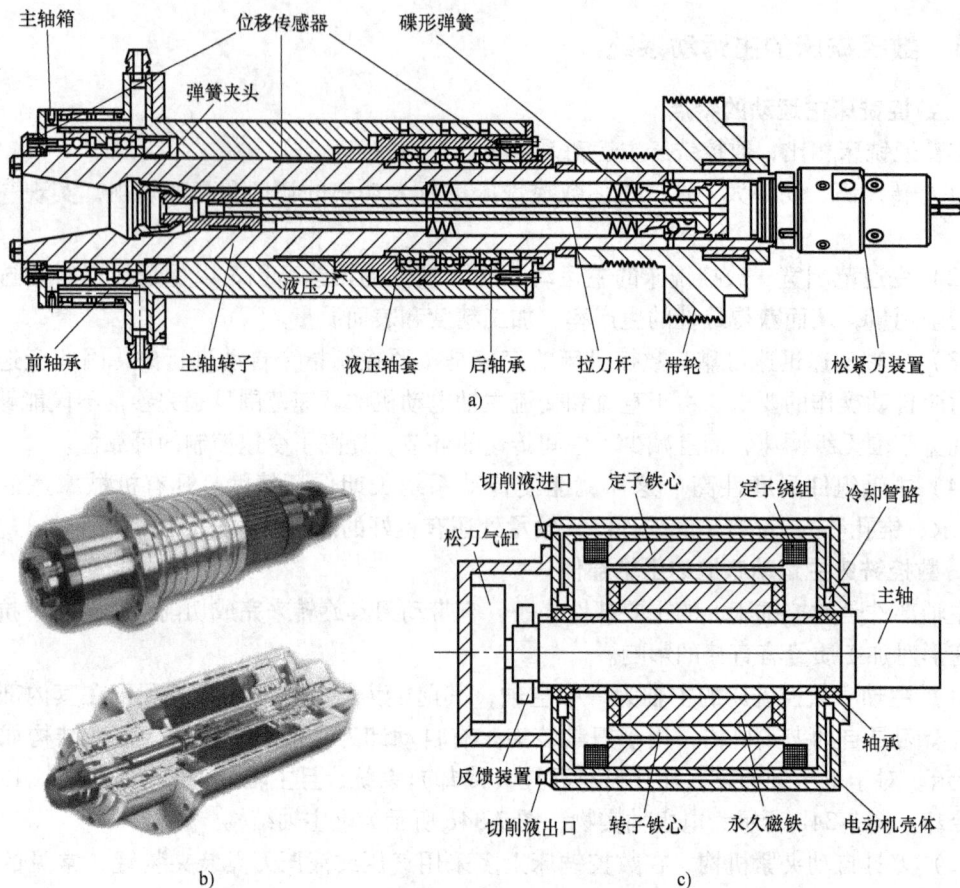

图 7-34　数控铣床的主轴

a）数控铣床主轴结构（有自动装卸刀功能）　b）电主轴实物　c）电主轴结构

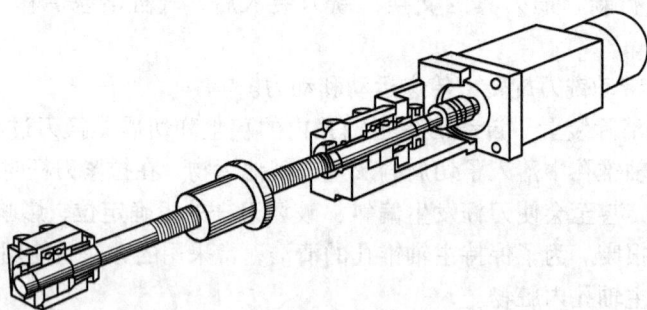

图 7-35　数控铣床的进给传动装置

2. 回转工作台

为了扩大数控机床的工艺范围，数控机床除沿 X、Y、Z 三个坐标轴作直线进给外，往往还需要有绕 Y 或 Z 轴的圆周进给运动。数控机床的圆周进给运动一般由回转工作台来实现，对于加工中心，回转工作台已成为一个不可缺少的部件。

数控机床中常用的回转工作台有分度工作台和数控回转工作台。

（1）分度工作台　分度工作台只能完成分度运动，不能实现圆周进给，它是按照数控系统的指令，在需要分度时将工作台连同工件回转一定的角度。分度时也可以采用手动分度。分度工作台一般只能回转规定的角度，如90°、60°和45°等。

（2）数控回转工作台　数控回转工作台外观（图7-36）与分度工作台相似，但内部结构和作用大不相同。数控回转工作台的主要作用是根据数控装置发出的指令脉冲信号，完成圆周进给运动，进行各种圆弧加工或曲面加工，它也可以进行分度工作。

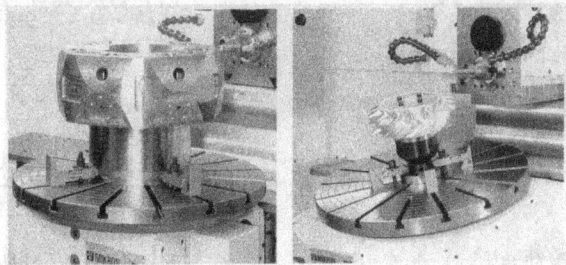

图 7-36　数控回转工作台

3. 导轨

导轨是进给系统的重要环节，是机床基本结构的要素之一，它在很大程度上决定数控机床的刚度、精度与精度保持性。目前，数控机床上的导轨主要有滑动导轨、滚动导轨和液体静压导轨等。

（1）滑动导轨　如图7-37所示，滑动导轨具有结构简单、制造方便、刚度好、抗振性高等优点，在数控机床上应用广泛，目前多数使用金属对塑料形式，称为贴塑导轨。贴塑滑动导轨的特点：摩擦特性好、耐磨性好、运动平稳、工艺性好、速度较低。

（2）滚动导轨　如图7-38所示，滚动导轨是在导轨面之间放置滚珠、滚柱或滚针等滚动体，导轨面之间为

图 7-37　滑动导轨

滚动摩擦而不是滑动擦擦。滚动导轨与滑动导轨相比，其灵敏度高，摩擦因数小，且动、静摩擦因数相差很小，因而运动均匀，尤其是在低速移动时，不易出现爬行现象；定位精度高，重复定位精度可达 $0.2\mu m$；牵引力小，移动轻便；磨损小，精度保持性好，使用寿命长；但滚动导轨的抗振性差，对防护要求高，结构复杂，制造困难，成本高。常用的滚动导轨有滚动导轨块和直线滚动导轨两种。

①滚动导轨块。图7-39所示为一种滚动导轨块组件，其特点是刚度高、承载能力大、导轨行程不受限制。当运动部件移动时，滚珠3在支承部件的导轨与本体6之间滚动，同时绕本体6循环滚动。每一导轨上使用导轨块的数量可根据导轨的长度和负载的大小确定。

②直线滚动导轨。直线滚动导轨结构如图7-40所示，主要由LM（直线运动）滑块、LM轨道（导轨）滑块滚珠（钢球）、保持器、防尘盖等组成。由于它将支承导轨和运动导轨组合在一起，作为独立的标准导轨副部件由专门生产厂家制造，故又称单元式滚动导轨。在使用时导轨体固定在不运动的部件上，滑块固定在运动的部件上。当滑块沿导轨体运动

时，滚珠在导轨体和滑块之间的圆弧直槽内滚动，并通过端盖内的暗道从工作负载区到非工作负载区，然后再滚动回工作负载区，不断循环，从而把导轨体和滑块之间的滑动变为滚珠的滚动。

图 7-38　滚动导轨

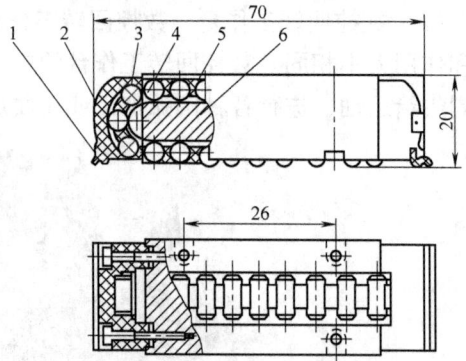

图 7-39　滚动导轨块结构
1—防护板　2—端盖　3—滚珠
4—导向片　5—保护架　6—本体

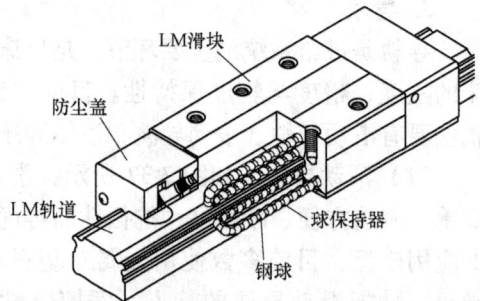

图 7-40　直线滚动导轨的结构

7.2.5　数控铣床的夹具

1. 数控铣床夹具的基本要求

在数控铣削加工中一般不要求很复杂的夹具，只要求实现简单的定位、夹紧就可以，其设计的原理也与通用铣床夹具相同。结合数控铣削加工的特点，这里对数控铣床提出如下基本要求：

1）为保证工件在本工序中所有需要完成的待加工面充分暴露在外，夹具要做得尽可能开敞，夹紧机构元件和加工面之间应保持一定的安全距离，同时要求夹紧机构元件能低则低，以防夹具与铣床主轴套筒或刀套、刃具在加工过程中发生干涉。

2）为保持零件的安装方位与机床坐标系及编程坐标系方向的一致性，夹具应保证在机床上实现定向安装，还要求协调零件定位面与机床之间保持一定的坐标联系。

3）夹具的刚性与稳定性要好。尽量不采用在加工过程中更换夹紧点的设计，当必须在加工过程中更换夹紧点时，要特别注意不能更换因更换夹紧点而破坏夹具或工件的定位精度。

2. 常用夹具的种类

（1）万能组合夹具　如图7-41所示，这类夹具适用于小批量生产或研制时的中、小型工件在数控铣床上进行铣削加工。

（2）专用铣削夹具　它是特别为某一项或类似的几类工件设计制造的夹具，一般在批量生产或研制时非要不可时才采用。

（3）多工位夹具　可以同时装夹多个工件，减少换刀次数，也便于一面加工，一面装卸工件，有利于缩短准备时间，提高生产率，较适宜于中批量生产。

（4）气动或液压夹具　图7-42所示为气动夹具，这类夹具适用于生产批量较大，采用其他夹具又特别费工、费力的工件，能减轻工人劳动强度和提高生产率，但此类夹具结构较复杂，造价往往较高，而且制造周期较长。

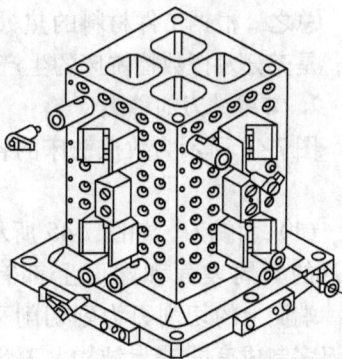

图7-41　孔系组合夹具组装示意图

（5）通用铣削夹具　有通用可调夹具、平口钳（图7-43）、分度头和自定心卡盘等。

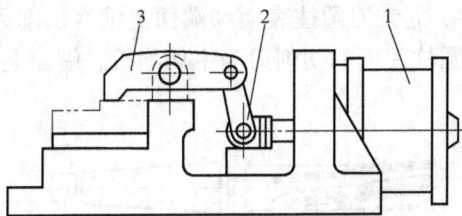

图7-42　气动夹具

1—气缸　2—连杆　3—压板

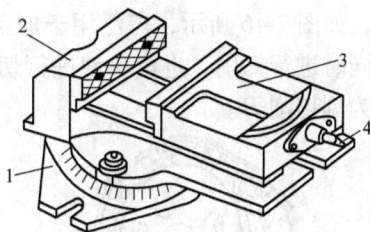

图7-43　平口钳

1—底座　2—固定钳口　3—活动钳口　4—螺杆

3. 数控铣床夹具的选用原则

在选用夹具时，通常需要考虑产品的生产批量、生产效率、质量保证及经济性，选用时可参考下列原则：

1）在生产量小或研制时，应广泛采用万能组合夹具，只用在组合夹具无法解决时才考虑采用其他夹具。

2）小批量或成批生产时可考虑采用专用夹具，但应尽量简单。

3）在生产批量较大的可考虑采用多工位夹具和气动、液压夹具。

7.2.6　数控铣床的刀具

1. 数控铣削刀具的基本要求

（1）铣刀刚性要好　为提高生产率而采用大切削用量时，需要铣刀有良好的刚性；数控铣床加工过程中切削用量难以调整，这也要求铣刀刚性要好。

（2）铣刀的寿命要长　尤其是当一把铣刀加工的内容很多时，如果刀具不耐用而很快磨损，就会影响工件的表面质量与加工精度，而且会增加换刀引起的调刀与对刀次数，也会使工件表面留下因对刀误差而形成的接刀台阶，降低了工件的表面质量。

除上述两点之外，铣刀切削刃的几何角度参数的选择及排屑性能等也非常重要，切屑粘刀形成积屑瘤在数控铣削中是十分忌讳的。

总之，根据工件材料的热处理状态、切削性能及加工余量，选择刚性好、寿命长的铣刀，是充分发挥数控铣床的生产效率和获得满意的加工质量的前提。

2. 常用铣刀的种类

图 7-44 所示为数控铣床的各种刀具。

（1）面铣刀　如图 7-45 所示，面铣刀的圆周表面和端面上都有切削刃，端面上的切削刃为副切削刃。面铣刀多制成套式镶齿结构，刀齿为高速钢或硬质合金，刀体为 40Cr。面铣刀主要用于面积较大的平面铣削和较平坦的立体轮廓的多坐标加工。

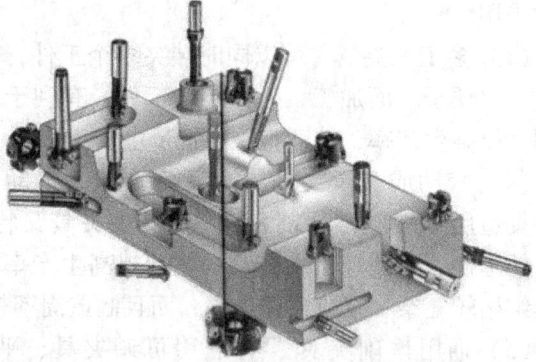

图 7-44　数控铣床的各种刀具

（2）立铣刀　立铣刀也可称为圆柱铣刀，如图 7-46 所示，广泛用于加工平面类零件。立铣刀圆柱表面和端面上都有切削刃，它们可同时进行切削，也可单独进行切削。立铣刀圆柱表面的切削刃为主切削刃，端面上的切削刃为副切削刃。

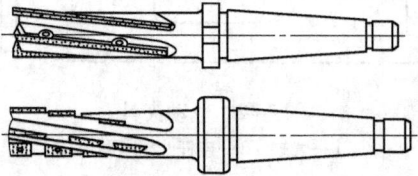

图 7-45　面铣刀

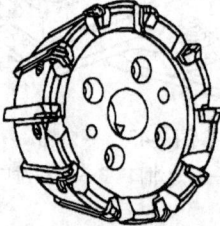

图 7-46　立铣刀

（3）模具铣刀　模具铣刀由立铣刀发展而成，它是加工金属模具型面的铣刀的通称。可分为圆锥形立铣刀（圆锥半角 = 3°、5°、7°、10°）、圆柱形球头立铣刀和圆锥形球头立铣刀三种，如图 7-47 所示，其柄部有直柄、削平型直柄和莫氏锥柄。模具立铣刀的结构特点是球头或端面上布满了切削刃，圆周刃与球头刃圆弧连接，可以作径向和轴向进给。

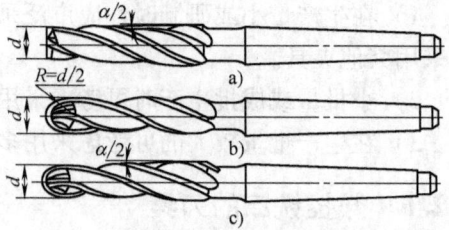

图 7-47　模具铣刀

a) 圆锥形立铣刀　b) 圆柱形球头立铣刀　c) 圆锥形球头立铣刀

（4）键槽铣刀　图 7-48 所示为两刃直柄键槽铣刀，它有两个刀齿，圆柱面和端面都有切削刃，端面刃延至中心，既像立铣刀，又像钻头。用键槽铣刀铣削键槽时，先轴向进给达到槽深，然后沿键槽方向铣出键槽全长。图 7-49 所示为专门铣削 T 形槽的键槽铣刀。

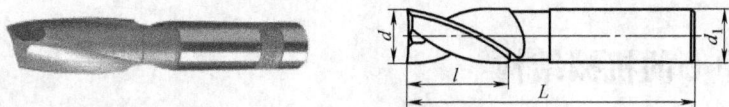

图 7-48 键槽铣刀

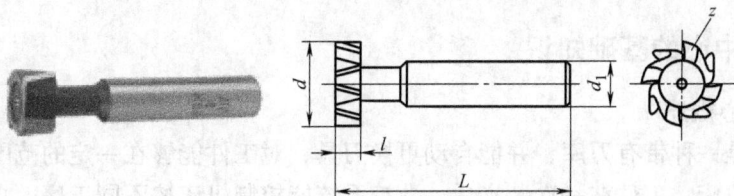

图 7-49 T 形槽铣刀

（5）鼓形铣刀 图 7-50 所示的是一种典型的鼓形铣刀，它的切削刃分布在半径为 R 的圆弧面上，端面无切削刃。加工时控制刀具上下位置，相应改变切削刃的切削部位，可以在工件上切出从负到正的不同斜角。R 越小，鼓形刀所能加工的斜角范围越广，但所获得的表面质量也越差。这种刀具的缺点是刃磨困难，切削条件差，而且不适于加工有底的轮廓表面，主要用于对变斜角面的近似加工。

图 7-50 鼓形铣刀

（6）成形铣刀 成形铣刀一般都是为特定的工件或加工内容专门设计制造的，适用于加工平面类零件的特定形状（如角度面、凹槽面等），也适用于特形孔或台。图 7-51 所示的是几种常用的成形铣刀。

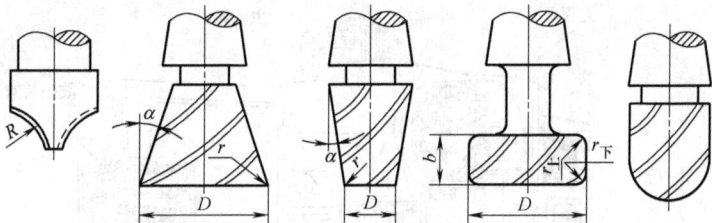

图 7-51 几种常用的成形铣刀

（7）锯片铣刀 锯片铣刀可分为中小型规格的锯片铣刀和大规格锯片铣刀（GB 6120—2012），数控铣床和加工中心上主要用中小型规格的锯片铣刀。锯片铣刀主要用于大多数材料的切槽、切断、内外槽铣削、组合铣削、缺口实验的槽加工、齿轮毛坯粗齿加工。

3. 铣削刀具的选择

选取刀具时，要使刀具的尺寸与被加工工件的表面尺寸和形状相适应。加工较大的平面应选择面铣刀；加工平面零件周边轮廓、凹槽、较小的台阶面应选择立铣刀；加工空间曲面、模具型腔或凸模成形表面等多选用模具铣刀；加工封闭的键槽选用键槽铣刀；加工变斜角零件的变斜角面应选用鼓形铣刀；加工立体型面和变斜角轮廓外形常采用球头铣刀、鼓形铣刀；加工各种直的或圆弧形的凹槽、斜角面、特殊孔等应选用成形铣刀。

7.3　加工中心的机械结构

加工中心的夹具系统和进给系统与普通数控铣床的基本一样，可以参照前面所讲的，这里不再介绍。

7.3.1　加工中心的基础知识

1. 加工中心概述

加工中心是一种带有刀库、并能自动更换刀具，对工件能够在一定的范围内进行多种加工操作的数控机床。工件在一次装夹后，数控系统能控制机床按不同工序，自动选择和更换刀具，自动改变机床主轴转速、进给量和刀具相对于工件的运动轨迹及其他辅助机能，连续地对工件的加工面自动地进行钻孔、锪孔、铰孔、镗孔、攻螺纹、铣削等多工序加工。由于加工中心能集中地、自动地完成多种工序，能自动换刀，避免了人为的操作误差，减少了工件装夹、测量和机床的调整时间及工件周转、搬运和存放时间，大大提高了加工效率和加工精度，所以具有良好的经济效益。加工中心的切削时间达到机床开动时间的80%左右（普通机床仅为15%~20%）；同时也减少了工序之间的工件周转、搬运和存放时间，缩短了生产周期，具有明显的经济效益。加工中心适用于零件形状比较复杂、精度要求较高、产品更换频繁的中小批量生产。

2. 加工中心的结构

同类型的加工中心与数控铣床的结构布局相似，主要在刀库的结构和位置上有区别。加工中心一般由床身、主轴箱、工作台、滑座、立柱、进给机构、刀库、自动换刀装置（机械手）、辅助系统（气液、润滑、冷却）、数控装置等组成，如图7-52所示。

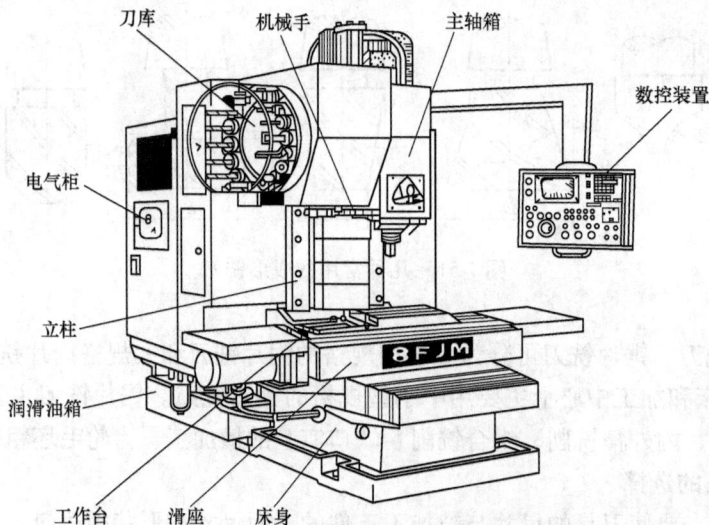

图7-52　加工中心的基本组成

（1）主轴箱　包括主轴箱体和主轴传动系统，用于装夹刀具并带动刀具旋转，主轴转速范围和输出转矩对加工有直接的影响。

（2）进给伺服系统 由进给电动机和进给执行机构组成，按照程序设定的进给速度实现刀具和工件之间的相对运动，包括直线进给运动和旋转运动。

（3）控制系统 它是加工中心运动控制的中心，执行数控加工程序，控制机床进行加工。

（4）辅助装置 包括液压、气动、润滑、冷却系统和排屑、防护等装置。

（5）刀库及自动换刀装置 刀库用来存储加工刀具及辅助工具，按其结构形式可分为直线式刀库、鼓盘式刀库、链式刀库和箱格式刀库。

自动换刀装置的作用是用来自动更换加工过程中所需刀具。加工中心对自动换刀装置的要求是换刀时间短、刀具重复定位精度高、刀具存储容量大、刀库占地面积小及安全可靠性要高。

（6）机床基础件 通常是指底座、立柱、横梁等，它是整个机床的基础和框架。

7.3.2 加工中心的分类

1. 按主轴在空间所处的状态分

加工中心常按主轴在空间所处的状态分为立式加工中心和卧式加工中心。

（1）立式加工中心 如图 7-53 所示，立式加工中心的主轴处于垂直位置，它能完成铣削、镗削、钻削、攻螺纹和切削螺纹等工序。立式加工中心最少是三轴二联动，一般可实现三轴三联动。有的可实现五轴、六轴控制，工艺人员可根据其同时控制的轴数确定该加工中心的加工范围。

立式加工中心立柱的高度是有限的，确定 Z 轴的运动范围时要考虑：①工件的高度；②工装夹具的高度；③刀具的长度；④机械手换刀占用的空间。

立式加工中心最适于加工 Z 轴方向尺寸相对较小

图 7-53 立式加工中心

的工件，一般的情况下除底面不能加工外，其余五个面都可用不同的刀具进行轮廓和表面加工。

（2）卧式加工中心 如图 7-54 所示，卧式加工中心的主轴是水平设置的。一般的卧式加工中心有 3~5 个坐标轴，常配有一个回转轴（或回转工件台），主轴转速为 10~10000r/min，最小分辨力一般为 1μm，定位精度为 10~20μm。卧式加工中心刀库容量一般较大，有的刀库可存放几百把刀具。卧式加工中心的结构较立式加工中心复杂，体积和占地面积较大，价格也较高。

卧式加工中心较适于加工箱体类零件。只要将箱体一次装夹在回转工作台上，即可对其四个面（除顶面和底面之外）进行铣、镗、钻、攻螺纹等加工。特别是对箱体类零件上的一些孔和型腔有位置公差要求的（如孔系之间的

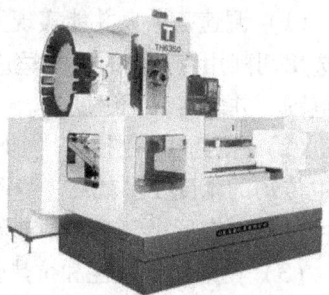

图 7-54 卧式加工中心

平行度、孔与端面的垂直度、端面与底面的垂直度等），以及孔和型腔与基准面（底面）有严格尺寸精度要求的，在卧式加工中心上通过一次装夹加工，容易得到保证，适合于批量加

工。

（3）复合加工中心　主轴可作垂直和水平转换的加工中心，称为立卧式加工中心或五面加工中心，也称复合加工中心，它是工件一次装夹后能完成多个面的加工的设备。现有的五面加工中心，它在工件一次装夹后，能完成除安装底面外的五个面的加工。这种加工中心兼有立式和卧式加工中心的功能，在加工过程中可保证工件的位置公差。常见的五面加工中心有两种形式，一种是主轴做 90° 或相应角度旋转，可成为立式加工中心或卧式加工中心。另一种是工作台带着工件做 90° 旋转，主轴不改变方向而实现五面加工。无论是哪种五面加工中心，都存在着结构复杂，造价昂贵的缺点。

五面加工中心的功能比多工作台加工中心的功能还要多，控制系统先进，其价格是工作台尺寸相同的多工位加工中心的 2 倍左右。

2. 按立柱的数量分

按立柱的数量分类，加工中心可分为单柱式加工中心和双柱式（龙门式）加工中心。

3. 按加工中心运动坐标数和同时控制的坐标数分

按运动坐标数和同时控制的坐标数分类，加工中心可分为三轴二联动加工中心、三轴三联动加工中心、四轴三联动加工中心、五轴四联动加工中心、六轴五联动加工中心等。三轴、四轴是指加工中心具有的运动坐标数，联动是指控制系统可以同时控制运动的坐标数，从而实现刀具相对工件的位置和速度控制。

4. 按工作台的数量和功能分

按工作台的数量和功能分类，加工中心有单工作台加工中心、双工作台加工中心和多工作台加工中心。

5. 按加工精度分

按加工精度分类，加工中心可分为普通加工中心和高精度加工中心。普通加工中心分辨力为 $1\mu m$，最大进给速度为 $15 \sim 25 m/min$，定位精度为 $10\mu m$ 左右。高精度加工中心分辨力为 $0.1\mu m$，最大进给速度为 $15 \sim 100 m/min$，定位精度为 $2\mu m$ 左右。定位精度介于 $2 \sim 10\mu m$ 之间的加工中心，以 $\pm 5\mu m$ 较多，可称为精密级加工中心。

7.3.3　加工中心的主运动系统

1. 加工中心主运动的特点

（1）调速范围大并能实现无级变速　为了获得较好的工件质量，提高加工效率并合理地选用切削用量，同时还要适应各种材料和各种工序的加工要求，要求加工中心有较大的调速范围，并能实现无级变速。

（2）精度高、刚性好　加工精度与传动的精度密切相关，为了获得较好的工件精度，对主传动的精度要求就高。静刚度反映了主轴部件和零件抵抗外载荷的能力，为保证加工过程中工件的变形小，对主轴部件的刚性要求也高。

（3）良好的抗振性和抗热性　加工中心在加工过程中，由于加工余量不均匀、运动部件速度快且不平衡、切削中切削力的变化和切削中的自振等都会影响工件的质量，故要求加工中心主传动有良好的抗振性。加工中心主传动的发热会使得主传动的零部件产生热变形，从而影响工件的位置精度和尺寸精度，造成加工误差，故要求加工中心主传动有良好的抗热性。

（4）刀具具有自动夹紧功能　加工中心突出的特点是具有自动换刀功能；同时为保证加工的连续和高效率，要求刀具必须具有自动夹紧功能。

2. 加工中心的主传动及变速

与普通机床相比，数控机床的工艺范围更宽，工艺能力更强，因此要求其主传动具有较宽的调速范围，以保证在加工时能选用合理的切削用量，从而获得最佳的加工质量和生产率。现代数控机床的主运动广泛采用无级变速传动，用交流调速电动机或直流调速电动机驱动，能方便地实现无级变速，且传动链短、传动件少。根据数控机床的类型与大小，其主传动配置主要有以下三种方式。

（1）带有变速齿轮的主传动　如图 7-55a 所示，它通过少数几对齿轮传动，使主传动成为分段无级变速，以便在低速时获得较大的转矩，从而满足主轴对输出转矩特性的要求。这种方式的主传动在大中型数控机床采用较多，但也有部分小型数控机床为获得强力切削所需转矩而采用这种传动方式。

（2）通过带传动的主传动　如图 7-55b 所示，电动机轴的转动经带传动传递给主轴，因不用齿轮变速，故可避免因齿轮传动而引起的振动和噪声。这种方式的主传动主要用在转速较高、变速范围不大的机床上，常用的传动带有 V 带和同步带。

（3）由主轴电动机直接驱动的主传动　如图 7-55c 所示，主轴与电动机转子合二为一，从而使主轴部件结构更加紧凑，重量轻，惯量小，提高了主轴起动、停止的响应特性，目前高速加工机床主轴多采用这种方式，这种类型的主轴也称为电主轴。

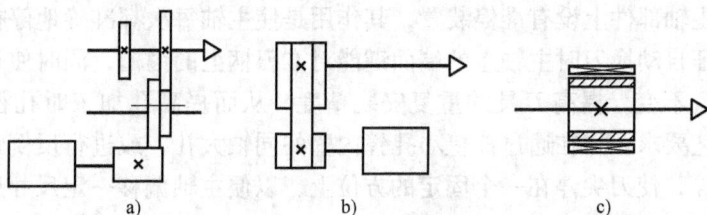

图 7-55　数控机床主传动的配置方式
a）带有变速齿轮的主传动　b）通过带传动的主传动
c）由主轴电动机直接驱动的主传动

3. 加工中心的主轴部件

图 7-56 所示为 ZHS-K63 型加工中心主轴结构部件图，主轴内部装有刀具自动夹紧机构，可以在主轴上自动装卸刀具并进行自动夹紧，其工作原理如下：

当刀具 2 装到主轴孔后，其刀柄后部的拉钉 3 便被送到主轴拉杆 7 的前端，在碟形弹簧9 的作用下，通过弹性卡爪 5 将刀具拉紧。当需要换刀时，电气控制指令给液压系统发出信号，使液压缸 14 的活塞左移，带动推杆 13 向左移动，推动固定在拉杆上的轴套 10，使整个拉杆向左移动，当弹性卡爪向前伸出一段距离后，在弹力的作用下，卡爪自动松开拉钉，此时拉杆继续向左移动，喷气嘴的端部把刀具顶松，机械手便可把刀具取出进行换刀。装刀之前，压缩空气从喷气嘴中喷出，吹掉锥孔内脏物，当机械手把刀具装入之后，压力油通入液压缸的左腔，使推杆退回原处，在碟形弹簧的作用下，通过拉杆又把刀具拉紧。切削液喷嘴 1 用来在切削时对刀具进行大流量冷却。

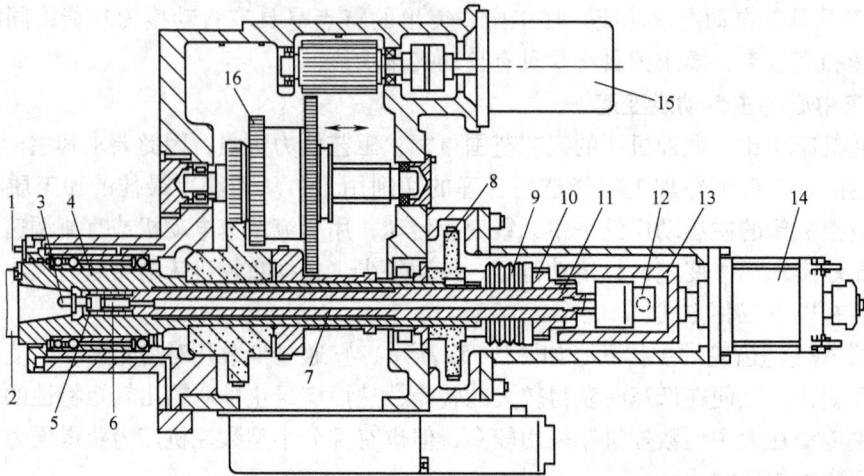

图 7-56　ZHS-K63 型加工中心主轴结构部件图

1—切削液喷嘴　2—刀具　3—拉钉　4—主轴　5—弹性卡爪　6—喷气嘴
7—拉杆　8—定位凸轮　9—碟形弹簧　10—轴套　11—固定螺母
12—旋转接头　13—推杆　14—液压缸
15—交流伺服电动机　16—换档齿轮

4. 主轴准停装置

加工中心的主轴部件上设有准停装置，其作用是使主轴每次都准确地停在固定不变的周向位置上，以保证自动换刀时主轴上的端面键能对准刀柄上的键槽，同时使每次装刀时刀柄与主轴的相对位置不变，提高刀具的重复安装精度，从而提高孔加工时孔径的一致性。另外，一些特殊工艺要求，如在通过前壁小孔镗内壁的同轴大孔、或进行反倒角等加工时，也要求主轴实现准停，使刀尖停在一个固定的方位上，以便主轴偏移一定尺寸后，使大切削刃能通过前壁小孔进入箱体内对大孔进行镗削。

7.3.4　加工中心的刀具系统

加工中心的刀具系统由刀库和刀具交换机构组成。刀具换刀过程较为复杂，加工前在机外进行尺寸预调整之后，将全部刀具分别安装在标准的刀柄（图 7-57）上，将一把刀具装到主轴上，其余的装入刀库，换刀时按照加工程序先在刀库中进行选刀，将新刀具装入主轴，把旧刀具放回刀库。由于加工中心的刀库容量较大，故而刀库可以安装在主轴箱的侧面或上方，也可作为单独部件安装到机床以外。

1. 加工中心刀具系统标准

数控镗铣类刀具系统采用的标准有国际标准（ISO 7388）、德国标准（DIN 69871）、美国标准（ANSI/

图 7-57　加工中心刀柄

ASME B5.50）、日本标准（MAS 403，其高速刀柄采用 HSK 标准）和中国标准（GB/T 10944.1～5—2013）等。由于标准繁多，在使用机床时务必注意，所具备的刀具系统的标准必须与所使用的机床相适应，如在我国，由于较多购进德国及美国机床，按机床要求便较多地使用其相应的标准刀具。

2. 刀柄

（1）刀柄的作用 加工中心使用的刀具通过刀柄与主轴相连，刀柄通过拉钉和主轴内的拉刀装置固定在主轴上，由刀柄夹持传递速度、转矩，如图 7-58 所示。刀柄的强度、刚性、耐磨性、制造精度及夹紧力等对加工有直接的影响。

刀柄与主轴孔的配合锥面一般采用 7∶24 的锥度，这种锥柄不自锁，换刀方便，与直柄相比有较高的定心精度和刚度。为了保证刀柄与主轴的配合与连接，刀柄与拉钉的结构和尺寸均已标准化和系列化，图 7-59 所示是 BT40 系列刀柄和拉钉。其中，BT 表示采用日本标准 MAS403 的刀柄，其后数字为

图 7-58 刀柄作用示意图

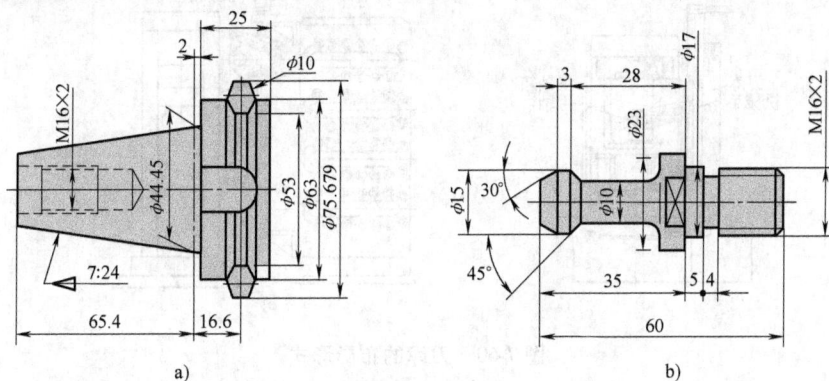

相应的 ISO 锥度号，如 50 和 40 分别代表大端直径为 ϕ69.85mm 和 ϕ44.45mm 的 7∶24 锥度。

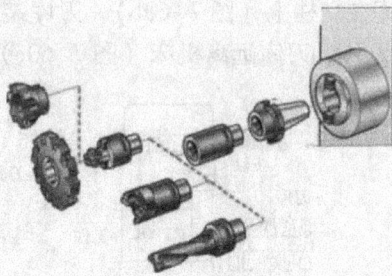

图 7-59 刀柄及拉钉
a）BT40 刀柄 b）拉钉

（2）常用刀柄使用方法 加工中心各种刀柄均有相应的使用说明，在使用时可仔细阅读。这里仅以最为常见的弹簧夹头刀柄举例说明如下：

1）将刀柄放入卸刀座并锁紧。

2）根据刀具直径选取合适的卡簧，清洁工作表面。

3）将卡簧装入锁紧螺母内。

4）将铣刀装入卡簧孔内，并根据加工深度控制刀具悬伸长度。

5）用扳手将锁紧螺母锁紧。

6）检查，将刀柄装上主轴。

7.3.5 自动换刀装置

加工中心是一种备有刀库并能自动更换刀具对工件进行多工序加工的数控机床。工件一次装夹后，数控系统能控制机床连续完成多工步的加工，工序高度集中。自动换刀装置是加工中心的重要组成部分。

1. 刀库

（1）刀库的布局　刀库是加工中心用于存放加工过程中所使用的全部刀具的装置，它的容量从几把到上百把。如图 7-60 所示，刀库的布局形式有刀库在工作台上（图 7- 60a）、刀库在立柱上（图 7- 60b）、刀库装在主轴箱上（图 7- 60c）、刀库独立装在机床之外（图 7- 60d）、刀库远离机床（图 7- 60e）等。

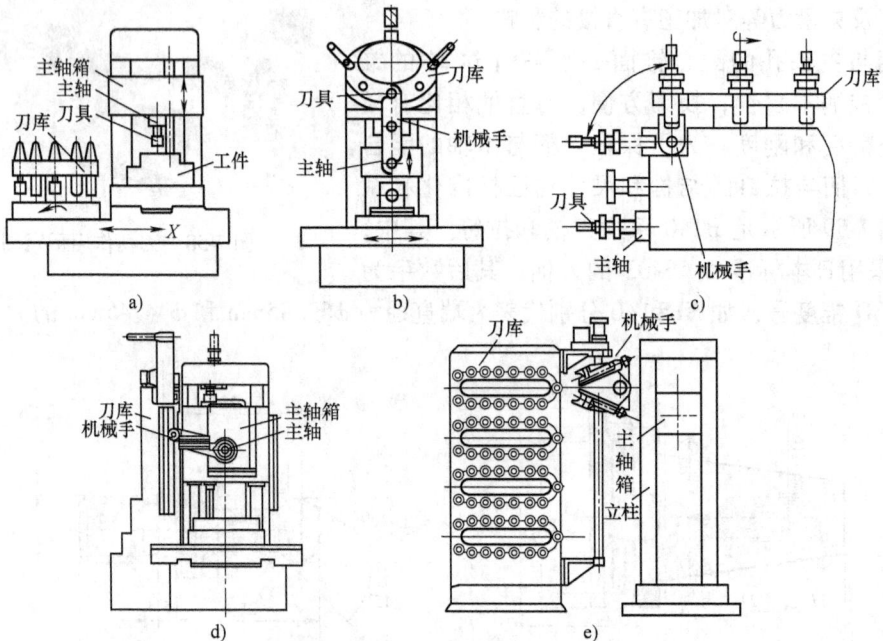

图 7-60　刀库的布局形式

a）刀库在工作台上　b）刀库在立柱上　c）刀库在主轴箱上
d）刀库在机床外　e）刀库在机床外并远离机床

（2）刀库的类型　加工中心刀库的形式很多，结构也各不相同，常见的有直线式刀库、圆盘式刀库、链式刀库和箱格式刀库。

1）直线式刀库。刀具在刀库中直线排列，其结构简单，存放刀具数量有限（一般 8 ~ 12 把），现在较少使用。

2）圆盘式刀库。圆盘式刀库结构简单、紧凑，在钻削中心上应用较多，一般存放刀具数目不超过 32 把。目前，大部分刀库安装在机床立柱的顶面和侧面，当刀库容量较大时，为了防止刀库转动时造成的振动影响加工精度，也有的刀库安装在单独的地基上。图 7-61 所示为圆盘式刀库实物图。

3）链式刀库。链式刀库是在环形链条上装有许多刀座，刀座的孔中装夹各种刀具，链条由链轮驱动。链式刀库有单链环式（图 7-62a）和多链环式（图 7-62b）等几种。当链条较长时，可以增加支承链轮的数目，使链条折叠回绕，提

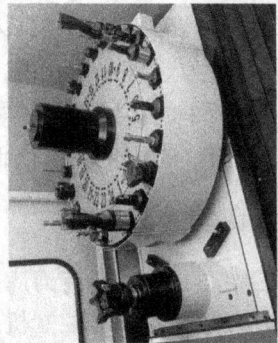

图 7-61　圆盘式刀库实物图

高空间利用率，如图 7-62c 所示。图 7-63 所示为链式刀库实物图。

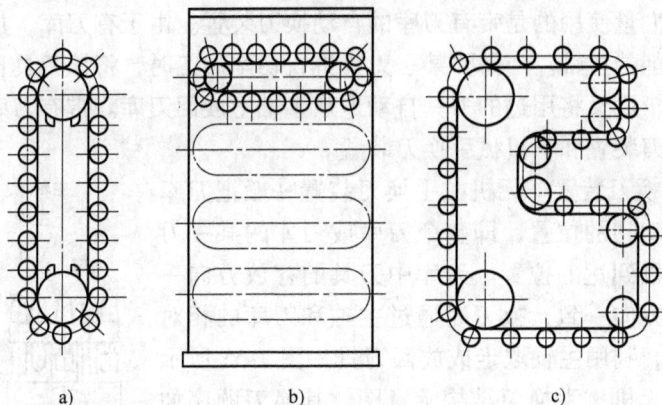

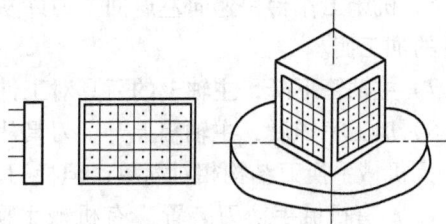

图 7-62　链式刀库

a）单链环式刀库　b）多链环式刀库　c）装有支承链轮的链式刀库

4）箱格式刀库　如图 7-64 所示，这种刀库的刀具分几排直线排列，由纵、横向移动的机械手完成选刀运动，将选取的刀具送到固定的换刀位置刀座上，由换刀机械手交换刀具。这种刀库中的刀具排列紧密，空间利用率高，刀库容量大。

图 7-63　链式刀库实物图　　　　　　　　图 7-64　箱格式刀库

2. 刀具的选取

按照数控装置的刀具选择指令，从刀库中挑选各工序所需刀具的操作称为自动选刀。常用的选刀方式有顺序选刀和任意选刀。

（1）顺序选刀　顺序选刀是将刀具按加工工序的顺序，依次放入刀库的每一个刀座内，刀具顺序不能搞错。当加工零件改变时，刀具在刀库上的排列顺序也要相应改变。这种选刀方式的缺点是同一工件上的相同刀具不能重复使用，因此刀具数量增加，刀具和刀库的利用率降低，其优点是刀具的控制及刀库的运动等比较简单。

（2）任意选刀　任意选刀是预先把刀库中每把刀按刀具（或刀座）编上代码，选刀时按照刀具编码选刀，刀具在刀库中的位置可以不固定，不必按照工件的加工顺序排列。任意选刀有四种方式，即刀具编码式、刀座编码式、附件编码式及计算机记忆式。

3. 刀具交换装置

加工中心目前大量使用的是带有刀库的自动换刀装置。由于有刀库，加工中心只需要一个夹持刀具进行切削的主轴。当需要某一刀具进行切削加工时，将该刀具自动地从刀库交换到主轴上，切削完毕后又将用过的刀具自动地从主轴上放回刀库。带有刀库的自动换刀装置可分为无机械手换刀装置和有机械手换刀装置。

（1）无机械手换刀装置　无机械手换刀装置一般把刀库放在主轴箱可以运动到的位置，即整个刀库或刀库的某一刀位能移到主轴箱可以到达的位置。刀库中刀具的存放方向一般与主轴箱的装刀方向一致，换刀时通过主轴和刀库的相对运动执行换刀动作，利用主轴取走或放回刀具。图 7-65 所示为某立式加工中心无机械手换刀结构示意图，其换刀顺序如下：

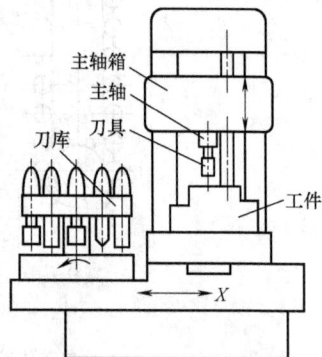

图 7-65　无机械手
换刀示意图

1）按照换刀指令，机床工作台快速向右移动，工件从主轴下面移开，刀库移到主轴下面，使刀库的某个空刀座对准主轴。

2）主轴箱下降，将主轴上用过的刀具放回刀库的空刀座中。

3）主轴箱上升，刀库回转，将下一工步所需用的刀具对准主轴。

4）主轴箱下降，刀具插入机床主轴。

5）主轴箱及主轴带着刀具上升。

6）机床工作台快速向左返回，刀库从主轴下面移开，工件移至主轴下面，使刀具对准工件的加工面。

7）主轴箱下降，主轴上的刀具对工件进行加工。

8）加工完毕后，主轴箱上升，刀具从工件上退出。

无机械手换刀结构相对简单，但换刀动作麻烦，时间长，并且刀库的容量相对少。

（2）有机械手换刀装置　有机械手换刀装置一般由机械手和刀库组成。刀库的配置、位置及数量的选用要比无机械手的换刀系统灵活得多。它可以根据不同的要求配置不同形式的机械手，如图 7-66 所示。因此目前大多数加工中心都配有带机械手的换刀装置。由于刀库位置和机械手换刀动作的不同，其自动换刀装置的结构形式也多种多样。

1）单臂单爪回转式机械手（图 7-66a）。这种机械手的手臂可以回转不同的角度进行自动换刀，手臂上只有一个夹爪，不论在刀库上或在主轴上，均靠这一个夹爪来装刀及卸刀，因此换刀时间较长。

2）单臂双爪摆动式机械手（图 7-66b）。这种机械手的手臂上有两个夹爪，两个夹爪有所分工，一个夹爪只执行从主轴上取下"旧刀"送回刀库的任务，另一个夹爪则执行由刀库取出"新刀"送到主轴的任务，其换刀时间较上述单爪回转式机械手要短。

3）单臂双爪回转式机械手（图 7-66c）。这种机械手的手臂两端各有一个夹爪，两个夹爪可同时抓取刀库及主轴上的刀具，回转 180°后又同时将刀具放回刀库及装入主轴。换刀时间较以上两种单臂机械手均短，是最常用的一种形式。图 7-65c 右边的一种机械手在抓取刀具或将刀具送入刀库及主轴时，两臂可伸缩。

4）双机械手（图 7-66d）。这种机械手相当于两个单臂单爪机械手，相互配合起来进行

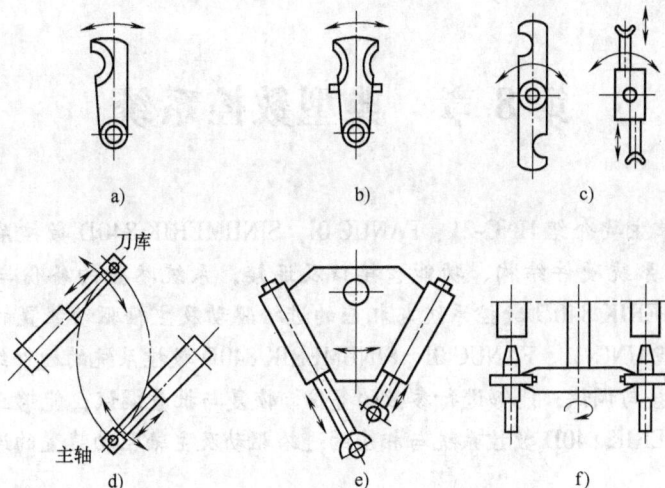

图 7-66　常见的机械手形式

自动换刀。其中一个机械手从主轴上取下"旧刀"送回刀库；另一个机械手由刀库中取出"新刀"装入机床主轴。

5）双臂往复交叉式机械手（图 7-66e）。这种机械手的两手臂可以往复运动，并交叉成一定的角度。一个手臂从主轴上取下"旧刀"送回刀库，另一个机械手由刀库中取出"新刀"装入主轴。整个机械手可沿某导轨直线移动或绕某个转轴回转，以实现刀库与主轴间的换刀运动。

6）双臂端面夹紧式机械手（图 7-66f）。这种机械手只是在夹紧部位上与前几种不同。前几种机械手均靠夹紧刀柄的外圆表面以抓取刀具，这种机械手则夹紧刀柄的两个端面。

思考与训练

7-1　数控车床由哪几部分组成？各有什么特点？

7-2　数控车床的布局有哪几种形式？各有什么特点？

7-3　与传统车床相比，数控车床的结构有什么特点？

7-4　数控车床如何分类？按这些分类方式可分为哪几种数控车床？

7-5　数控车床主传动系统的变速形式有哪几种？各有什么特点？

7-6　数控车床进给传动系统的种类有哪几种？各适用于哪类数控车床？

7-7　常见的数控车床夹具有哪些？各有什么特点？

7-8　数控车床上使用的车刀按结构可分哪几种？各有什么特点？

7-9　数控铣床由哪几部分组成？各有什么特点？

7-10　数控铣床如何分类？按这些分类方式可分为哪几种数控铣床？

7-11　常见的数控铣床夹具有哪些？各有什么特点？

7-12　常见的数控铣刀有哪几种？各有什么特点？

7-13　与传统机床相比，加工中心什么特点？

7-14　加工中心如何分类？按这些分类方式可分为哪几种数控加工中心？

7-15　根据加工中心刀库存放刀具的数目和取刀方式，常见的刀库类型有哪几种？各有什么特点？

7-16　常见的自动换刀装置有哪几种？各有什么特点？

第 8 章　典型数控系统

☞**知识提要**：本章主要介绍 HNC-21、FANUC 0i、SINUMERIK 840D 数控系统的发展、产品特点及具体应用，系统硬件结构、功能、接口及连接，系统参数的备份与恢复；HNC-21、FANUC 0i、SINUMERIK 840D 数控系统与相应的进给驱动及主轴驱动装置的连接与调试。

☞**学习目标**：掌握 HNC-21、FANUC 0i、SINUMERIK 840D 数控系统的硬件结构及接口，能够正确进行硬件的连接与调试；能够进行参数的备份、恢复与批量调试；能够正确进行 HNC-21、FANUC 0i、SINUMERIK 840D 数控系统与相应的进给驱动及主轴驱动装置的连接与调试。

8.1　华中 HNC-21 数控系统

8.1.1　华中数控系统的认知

华中数控系统可谓国产数控系统中的佼佼者，其发展至今过程中，经过不断的改进、升级，功能、性能都有很大的提高。华中数控系统的产品外观如图 8-1 所示，系统的硬件配置如图 8-2 所示。

华中"世纪星"数控系统是在华中Ⅰ型、华中 2000 系列数控系统的基础上，为满足用户对低价格、高性能、简单、可靠的要求而开发的数控系统。华中"世纪星"系列数控系统包括 HNC-21、HNC-22、HNC-18i、HNC-19i 四个产品，其中 HNC-21/22T、HNC-21/22M 采用先进的开放式体系结构，内置嵌入

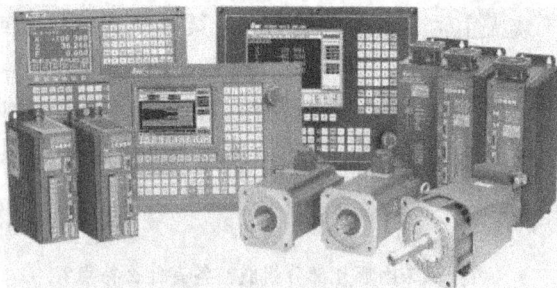

图 8-1　华中数控系统的产品外观

式工业 PC，配置 7.5in 或 9.4in 彩色液晶显示器和通用工程面板，集成进给轴接口、主轴接口、手持单元接口、内嵌式 PLC 接口于一体，支持硬盘、电子盘等程序存储方式及软驱、DNC、以太网等程序交换功能，具有价格低、性能高、配置灵活、结构紧凑、易于使用、可靠性高的特点，主要应用于数控车床、数控铣床、加工中心等各种机床控制。

在国家 863 计划、国家科技攻关计划项目和国债项目的支持下，武汉华中数控股份有限公司（以下简称"华中数控"）开发了具有自主知识产权的新一代开放式、网络化数控系统、数字交流伺服驱动和伺服电动机、伺服主轴驱动和主轴电动机，并建成年产 5000 台套的数控产业基地。

8.1.2　华中 HNC-21 数控系统的硬件连接

1. 数控装置的硬件及其接口

HNC-21 数控系统接口组成如图 8-3 所示，接口在数控装置上的分布如图 8-4 所示。

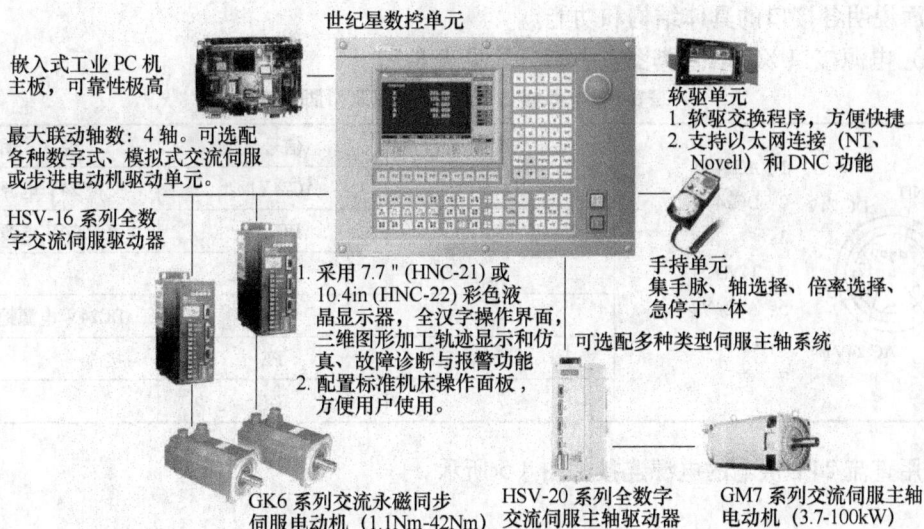

世纪星数控单元

嵌入式工业 PC 机主板，可靠性极高

最大联动轴数：4 轴。可选配各种数字式、模拟式交流伺服或步进电动机驱动单元。

HSV-16 系列全数字交流伺服驱动器

软驱单元
1. 软驱交换程序，方便快捷
2. 支持以太网连接（NT、Novell）和 DNC 功能

1. 采用 7.7″（HNC-21）或 10.4in（HNC-22）彩色液晶显示器，全汉字操作界面，三维图形加工轨迹显示和仿真、故障诊断与报警功能
2. 配置标准机床操作面板，方便用户使用。

手持单元
集手脉、轴选择、倍率选择、急停于一体

可选配多种类型伺服主轴系统

GK6 系列交流永磁同步伺服电动机（1.1Nm-42Nm）

HSV-20 系列全数字交流伺服主轴驱动器

GM7 系列交流伺服主轴电动机（3.7-100kW）

图 8-2　华中系统的硬件配置

HNC-21

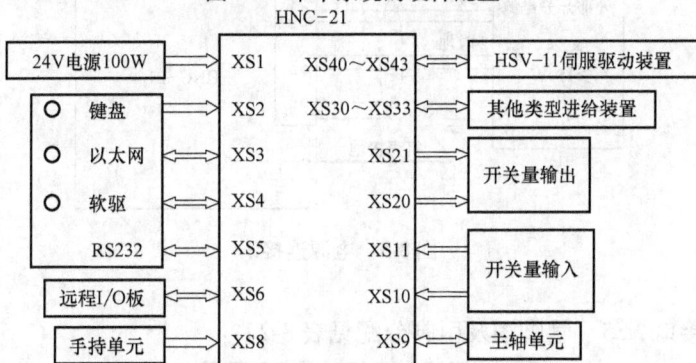

图 8-3　HNC-21 数控系统接口组成

注：若使用软驱单元则 XS2、XS3、XS4、XS5 为软驱单元的转接口

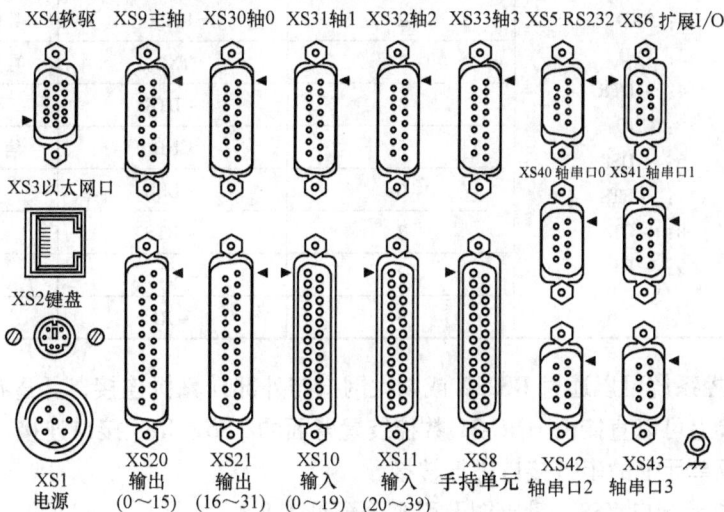

图 8-4　HNC-21 数控系统的接口分布

下面说明各接口的具体结构和功能。

（1）电源接口 XS1　管脚图及引脚分配见表 8-1。

表 8-1　电源接口 XS1 管脚图及引脚分配

	引脚号	信号名	说　明
1：AC24V1 2：DC24V 3：空 4：GND 5：AC24V2 6：PE 7：空	1、5	AC24V1/2	交流 24V 电源
	2	DC24V	直流 24V 电源
	3	空	
	4	GND	DC24V 电源地
	6	PE	接地
	7	空	

采用直流 24V 供电的电源连接如图 8-5 所示。

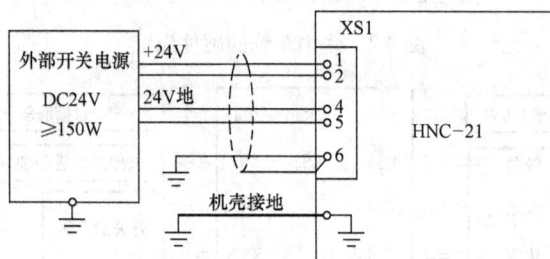

图 8-5　电源连接

（2）RS232 接口 XS5　管脚图及引脚分配见表 8-2。

表 8-2　RS232 接口 XS5 管脚图及引脚分配

	引脚号	信号名	说　明
1：-DCD 2：RXD 3：TXD 4：-DTR 5：GND 6：-DSR 7：-RTS 8：-CTS 9：-R1	1	-DCD	
	2	RXD	数据接收
	3	TXD	数据发送
	4	-DTR	
	5	GND	信号地
	6	-DSR	
	7	-RTS	
	8	-CTS	
	9	-R1	

HNC-21 数控系统可以通过 RS232 或以太网口与外部计算机连接，并进行数据交换与共享。在硬件连接上可以直接由 HNC-21 数控装置背面的 XS5、XS3 接口连接，如图 8-6 所示，也可以通过软驱单元上的串行接口进行转接。

（3）手持单元接口 XS8　管脚图及引脚分配见表 8-3。

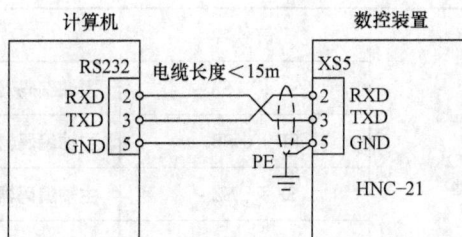

图 8-6 RS232 接口连接

表 8-3 手持单元接口 XS8 管脚图及引脚分配

	信号名	说 明
1:24VG 2:24VG 3:24V 4:ESTOP2 5:空 6:I38 7:I36 8:I34 9:I32 10:O30 11:O28 12:HB 13:5V地 14:24VG 15:24VG 16:24V 17:ESTOP3 18:I39 19:I37 20:I35 21:I33 22:O31 23:O29 24:HA 25:+5V	24V、24VG	DC24V 电源输出
	ESTOP2、ESTOP3	手持单元急停按钮
	I32 ~ I39	手持单元输入开关量
	O28 ~ O31	手持单元输出开关量
	HA	手摇 A 相
	HB	手摇 B 相
	+5V、5V 地	手摇 DC5V 电源

华中数控提供标准手持单元，接口为 DB25 头针插头，可以直接连接到 HNC-21 数控装置的 XS8 接口上，如图 8-7 所示。若未安装手持单元，则需要通过一个 DB25 插头短接手持单元控制接口 XS8 上的 4（ESTOP2）、17（ESTOP3）脚，否则 HNC-21 数控装置将会因面板上的急停按钮不起作用而导致数控装置出现急停报警。

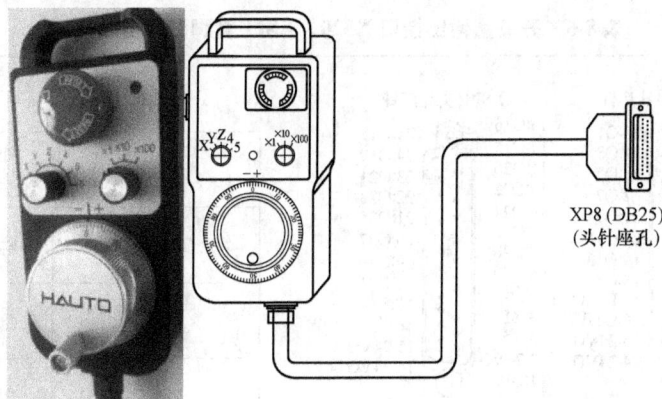

图 8-7 手轮的实物连接示意

（4）主轴控制接口 XS9 管脚图及引脚分配见表 8-4。具体连接见 8.1.4。

表 8-4　主轴控制接口 XS9 管脚图及引脚分配

	信号名	说　明
8:GND 7:GND 6:AOUT1 5:+5V 地 4:+5V 3:SZ+ 2:SB+ 1:SA+　　15:GND 14:AOUT2 13:+5V 地 12:+5V 11:SZ- 10:SB- 9:SA-	SA +、SA -	主轴编码器 A 相位反馈信号
	SB +、SB -	主轴编码器 B 相位反馈信号
	SZ +、SZ -	主轴编码器 Z 脉冲反馈
	+5V、+5V 地	DC5V 电源
	AOUT1	主轴模拟量指令 -10V +10V 输出
	AOUT2	主轴模拟量指令 0 +10V 输出
	GND	模拟量输出地

（5）开关量输入接口 XS10、XS11　管脚图及引脚分配见表 8-5。

表 8-5　开关量输入接口 XS10、XS11 管脚图及引脚分配

	信号名	说　明
XS10(头针座孔) 1:24VG 14:24VG 2:24VG 15:24VG 3:空 16:I19 4:I18 17:I17 5:I16 18:I15 6:I14 19:I13 7:I12 20:I11 8:I10 21:I9 9:I8 22:I7 10:I6 23:I5 11:I4 24:I3 12:I2 25:I1 13:I0 XS11(头针座孔) 1:24VG 14:24VG 2:24VG 15:24VG 3:空 16:I39 4:I38 17:I37 5:I36 18:I35 6:I34 19:I33 7:I32 20:I31 8:I30 21:I29 9:I28 22:I27 10:I26 23:I25 11:I24 24:I23 12:I22 25:I21 13:I20	24VG	外部开关量 DC24V 电源地
	I0 ~ I39	输入开关量

（6）开关量输出接口 XS20、XS21　管脚图及引脚分配见表 8-6。

表 8-6　开关量输出接口 XS20、XS21 管脚图及引脚分配

	信号名	说　明
XS20(头孔座针) 13:O0 25:O1 12:O2 24:O3 11:O4 23:O5 10:O6 22:O7 9:O8 21:O9 8:O10 20:O11 7:O12 19:O13 6:O14 18:O15 5:空 17:ESTOP3 4:ESTOP1 16:OTBS2 3:OTBS1 15:24VG 2:24VG 14:24VG 1:24VG XS21(头孔座针) 13:O16 25:O17 12:O18 24:O19 11:O20 23:O21 10:O22 22:O23 9:O24 21:O25 8:O26 20:O27 7:O28 19:O29 6:O30 18:O31 5:空 17:空 4:空 16:空 3:空 15:24VG 2:24VG 14:24VG 1:24VG	24VG	外部开关量 DC24V 电源地
	O0 ~ O31	输出开关量
	ESTOP1 ESTOP3	急停回路端子
	OTBS1 OTBS2	超程解除端子

　　HNC-21 数控装置的开关量输入/输出通常是通过输入/输出端子板进行转接的。分线电缆将 HNC-21 数控装置的 XS10、XS11 与输入端子板的 J1；XS20、XS21 与输出端子板的 J1

相连，NPN 或 PNP 型开关量输入/输出元器件连接在端子板的 J2 上，如图 8-8 所示。

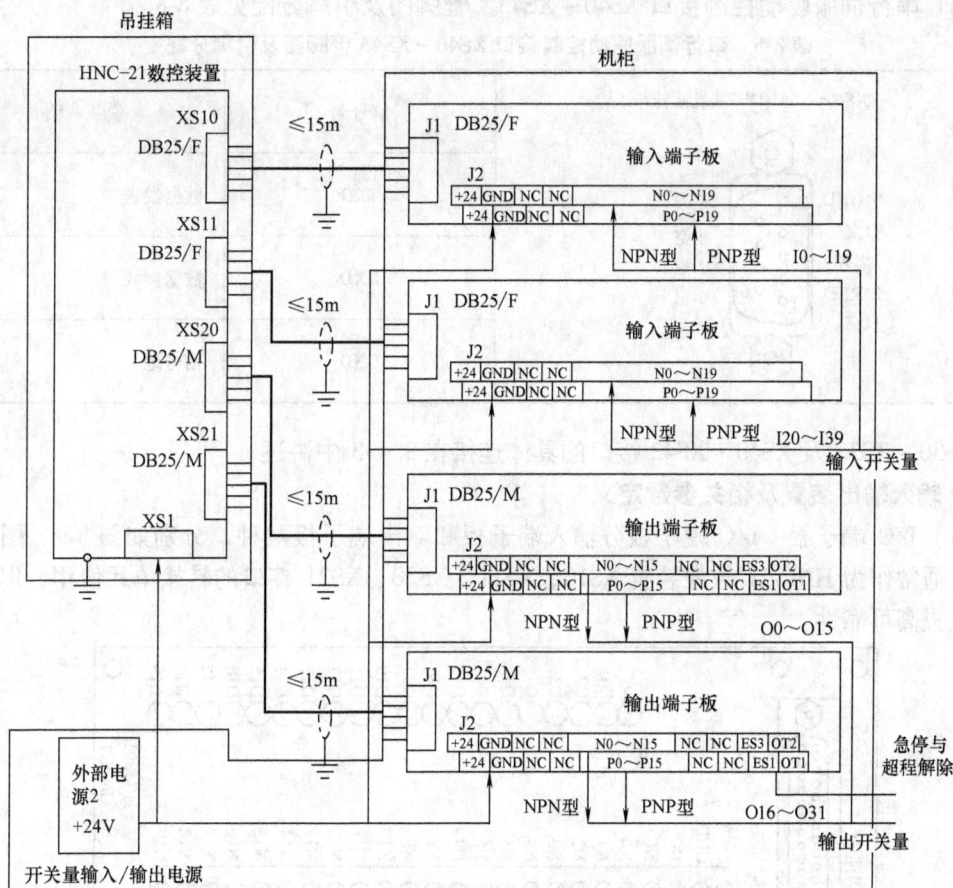

图 8-8　开关量输入/输出端子板连接

　　该连接方式适用于所需用的 I/O 点不多，且数控装置与强电控制电路分装在不同机柜内的情况，具有电路调试维护方便的优点。端子板每位开关量都有 NPN、PNP 两种接线端子，以及发光二极管指示灯，便于系统的调试和故障检测。

　　（7）进给轴控制接口 XS30～XS33　管脚图及引脚分配见表 8-7。

表 8-7　进给轴控制接口 **XS30～XS33** 管脚图及引脚分配

XS30～XS33(DB15头孔座针)		信号名		说　　明
		A＋　　A－		编码器 A 相位反馈信号
8：DIR－　　15：DIR＋		B＋　　B－		编码器 B 相位反馈信号
7：CP－　　14：CP＋		Z＋　　Z－		编码器 Z 脉冲反馈信号
6：OUTA　　13：GND		＋5V　　GND		DC5V 电源、DC5V 电源地
5：GND　　12：＋5V		OUTA		模拟指令输出（－20～＋20mA）
4：＋5V　　11：Z－		CP＋　　CP－		指令脉冲输出　A 相
3：Z＋　　10：B－		DIR＋　　DIR－		指令方向输出　B 相
2：B＋　　9：A－				
1：A＋				

（8）串行伺服驱动控制接口 XS40～XS43　管脚图及引脚分配见表 8-8。

表 8-8　串行伺服驱动控制接口 XS40～XS43 管脚图及引脚分配

XS40～XS43(DB9头孔座针)	信号名	说　　明
5:GND　9:空 4:空　8:空 3:TXD　7:空 2:RXD　6:空 1:空	TXD	数据发送
	RXD	数据接收
	GND	信号地

XS30～XS33 及 XS40～XS43 接口的具体连接在 8.4.3 中讲述。

2. 输入输出装置及相关参数定义

（1）I/O 端子板　I/O 端子板分输入端子板和输出端子板两种，分别如图 8-9、图 8-10 所示，通常作为 HNC-21 数控装置 XS10、XS11、XS20、XS21 接口的转接单元使用，以方便连接及提高可靠性。

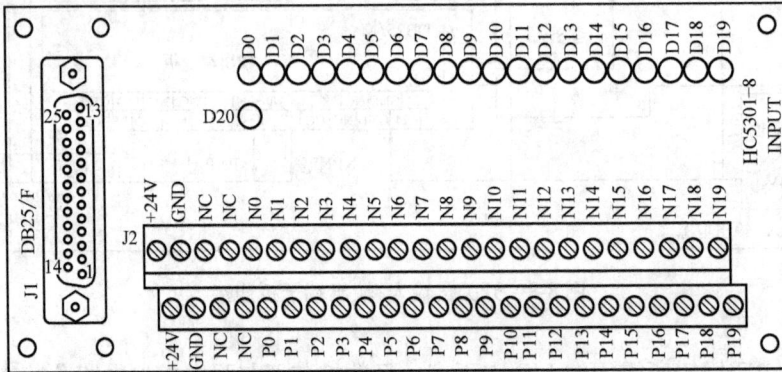

图 8-9　HNC-21 输入端子板

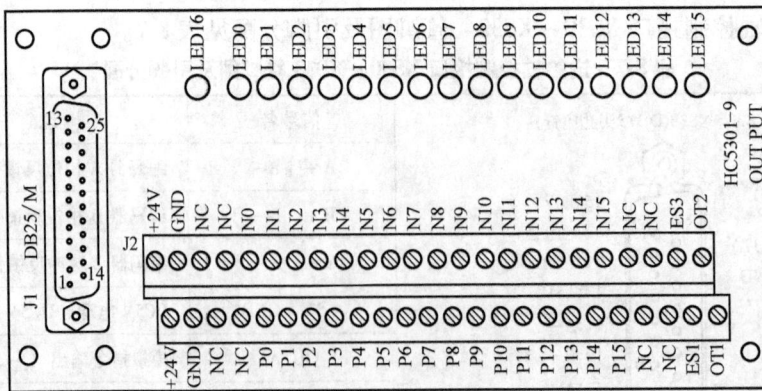

图 8-10　HNC-21 输出端子板

输入端子板与输出端子板均提供 NPN 和 PNP 两种端子。每块输入端子板含 20 位开关量输入端子；每块输出端子板含 16 位开关量输出端子及急停（两位）与超程（两位）端子。

（2）PLC 地址定义　在系统程序、PLC 程序中，机床输入的开关量信号定义为 X（即各接口中的 I 信号），输出到机床的开关量信号定义为 Y（即各接口中的 O 信号）。将各个接口中的输入/输出（I/O）开关量定义为系统程序中的 X、Y 变量，需要通过设置参数中的硬件配置参数和 PMC 系统参数实现。

HNC-21 数控装置的输入/输出开关量占用硬件配置参数中的三个部件（设为部件 20、部件 21、部件 22），如图 8-11 所示。

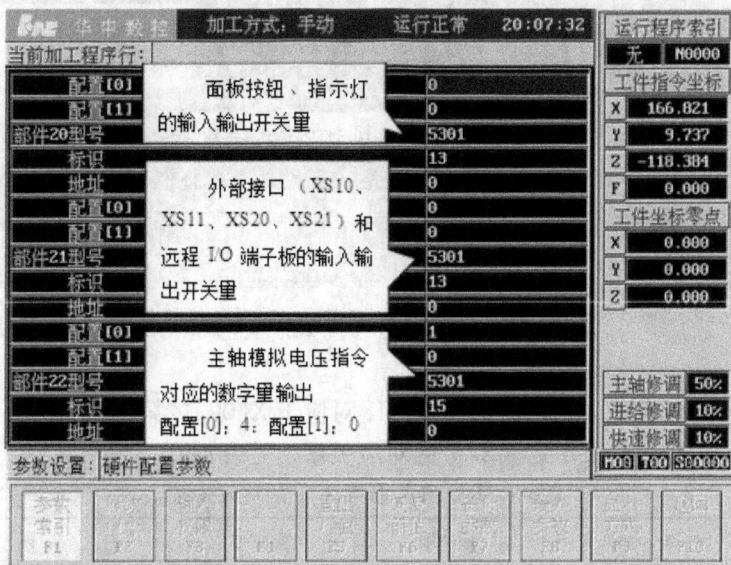

图 8-11　HNC-21 PLC 地址定义

主轴模拟电压指令输出的过程为 PLC 程序通过计算给出数字量，数字量由专用的硬件电路转化为模拟电压的过程。PLC 程序处理的是数字量，共 16 位，占用两个字节，即两组输出信号。因此，主轴模拟电压指令也作为开关量输出信号处理。

在 PLC 系统参数中，给各部件（部件 20、部件 21、部件 22）中的输入/输出开关量分配占用的 X、Y 地址，即确定接口中各 I/O 信号与 X/Y 的对应关系，如图 8-12 所示。

部件 21 中的开关量输入信号设置为输入模块 0，共 30 组，则占用 X[00] ~ X[29]；部件 20 中的开关量输入信号设置为输入模块 1，共 16 组，则占用 X[30] ~ X[45]；输入开关量总组数即为 30 + 16 = 46 组。

部件 21 中的开关量输出信号设置为输出模块 0，共 28 组，则占用 Y[00] ~ Y[27]；部件 22 中的开关量输出信号设置为输出模块 1，共 2 组，则占用 Y[28] ~ Y[29]；部件 20 中的开关量输出信号设置为输出模块 2，共 8 组，则占用 Y[30] ~ Y[37]；输出开关量总组数即为 28 + 2 + 8 = 38 组。

因此，在 PMC 系统参数中所涉及的部件号与硬件配置参数中是一致的；输入/输出开关量每 8 位一组占用一个字节。例如，HNC-21 数控装置 XS10 接口的 I0 ~ I7 开关量输入信号

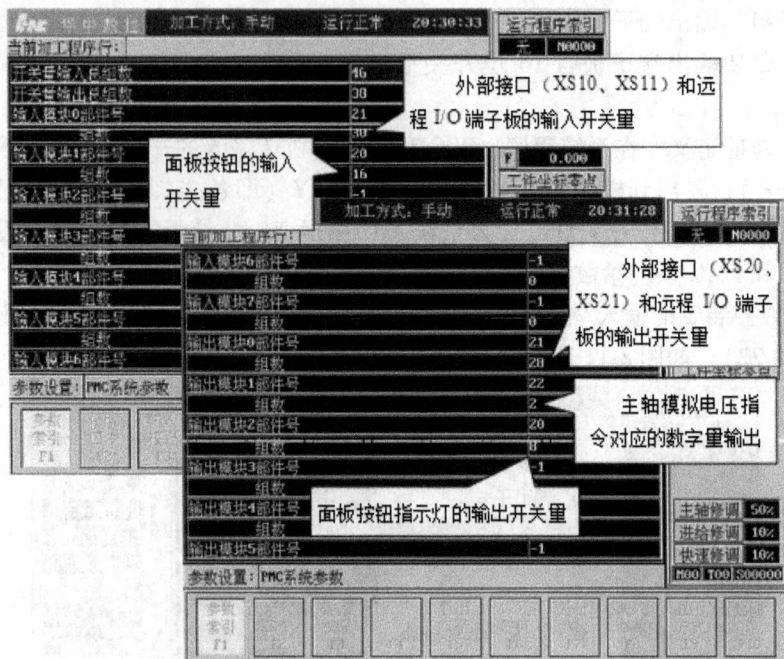

图 8-12 I/O 信号与 X/Y 的对应关系

占用 X[00]组，I0 对应于 X[00]的第 0 位，I1 对应于 X[00]的第 1 位……

按以上参数设置 I/O 开关量与 X/Y 的对应关系，见表 8-9。

表 8-9 I/O 开关量与 X/Y 的对应关系

信号名	X/Y 地址	部件号	模块号	说　明
I0 ~ I39	X[00] ~ X[04]			XS10、XS11 输入开关量
I40 ~ I47	X[05]			保留
I48 ~ I175	X[06] ~ X[21]	21	输入模块 0	HNC-21 远程输入开关量
I176 ~ I239	X[22] ~ X[29]			保留
I240 ~ I367	X[30] ~ X[45]	20	输入模块 1	面板按钮输入开关量
O0 ~ O31	Y[00] ~ Y[03]			XS20、XS21 输出开关量
O32 ~ O159	Y[04] ~ Y[19]	21	输出模块 0	HNC-21 远程输出开关量
O160 ~ O223	Y[20] ~ Y[27]			保留
O224 ~ O239	Y[28] ~ Y[29]	22	输出模块 1	主轴模拟电压指令数字量输出
O240 ~ O303	Y[30] ~ Y[37]	20	输出模块 2	面板按钮指示灯输出开关量

HNC-21 数控装置的机床操作面板按钮共 3 排，分别定义如下：

第一排有 15 个按钮，输入开关量信号依次为 X[30]和 X[31]的第 0 ~ 6 位，指示灯输出开关量信号依次为 Y[30]和 Y[31]的第 0 ~ 6 位。

第二排有 14 个按钮，输入开关量信号依次为 X[32]和 X[33]的第 0 ~ 5 位，指示灯输出开关量信号依次为 Y[32]和 Y[33]的第 0 ~ 5 位。

第三排有 15 个按钮，输入开关量信号依次为 X[34]和 X[35]的第 0 ~ 6 位，指示灯输出开关量信号依次为 Y[34]和 Y[35]的第 0 ~ 6 位。

3. HNC-21 数控系统的硬件整体连接

HNC-21 数控装置的硬件整体连接如图 8-13 所示。一套系统中的进给装置类型可以相同，也可以不同，但最多只能连接四个进给轴。

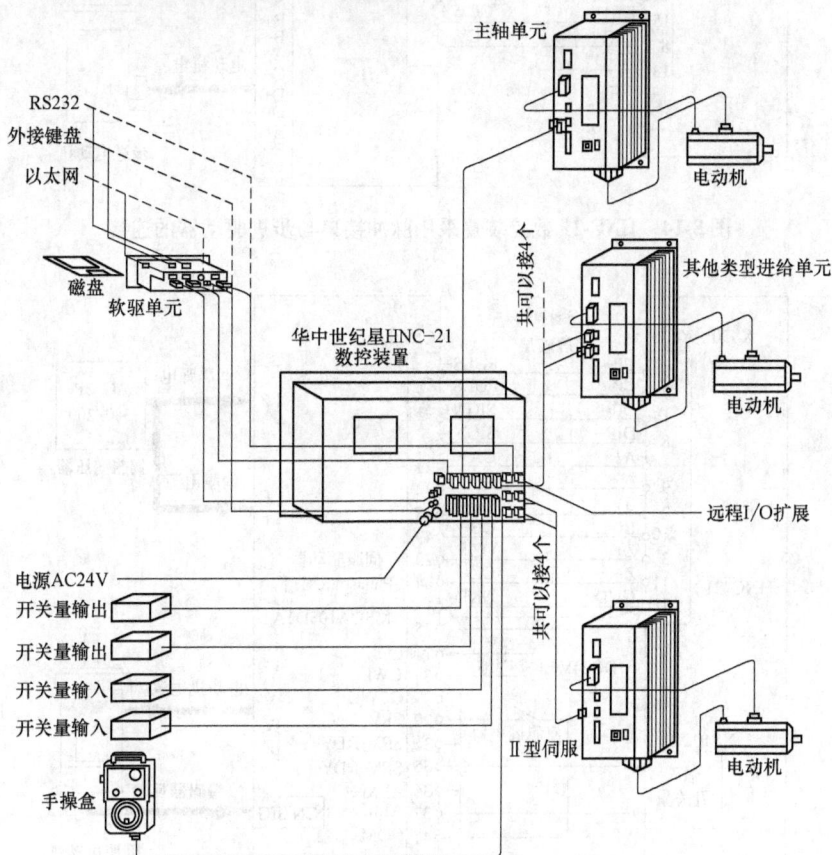

图 8-13　HNC-21 数控系统的硬件整体连接

8.1.3　华中 HNC-21 数控系统的进给控制

华中数控系统的进给驱动装置一般采用脉冲接口或模拟量接口作为指令接口，有些还提供通信和总线的方式作为指令接口，如图 8-14 所示采用脉冲指令接口。在选择驱动器型号时一定要注意数控装置的型号是否具备相应功能，否则会引起不能驱动或损坏设备的事故发生。同时，要正确设置相关参数。具体接口情况介绍如下：

（1）采用脉冲接口的步进驱动器连接　连接步进电动机驱动器需选用 HNC-21D 脉冲型或 HNC-21F 全功能型世纪星数控装置，通过 XS30 ~ XS33 脉冲接口控制步进电动机驱动器，最多可控制 4 个步进电动机驱动器，如图 8-14 所示。

（2）采用脉冲接口的伺服驱动器连接　使用脉冲接口伺服驱动器需选用 HNC-21D 脉冲型或 HNC-21F 全功能型世纪星数控装置，通过 XS30 ~ XS33 脉冲接口连接伺服驱动器，最多可控制 4 个伺服驱动器。图 8-15 所示为 HNC-21 数控系统连接伺服驱动装置的示意图。

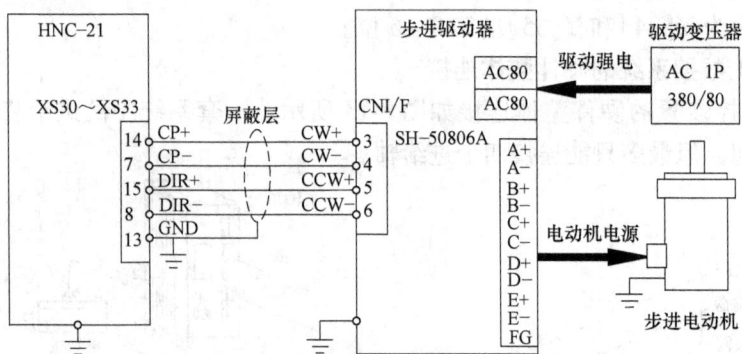

图 8-14 HNC-21 数控装置采用脉冲接口与步进驱动器的连接

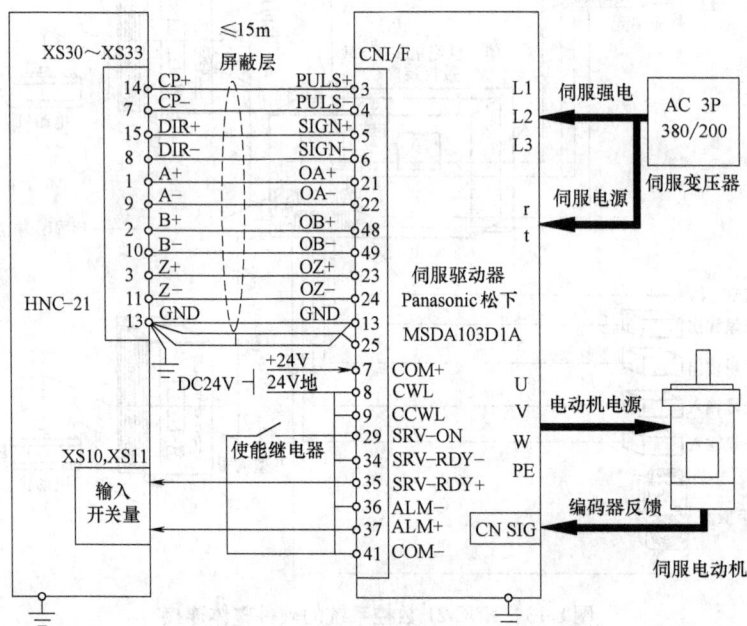

图 8-15 HNC-21 数控装置采用脉冲接口与伺服驱动器连接

需要注意的是：采用脉冲接口连接伺服驱动器时，位置闭环在伺服驱动器内部而不在数控装置内；脉冲接口的位置反馈信号仅用于位置监视而不用于位置闭环；需构成全闭环控制时，必须选用带全闭环接口的伺服驱动装置；伺服调节器参数应在驱动装置内设置，可参阅所选伺服驱动装置说明书。

（3）采用模拟接口的伺服驱动器连接　使用模拟接口的伺服驱动器需用 HNC-21A 或 HNC-21F 数控装置，通过 XS30 ~ XS33 轴接口连接伺服驱动器，最多可控制 4 台伺服驱动器。采用模拟接口可构成位置半闭环或全闭环系统。

图 8-16 所示是采用模拟接口连接伺服驱动器的一个实例，其中伺服驱动器采用西门子 611A 系列交流伺服驱动单元，位置反馈使用单独的光电编码器。

（4）采用通信指令接口的伺服驱动连接　常用的通信指令接口有 RS232、RS422 和 RS485，采用该方式控制进给驱动装置时，数控装置和进给驱动装置之间只要一根通信线即可完成对进给驱动装置的所有控制，并获得其所有工作信息。通常使用 HSV-11 型系列的驱动装置。使用 HSV-11 系列交流伺服驱动装置需选用 HNC-21C 或 HNC-21F 数控装置，通过 XS40～XS43 轴通信接口连接 HSV-11 伺服驱动装置，最多可连接 4 台伺服驱动装置，具体连接如图 8-17 所示。

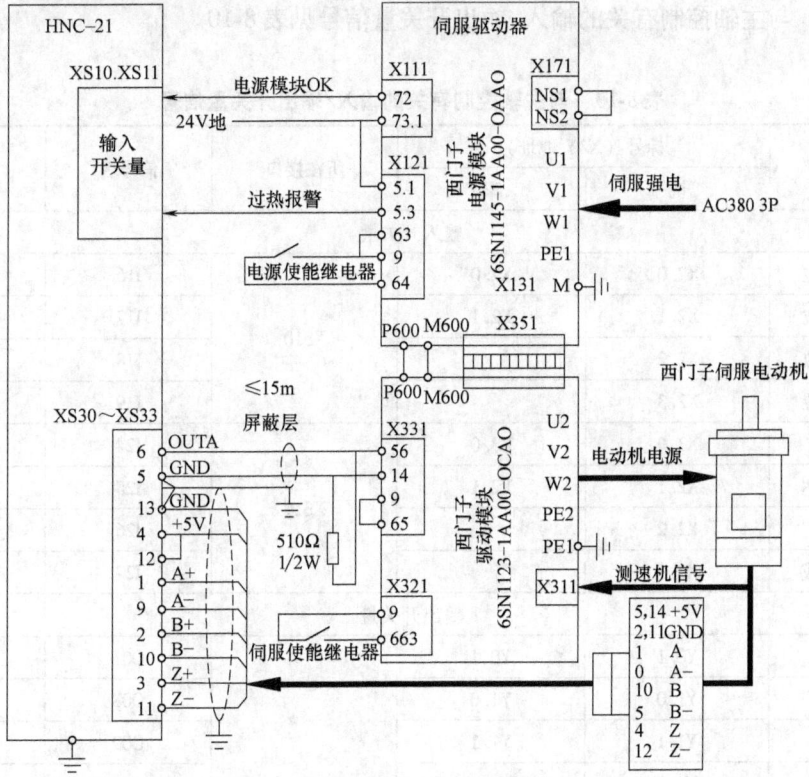

图 8-16　HNC-21 数控装置采用模拟接口与伺服驱动连接

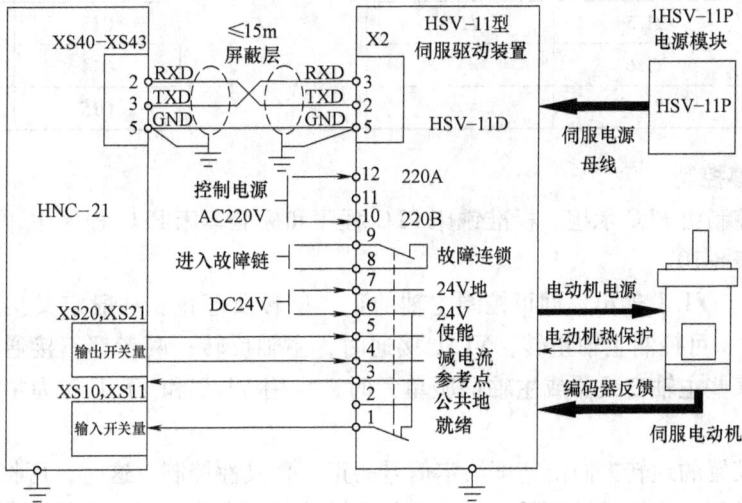

图 8-17　HNC-21 数控装置与 HSV-11 型伺服驱动器的连接

8.1.4　华中 HNC-21 数控系统的主轴控制

1. 与主轴控制相关的输入/输出开关量

连接主轴装置时，需要使用输入/输出开关量控制主轴电动机的起停、接收相关的状态和报警信息。与主轴控制有关的输入/输出开关量信号见表 8-10。

表 8-10　与主轴控制有关的输入/输出开关量信号

信号说明	标号（X/Y 地址）		所在接口	信号名	引脚号
	铣	车			
输入开关量					
主轴一档到位	X2.0	X2.0	XS10	I16	5
主轴二档到位	X2.1	X2.1		I17	17
主轴三档到位	X2.2			I18	4
主轴四档到位	X2.3			I19	16
主轴报警	X3.0	X3.0	XS11	I24	11
主轴速度到达	X2.1	X2.1		I25	23
主轴零速	X2.2			I26	10
主轴定向完成	X2.3			I27	22
输出开关量					
系统复位	Y0.1	Y0.1	XS20	O001	25
主轴正转	Y1.0	Y1.0		O008	9
主轴反转	Y1.1	Y1.1		O009	21
主轴制动	Y1.2	Y1.2		O010	8
主轴定向	Y1.3			O011	20
主轴一档	Y1.4	Y1.4		O012	7
主轴二档	Y1.5	Y1.5		O013	19
主轴三档	Y1.6			O014	6
主轴四档	Y1.7			O015	18

2. 主轴起停控制

主轴起停控制由 PLC 承担。标准铣床 PLC 程序和标准车床 PLC 程序中，关于主轴起停控制的信号见表 8-10。

利用 Y1.0 、Y1.1 输出，即可控制主轴的正、反转及停止。一般定义接通有效，这样当 Y1.0 接通时，可控制主轴正转；Y1.1 接通时，主轴反转；两者都不接通时，主轴停止旋转。在使用某些主轴变频器或主轴伺服单元时，也用 Y1.0 和 Y1.1 作为主轴单元的使能信号。

部分主轴装置的运转方向由速度给定信号的正、负极性控制。这时，可将主轴正转信号用作主轴使能控制，主轴反转信号不用。部分主轴控制器有速度到达和零速信号，由此时可使用主轴速度到达和主轴零速输入信号，实现 PLC 对主轴运转状态的监控。

3. 主轴速度控制

HNC-21 数控系统通过 XS9 主轴接口中的模拟量输出可控制主轴转速。其中 AOUT1 的输出范围为 -10 ~ +10V，用于双极性速度指令输入的主轴驱动单元或变频器，这时采用使能信号控制主轴的起、停；AOUT2 的输出范围为 0 ~ +10V，用于单极性速度指令输入的主轴驱动单元或变频器，这时采用主轴正转、主轴反转信号控制主轴的正、反转。模拟电压的值由用户 PLC 程序送到相应接口的数字量决定。

4. 主轴定向控制

实现主轴定向控制的方案一般有：①采用带主轴定向功能的主轴驱动单元。②采用伺服主轴即主轴工作在位控方式下。③采用机械方式实现。

对应于第一种控制方式，标准 PLC 程序中定义了相关的输入/输出信号。与主轴定向有关的输入/输出开关量信号见表 8-10。由 PLC 发出主轴定向命令，即 Y1.3 接通，主轴单元完成定向后送回主轴定向完成信号 X2.3。

第二种控制方式，主轴作为一个伺服轴控制，可在需要时由用户 PLC 程序控制定向到任意角度。

第三种控制方式，根据所采用的具体方式，用户可自行定义有关的 PLC 输入/输出点，并编制相应 PLC 程序。

5. 主轴换档控制

主轴自动换档通过 PLC 控制完成。标准 PLC 程序中，关于主轴换档控制的输入/输出开关量见表 8-10。

使用主轴变频器或主轴伺服时，需要在用户 PLC 程序中根据不同的档位确定主轴速度指令（模拟电压）的值。

车床通常为手动换档，如果安装了主轴编码器，则需要在用户 PLC 程序中根据主轴编码器反馈的主轴实际转速自动判断主轴目前的档位，以调整主轴速度指令模拟电压的值，主轴自动换档的过程根据实际确定。

6. 主轴编码器连接

通过主轴接口 XS9 可外接主轴编码器，用于螺纹切削、攻螺纹等。HNC-21 数控装置可接入两种输出类型的编码器，即差分 TTL 方波编码器或单极性 TTL 方波编码器。一般建议使用差分编码器，从而确保长传输距离的可靠性，提高抗干扰能力。编码器规格要求如下：

1）+5V 电源（200mA 以内，若超过 200mA 需要设计外部电源供电）。

2）TTL 电平输出。

3）差分 A、B、Z 信号输出。

常用主轴编码器型号为 LEC-500BM-G05D（L、H）。

7. HNC-21 数控装置主轴驱动的具体连接

（1）普通三相异步电动机控制连接　当用无调速装置的交流异步电动机作为主轴电动机时，只需利用数控装置开关量输出接口 XS20 控制中间继电器和接触器即可控制主轴电动机的正转、反转及停止。如图 8-18 所示，KA3、KM3 控制电动机正转，KA4、KM4 控制电动机反转。

可配合主轴机械换档实现有级调速，进行刚性攻螺纹，还可外接主轴编码器实现螺纹车削或刚性攻螺纹。

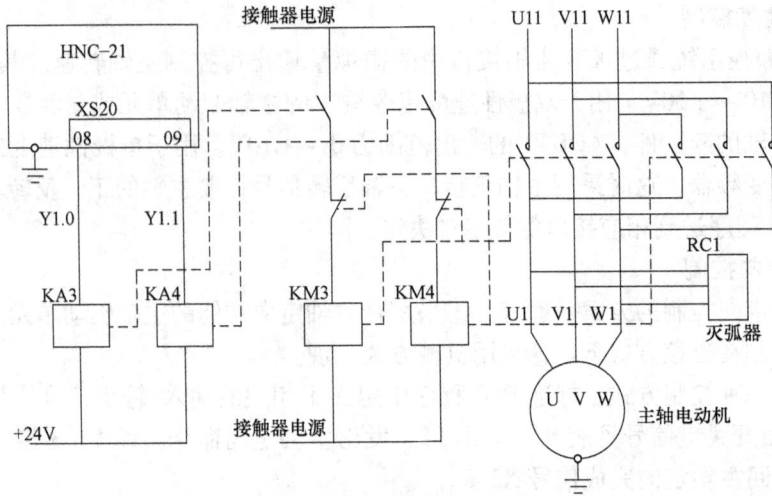

图 8-18 电源连接

注：接触器的单相灭弧器省略未画

（2）交流变频主轴连接 采用交流变频器控制时，交流变频电动机可在一定范围内实现主轴的无级变速，这时需利用数控装置的主轴控制接口 XS9 中的模拟量电压输出信号作为变频器的速度给定，采用开关量输出信号 XS20、XS21 控制主轴起停或正反转。一般连接如图 8-19 所示。

采用交流变频主轴时由于低速特性不很理想，一般需配合机床换档以兼顾低速特性和调速范围。需要车削螺纹或攻螺纹时，可外接主轴编码器如图 8-19 所示。

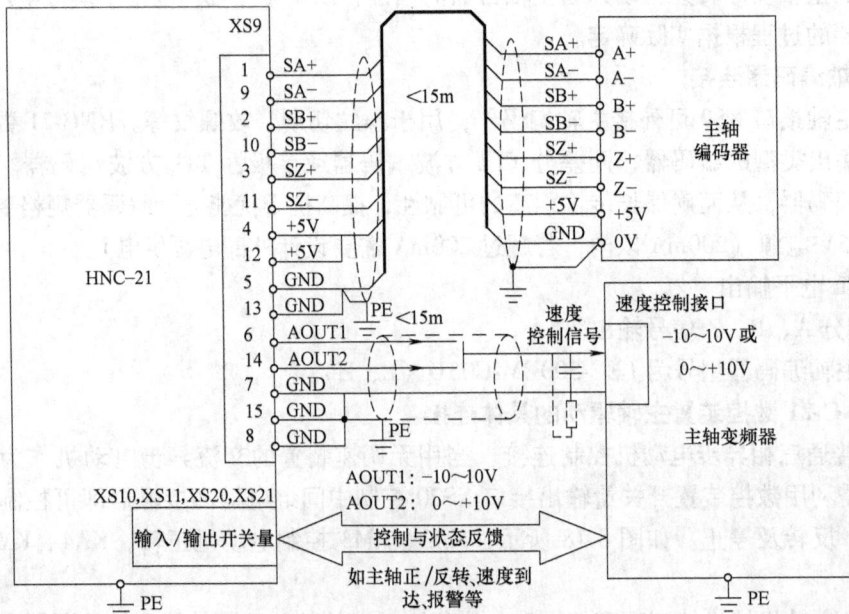

图 8-19 交流变频主轴连接

（3）伺服驱动主轴连接 采用伺服驱动主轴可获得较宽的调速范围和良好的低速特性，还可实现主轴定向控制。这时可利用数控装置上的主轴控制接口 XS9 中的模拟量输出信号（模拟电压）作为主轴单元的速度给定，利用 PLC 输出控制起停（或正反转）及定向。一般连接如图 8-20 所示。

需车削螺纹或攻螺纹时，可利用主轴伺服本身反馈到数控装置接口 XS9 的主轴位置信息，如图 8-21 所示，也可外接主轴编码器，如图 8-22 所示。

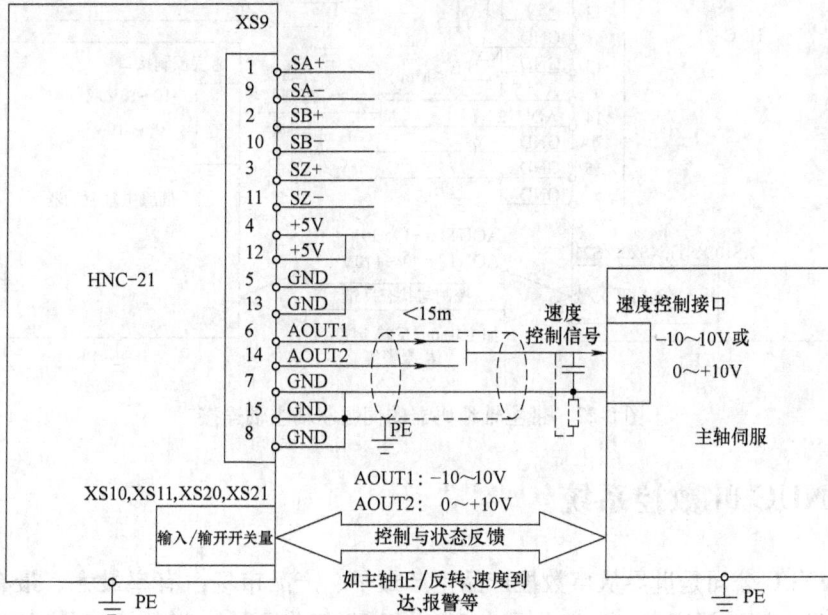

图 8-20 伺服驱动主轴连接

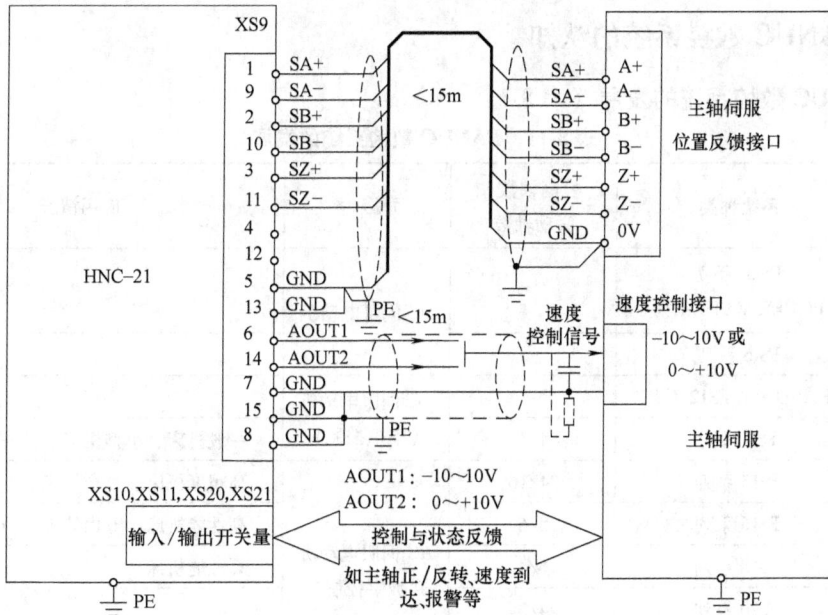

图 8-21 带反馈伺服驱动主轴连接

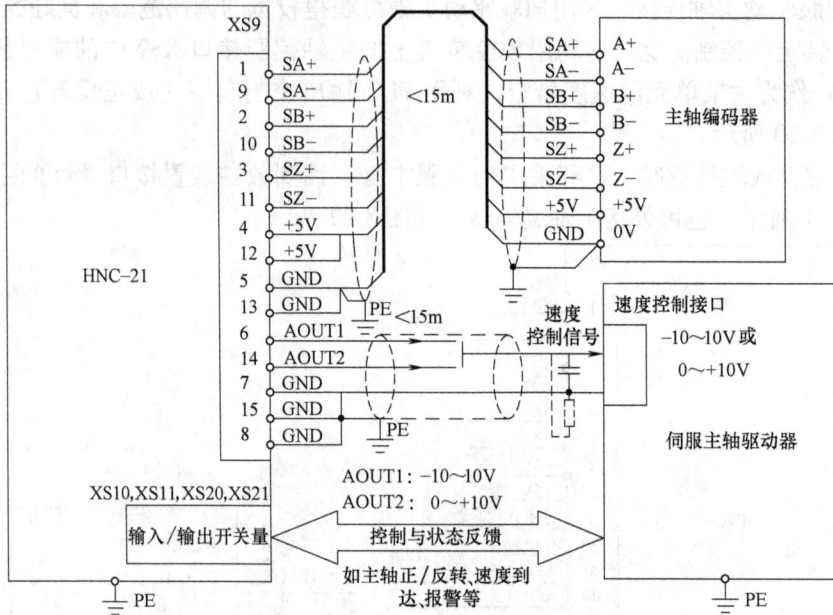

图 8-22   带主轴编码器的伺服驱动主轴连接

8.2   FANUC 0i 数控系统

日本 FANUC 公司是世界从事数控产品生产最早、产品市场占有率最大、最有影响的数控类产品开发、制造厂家之一，该公司自 20 世纪 50 年代开始生产数控产品以来，已开发、生产了数十个系列的数控系统。FANUC 数控系统是数控机床上使用较多的系统之一。

8.2.1   FANUC 数控系统的认知

1. FANUC 数控系统的发展（表 8-11）

表 8-11   FANUC 数控系统的发展

年代	系统种类	控制轴数/联动轴数	伺服种类	应用情况
1976 年	FS-5/FS-7 POWER MATE 系列		DC 伺服电动机	
1979 年	FS-6 系列			
1984 年	FS10/FS11/FS12 系列		AC 伺服电动机（模拟控制）	
1985 年	FS0 系列	4/4		一般机床、小型机床、经济型机床
1987 年	FS15 系列	24/16		高精度机床、复合机床、五面体加工机
1990 年	FS16 系列	8/6	AC 伺服电动机（数字控制）	高性能机床、五面体加工机
1991 年	FS18 系列	6/4		高性能机床
1992 年	FS20 系列	4/3		
1993 年	FS21 系列	5/4		高性能机床、一般机床

（续）

年代	系统种类	控制轴数/联动轴数	伺服种类	应用情况
1996 年	FS16i 系列	8/6		高性能机床、五面体加工机、一般机床
	FS18i 系列	6/4、8/4 18iMB5 8/5		
	FS21i 系列	5/4		
1998 年	FS15i 系列	24/24		高精度机床、复合机床、五面体加工机
2001 年	FS0i-A 系列	4/4	AC 伺服电动机（数字控制）	
2003 年	FS0i-B 系列	4/4		一般机床、小型机床、经济型机床
	FS0iMATE-B 系列	3/3		
	FS0i-C 系列	4/4、5/4		
	FS0iMATE-C 系列	3/3		
2004 年	FS30i/31i/32i 系列	30i 32/24		高精度机床、复合机床、五面体加工机、生产线
		31i 20/4		
		31i-A5 20/5		
		32i 9/4		
2008 年	FANUC 0i-D 系列	5/4		高速、高精度机床

2. FANUC 数控系统的主要特点

日本 FANUC 公司的数控系统具有高质量、高性能、全功能、适用于各种机床和生产机床的特点，其市场占有率远远超过其他数控系统，主要体现在以下几个方面：

1）系统在设计中大量采用模块化结构。这种结构易于拆装，各个控制板高度集成，使可靠性有很大的提高，而且便于维修、更换。

2）具有很强的抵抗恶劣环境影响的能力。其工作环境的温度为 0~45℃，相对湿度为 75%。

3）有较完善的保护措施。FANUC 系统采用比较好的保护电路。

4）FANUC 系统所配置的系统软件具有比较齐全的基本功能和选项功能。对于一般的机床来说，其基本功能即可完全能满足使用要求。

5）提供大量的、丰富的 PMC 信号和 PMC 功能指令。这些丰富的信号和编程指令便于用户编制机床侧 PMC 控制程序，而且增加了编程的灵活性。

6）具有很强的 DNC 功能。系统提供串行 RS232C 传输接口，使通用计算机和机床之间的数据传输能方便、可靠地进行，从而实现高速的 DNC 操作。

7）提供丰富的维修报警和诊断功能。FANUC 维修手册为用户提供了大量的报警信息，并且以不同的类别进行分类。

3. FANUC 数控系统主要产品系列

1）高可靠性的 POWER MATE 系列。

FANUC 0 系列：用于控制 2 轴的小型车床，取代步进电动机的伺服系统；可配画面清晰、操作方便、中文显示的 CRT/MDI，也可配性能价格比高的 DPL/MDI。

2）普及型。

FANUC 0-D 系列：FANUC 0-TD 用于车床；FANUC 0-MD 用于铣床及小型加工中心；

FANUC 0-GCD 用于圆柱磨床；FANUC 0-GSD 用于平面磨床；FANUC 0-PD 用于冲床。

3）全功能型。

FANUC 0-C 系列：FANUC 0-TC 用于通用车床、自动车床；FANUC 0-MC 用于铣床、钻床、加工中心；FANUC 0-GCC 用于内、外圆磨床；FANUC 0-GSC 用于平面磨床；FANUC 0-TTC 用于双刀架四轴车床。

4）高性能价格比型。

FANUC 0i 系列：整体软件功能包，高速、高精度加工，并具有网络功能。FANUC 0i-MB/MA 用于加工中心和铣床，四轴四联动；FANUC 0i-TB/TA 用于车床，四轴二联动，FANUC 0i-MATE MA 用于铣床，三轴三联动；FANUC 0i-MATE TA 用于车床，二轴二联动。

5）具有网络功能的超小型、超薄型。

FANUC 16i/18i/21i 系列：控制单元与 LCD 集成于一体，具有网络功能，超高速串行数据通信。其中，FS 16i-MB 的插补、位置检测和伺服控制以 nm 为单位。FANUC 16i 最大可控八轴，六轴联动；FANUC 18i 最大可控六轴，四轴联动；FANUC 21i 最大可控四轴，四轴联动。

除此之外，还有实现机床个性化的 CNC16/18/160/180 系列。

8.2.2 FANUC 数控系统的硬件连接

1. FANUC 数控系统典型的硬件结构及接口

这里主要以 FANUC 0i 系统为例来讲述，其典型的硬件配置如图 8-23 所示。

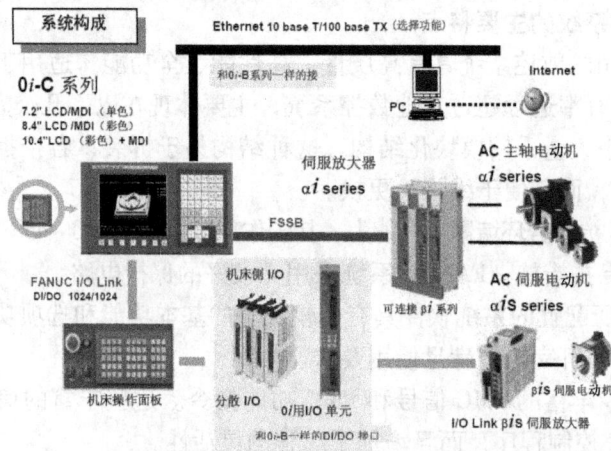

图 8-23   FANUC 0i 系统的硬件配置

（1）数控单元及主板接口   FANUC 0i 数控系统的外观如图 8-24 所示，其主板实物如图 8-25 所示，主板接口如图 8-26 所示，主板扩展接口如图 8-27 所示。

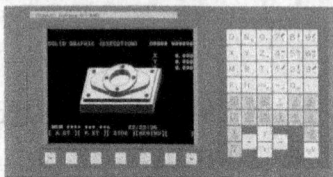

图 8-24   FANUC 0i 系统的外观

图 8-25   FANUC 0i 系统的主板实物

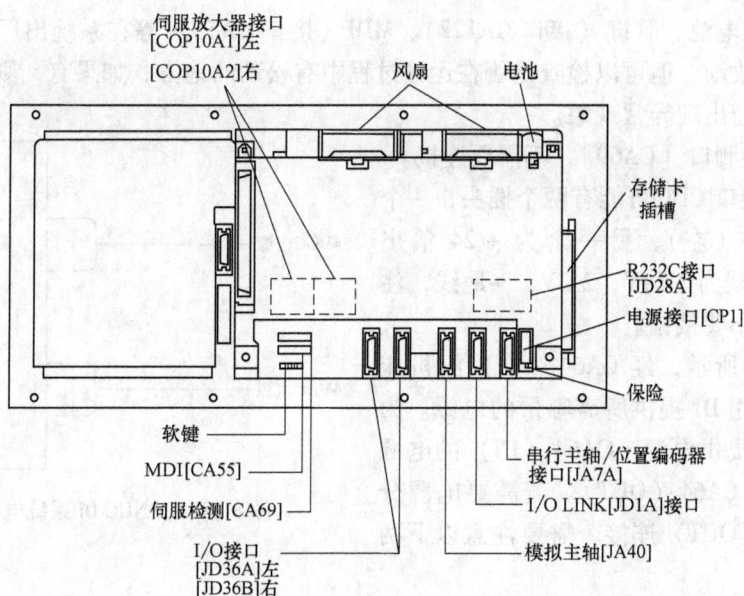

图 8-26 FANUC 0i 系统主板接口

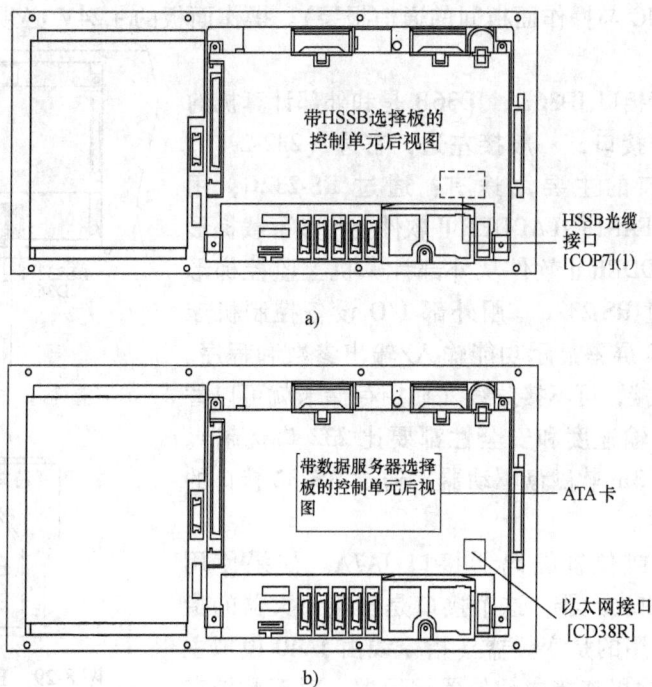

图 8-27 FANUC 0i 系统选择板接口

a) FANUC 0i 系统带 HSSB 的选择板接口

b) FANUC 0i 系统带数据服务器的选择板接口

主板接口说明如下。

1）风扇、电池、软键（接口 CA122）、MDI（接口 CA55）等在系统出厂时候都已经连接好，不需要改动，但可以检查是否在运输过程中有松动的地方，如果有，则需要重新连接牢固。一般不会出现异常现象。

2）伺服检测口［CA69］，不需要连接。

3）电源接口 CP1 可能有两个插头，一个为 + 24V 输入（左），另一个为 + 24 输出（右）。具体接线为 1-24V，2-0V，3-地线，注意正、负极性不要接错。

如图 8-28 所示，经 CA64（IN）给机床操作面板及通用 DI 提供所需容量的电源。为了给其他设备提供电源，CA64（IN）的电源可直接输出至 CA64（OUT）。若需要电源分支，用 CA64（OUT）连接。需要注意以下两点：

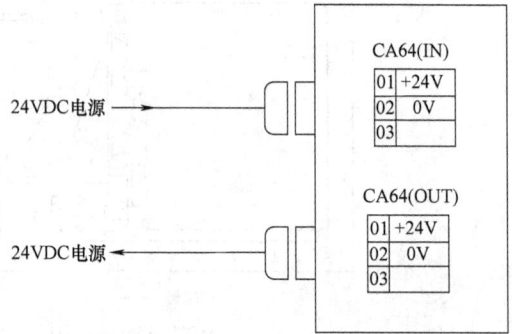

图 8-28　FANUC 0i 系统电源连接

①CA64（IN）和 CA64（OUT）的规格是一样的，在印制电路板上没有标识"IN"和"OUT"。

②运行时，供给机床操作面板的电源不能被切断。如果运行时 + 24V 被切断，CNC 会出现系统报警（CNC 与操作面板间的通信报警）。操作面板的 + 24V 必须与 CNC 同时或在 CNC 之前接通。

4）RS232 串行接口 JD36A、JD36B 是和外部计算机的接口，一共有两个接口，一般接左边，右边（232-2 口）为备用接口。接口的主要用途有：通过 RS-232C，用 FANUC-LADDE 或 FANUC-LADDER II 软件上传和下载梯形图；用 FANUC-LADDER II 软件从外部计算机上监控梯形图运行状态；通过 RS-232C，用外部 I/O 设备控制机床 DNC 运行；用 CNC 屏幕显示功能输入/输出参数和程序。如果不和计算机连接，可不接此线（使用存储卡就可以替代 232 口，而且传输速度和安全性都要比 232 口优越）。手持文件盒（便携 3in 软磁盘驱动器）通过 RS232 接口的连接如图 8-29 所示。

5）串行主轴或位置编码器接口 JA7A。如果使用 FANUC 系统的主轴放大器，这个接口是连接放大器的指令线；如果主轴使用的是变频器（指令线由 JA40 模拟主轴接口连接），则这里连接主轴位置编码器。对于数控车床，一般都要连接编码器，如图 8-30 所示。

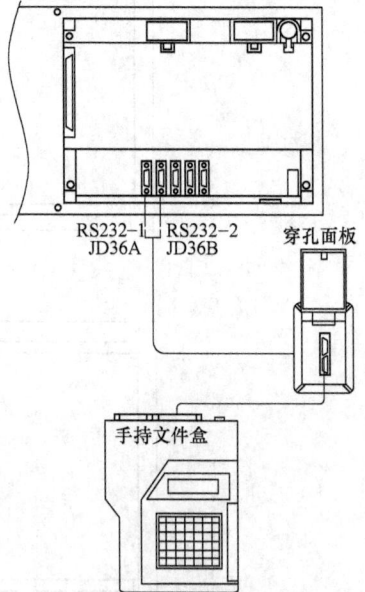

图 8-29　FANUC 0i 系统
串行接口连接

6）模拟接口 JA40。如果使用非 FANUC 的主轴电动机，则可以采用变频器驱动，指令线由 JA40 模拟主轴接口连接，这时 CNC 通过 JA40 接口给变频器提供 0 ~ + 10V 模拟指令信号，如图 8-31 所示。

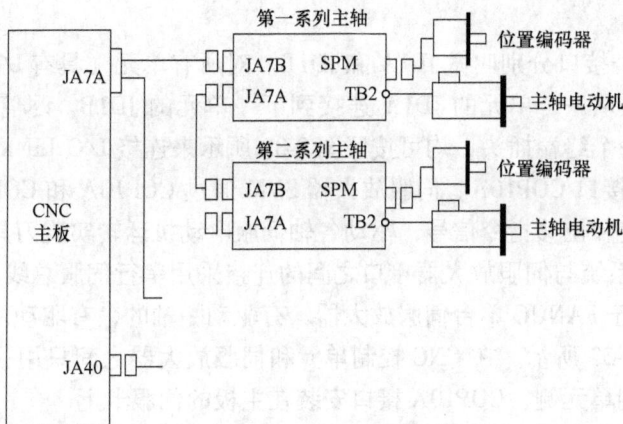

图 8-30　FANUC 0i 串行主轴接口连接

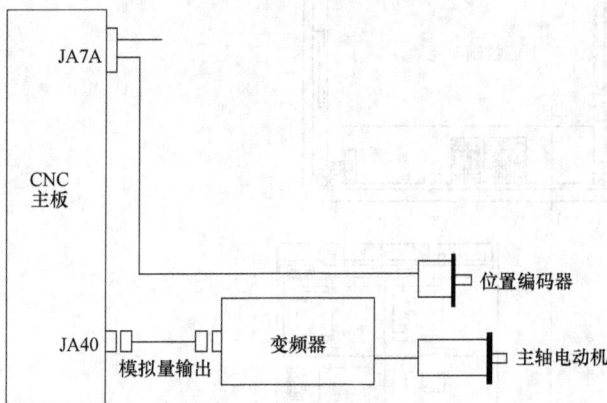

图 8-31　FANUC 0i 系统模拟主轴接口连接

7）I/O LINK 接口 JD1A。FANUC I/O LINK 是一个串行接口，将 CNC、单元控制器、分布式 I/O、机床操作面板或 POWER MATE 连接起来，并在各设备间高速传输 I/O 信号（位数据）。当连接多个设备时，FANUC I/O LINK 将一个设备认作主单元，其他设备作为子单元。子单元的输入信号每隔一定周期送到主单元，主单元的输出信号也每隔一定周期送至子单元。

作为主单元的控制单元与作为子单元的分布式 I/O 相连接。子单元分为若干个组，一个 I/O LINK 最多可连接 16 组子单元。根据单元的类型以及 I/O 点数的不同，I/O LINK 有多种连接方式。PMC 程序可以对 I/O 信号的分配和地址进行设定，用来连接 I/O LINK。I/O 点数最多可

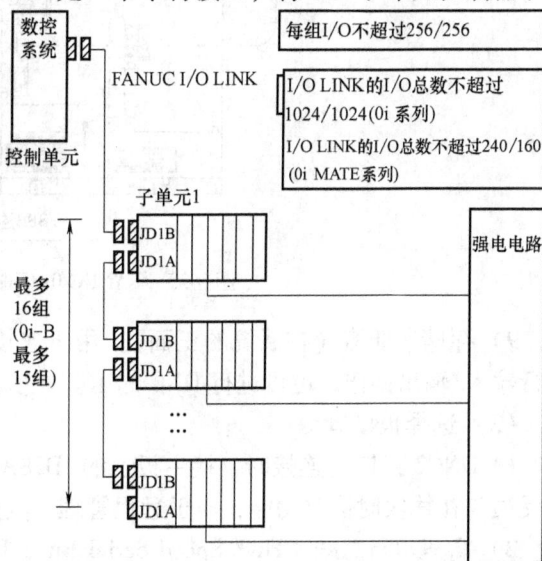

图 8-32　FANUC 0i I/O LINK 连接

达 1024/1024 点。

I/O LINK 的两个接口分别叫做 JD1A 和 JD1B。对所有单元（具有 I/O LINK 功能）来说是通用的。电缆总是从一个单元的 JD1A 连接到下一单元的 JD1B。尽管最后一个单元是空着的，也无需连接一个终端插头，均可按照图 8-32 所示来连接 I/O LINK。

8）伺服放大器接口 COP10A。伺服放大器 SVM 通过 COP10A 和 COP10B 接口接收 CNC 发出的进给运动速度和位移指令信号，驱动各轴伺服电动机运转实现刀具和工件之间的相对运动。FANUC 数控系统与伺服放大器接口之间的连接采用串行伺服总线（FANUC Serial Servo Bus，FSSB）。对于 FANUC 单台伺服放大器，有驱动一轴的，有驱动两轴的，有驱动三轴的，具体连接如图 8-33 所示。在 CNC 控制单元和伺服放大器之间只用一根光缆连接，与控制轴数无关。在控制单元侧，COP10A 接口安装在主板的伺服卡上。

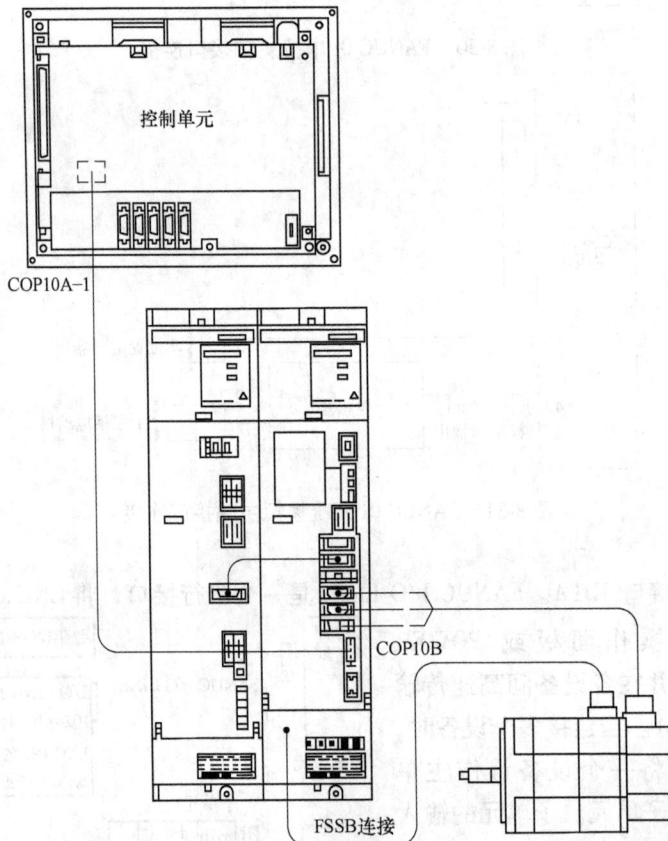

图 8-33　FANUC 0i 伺服放大器接口连接

9）存储卡插槽（在系统的正面），用于连接存储卡，可对参数、程序、梯形图等数据进行输入/输出操作，也可进行 DNC 加工。

（2）选择板接口

1）DNC2 接口（连接时，接主板上的 JD28A 口）。这种接口可实现远距离通信，具有出错反馈与在线实时修改功能，便于远程管理，其连接如图 8-34 所示。

2）高速串行总线（High Speed Serial Bus，HSSB）。可使大量数据在用高速光缆连接的 IBM 计算机或兼容型个人计算机与 CNC 之间高速传递。在 CNC 上，高速串行总线的接口板是选配的，安装在一个槽中。在计算机上同样也安装一块相应的接口板，具体连接如图8-35所示。

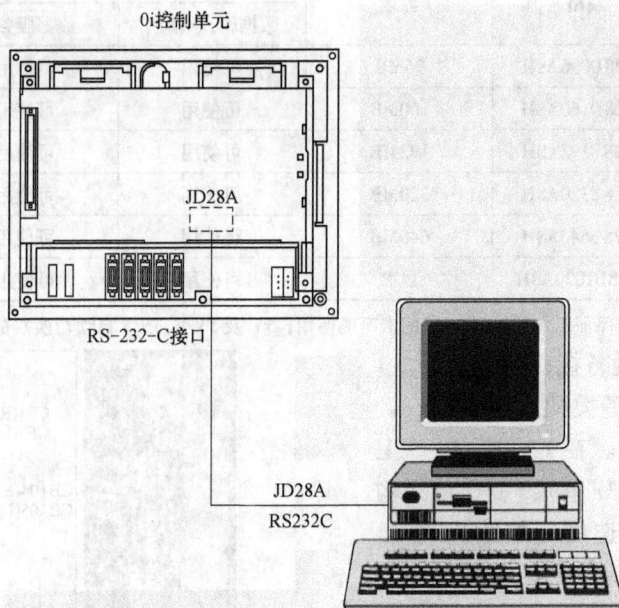

图 8-34　FANUC 0i 系统 DNC2 接口连接

注：本图将 CNC 侧的 MDI 键盘省略

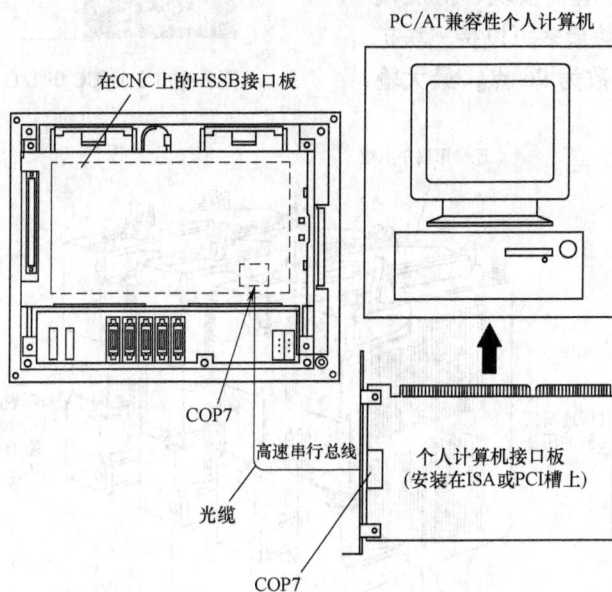

图 8-35　FANUC 0i 系统 HSSB 连接

注：本图将 CNC 侧的 MDI 键盘省略

3）快闪 ATA 卡接口。快闪 ATA 卡上有存储器件和存储控制电路，它不使用特殊的计算机读/写器，即可对装有 PCMCIA 接口的计算机进行数据的输入、输出。经测试，确认能在 FANUC 0i 系统上正常运行的快闪 ATA 卡见表8-12。

表 8-12　能在 FANUC 0i 系统上正常运行的快闪 ATA 卡

名称	规格	容量	用　途		备　注
			数据输入/输出	数据服务器	
HITACHI（日立）	HB28D096A8H	96MB	可使用	可使用	
	HB28D160A8H	160MB	可使用	可使用	
	HB28B192A8H	192MB	可使用	可使用	
	HB28B320A8H	320MB	可使用	可使用	
	HB28B640A8H	640MB	可使用	可使用	
	HB28B1000A8H	1GB	可使用	可使用	

注：上述以外的卡不能保证正常工作；2.3V 的卡不能使用；5V 及 5V/2.3V（自动切换）的卡可以使用。

（3）I/O LINK 设备接口与连接

1）I/O LINK 设备类型。

①I/O 单元模块。在 FANUC 0i-C 上使用的 I/O 装置为 I/O 单元，I/O 单元输入/输出点数按要求选用（如输入/输出点数为 96/64），其接口定义和实物如图 8-36 所示。

②分线盘用 I/O 模块。结构和接口定义如图 8-37 所示，由基本模块、扩展模块构成，一块基本模块最多可以接三块扩展模块，最大输入点数为 96 点，最大输出点数为 64 点。

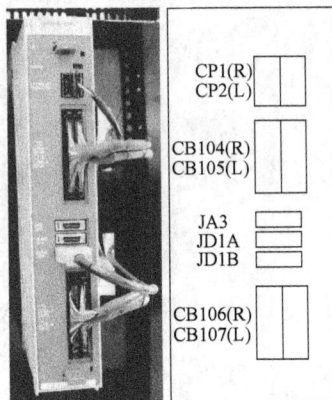

图 8-36　FANUC 0i I/O 单元模块

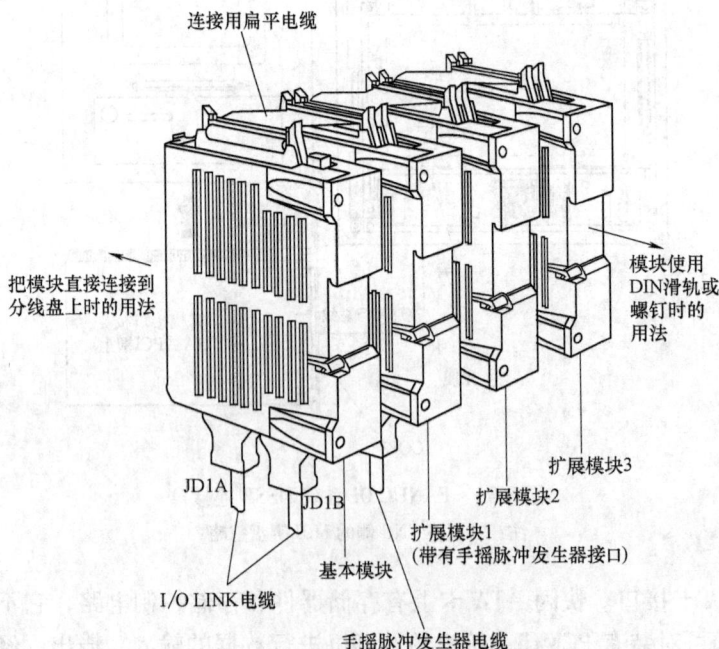

图 8-37　FANUC 0i 分线盘用 I/O 模块

③FANUC I/O UNIT A/B（模块结构的 I/O 装置）。对于输入、输出点数多的数控机床，如复杂加工中心和多轴联动数控机床，更多使用模块结构的 I/O 装置，其结构如图 8-38 所示，I/O 点数可达到 1024/1024 点。

2）I/O LINK 接口与外围设备的连接。

①I/O 单元之间的连接。I/O 单元之间通过数据接口按照 JD1A—JD1B 方式级连，如图 8-39 所示。

②I/O 单元与各开关量设备的连接。I/O 单元与机床操作面板、机床强电分线盘的连接如图 8-40 所示。

图 8-38　FANUC I/O
UNIT A/B 基本结构

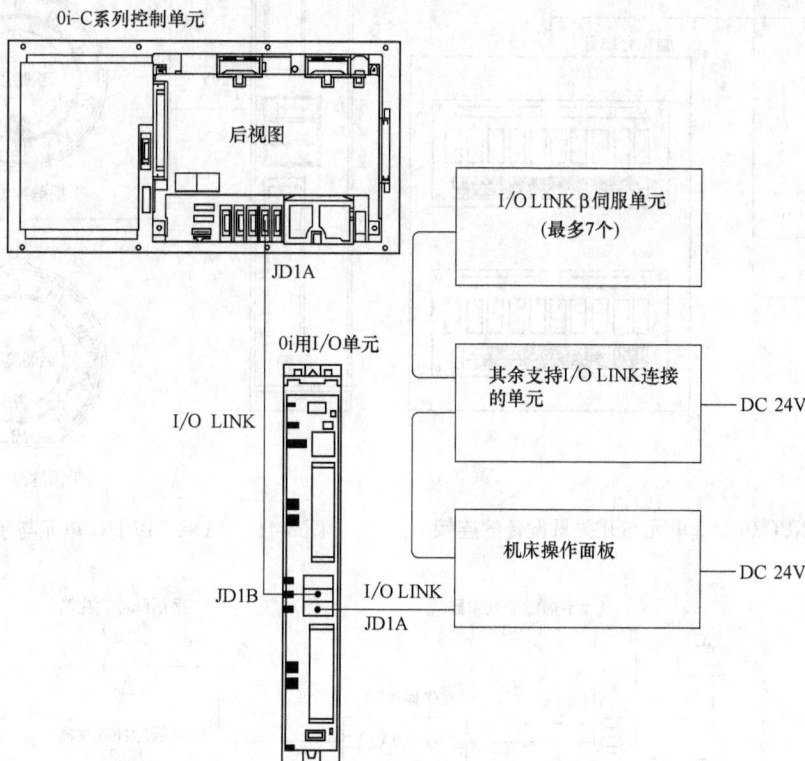

图 8-39　FANUC 0i I/O 单元之间的连接

③I/O 单元与手轮的连接如图 8-41 所示。当带有手轮接口的两个或更多的 I/O 单元连接到同一个 I/O LINK 上时，则连接到 I/O LINK 第一个单元上的手轮接口有效；如若需要其他 I/O 模块上手轮接口有效，需要设定参数 7105#1，且分别在相关参数 NO.12305 到 NO.12307 中设定第一、第二和第三手轮的 X 地址（脉冲地址）。FANUC 0i 系统最多可以分配 3 个手轮，如图 8-42 所示。

手摇脉冲发生器和脉冲编码器一样使用 5V 直流电源。电缆电阻引起的电压降不能超过 0.2V（5V 对 0 的压降）。

手摇脉冲发生器的脉冲传输的最长距离为 50m，因此，电缆最长为 50m。当使用两个手摇脉冲发生器时，电缆最长为 38.37m；当使用三个手摇脉冲发生器时，电缆最长为 25.58m。

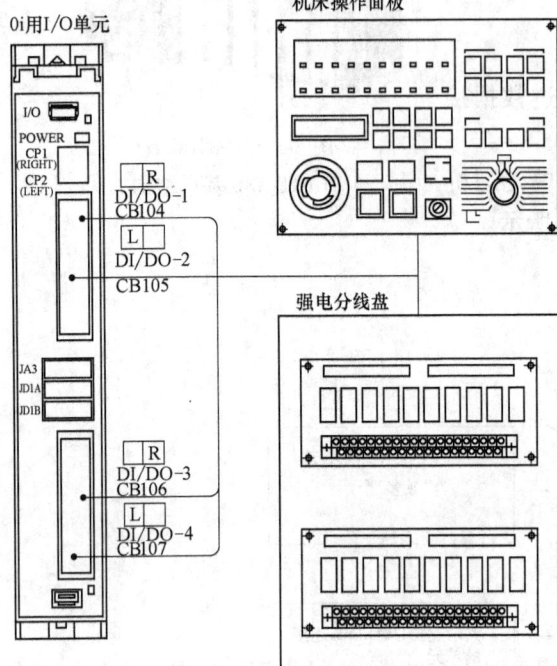

图 8-40　FANUC 0i I/O 单元与开关量设备的连接

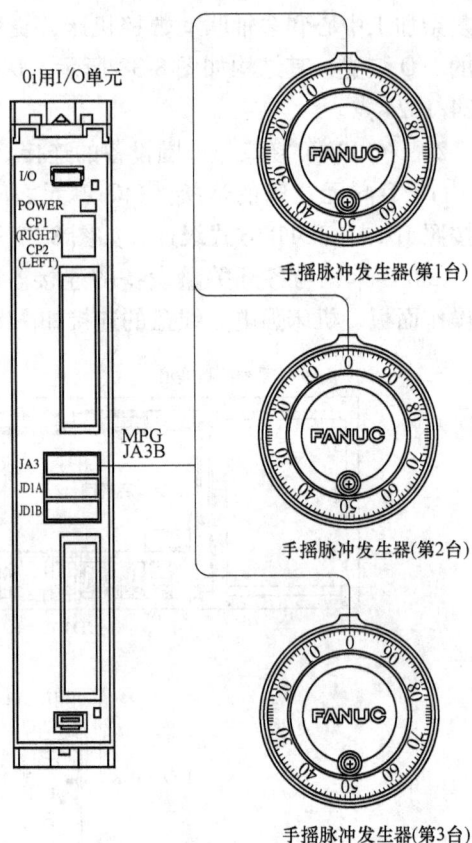

图 8-41　FANUC 0i I/O 单元与手轮连接

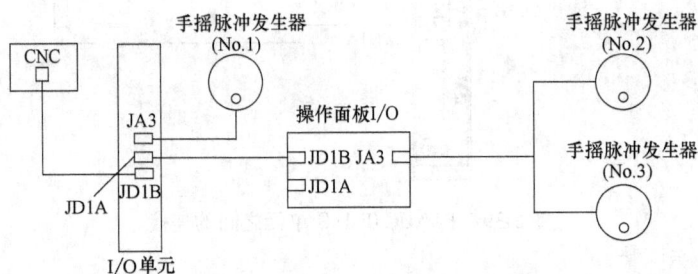

图 8-42　FANUC 0i I/O 单元与多手轮连接

　　④I/O 单元与机床操作面板连接如图 8-43 所示。通常，CNC 只能使用此操作面板上的 MPG 接口。如果 CNC 使用了其他带有 MPG 接口的 I/O 单元（如分散型 I/O 模块）和本操作面板，那么在 I/O LINK 连接上最靠近 CNC 的 MPG 接口有效。

　　⑤I/O 单元与 βi 系列伺服放大器的连接。I/O 单元可以和支持 I/O LINK 连接方式的 βi 系列伺服放大器连接，如图 8-44 所示。对于 FANUC 0i 系列数控系统，最多可以连接 8 个 βi 系列伺服放大器。

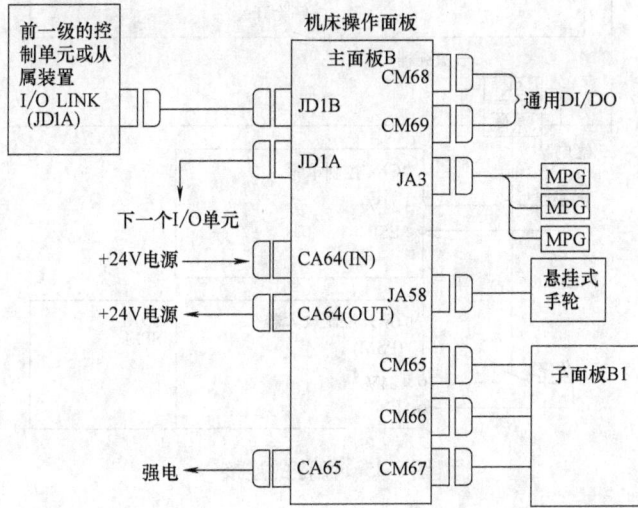

图 8-43　FANUC 0i I/O 单元与机床操作面板的连接

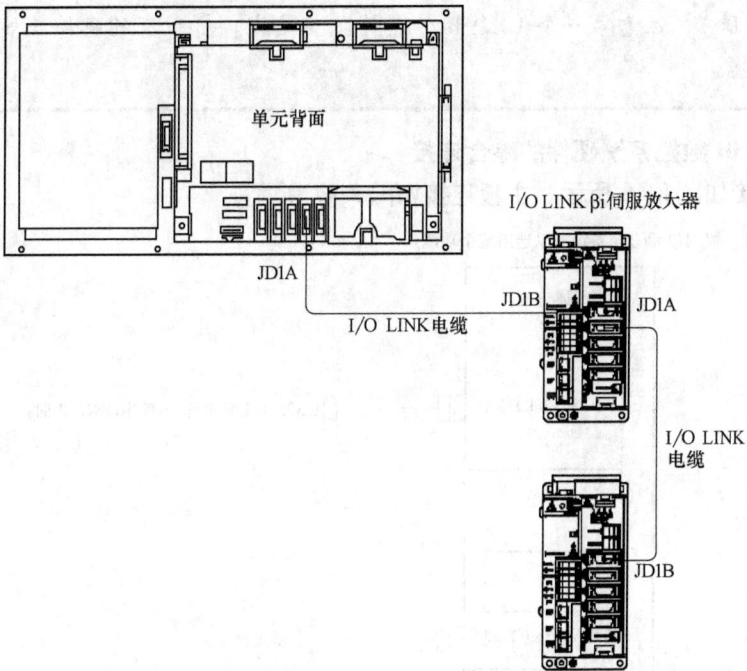

图 8-44　FANUC 0i I/O 单元与 βi 系列伺服放大器的连接

（4）急停的连接　急停的连接如图8-45所示。

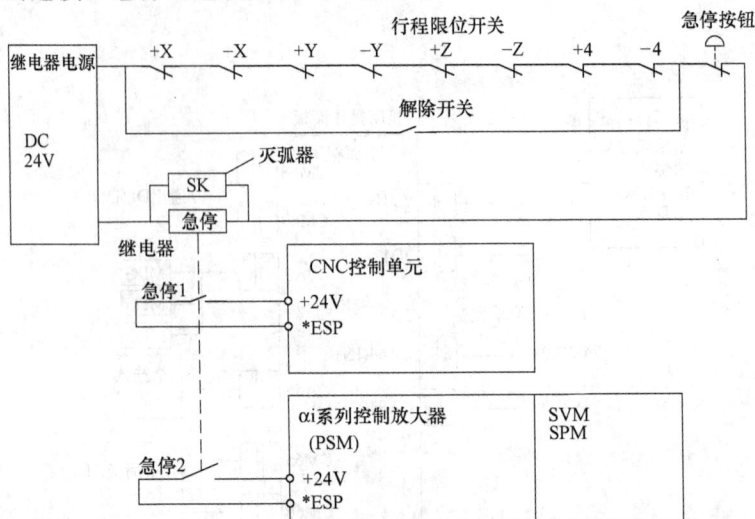

图 8-45　急停的连接

注意：①图中的急停继电器的第一个触点接到 NC 的急停输入（X8.4），第二个触点接到放大器的电源模块的 CX3（1、3 脚）。对于 βis 单轴放大器，接第一个放大器的 CX30（1、3 脚），注意第一个 CX19B 的急停不要接线。②所有的急停只能接触点，不要接 24V 电源。

2. FANUC 0i 数控系统硬件的综合连接

选择板连接如图8-46所示，主板连接如图8-47所示。

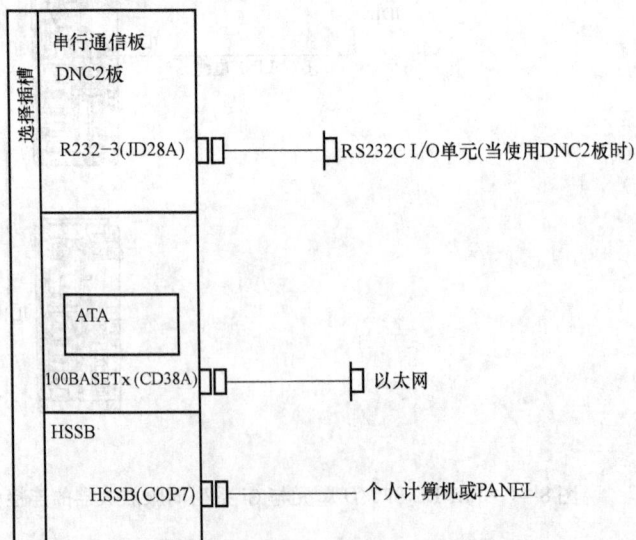

图 8-46　FANUC 0i 数控系统硬件的综合连接（选择板）

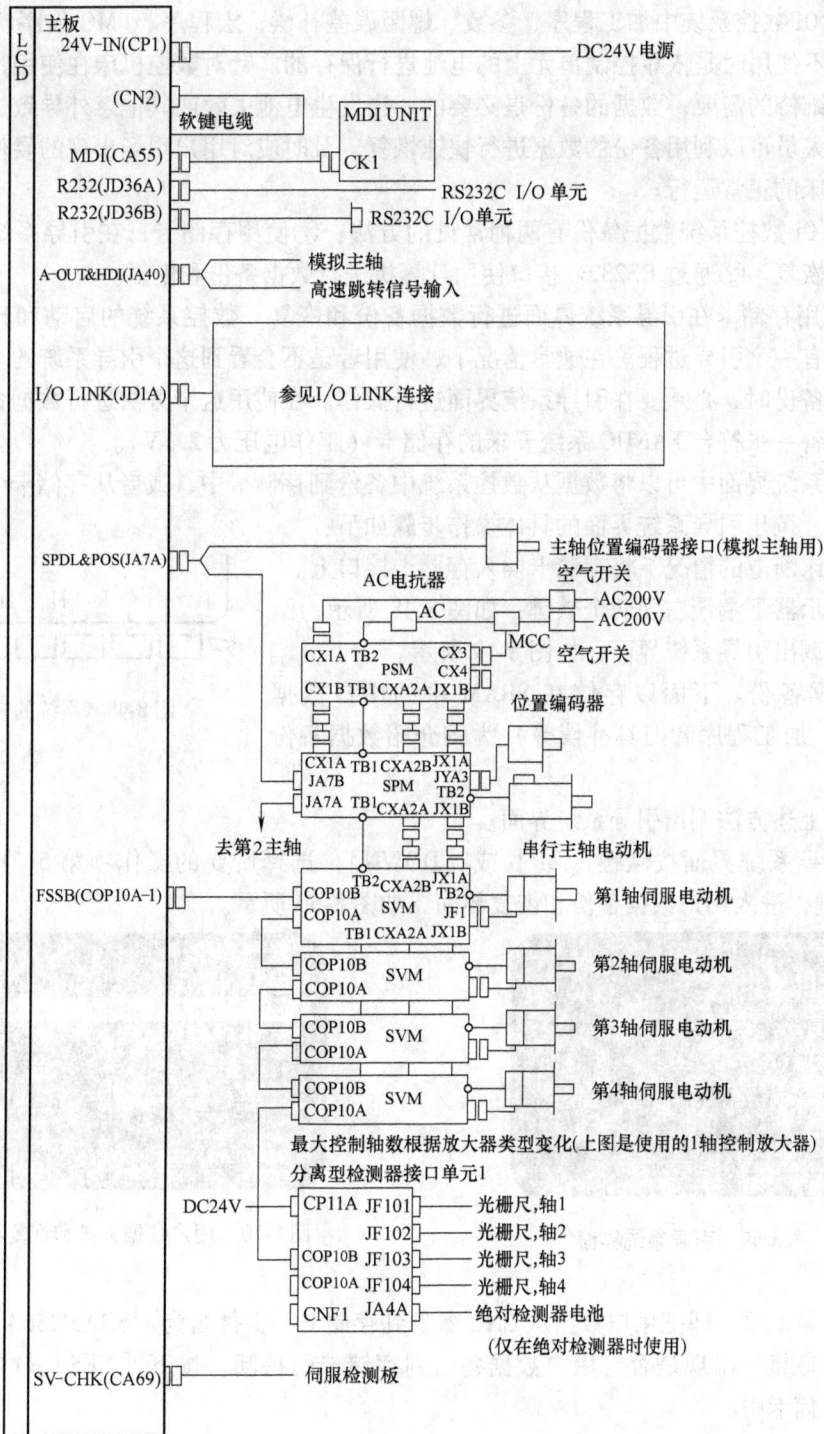

图 8-47　FANUC 0i 数控系统硬件的综合连接（主板）

3. FANUC 0i 系统的数据备份与恢复

FANUC 0i 数控系统中加工程序、参数、螺距误差补偿、宏程序、PMC 程序、PMC 数据等，在机床不使用时是依靠控制单元上的电池进行保存的。针对数控机床在使用过程中可能发生故障和维修的需要，数据的备份是必要的。当发生电池失效或其他意外导致这些数据丢失时，维修人员可以利用备份的数据进行快速恢复，及时应对用户现场出现的硬件和软件故障，保证机床的正常运行。

FANUC 0i 数控系统数据备份有两种常见的方法：①使用存储卡，在引导系统界面进行数据备份和恢复。②通过 RS232C 接口使用计算机进行数据备份和恢复。

（1）使用存储卡在引导系统界面进行数据备份和恢复　数控系统的启动和计算机的启动一样，会有一个引导过程。在通常情况下，使用者是不会看到这个引导系统的。但是使用存储卡进行备份时，必须要在引导系统界面进行操作。在使用这个方法进行数据备份时，首先必须要准备一张符合 FANUC 系统要求的存储卡（工作电压为 2.3V）。

在引导系统界面中可以将数据从数控系统中备份到存储卡中，或者从存储卡中恢复到数控系统中去。调出引导系统界面的具体操作步骤如下：

● 在机床断电的情况下将存储卡插入存储卡接口上。

● 按显示器下端最右面两个软键，如图 8-48 所示，给系统上电，调出引导系统界面，如图 8-49 所示。

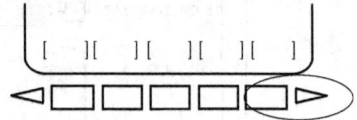

图 8-48　系统的软键

1）数据备份。下面以存储在 SRAM 中的用户数据（包括参数、加工程序和刀具补偿等）为例介绍数据备份的步骤。

①按照上述方法调出引导系统界面。

②在引导系统界面按软键 [UP] 或 [DOWN]，选择所要的操作项第 5 项，按 [SELECT] 软键，进入用户数据备份和恢复界面，如图 8-50 所示。

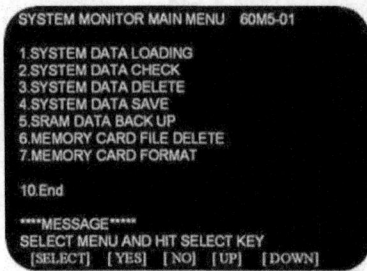

图 8-49　引导系统界面

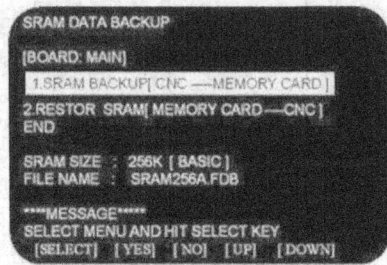

图 8-50　用户数据备份和恢复界面

③选择第 1 项，即把用户数据从 CNC 备份到存储卡，文件名为"SRAM256A. FDB"，按 [SELECT] 软键，出现是否将用户数据备份到存储卡的提问，按下 [YES] 软键，数据就会备份到存储卡中。

④备份完成后，按下 [SELECT] 键，退出备份过程。

当需要备份 PMC 程序时，在上述的第 2 步选择第 4 项，按 [SELECT] 软键，进入系统数据备份界面，选择 PMC 程序，按 [YES] 软键，把 PMC 程序备份到存储卡中（存储文件名类似，如"PMC-RA. 000"），备份完成后，同样按下 [SELECT] 键，退出备份过程。

2）数据恢复。

①用户数据恢复。步骤类似用户数据备份的步骤，只是在第 3 步选择第 2 项，即把用户数据从存储卡恢复到数控系统中，其他步骤类似。

②系统数据恢复。

a. 调出系统引导界面。

b. 在系统引导界面选择第 1 项 "SYSTEM DATA LOADING"。

c. 在系统数据装载界面中选择存储卡上所要恢复的文件，如 "PMC-RA. 000"，按 [SE-LECT] 软键，出现 "是否将文件恢复到数控系统中" 的提问，按下 [YES] 软键确认，数据就会恢复到数控系统中。

d. 系统数据恢复完成后，按下 [SELECT] 软键，退出恢复过程。

（2）使用外接计算机进行数据的备份与恢复　使用外接计算机进行数据备份与恢复是一种非常普遍的做法。另外，"ALL IO" 界面能在一个界面中备份和恢复程序、参数、补偿量和宏程序变量，在使用外接计算机进行程序、参数、补偿量和宏参数的备份与恢复时，都要打开 "ALL IO" 界面。打开 "ALL IO" 界面的过程：首先在 MDI 面板上按 "SYSTEM" 键，然后按几次最右侧软键 ，直到出现 [ALL IO] 软键，最后按 [ALL IO] 软键，显示 "ALL IO" 界面，如图 8-51 所示。

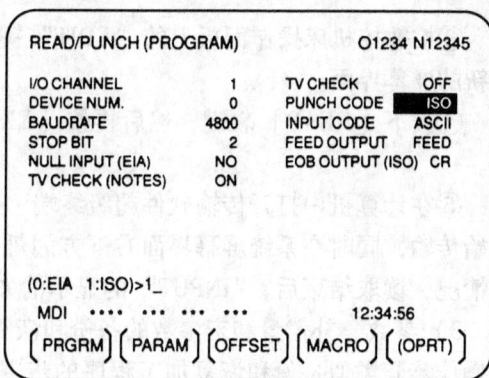

```
READ/PUNCH (PROGRAM)              O1234 N12345

I/O CHANNEL          1      TV CHECK       OFF
DEVICE NUM.          0      PUNCH CODE     ISO
BAUDRATE          4800      INPUT CODE     ASCII
STOP BIT             2      FEED OUTPUT    FEED
NULL INPUT (EIA)    NO      EOB OUTPUT (ISO) CR
TV CHECK (NOTES)    ON


(0:EIA  1:ISO)>1_
 MDI  ····  ···  ···  ···          12:34:56
(PRGRM)(PARAM)(OFFSET)(MACRO)((OPRT))
```

图 8-51 "ALL IO" 界面

1）数据的备份。

①准备外接计算机和 RS232 传输电缆。

②连接计算机与数控系统。要实现数控系统与计算机之间的顺利通信，双方的通信协议必须要设置一致。数控系统通信协议的设定在 "ALL IO" 界面上完成，如选择的通道口、波特率、停止位、奇偶校验等。紧接着进行计算机机侧传输软件如超级终端的设定。依照下列路径可以打开超级终端程序：Windows 的开始菜单→程序→附件→通信→超级终端。选择端口，并对此端口的属性即通信协议进行设置。

③在计算机上打开传输软件超级终端，选定程序备份到计算机的存储路径和文件名，进入接收数据状态。

④在数控系统中，进入到 "ALL IO" 界面，按 [PRGRM] 软键。

⑤按数控机床操作面板上的 "EDIT" 键，选择编辑状态，显示程序目录，按操作软键 [（OPRT)]，界面和软键的显示如图 8-52 所示。

⑥按下 [PUNCH] 软键，然后再按 [EXEC] 软键，这时开始输出数据到计算机中，同时在系统屏幕界面右下方闪烁 "OUTPUT"，而在超级终端会动态显示程序的传输情况，读取结束后，"OUTPUT" 的显示消失。传输过程中若要取消输出，按软键 [CAN]。

2）数据的恢复。

①数据恢复与数据备份的操作中，前面 2 个步骤是一样的。

②在数控系统中，进入到 "ALL IO" 界面，按 [PRGRM] 软键。

```
                                    O0001 N00010

              PROGRAM (NUM.)      MEMORY (CHAR.)
        USED :      60              3321
        FREE :     140             127839

    O0010 O0001 O0003 O0002 O0555 O0999
    O0062 O0004 O0005 O1111 O0969 O6666
    O0021 O1234 O0588 O0020 O0040


    >_
    EDIT ···· ···· ····          14:46:09
    ( F SRH ) ( READ ) (PUNCH) (DELETE) ((OPRT))   ( )( )(STOP)(CAN)(EXEC)
```

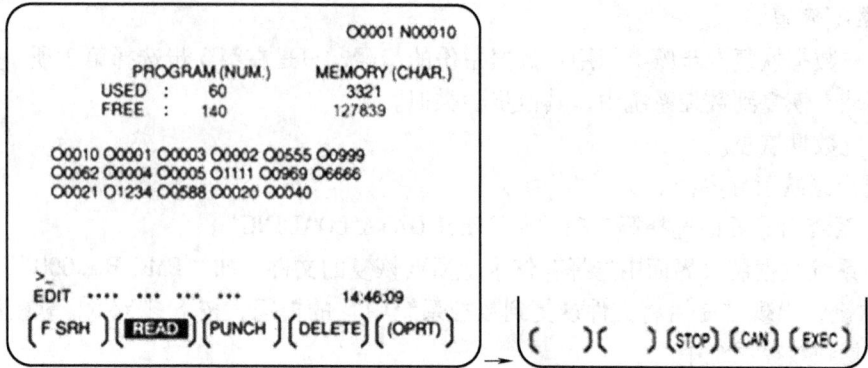

图 8-52　操作界面

③按数控机床操作面板上的"EDIT"键，选择编辑状态，按操作软键［(OPRT)］，进入新的屏幕界面。

④按下［READ］软键，然后再按［EXEC］软键，等待计算机将相应数据传入数控系统。

⑤在计算机中打开传输软件超级终端，进入数据输出菜单，选择所要恢复的数据，然后开始传输，同时在系统屏幕界面右下方闪烁"INPUT"，而在超级终端会动态显示程序的传输情况，读取结束后，"INPUT"的显示消失。若要传输过程中取消输入，按软键［CAN］。

3）参数、补偿量和宏参数的备份和恢复。其他如参数、补偿量和宏参数的备份和恢复的操作步骤类似备份和恢复加工程序的步骤，只是在"ALL IO"界面中按不同的软键，操作参数按［PARAM］软键，操作补偿量按［OFFSET］软键，操作宏参数按［MACRO］软键。

8.2.3　FANUC 系统配套的伺服驱动装置

1. FANUC 交流伺服驱动概述

FANUC 交流速度控制单元有多种规格，早期的交流伺服为模拟式，目前一般都使用数字式伺服控制单元。在数控机床中，常用的交流速度控制单元规格型号有以下几种。

（1）与 FANUC 交流伺服电动机 AC0、AC5、AC10、AC20M、AC20、AC30、AC30R 等配套的模拟式交流速度控制单元　它是 FANUC 最早的交流伺服产品，速度控制单元采用正弦波 PWM 控制，大功率晶体管驱动。在结构形式上，可以分单轴独立型、双轴一体型、三轴一体型三种基本结构。单轴独立型速度控制单元常用的型号有 A06B-6050-H102/H103/H104/H113 等，双轴一体型速度控制单元常用的型号有 A06B-6050-H201/H202/H203 等，三轴一体型速度控制单元常用的型号有 A06B-6050-H401/H402/H403/H404 等，多与 FANUC 11、FANUC 0A、FANUC 0B 等系统配套使用。

（2）与 FANUC 交流 S（L、T）系列伺服电动机配套的 S（L、C）系列数字式交流伺服驱动器　它是 FANUC 中期的交流伺服产品，驱动器采用全数字正弦波 PWM 控制，IGBT 驱动。其中，S 系列用量最大、规格最全，有单轴型、双轴型、三轴型三种结构。其中，常用的单轴型有 A06B-6058-H001～H007/H023/H025 等规格，常用的双轴型有 A06B-6058-H221～H231/H251～H253 等规格，常用的三轴型有 A06B-6058-H331～H334 等规格，多与

FANUC 0C、11、15 系统配套使用。L 系列只有单轴型结构，常用的型号有 A06B-6058-H001 ～H007/H102/H103 等。C 系列有单轴型、双轴型两种结构，常用的单轴型有 A06B-6065-H002 ～ H006 等规格，常用的双轴型有 A06B-6065-H222 ～ H224/H233、H234、H244 等规格。

（3）与 FANUC α/αC/αM/αL 系列伺服电动机配套的 FANUC α 系列数字式交流伺服驱动器 它是 FANUC 当前常用的交流伺服产品，驱动器带有 IPM 智能电源模块，采用全数字正弦波 PWM 控制，IGBT 驱动。FANUC α 系列数字式交流速度控制单元有如下两种基本结构形式：

1）各驱动公用电源模块（PSM）、伺服驱动为模块化（SVM）安装的结构形式。驱动器可以是单轴型、双轴型与三轴型三种结构。常用的单轴型有 A06B-6079-H101 ～ H106 等规格，常用的双轴型有 A06B-6079-H201 ～ H208 等规格，常用的三轴型有 A06B-6079/6080-H301 ～ H307 等规格，多与 FANUC 0C、FANUC 15A/B、FANUC 16A/B、FANUC 18A、FANUC 20、FANUC 21 系统配套使用。

2）电源与驱动器一体化（SVU 型）的结构形式。各驱动器单元可以独立安装，有单轴型、双轴型两种结构，常用的单轴型有 A06B-6089-H101 ～ H106 等规格，常用的双轴型有 A06B-6089-H201 ～ H210 等规格，多与 FANUC 0C、FANUC 0D、FANUC 15A/B、FANUC 16A/B、FANUC 18A、FANUC 20、FANUC 21 系统配套使用。

（4）与 FANUC β 系列伺服电动机配套的 FANUC β 系列数字式交流伺服驱动器 它也是 FANUC 当前常用的交流伺服产品，采用电源与驱动器一体化（SVU 型）的结构，驱动器带有 IPM 智能电源模块，采用全数字正弦波 PWM 控制，IGBT 驱动。可以使用 PWM 接口、I/O LINK 接口，也可以采用光缆接口。型号为 A06B-6092-H101 ～ H104/H151 ～ H154//H111 ～ H114，多与 FANUC 0TD、FANUC PM01 等经济型数控系统配套使用。

（5）与 FANUC αi 系列伺服电动机配套的 FANUCαi 系列伺服驱动器 它是 FANUC 公司的最新产品，在 FANUC α 系列的基础上作了性能改进。产品通过特殊的磁路设计与精密的电流控制以及精密的编码器速度反馈，使转矩波动极小，加速性能优异，可靠性极高。电动机内装有 16000000 脉冲/转极高精度的编码器，作为速度、位置检测器件，使系统的速度、位置控制达到了极高的精度。

αi 系列驱动器由电源模块（PSM）、伺服驱动模块（SVM）、主轴驱动模块（SPM）等组成，伺服驱动模块与主轴驱动模块共用电源模块，组成伺服/主轴一体化的结构。伺服驱动模块有单轴型、双轴型、三轴型三种基本规格。标准型（FANUC αi 系列）为 AC 200V 输入，常用的单轴型有 A06B-6113-H103 ～ H109 等规格，双轴型有 A06B-6113-H201 ～ H211 等规格，三轴型有 A06B-6113-H301 ～ H304 等规格。高电压输入型（FANUC αi（HV）系列）为 AC400V 输入，常用的单轴型有 A06B-6123-H102 ～ H109 等规格，双轴型有 A06B-6123-H201 ～ H211 等规格，目前尚无三轴型结构。FANUC αi 系列交流数字伺服配套的数控系统主要有 FANUC 0i、FANUC15i/150i、FANUC16i/18i/160i/180i/20i/21i 等。

2. FANUC 伺服装置的分类

FANUC 伺服装置按主电路的电压输入是交流还是直流，可分为伺服单元（SVU）和伺服模块（SVM）两种。伺服单元的输入电源通常为三相交流电（220V，50Hz），电动机的再生能量通常通过伺服单元的再生放电单元的制动电阻消耗掉。FANUC 伺服单元有 α 系列、

β 系列、βi 系列。伺服模块的输入电源为直流电源（通常为 300DV），电动机的再生能量通过系统电源模块反馈到电网。FANUC 系统的伺服模块有 α 系列、αi 系列。

3. FANUC 系统伺服单元（SVU）

（1）α 系列伺服单元　α 系列伺服单元的实物及结构如图 8-53 所示。

1）α 系列伺服单元的端子功能。

①L1、L2、L3：三相输入动力电源端子，交流 200V。

②L1C、L2C：单相输入控制电路电源端子，交流 200V，出厂时与 L_1、L_2 短接。

③TH1、TH2：为过热报警输入端子，出厂时，已短接，可用于伺服变压器及制动电阻的过热信号的输入。

④RC、RI、RE：外接还是内装制动电阻选择端子。

⑤RL2、RL3：MCC 动作确认输出端子（MCC 的常闭点）。

⑥100A、100B：C 型放大器内部交流继电器的线圈外部输入电源（α 型放大器已为内部直流 24V 电源）。

⑦UL、VL、WL：第一轴伺服电动机动力线接口。

⑧UM、VM、WM：第二轴伺服电动机动力线接口。

2）α 系列伺服单元的连接实物与原理分别如图 8-54 和图 8-55 所示。

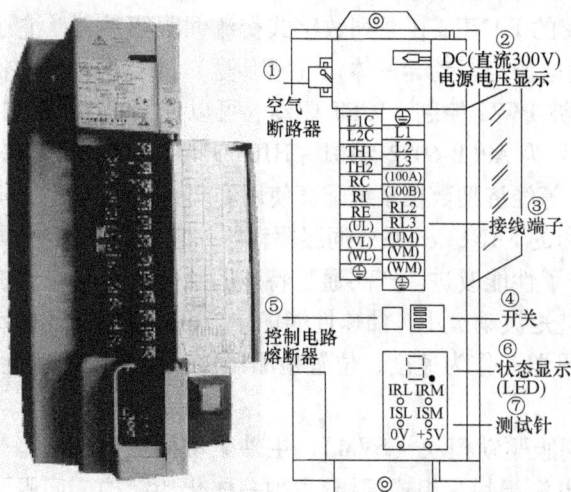

图 8-53　α 系列伺服单元的实物及结构

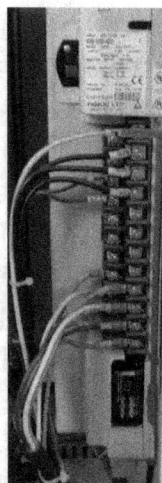

图 8-54　α 系列伺服
单元的连接实物

TC1 为伺服变压器，动力电源经过 TC1 由 380V 变为 200V 后连接到伺服单元的 L1、L2、L3 端子，作为伺服单元的主电路的输入电源。L1C、L2C 分别与 L1、L2 相连，作为伺服单元控制电路的输入电源。伺服单元的 TH1、TH2 端子与伺服变压器绕组内装的热偶开关连接，作为伺服变压器的过热保护检测信号。JV1B、JV2B 分别与系统板的 M184、M187 连接，作为机床 X 轴、Z 轴伺服电动机的控制信号。

CX4 与机床面板的急停开关连接，作为伺服单元急停信号的输入控制。伺服单元的 UL、VL、WL、G 连接到 X 轴伺服电动机，作为 X 轴伺服电动机的动力电源。UM、VM、WM、G

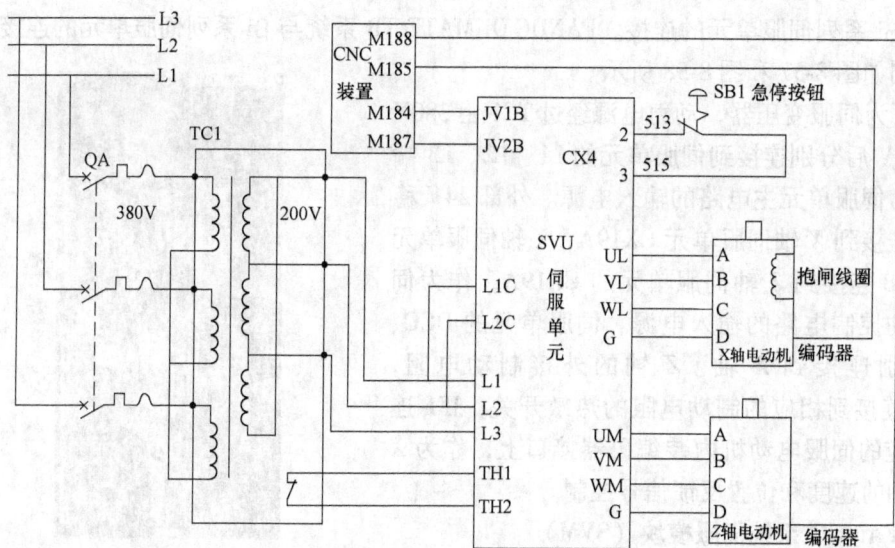

图 8-55　α 系列伺服单元的连接原理

连接到 Z 轴伺服电动机，作为 Z 轴伺服电动机的动力电源。X 轴、Z 轴伺服电动机的编码器分别与系统板的 M185、M188 连接，作为机床 X 轴、Z 轴的位置和速度反馈信号。

（2）βi 系列伺服单元　βi 系列伺服单元实物及结构如图 8-56 所示。

1）βi 系列伺服单元的端子功能。

①L1、L2、L3：主电源输入端接口，三相交流电源 200V、50/60Hz。

②U、V、W：伺服电动机的动力线接口。

③DCC、DCP：外接直流制动电阻接口。

④CX29：主电源 MCC 控制信号接口。

⑤CX30：急停信号（∗ESP）接口。

⑥CXA20：直流制动电阻过热信号接口。

⑦CX19A：DC24V 控制电路电源输入接口，连接外部 24V 稳压电源。

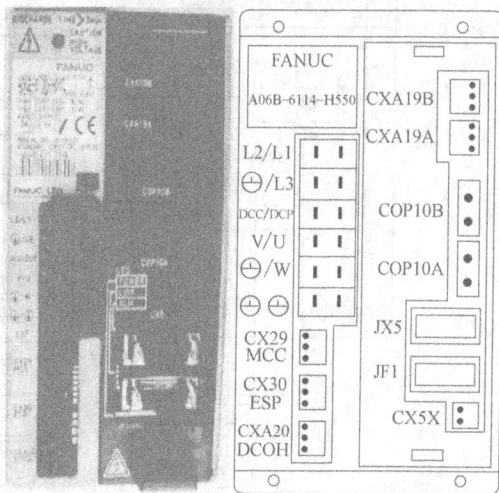

图 8-56　βi 系列伺服单元实物及结构

⑧CX19B：DC24V 控制电路电源输出接口，连接下一个伺服单元的 CX19A。

⑨COP10A：伺服高速串行总线接口，与下一个伺服单元的 COP10B 连接（光缆）。

⑩COP10B：伺服高速串行总线接口，与 CNC 系统的 COP10A 连接（光缆）。

⑪JX5：伺服检测板信号接口。

⑫JF1：伺服电动机内装编码器信号接口。

⑬CX5X：伺服电动机编码器为绝对编码器的电池接口。

2）βi 系列伺服单元的连接。FANUC 0i MATE TB 系统与 βi 系列伺服单元的连接实物与原理分别如图 8-57 和图 8-58 所示。

TC1 为伺服变压器，动力电源经过 TC1 由 380V 变为 200V 后分别连接到伺服单元的 L1、L2、L3 端子，作为伺服单元主电路的输入电源。外部 24V 稳压电源连接到 X 轴伺服单元 CX19A，X 轴伺服单元的 CX19B 连接到 Z 轴伺服单元的 CX19A，作为伺服单元的控制电路的输入电源。伺服单元的 DCC、DCP 分别连接到 X 轴、Z 轴的外接制动电阻，CX20A 连接到相应的制动电阻的热敏开关，JF1 连接到相应的伺服电动机内装编码器接口上，作为 X 轴、Z 轴的速度和位置反馈信号控制。

4. FANUC 系统伺服模块（SVM）

（1）α 系列伺服模块　α 系列伺服模块的实物及结构如图 8-59 所示。

图 8-57　βi 系列伺服单元的连接实物

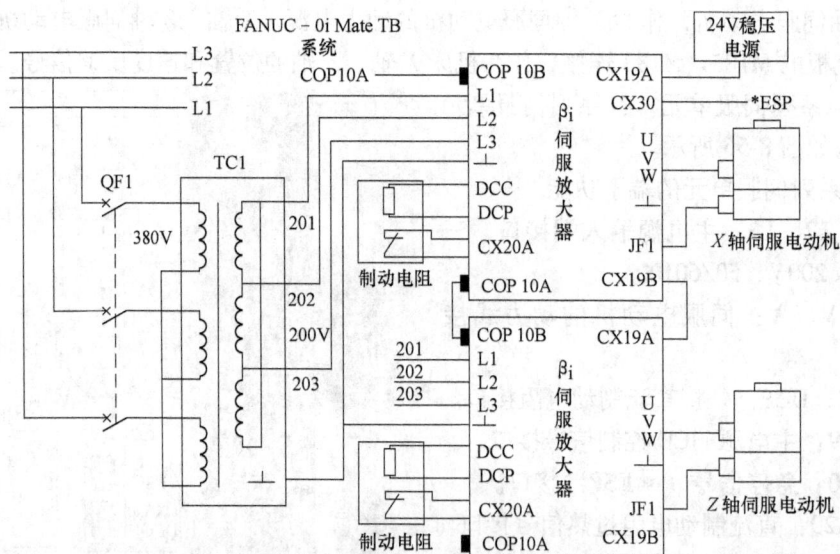

图 8-58　βi 系列伺服单元的连接原理

1）α 系列伺服模块的端子功能。

①P、N：DC LINK 端子盒。

②BATTERY：绝对脉冲编码器电池。

③STATUS：伺服模块状态指示窗口。

④CX5X：绝对编码器电池电源连接线。

⑤S1/S2：接口型设定开关。

⑥F2：24V 电源保险。

⑦CX2A、CX2B：24V 电源接口。

⑧JX5：信号检测板接口。

⑨JX1A：模块之间输入接口。

⑩JX1B：模块之间输出接口。

⑪JV1B、JV2B：A 型接口伺服信号接口。

⑫JS1B、JS2B：B 型接口伺服信号接口。

⑬JF1、JF2：B 型接口伺服电动机编码器接口。

2) α 系列伺服模块的连接。FANUC 0i MA 与 α 系列伺服模块的连接实物和原理分别如图 8-60 和图 8-61 所示。伺服模块 1 的 UL、VL、WL 与机床第一轴电动机连接，UM、VM、WM 与机床第二轴动电动机连接，分别作为 X 轴、Y 轴电动机的动力驱动电源，JF1、JF2 分别与 X 轴、Y 轴伺服电动机内装编码器连接，作为 X 轴、Y 轴的速度与位置反馈信号控制。JS1B、JS2B 分别与系统模块 JS1A、JS2A 连接，作为 X 轴、Y 轴伺服电动机控制信号。

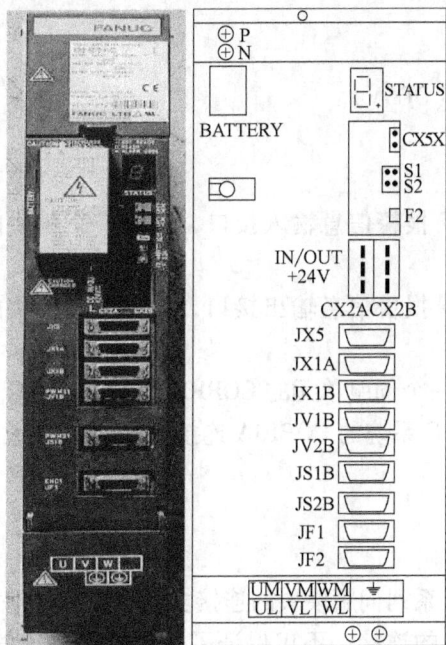

图 8-59　α 系列伺服模块
的实物及结构

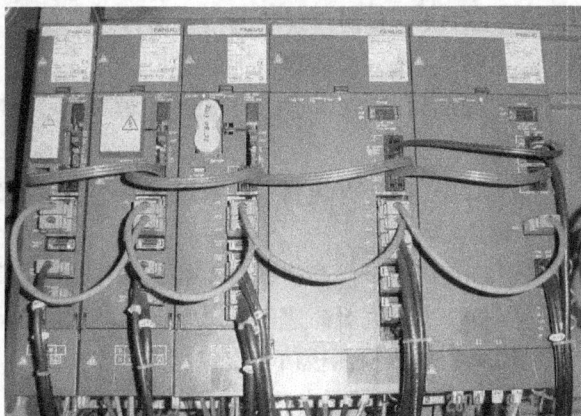

图 8-60　α 系列伺服模块的连接实物

CX2A 与主轴模块的 CX2B 连接，作为伺服模块 1 的控制电源及机床急停信号的输入控制。CX2B 与伺服模块 2 的 CX2A 连接。JX1A 与主轴模块的 JX1B 连接，作为伺服模块间的信号传递控制。P、N 与电源模块 P、N 连接，作为伺服模块 1 的主电路电压（DC300V）的输入电源。

（2）αi 系列伺服模块　αi 系列伺服模块实物及结构如图 8-62 所示。

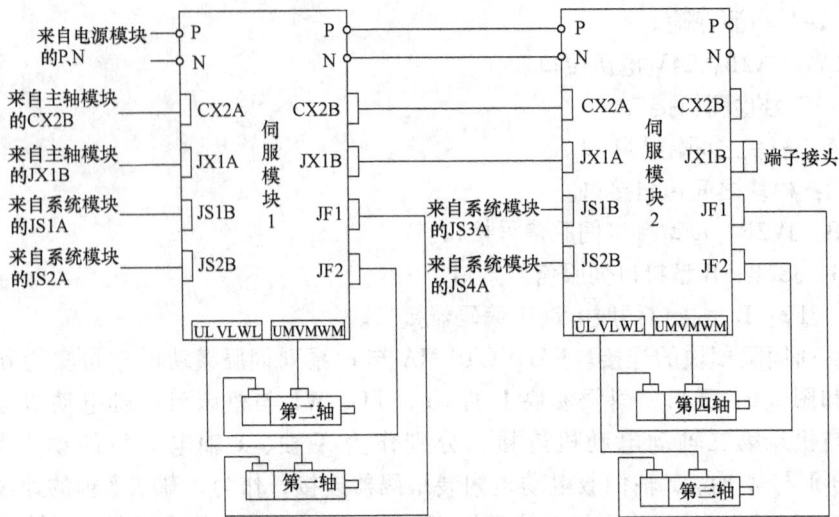

图 8-61 α 系列伺服模块的连接原理图

1）αi 系列伺服模块的端子功能。

①BATTERY：伺服电动机绝对编码器的电池盒（DC6V）。

②STATUS：伺服模块状态指示窗口。

③CX5X：绝对编码器电池的接口。

④CX2A：DC24V 电源、＊ESP 急停信号、XMIF 报警信息输入接口，与前一个模块的 CX2B 相连。

⑤CX2B：DC24V 电源、＊ESP 急停信号、XMIF 报警信息输出接口，与后一个模块的 CX2A 相连。

⑥COP10A：伺服高速串行总线输出接口，与下一个伺服单元的 COP10B 连接（光缆）。

⑦COP10B：伺服高速串行总线输入接口，与 CNC 系统的 COP10A 连接（光缆）。

⑧JX5：伺服检测板信号接口。

⑨JF1、JF2：伺服电动机编码器信号接口。

⑩CZ2L、CZ2M：伺服电动机动力线接口。

2）αi 系列伺服模块的连接。FANUC 0i MB 与 αi 系列伺服模块的连接实物与原理分别如图 8-63 和图 8-64 所示。通过光缆的连接取代了电缆的连接，不仅保证了信号传递的速度，而且保证了传输的可靠性，并降低了故障率。各模块之间的信息传递是通过 CX2A/ CX2B 的串行数据的传递，而不是通过信号电缆 JX1A/JX1B（BCD 代码形式）的传递，从而进一步减少了连接电缆。

5. FANUC βi 系列 SVPM（主轴 + 伺服）驱动

（1）SVPM 驱动模块的结构　SVPM 一体化驱动模块的实物如图 8-65 所示，该驱动模块将主轴和进给控制集于一体。接口部分如图 8-66 及图 8-67 所示。主要接口功能如下：

①STATUS1：主轴状态指示。

②STATUS2：伺服状态指示。

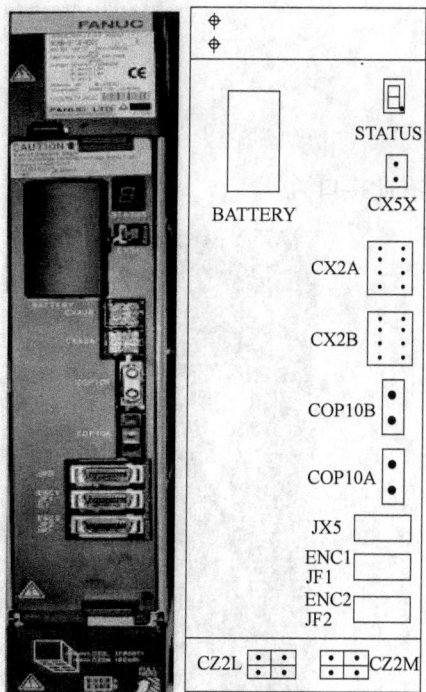

图 8-62 αi 系列伺服模块实物及结构

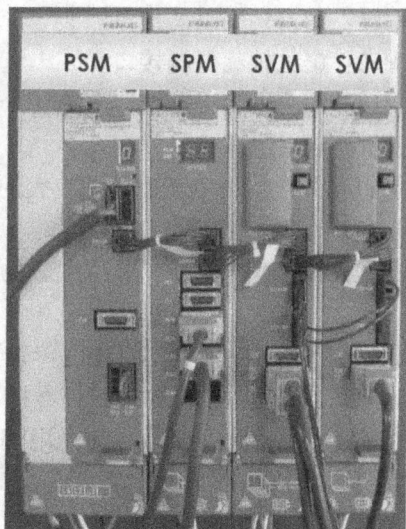

图 8-63 αi 系列伺服模块的连接实物

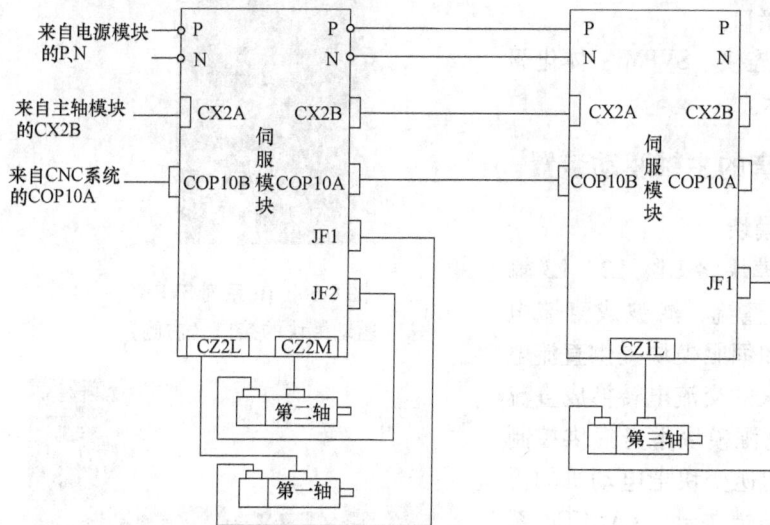

图 8-64 FANUC αi 系列伺服模块的连接原理

图 8-65 βi 系列 SVPM
驱动模块实物

③CX3：MCC 端口。

④CX4：急停端口。

⑤CXA2C：24V DC 电源端口。

⑥COP10B：FSSB 输出接口。

⑦COP10A：FSSB 输入接口。

⑧CX5X：绝对编码器电池接口。

⑨JF1：第一轴编码器接口。

⑩JF2：第二轴编码器接口。

⑪JF3：第三轴编码器接口（有三个伺服轴时才有此接口）。

⑫JX6：后备电源模块。

⑬JY1：外接主轴负载表和速度表的接口。

⑭JA7B：串行主轴输入信号接口。

⑮JA7A：用于连接第二串行主轴的信号输出接口。

⑯JYA2：连接主轴电动机速度传感器接口。

⑰JYA3：作为主轴位置一转信号接口。

⑱JYA4：主轴独立编码器（光电编码器）连接接口。

⑲TB3：DC LINK 接口端子。

⑳TB1：动力电源输入。

㉑CZ2L：第一轴动力电源接口。

㉒CZ2M：第二轴动力电源接口。

㉓CZ2N：第三轴动力电源接口。

㉔TB2：主轴动力电源接口。

（2）SVPM 驱动模块的连接　SVPM 一体化驱动模块的连接如图 8-68 所示。

图 8-66　βi 系列 SVPM
驱动模块的接口（右侧）

8.2.4　FANUC 系统配套的主轴驱动装置

1. FANUCα 系列电源模块

如图 8-69 所示，电源模块将 L1、L2、L3 输入的三相交流电（200V）整流、滤波成直流电（300V），为主轴驱动模块和伺服模块提供直流电源；200R、200S 控制端输入的交流电转换成直流电（DC24V、DC5V），为电源模块本身提供控制回路电源；通过电源模块的逆变块把电动机的再生能量反馈到电网，实现回馈制动。FANUCα 系列电源模块的实物及结构如图 8-70 所示。

（1）电源模块结构

①DC LINK 盒：直流电源（DC300V）输出端。该接口与主轴模块、伺服模块的直流输入端连接。

②状态指示窗口（STATUS）：PIL（绿色）表示电源模块控制电源工作；ALM（红色）

图 8-67　βi 系列 SVPM
驱动模块的接口（底端）

表示电源模块故障；"——"表示电源模块未启动；"00"表示电源模块启动就绪；"##"表示电源模块报警信息。

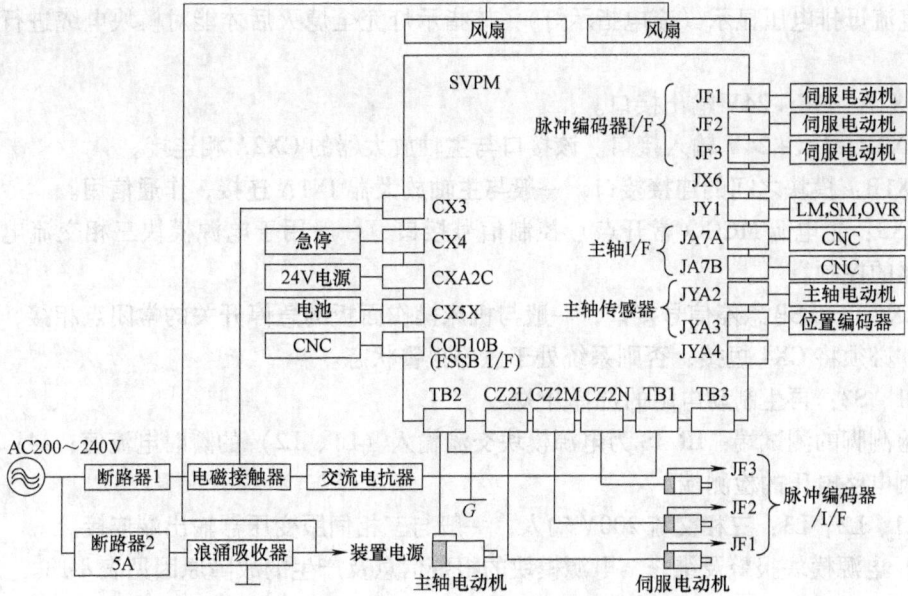

图 8-68 βi 系列 SVPM 驱动模块的连接

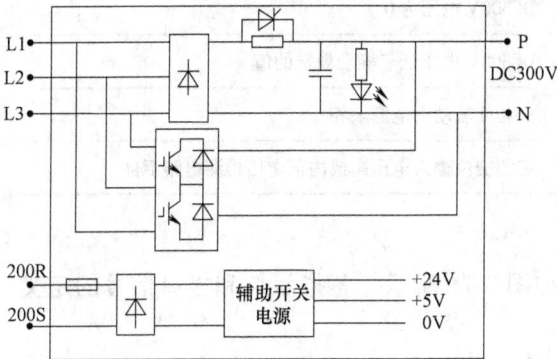

图 8-69 电源模块工作原理

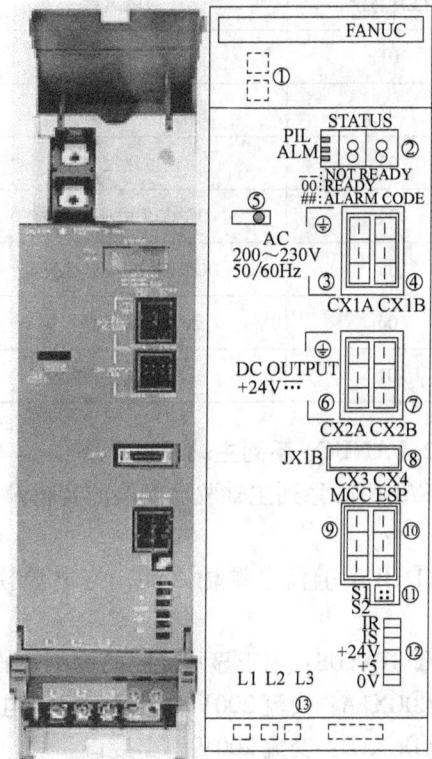

图 8-70 电源模块的实物及结构

③CX1A：控制电路电源（交流 200V、2.5A）输入接口。

④CX1B：交流 200V 输出接口，该端口与主轴模块的 CX1A 端口连接。

⑤直流母排电压显示（充电指示灯）：该指示灯完全熄灭后才能对模块电缆进行各种操作。

⑥CX2A：DC +24V 输出接口。

⑦CX2B：DC +24V 输入接口。该接口与主轴放大器的 CX2A 相连接。

⑧JX1B：模块之间的连接接口，一般与主轴放大器 JX1A 连接，作通信用。

⑨CX3：主电源 MCC（常开点）控制信号接口，一般用于电源模块三相交流电源输入主接触器的控制。

⑩CX4：*ESP 急停信号接口，一般与机床操作面板的急停开关的常闭点相接，不用该信号时，必须将 CX4 短接，否则系统处于急停报警状态。

⑪S1、S2：再生制动电阻的选择开关。

⑫检测脚的测试端：IR/IS 为电源模块交流输入（L1、L2）的瞬时电流值；24V、5V 分别为控制电路电压的检测端。

⑬L1、L2、L3：三相交流 200V 输入，一般与三相伺服变压器输出端连接。

（2）电源模块报警及维修　电源模块的报警信息及产生的故障原因见表 8-13。

表 8-13　电源模块的报警信息及产生的故障原因

LED 显示	故障名称	故障原因
01	IPM 报警	IPM 错误、过电流、控制电路电压低
02	风扇报警	电源模块冷却风扇发生故障
03	过热报警	智能模块 IPM 过热报警
04	DC300V 电压低报警	DC300V 电压为 0
05	DC300V 电压不足报警	DC300V 电压低于标准规定的值
06	输入电源缺相报警	三相交流动力电源缺相
07	DC300V 电压高报警	三相交流输入电压高或内部电压检测电路不良

2. FANUCα 系列主轴驱动模块

FANUCα 系列主轴驱动模块的实物及结构如图 8-71 所示，各指示灯和接口信号的定义如下。

①TB1：直流电源输入端，与电源模块直流电源输出端、伺服模块的直流输入端连接。

②STATUS：用于显示伺服模块所处的状态，出现异常时，显示相关的报警代码。

③CX1A：交流 200V 输入接口，与电源模块的 CX1B 端口连接。

④CX1B：交流 200V 输出接口。

⑤CX2A：直流 24V 输入接口，一般与电源模块的 CX2B 连接，接收急停信号。

⑥CX2B：直流 24V 输出接口，一般与下一伺服模块的 CX2A 连接，输出急停信号。

⑦直流回路连接充电状态 LED：在该指示灯完全熄灭后，方可对模块电缆进行各种操作，否则有触电危险。

⑧JX4：伺服状态检查接口，用于连接主轴模块状态检查电路板。通过主轴模块状态检查电路板可获取模块内部信号（脉冲发生器和位置编码器的信号）的状态。

⑨JX1A：模块连接接口，一般与电源的 JX1B 连接，作通信用。

⑩JX1B：模块连接接口，一般与下一个伺服模块的 JX1A 连接。

⑪JY1：主轴负载功率表和主轴转速表连接接口。

⑫JA7B：串行主轴输入接口，与控制单元（CNC 主板）的 JA7A 接口相连。

⑬JA7A：串行主轴输出接口，与下一主轴（如果有的话）的 JA7B 接口连接。

⑭JY2：脉冲编码器接口。用于接收电动机速度反馈信号，主轴电动机脉冲编码器反馈信号连接如图 8-72 所示。

⑮JY3：磁感应开关或外部单独旋转信号连接接口，连接如图 8-73 所示。

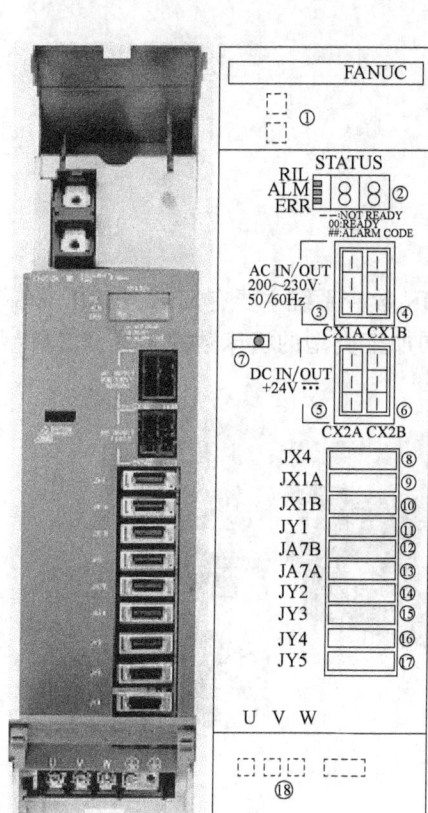

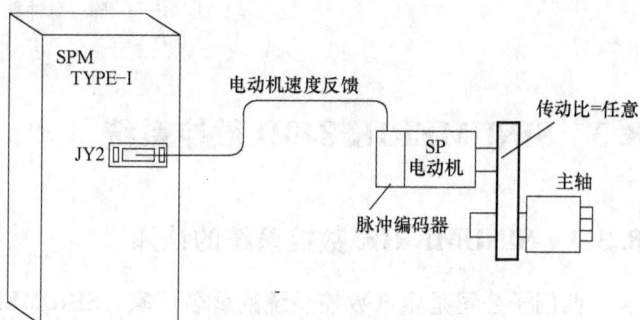

图 8-72　脉冲编码器反馈信号连接

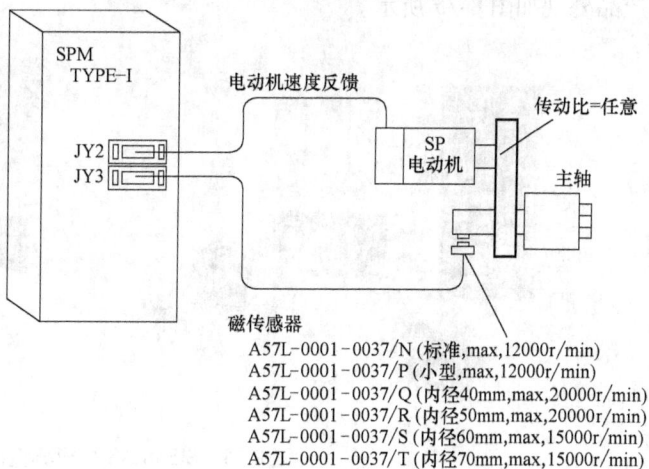

磁传感器
A57L-0001-0037/N（标准，max，12000r/min）
A57L-0001-0037/P（小型，max，12000r/min）
A57L-0001-0037/Q（内径40mm，max，20000r/min）
A57L-0001-0037/R（内径50mm，max，20000r/min）
A57L-0001-0037/S（内径60mm，max，15000r/min）
A57L-0001-0037/T（内径70mm，max，15000r/min）

图 8-71　主轴驱动模块实物及结构　　　　　图 8-73　磁感应开关信号连接

⑯JY4：位置编码器或高分辨率位置编码器连接接口，连接如图 8-74 所示。

⑰JY5：主轴 C_S 轴（C 主轴）探头或内置 C_S 轴探头连接接口。

⑱三相交流变频电源输出端，与主轴电动机接线端连接。

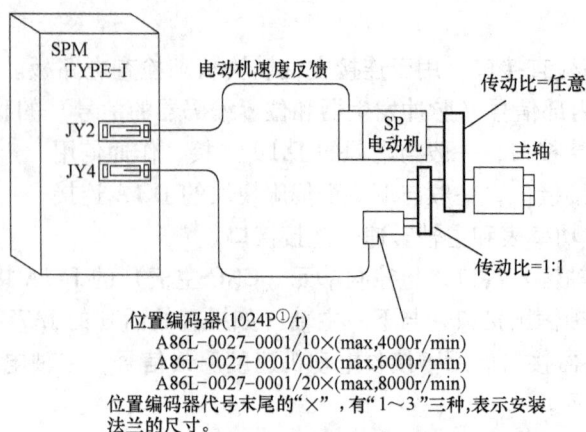

位置编码器(1024P①/r)
A86L-0027-0001/10×(max,4000r/min)
A86L-0027-0001/00×(max,6000r/min)
A86L-0027-0001/20×(max,8000r/min)
位置编码器代号末尾的"×",有"1～3"三种,表示安装
法兰的尺寸。

图 8-74　位置编码器信号连接
① P——Pulse 脉冲数。

8.3　SINUMERIK 840D 数控系统

8.3.1　SINUMERIK 数控系统的认知

西门子公司是生产数控系统的著名厂家,SINUMERIK 数控系统主要有 SINUMERIK 3/8/810/820/850/805/840 系列等。每个系列都有适用于不同加工类型的机床数控装置,其典型产品外观如图 8-75 所示。

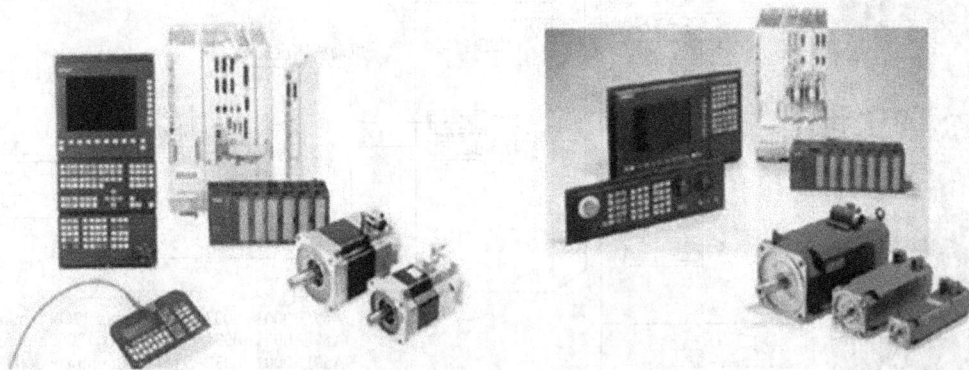

图 8-75　SIEMENS 公司典型产品外观

SINUMERIK 3 系统是西门子公司 20 世纪 80 年代初期开发出来的中档全功能数控系统,是西门子公司销售量最大的系统,是 80 年代欧洲的典型系统。

SINUMERIK 810/820 是西门子公司 20 世纪 80 年代中期开发的 CNC、PLC 一体型控制系统,它适合于普通车、铣、磨床的控制,系统结构简单、体积小、可靠性高,在 80 年代末、90 年代初的数控机床厂上使用较广。

　　SINUMERIK 850/880 是西门子公司 20 世纪 80 年代末期开发的机床及柔性制造系统,具有机器人功能。适合多功能复杂机床 FMS、CIMS 的需要,是一种多 CPU 轮廓控制的 CNC 系统。

　　SINUMERIK 802 系列数控系统包括 802S/Se/Sbase line、802C/Ce/Cbase line、802D 等型号,它们是西门子公司 20 世纪 90 年代末开发的集 CNC、PLC 于一体的经济型控制系统,近年来在国产经济型、普及型数控机床上有较大量的使用。802 系列数控系统的共同特点是结构简单、体积小、可靠性较高,具体特征如下。

　　SINUMERIK 810D、840D 的系统结构相似,但在性能上有较大的差别。SINUMERIK 840D 是于 1994 年 6 月正式推出并上市的全数字式数控系统,而 810D 是 1996 年 1 月正式推出并上市的数控系统。这两个系统在开发上具有非常高的系统一致性,有相同的人机接口 (Human Machine Interface, HMI) (MMC100/MMC103/PCU20/PCU50/PCU70)、机床操作面板 (OP010/OP010S/OP010C/OP012/OP015/OP015A) 和触摸面板 (TP015A)、STEP7-300 PLC 输入/输出模块、PLC-S7 编程语言、数控系统操作、工件程序编程、文件管理、参数设定、诊断、系统资料、伺服驱动等。在硬件结构上,两种系统的不同点只是:SINUMERIK 840D 的控制核心是数控单元 (Numerical Control Unit, NCU) 模块,它将数控系统、PLC 和通信任务组合在单个的 NCU 多处理器模块中,其硬件配置如图 8-76 所示;SINUMERIK 810D 的控制核心是一个高性能 CCU (Compact Control Unit) 模块,它将所有的 CNC、PLC、闭环控制和通信任务集成在一个紧凑型 CCU 单元中。

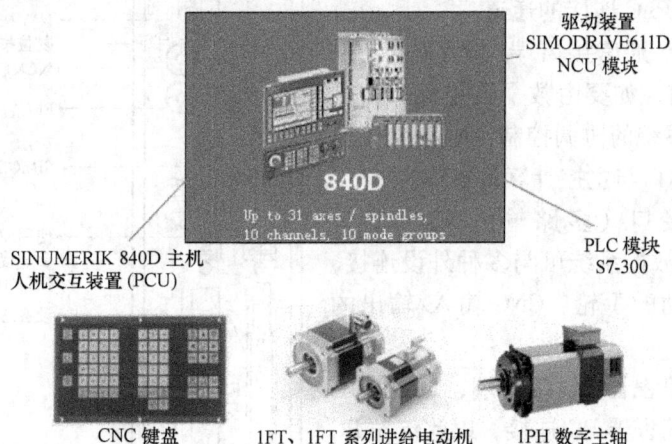

图 8-76　840D 系统的硬件配置

　　该系列产品在企业中的应用极其广泛,尤其在铁路、汽车、航空、航天、兵器和机床等领域。使用 810D/840D 系统、S7300、Profibus、HMI 等产品,客户的利益得到了非常好的保障:操作的一致性,编程的一致性,备件的一致性,培训,维修方便等,并且都有中文显示。

　　除以上典型系统外,SIEMENS 公司还有早期生产的 SINUMERIK 6 (与 FANUC 公司合作生产),SINUMERIK 8、SINUMERIK 840C 等系统,这些系统多见于进口机床。840C 系统与 840D 系统功能相同。

8.3.2　SINUMERIK 840D 的硬件连接

1. SINUMERIK 840D 的硬件说明

（1）NCU　根据选用硬件如 CPU 芯片等和功能配置的不同，SINUMERIK 840D 的 NCU 分为 NCU561.2、NCU571.2、NCU572.2、NCU573.2（12 轴）、NCU573.2（31 轴）等若干种。同样地，NCU 中也集成 SINUMERIK 840D 数控 CPU 和 SIMATIC PLC CPU 芯片，包括相应的数控软件和 PLC 控制软件，并且带有 MPI 或 Profibus 接口、RS232 接口、手轮及测量接口、PCMCIA 卡插槽等，如图 8-77 所示。所不同的是 NCU 很薄，所有的驱动模块均排列在其右侧。

X101：操作面板接口端，通过电缆与 MMC 及机床操作面板连接。

X102：现场总线接口（RS485 通信接口端），主要是满足 SIEMENS 通信协议的要求。

X111：SIMATIC 接口（PLC S7-300 I/O 接口端），提供了与 PLC 连接的通道。

X112：RS232C 通信接口端（预留接口），实现与外部的通信，如要由数个数控机床构成 DNC 系统，实现系统的协调控制，则各个数控机床均要通过该端口与主控计算机通信。

X121：I/O 接口（多路输入/输出接口端），通过该端口数控系统可与多种外设连接，如与控制进给运动的手轮、CNC 输入/输出的连接。

X122：PLC 编程器 PG 接口端，通过该端口与西门子 PLC 编程器 PG 连接，以此传输 PG 中的 PLC 程序到 NC 模块，或者从 NC 模块将 PLC 程序复制到 PG 中，另外还可在线实时监测 PLC 程序的运行状态。

X130A、X130B：电动机驱动器 611D 的输入输出扩展端口，通过扁平电缆将驱动总线与各个驱动模块连接起来，对各个伺服电动机进行控制。

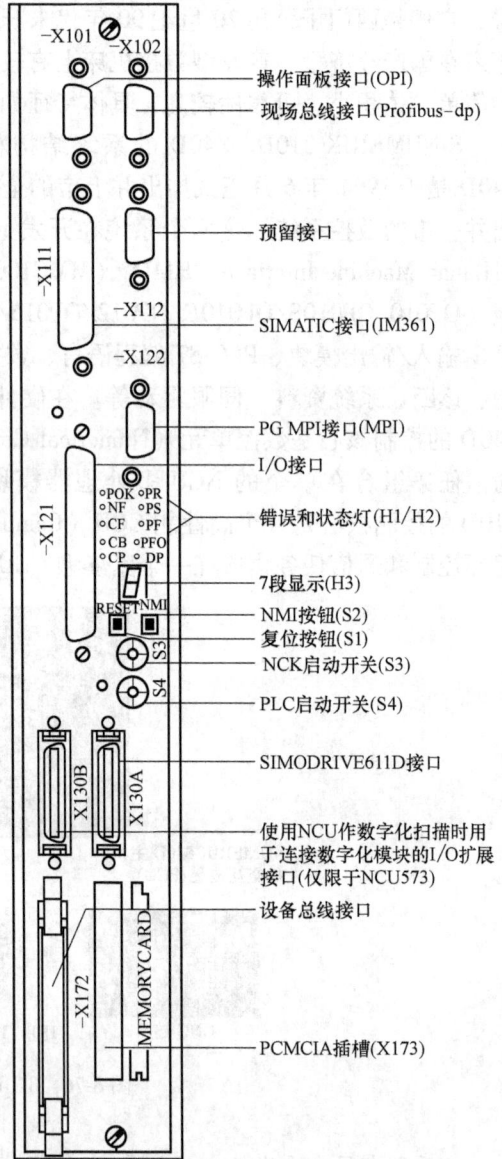

图 8-77　NCU 接口

X172：数控系统数据控制总线端口，通过扁平电缆与各相关模块的系统数据控制总线连接起来。

X173：数控系统控制程序储存卡插槽。

（2）驱动模块　SINUMERIK 840D 配置的驱动一般都采用 SIMODRIVE 611D。SIMO-

DRIVE 611D 是新一代数字控制总线驱动的交流驱动,它分为双轴模块和单轴模块两种,接口如图 8-78 所示;相应的进给伺服电动机可采用 1FT6 或 1FK6 系列,编码器信号为 1Vpp 正弦波,可实现全闭环控制;主轴伺服电动机为 1PH7 系列。

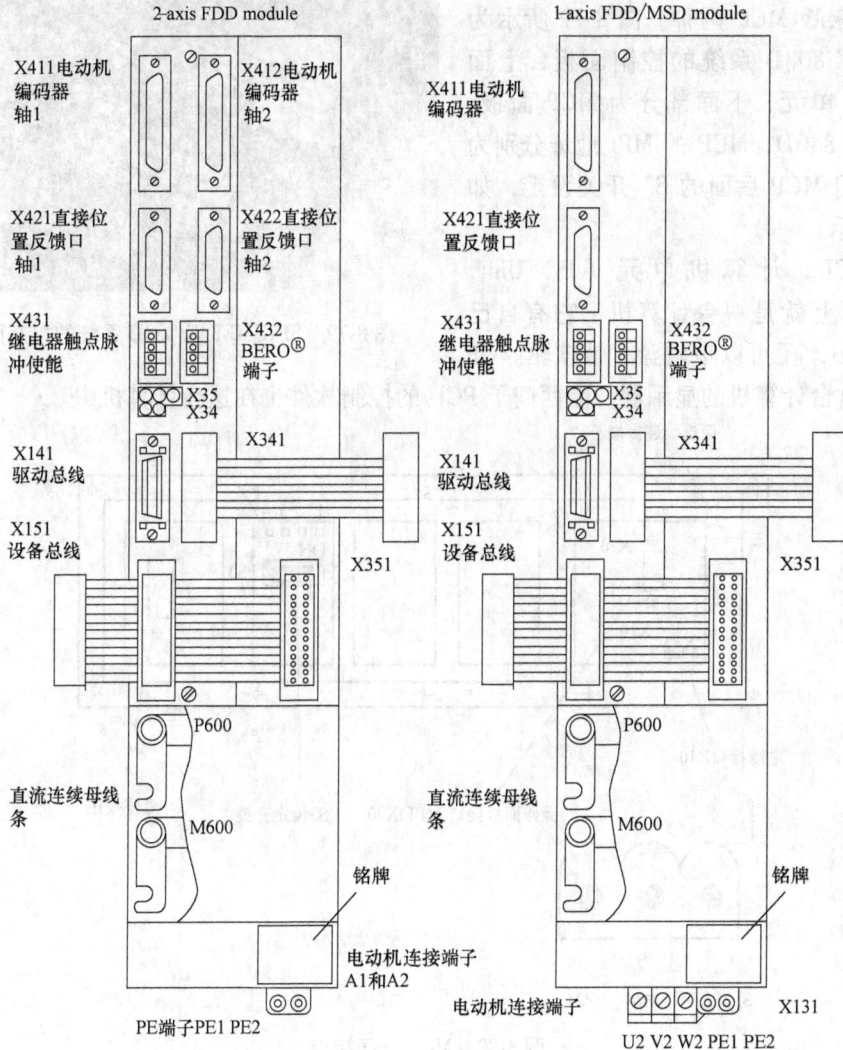

图 8-78　SIEMENS 驱动模块接口

（3）OP 单元和 PCU

1）OP 单元和 MPI。操作面板（Operator Panel,OP）单元一般包括一个 10.4in TFT 显示屏和一个 NC 键盘。根据用户不同的要求,西门子公司为用户选配不同的 OP 单元,如 OP030、OP031、OP032、OP032S 等。其中 OP031 最为常用。

SINUMERIK 810D／840D 应用了多点接口（Multiple Point Interface,MPI）总线技术,传输速率为 187.5KB／s,OP 单元为这个总线构成的网络中的一个节点。为提高人机交互的效率,又采用了操作面板接口（Operator Panel Interface, OPI）总线，它的传输速率为 1.5MB/s。

2）MCP。机床控制面板（Machine Control Panel, MCP）是专门为数控机床而配置的，它也是 OPI 上的一个节点，根据应用场合不同，其布局也不同。目前，有车床版 MCP 和铣床版 MCP 两种。图 8-79 所示为 SINUMERIK 808D 系统的控制面板，上面部分为 OP 单元，下面部分为 MCP 面板。对 810D 和 840D，MCP 的 MPI 地址分别为 14 和 6，用 MCP 后面的 S3 开关设定，如图 8-80 所示。

图 8-79　SINUMERIK 808D 系统的控制面板

3）PCU。计算机单元（PC Unit, PCU）实际上就是一台计算机，它有自己独立的 CPU，还可以带硬盘，带软驱。OP 单元正是这台计算机的显示器，而西门子 PCU 的控制软件也在这台计算机中。

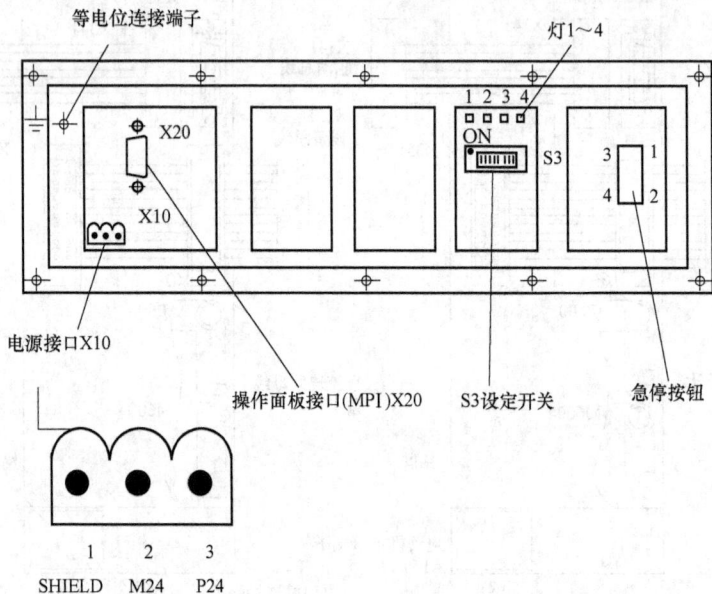

图 8-80　MCP 背面接口

PCU 是专门为配合西门子最新的操作面板 OP10、OP10s、OP10c、OP12、OP15 等而开发的模块，目前有三种 PCU 模块：PCU20、PCU50、PCU70。PCU20 不带硬盘，但可以带软驱；PCU50、PCU70 带硬盘。与 MMC 不同的是：PCU 的软件是基于 Windows NT 的。PCU 的软件被称作 HMI，又分为两种，即嵌入式 HMI 和高级 HMI。一般标准供货时，PCU20 装载的是嵌入式 HMI，而 PCU50 和 PCU70 则装载高级 HMI，其接口外观如图 8-81 所示。

（4）PLC 模块　SINUMERIK 840D 系统的 PLC 模块使用的是西门子 SIMATIC S7-300 模块，在同一条导轨上从左到右依次为电源模块（Power Supply, PS），接口模块（Interface

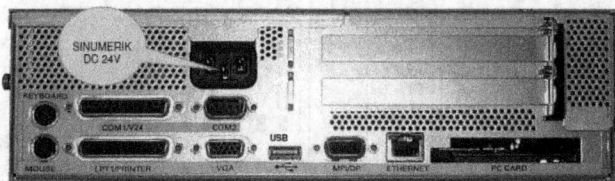

图 8-81　PCU50 接口外观

Module，IM）及信号模块（Signal Module，SM），如图 8-82 所示。PLC 的 CPU 与 NC 的 CPU 是集成在 NCU（810D 为 CCU）中的。

电源模块为 PLC 和 NC 提供 +24V 和 +5V 的电源，如图 8-83 所示。接口模块是用于级之间互连的，如图 8-84 所示。信号模块是用于机床 PLC 输入/输出的模块，有输入型和输出型两种。

2. SINUMERIK 840D 的硬件连接

SINUMERIK 840D 硬件结构和连接分别如图 8-85 和图 8-86 所示，硬件的连接从两个方面入手。其一，根据各自的接口要求，先将数控与驱动单元、PCU、PLC 三部分分别正确连接，这里面应注意：① 电源模块 X161 中 9、112、48 的连接，驱动总线和设备总线的连接，最右边模块的终端电阻（数控与驱动单元）。②务必注意 NCU 及 MCP 的 +24V 电源极性（MMC）。

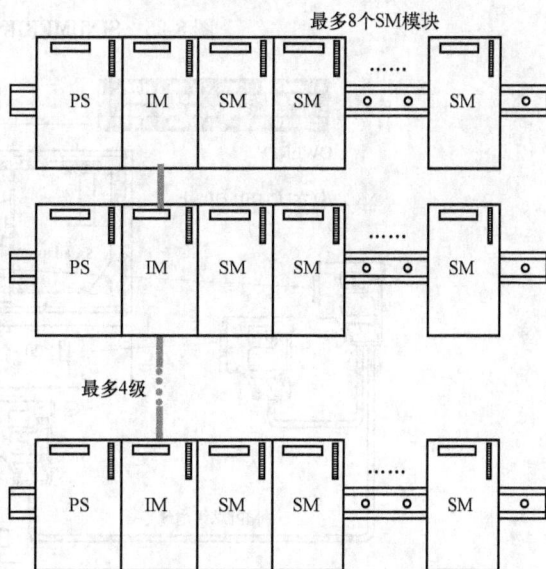

图 8-82　PLC 模块连接

③注意 PLC 模块电源线的连接，同时注意 SM 的连接。其二，将硬件的三大部分互相连接，连接时应注意：①MPI 和 OPI 总线接线一定要正确。②NCU 与 S7 的 IM 模块连接。

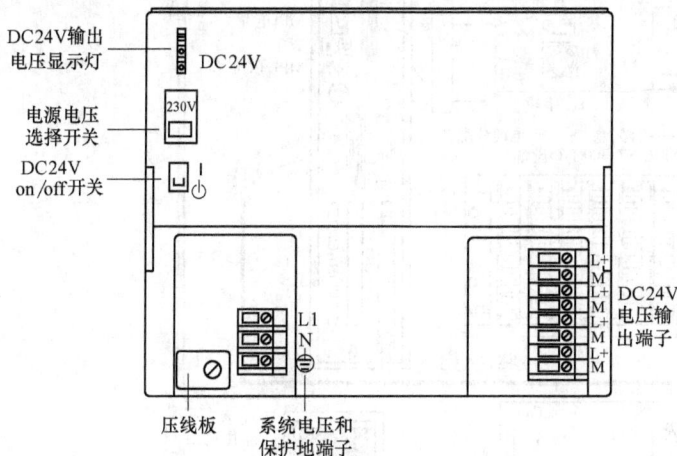

图 8-83　PLC 电源模块

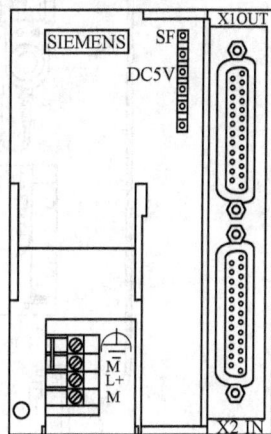

图 8-84　PLC 接口模块

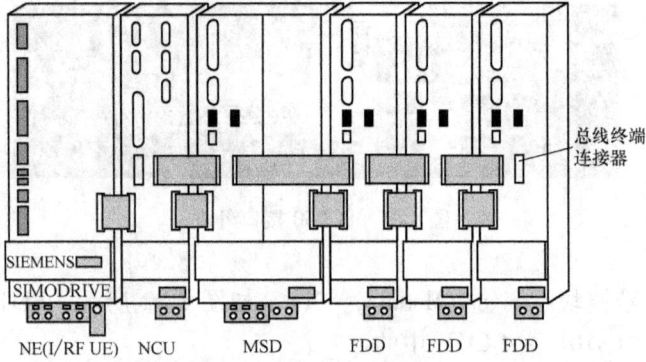

图 8-85　SINUMERIK 840D 硬件结构

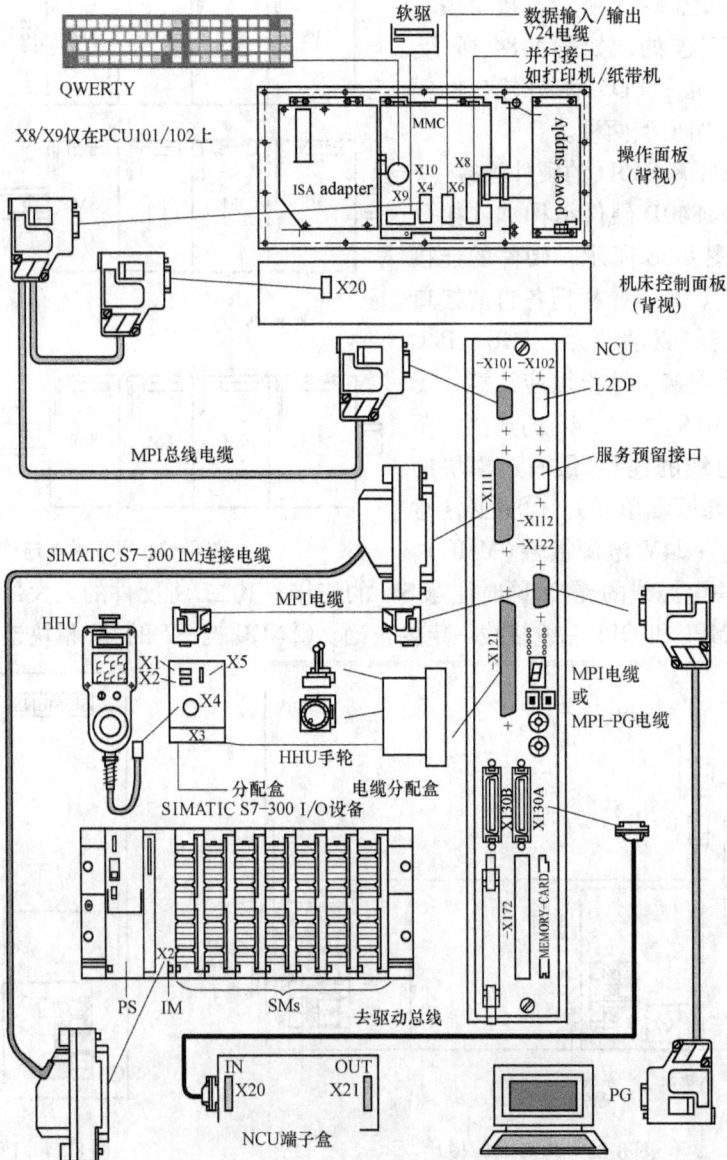

图 8-86　SINUMERIK 840D 硬件连接

3. SINUMERIK 数控系统的数据备份与恢复

在进行调试工作时，为了提高效率，不做重复性工作，需对所调试数据适时地作备份。在机床出厂前，为该机床所有数据留档，也需对数据进行备份。SINUMERIK 810D/840D 数控系统的数据分为三种，即 NCK 数据、PLC 数据、HMI 数据。其中，PCU20 仅包含前两种数据，PCU50.3 包含全部三种数据。

（1）数据备份的方法及所需工具

1）系列备份（Series Start-up）。其主要特点是：用于回装和启动相同软件版本的系统的数据；包括数据全面，文件个数少（文件格式为＊.arc）；数据不允许修改，文件都用 PC 格式（即二进制格式）。

2）分区备份。主要指 NCK 中各区域数据（PCU50 中的 NC_ ACTIVE DATA 和 PCU20 中的 DATA）的备份。其主要特点是：用于回装不同软件版本的系统的数据；文件个数多（一类数据，一个文件）；数据可以修改，大多数文件用纸带格式（即文本格式）。

3）数据备份需以下辅助工具：

①PCIN 软件或 WinPCIN 软件。

②V24 电缆（6FX2002-1AA01-0BF0）。

③PG 740（或更高型号）或计算机。

（2）PCU50.3 的系列备份（Series Start-up）

1）V.24 参数的设定。进行数据备份前，应首先确认接口参数设定。根据两种不同的备份方法，接口参数设定也有两种，见表 8-14。

表 8-14　接口设定

接　口	PC 格式二进制	纸带格式	接　口	PC 格式二进制	纸带格式
设备	RTS CTS	RTS CTS	XON 后开始	N	N
波特率	9600	9600	确认覆盖	N	N
停止位	1	1	CR、LF 为段结束	N	N
奇偶	None	None	遇 EOF 结束	N	Y
数据位	8	8	测 DRS 信号	N	Y
XON	11	11	前后引导	N	N
XOFF	13	13	磁带格式	N	N
传输结束	1a	1a			

操作步骤如下：

"▣"（Switch-over 键）→ "服务（Service）" → "接口（Interface）" → 用 "▢" 键来切换选项→ "确定（OK）"。

2）数据备份。由于 PCU50.3 可带软驱、硬盘、NC 卡等，它的数据备份更加灵活，可选择不同的存储目标，具体操作步骤如下：

①在主菜单中选择 "服务（Service）" 操作区。

②按扩展键 " > " → "批量调试（Series Start-up）"，选择存档内容 NC（可选择是否备份补偿数据）、PLC、HMI 并定义存档文件名。

③从垂直菜单中，选择一个作为存储目标：文档（Archive）→ 硬盘；NC 卡（NC Card）→ NC 卡。

④若选择备份数据到硬盘，则按"文档（Archive）"软键（垂直菜单）。

（3）PCU50.3 的分区备份　对于 PCU50.3，分区备份与系列备份不同的是第二步无需按扩展键，而直接按"Data Out"键，具体步骤如下：

"服务（Service）"→"数据输出（Data Out）"→移动光标选择需要备份的文件→从垂直菜单选存储目标→确定目录，给定文件名，并设定文档格式为纸带格式即"带 CR + LF 穿孔带"→"启动（Start）"（垂直菜单）。

备份成功后，在相应的目录中可找到备份的文件。

（4）PCU50.3 的数据恢复　PCU50.3 上进行数据恢复的操作步骤如下：

"服务（Service）"→ 扩展键"＞"→"批量调试（Series Start-up）"→"读入调试文档（Read Start-up Archive）"（垂直菜单）→ 移动光标选择相应的存档文件 →"启动（Start）"（垂直菜单）→"是（Yes）"（垂直菜单）。

无论是数据备份还是数据恢复，都是在进行数据的传输。传输的原则是：①永远是准备接收数据的一方先准备好，处于接收状态。②两端参数设定一致。

8.3.3　SINUMERIK 系统配套的伺服驱动装置

1. SIEMENS 伺服进给系统概述

在数控机床上，常用的伺服驱动系统除 FANUC 公司的产品外，另一主要的产品是 SIE-MENS 公司的伺服驱动系统。从总体上说，SIEMENS 伺服驱动系统亦可以分为直流驱动系统与交流驱动系统两大类。直流驱动一般都是采用 SCR 速度控制单元；交流驱动可以分模拟式交流速度控制单元与数字式交流速度控制单元两种形式。

SIEMENS 直流伺服系统一般用于 20 世纪 80 年代中期以前进口的数控机床上，配套的 CNC 有 SIEMENS 的 3、6、8、PRIMOS 系统等，常用的规格有 6RA26 ＊＊-6MV30 与 6RA26 ＊＊-6DV30 两种。其中，前者（6MV30）用于电枢电压为 DC200V 的直流伺服电动机驱动，后者（6DV30）用于电枢电压为 DC400V 的直流伺服电动机驱动，最大输出电流均可以达到 175A。驱动器一般与 1HU 系列永磁式直流伺服电动机（常用）及 1GS 系列他励直流伺服电动机配套，组成数控机床的伺服进给驱动系统。驱动系统与 CNC 的位置控制系统配合，位置增益可以达到 301/s 以上，适用于大部分数控机床的位置控制。

SIEMENS 公司常用的交流模拟式伺服驱动主要有 6SC610 系列、6SC611A 系列两种规格。其中，6SC610 系列产品为 SIEMENS 公司早期的模拟型交流伺服驱动产品，它主要与该公司的 1FT5 系列交流伺服电动机配套，作为数控机床的进给驱动系统使用，系统以 ±10V 模拟量作为速度给定指令，内部采用速度、电流双闭环控制，PWM 调制。该系列产品的伺服驱动独立组成装置（不与主轴驱动一体），全部进给轴共用整流电源，轴调节器模块与功率驱动模块可根据机床需要选择，驱动装置最大可以安装 6 个轴的调节器模块与功率驱动模块，输入电压为三相交流 165V，直流母线电压为 DC210V，6 轴最大总功率可以达到 40kW。

6SC611A 系列产品为 SIEMENS 公司在 6SC610 基础上改进的模拟型交流伺服驱动产品，它与 6SC610 的主要区别是：主轴驱动器与伺服驱动器共用电源模块与控制总线，是一种进给轴、主轴一体化的结构形式，整体体积比 6SC610 系列大大缩小。6SC611A 系列产品中的伺服驱动器主要与该公司的 1FT4、1FT5、1FT6 系列交流伺服电动机配套，系统仍然以 ±10V 模拟量作为速度给定指令，其余性能与 6SC610 相似。

SIEMENS 公司常用的交流数字式伺服主要有 6SC611D 系列、6SC611U 系列等规格。其中，SIEMENS 611U/Ue 是目前 SIEMENS 常用的数字式伺服驱动系统，其基本结构与 611A、611D 相似，采用模块化安装方式，主轴与各伺服驱动单元共用电源。

611U/Ue 用于进给驱动的伺服驱动模块有单轴与双轴两种结构形式，带有 ProfibusDP 总线接口，控制电动机的最高频率可以达到 1400Hz。伺服驱动模块带有 SIN/COS 1Vpp 增量编码器信号接口，编码器检测信号可以达到 65535 脉冲/r、350kHz，内部还可以进行 128 倍频；也可以采用绝对编码器。611U/Ue 驱动器可以与 SIEMENS 公司的 1FT6 系列、1FK6 系列伺服电动机或 IFN 系列直线电动机配套，对伺服驱动系统的速度与电流环进行闭环控制。与数控系统配套后，通过 CNC 的位置环控制，构成全数字式伺服驱动系统。伺服电动机的最大输出转矩可达 140N·m。

2. 611 系列驱动的组成

611 系列的驱动驱动器分模拟 611A、数字 611D 和通用型 611U，都是模块化结构，主要由以下几个模块组成：

（1）电源模块　电源模块是提供驱动和数控系统的电源，包括维持系统正常工作的弱电和供给功率模块用的 600V 直流电压。根据直流电压控制方式，它又分为开环控制的 UE 模块和闭环控制的 I/R 模块，UE 模块没有电源的回馈系统，其直流电压正常时为 570V 左右，而当制动能量大时，电压可高达 640 多伏。I/R 模块的电压一直维持在 600V 左右。

（2）控制模块　实现对伺服轴的速度环和电流环的闭环控制。

（3）功率模块　对伺服电动机提供频率和电压可变的交流电源。

（4）监控模块　主要是对电源模块弱电供电能力的补充。

（5）滤波模块　对电源进行滤波作用。

（6）电抗　对电压起到平稳作用。

3. 611D 数字驱动系统

611D 驱动系统主要包括电源模块、驱动模块和伺服电动机。611D 驱动模块分为单轴型和双轴型两种形式，所有驱动模块共用一个电源模块，可以与西门子多种型号的电动机配套使用。伺服电动机的频率可达 1400Hz。驱动模块通常带有 1V（峰峰值）正/余弦增量编码器接口，根据需要也可采用带 EnDat 接口协议的绝对编码器。611D 驱动模块内带有 EEP-ROM（非易失可擦写存储器），用于存储驱动系统本身的系统软件与驱动系统的用户数据。驱动系统的调整、测试、动态优化等均可以在 Windows 环境下通过提供的调试软件自动进行，安装调整十分方便。

611D 驱动系统与数控装置 CCD 构成全数字式控制系统，完成位置环或速度环的闭环控制。611D 驱动系统与数控装置之间的信号交换，无论是数控装置控制 611D 的信号，还是 611D 的反馈信号，都是通过驱动总线进行的。除了使能控制端和零标志脉冲输入端外，在 611D 上已无其他控制端子，这样就减少了数据接口，提高了数据传输的可靠性。611D 数字驱动系统的指令能通过总线传输，且必须与数控装置结合进行调整，而不像模拟驱动系统那样在指令输入端加指令信号，对模拟驱动系统单独进行调整。

611D 驱动系统的维修更为方便，当一块驱动模块出现故障后，只需要选择同样型号的驱动模块换上即可,而不需要对驱动系统重新调整。因为整个驱动系统的优化已经在第一次调整时完成,并作为文件保存起来,更换模块不需要调整参数。

(1) 电源模块 611D 电源模块的作用是为数控装置和驱动模块提供电源的,包括驱动电源和工作电源。它将输入的三相交流 380V 的电压通过整流电路转换为 DC600V 或 DC625V 直流母线电压,又称 DC 连接电压,供给驱动模块,同时还产生驱动模块控制所需要的辅助控制电源,如 ±DC24V、±DC15V 与 DC5V 直流电源。辅助控制电源还可作为数控系统 CCU 或 NCU 的电源。电源模块具有对主电源电压、直流母线电压、弱电电源电压进行集中监控的功能。电源模块分为非调节型电源模块和调节型电源模块。常用的非调节型电源模块有 5kW、10kW、28kW 三种规格,调节型电源模块有 16kW、36kW、55kW、80kW、120kW 五种规格。

611D 电源模块的结构如图 8-87 所示,接口信号有以下几组。

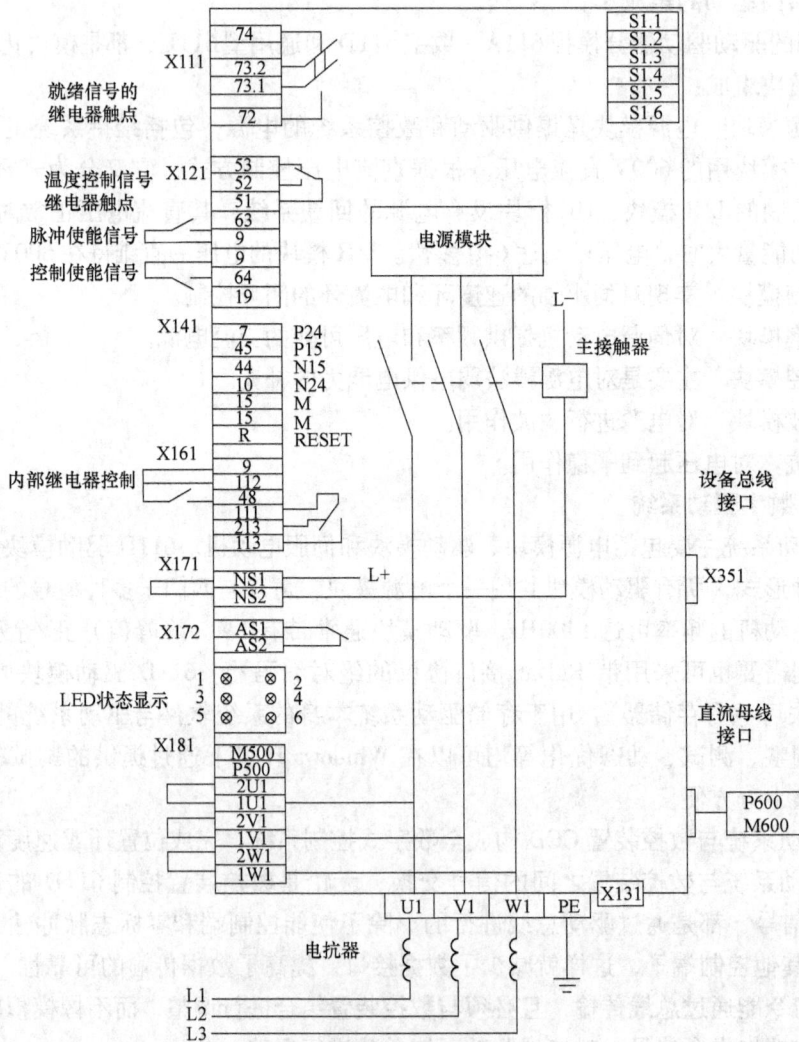

图 8-87 611D 电源模块的结构

1）电源接口。

①U1、V1、W1：主控制回路三相电输入端口。

②X181：工作电源的输入端口，使用时通常与主电源短接。有的系统为了让机床在断电后驱动还能正常工作一段时间，把 600V 的电压端子与 P500、M500 端子短接，这样由于 600V 电压不能马上放电完毕，还能维持驱动控制板正常工作一段时间。

③P600、M600：600V 直流电压输出端子。

2）控制接口。

①9：使能电压 DC24V。

②63：电源脉冲使能输入。该信号同时对所有连接的模块有效，取消该信号后，所有轴的电源取消，轴以自由运动的形式停止。

③64：电源控制使能输入。该信号同时对所有连接的模块有效，取消该信号时，所有轴的速度给定电压为零，轴以最大的加速度停止。延迟一定的时间后，取消脉冲使能。

④19：24V 地。

⑤48：主回路继电器，该信号断开时，主控制回路电源主继电器断开。

⑥112：调试或标准方式，一般用在传输线的调试中，接到系统的 24V 上。

⑦X121：模块准备好信号和模块的过热信号。准备好信号与模块的拨码开关的设置有关，当 S1.2 = ON，模块有故障时，准备好信号取消，而 S1.2 = OFF，模块有故障和使能（63、64）信号取消时，都会取消准备好信号。因此，在更换该模块的时要检查模块顶部的拨码开关的设置，否则模块可能会工作不正常。所有的模块过载和连接的电动机过热都会触发过热报警输出。

⑧NS1/NS2：主继电器闭合使能，只有该信号为高电平时，主继电器才可能得电。该信号常用来作为主继电器闭合的连锁条件。

⑨AS1/AS2：主继电器状态，该信号反映主继电器的闭合状态，主继电器闭合时为高电平。

3）其他辅助接口。

①X351：设备总线，为后面连接的模块供电用。

②X141：电压检测端子，供诊断和其他用途用。

其中，7（P24）：+24V；45（P15）：+15V；44（N15）：−15V；10（N24）：−24V；15（M）：0V；R：驱动组件故障复位。

电源模块上有 6 个指示灯，分别指示模块的故障和工作状态。一般正常情况下绿灯亮表示使能信号丢失（63 和 64），黄灯亮表示模块准备好信号，这时 600V 直流电压已经达到系统正常工作的允许值。

电源模块正常工作的使能条件：48、112、63、64 接口接高电平，NS1 和 NS2 短接，显示为一个黄灯亮，其他灯都不亮。直流母线电压应在 600V 左右。

（2）驱动模块　611D 驱动模块与数控系统主要是通过一根数据总线相连，基本没有太多的接口信号，其模块端口如图 8-88 所示。

①X411/X412：电动机编码器接口，用于输入电动机的编码器信号。当位置或速度控制回路没有对坐标轴进行直接测量，或者电动机直接安装在坐标轴上，中间无其他机械转动装置时，就可以利用电动机上的脉冲编码器，把位置或速度反馈信号直接连接到接口 X411

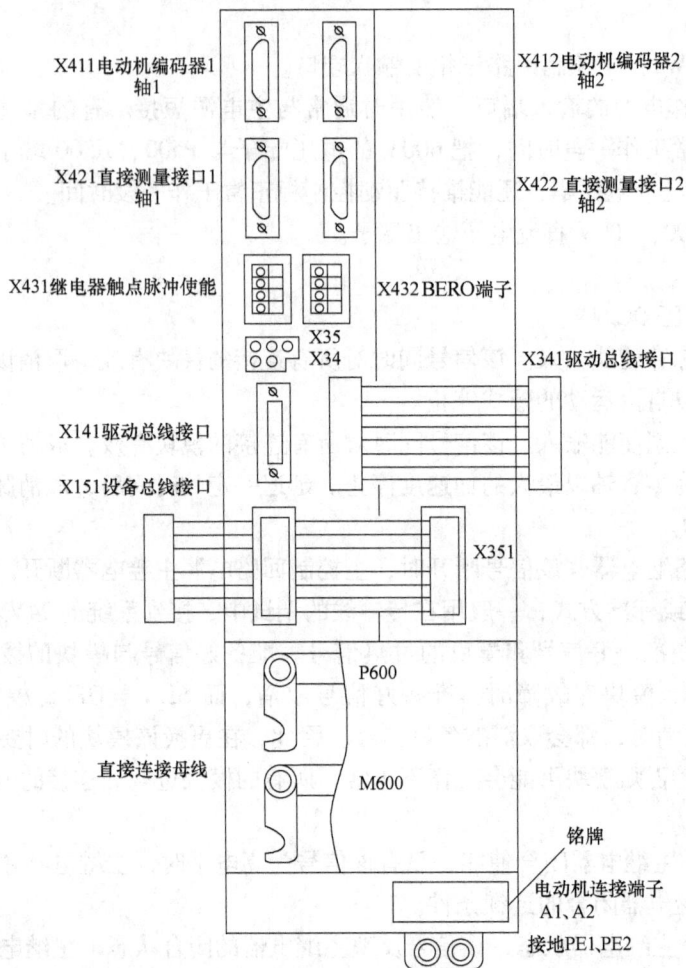

图 8-88 611D 驱动控制模块接口

上，用于系统的半闭环控制。

②X421/ X422：直接测量系统输入口，用于输入直接位置测量信号，一般为正、余弦电压信号。当位置或速度控制回路的电动机与坐标轴之间有机械转动环节，但又要求对坐标轴进行直接测量时，可在坐标轴上安装位置测量元件，如光栅尺，把直接测量元件的测量信号连接到接口 X421 上，常用于系统的全闭环控制。测量接口 X411 和 X421 的连接如图 8-89 所示。

③X431：轴脉冲使能，该信号为低电平时，该轴的电源撤销，一般这个信号直接与 24V 短接。

④X432（BERO 端子）：检测零标志信号，常用于轴的同步控制，连接如图 8-90 所示。

⑤X141、X341：驱动总线接口，驱动总线接口 X141 连接左侧驱动模块的驱动接口 X341，而该模块上 X341 连接右侧驱动模块的 X141。驱动接口 X141、X341 的连接比较简单，用专用电缆连接即可。

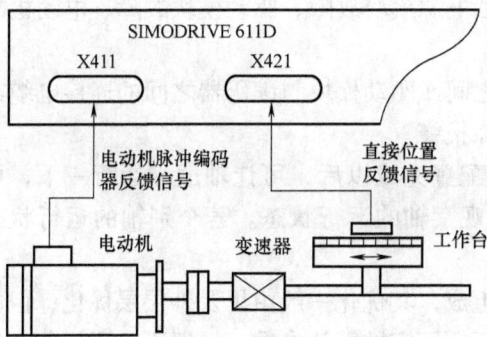

图 8-89　测量接口 X411 和 X421 的连接

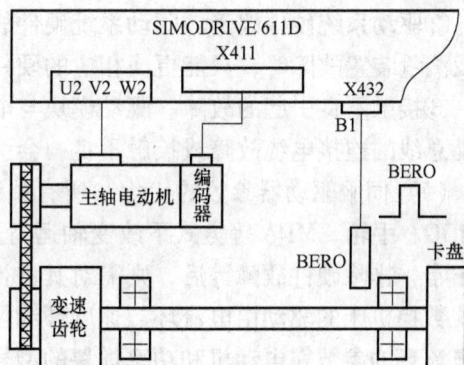

图 8-90　测量接口 X432 连接

⑥X151、X351：设备总线接口，其连接与驱动接口一样，连接比较简单，用专用电缆连接即可。

⑦X34、X35：模拟输出口，其中有两个模拟口（X1、X2）用作模块诊断测试用，它可以用来跟踪一些数字量，如转速、电压和电流等，并把它转换成 0～5V 的模拟电压输出，具体的输出信号可以通过数控系统选择，Ir 模拟输出口是固定输出电动机 R 相的电流的模拟值。

611D 的控制板的速度环和电流环的参数设置在 NCK 里面，故更换控制板后不需要重新设置参数。

（3）伺服驱动系统的状态显示　611D 系列伺服驱动器电源模块设有 6 个状态指示灯（LED），如图 8-91 所示，其相对位置及其含义如下。

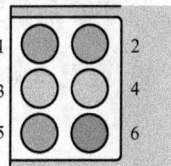

图 8-91　电源模块状态指示灯

①V1（红）：辅助控制电源 ±15V 故障指示灯。

②V2（红）：辅助控制电源 +5V 故障指示灯。

③V3（绿）：电源模块未加"使能"指示灯。

④V4（黄）：电源模块准备好指示灯。

⑤V5（红）：电源模块电源输入故障指示灯。

⑥V6（红）：直流母线过电压指示灯。

当电源模块直流母线预充电完成，监控电源模块无故障时，电源模块准备好灯亮，其余指示灯灭，同时"准备好"继电器吸合，并输出触点信号。电源模块准备好指示灯不亮的原因如下：

①直流母线电压过高。

②+5V 电压太低。

③输入电源电压过低或缺相。

④与电源模块相连接的轴驱动模块存在故障。

（4）伺服驱动系统的报警　系统监控软件对驱动系统的工作情况进行实时监控，一旦发生异常情况便立即产生报警信息，同时驱动和 NC 装置立即停止输出。驱动系统的报警信息内容涵盖广泛，常见的有以下几种：

①驱动系统的参数设置错误。此类故障排除只需修改机床数据，不需要对硬件进行检查。

②驱动系统硬件故障。驱动系统硬件故障包括电源模块故障、驱动模块故障、电动机故障及测量装置故障等，只能更换相应的硬件。

③接触不良引起的故障。驱动模块与电动机之间或驱动模块与编码器之间的连接电缆或驱动总线的连接电缆故障或接触不良，会引起故障报警。

（5）伺服驱动器参数的优化 所有关键参数配置完成以后，可让轴适当运行一下，可在 JOG、手轮、MDA 等方式下改变轴运行速度，观察轴的运行状态。若个别轴的运行状态不正常，排除硬件故障等后，则需对其进行优化。

数控机床的驱动由电流环、速度环和位置环组成，其优化一般由里及外层层优化，但由于电流环的参数在电动机和功率模块的型号确定后用厂家的默认参数，一般不需要优化，故优化时先优化速度环，再优化位置环即可。

8.3.4 SINUMERIK 系统配套的主轴驱动装置

1. SIMODRIVE 611A 系列伺服驱动器

（1）611A 系列伺服驱动器的结构 611A 系列产品为 SIEMENS 公司在 650 基础上改进的模拟型交流伺服与主轴驱动一体化的产品，它采用模块化结构，伺服驱动与主轴驱动共用电源模块，模块与模块之间通过驱动总线连接。611A 伺服驱动器的直流母线电压为 600V/625V，可以直接与 380V/400V 电网连接。伺服进给轴最大输出转矩可达 185N·m，额定转速为 1500~8000r/min；主轴最大输出功率可达 76kW，最高转速可达到 18000r/min。

611A 驱动装置主要组件：①电源模块；②进给驱动模块；③主轴驱动模块。

图 8-92 所示为一个带有三个伺服轴、一个主轴的 611A 驱动装置的结构示意图。

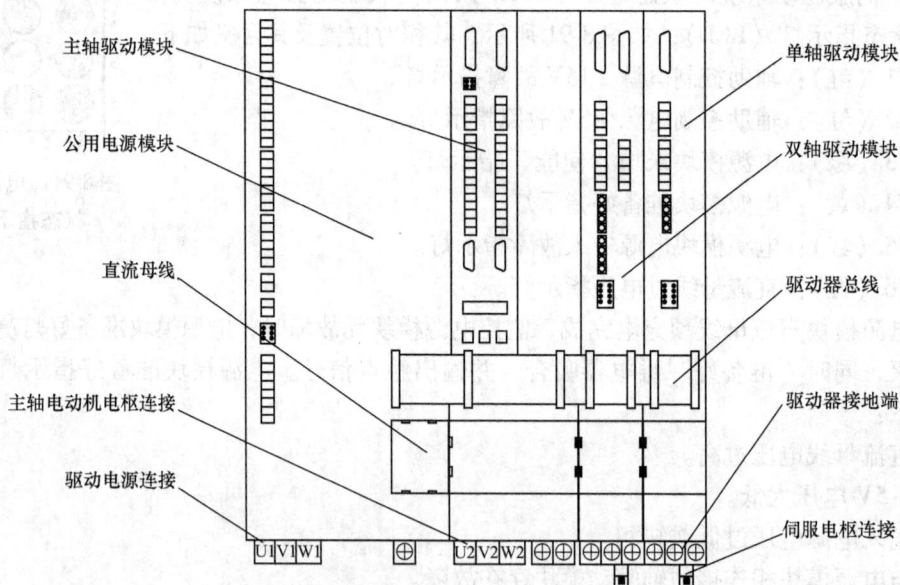

图 8-92 611A 驱动装置的结构

（2）611A 系列主轴驱动模块 611A 系列主轴驱动模块接口如图 8-93 所示。

1）主轴电动机电枢连接。主轴电动机电枢连接端位于驱动器的下部。安装、调试、维修时必须保证驱动器的 U2/V2/W2 与电动机的 U/V/W ——对应，防止电动机相序错误。

2）速度给定连接端子 X421。该连接端子一般与来自 CNC 的速度给定模拟量输出以及速度控制使能信号连接，采用接线端子，端子的作用如下。

①56/14：用于连接速度给定信号，一般为 − 10 ～ + 10V 模拟量输入。

②24/8：用于连接辅助速度给定信号，一般为 − 10 ～ + 10V 模拟量输入。

3）驱动使能与可定义输入连接端 X431。

①9/663：驱动器脉冲使能信号输入，当 9/663 间的触点闭合时，驱动模块控制回路开始工作。

②9/65：用于连接驱动器的速度控制使能触点输入信号，当 9/65 间的触点闭合时，速度控制回路开始工作。

③9/81：用于连接驱动器的急停触点输入信号，当 9/81 间的触点开路时，主轴电动机紧急停止。

④E1 ～ E9：可以通过参数定义的输入控制信号，信号意义决定于参数的设定。

4）模拟量输出连接端 X451。

①A91/M：可以定义的模拟量输出连接端 1，输出为 − 10 ～ + 10V 的模拟量。

②A92/M：可以定义的模拟量输出连接端 2，输出为 − 10 ～ + 10V 的模拟量。

5）驱动器触点输入/输出连接端 X441。

①AS1/AS2：主轴驱动模块起动禁止信号输出端，一般与强电柜连接。当 AS1/AS2 断开时，表明驱动器内部的逆变主回路无法接通，主电动机无励磁。在部分机床上，该输出端可以用于外部安全电路，作为主轴的起动互锁控制，触点具有 AC250V/3A、DC50V/2A 的驱动能力。

②674/673：驱动器准备好信号触点输出，常闭触点，驱动能力为 DC30V/1A。

③672/673：驱动器准备好信号触点输出，常开触点，驱动能力为 DC30V/1A。

④A11 ～ A61：可以通过参数定义的输出信号，信号意义决定于参数的设定，驱动能力为 DC30V/1A。

⑤P600、M600：600V 直流电压输出端子。

6）测速反馈信号接口 X412。该接口一般与来自主轴电动机的速度反馈编码器直接连接，采用插头连接。

7）位置反馈信号接口 X432。该接口一般与来自主轴的位置反馈编码器连接（输入信号），也可以是电动机内装编码器的输出信号或主轴传感器的输入信号，其连接决定于驱动器及参数的设定。

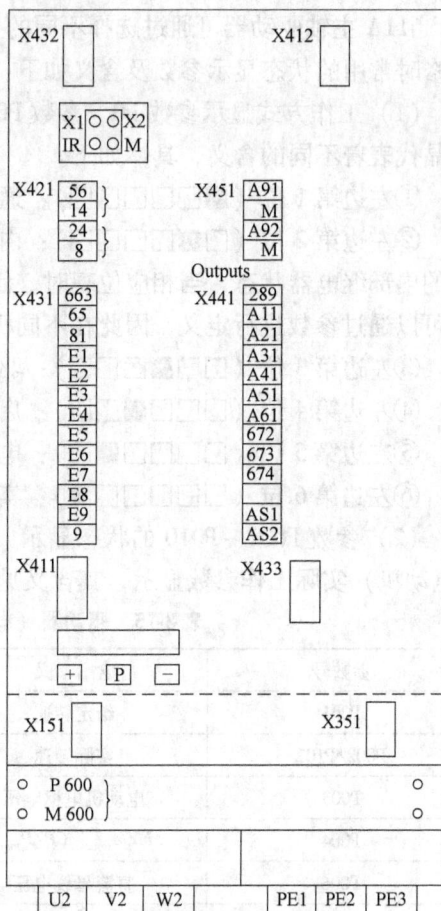

图 8-93　611A 系列主轴驱动模块接口

8）RS232 接口 X411。该接口为 RS232 标准接口，可以连接主轴驱动器调整用计算机。

9）传感器的输入接口 X433。该接口为传感器的输入接口，可以连接主轴位置传感器。

2. 611A 主轴驱动器的状态指示与监控

611A 主轴驱动器可通过选择不同的显示参数，在液晶显示器上显示驱动器的工作状态。维修时常用的状态显示参数及含义如下：

（1）工作方式显示参数 P0　参数 P0 为驱动器正常工作时自动选择的显示参数，其 6 位液晶代表着不同的含义，具体如下。

①左边第 1 位（■□□□□□）：通常无显示。

②左边第 2 位（□■□□□□）：内部继电器状态显示。7 段的每一段及小数点代表不同的内部继电器状态，当相应位亮时，代表继电器输出为"1"。在 611A 中内部继电器的意义可以通过参数进行定义，因此在不同机床中具有不同的含义。

③左边第 3 位（□□■□□□）：驱动器工作状态显示。

④左边第 4 位（□□□■□□）：启动条件指示。

⑤左边第 5 位（□□□□■□）：电动机连接方式指示。

⑥左边第 6 位（□□□□□■）：实际传动级选择指示，1~8 代表实际选择的传动级。

（2）参数 P001~P010 的状态显示　显示参数 P001~P010、P101、P102 等，为驱动器（电动机）实际工作参数显示，其含义见表 8-15。

表 8-15　驱动器（电动机）实际工作状态显示一览表

参数号	含　义	单　位	范　围
P001	给定转速	r/min	$-16000 \sim 16000$
P002/P102	实际转速	r/min	$-16000 \sim 16000$
P003	电动机电枢电压	V	$0 \sim 500$
P004	M_d/M_{dmax}（P/P_{max}）	（%）	$0 \sim 100$
P006	直流母线电压	V	$0 \sim 700$
P007	电动机电流	A	$0 \sim 150$
P008	实际容量	kV·A	$0 \sim 100$
P009	实际功率	kW	$0 \sim 100$
P010	转子温度	℃	$0 \sim 150$
P101	转矩给定	（%）	$-200 \sim 200$

除以上参数外，611A 主轴驱动器还可以显示更多的 I/O 信号状态，这些参数有 P011、P101、P254、P255 等。

思考与训练

8-1　HNC-21 数控装置具有哪些接口？

8-2　HNC-21 数控装置电源接口 XS1 的信号如何定义？请画出 HNC-21 数控装置的电源连接图。

8-3　HNC-21 数控装置手持单元如何连接？需要注意的是什么？

8-4　HNC-21 数控装置 I/O 端子板有什么作用？

8-5　HNC-21 数控装置的 PLC 地址如何定义？

8-6 HNC-21 数控装置输入输出开关量如何分配占用 X、Y 地址？

8-7 HNC-21 数控装置如何实现主轴的正、反转及停止控制？如何实现主轴的速度控制？

8-8 采用 HNC-21 数控装置的主轴驱动有哪几种连接方式？

8-9 华中系统的进给驱动有哪几种连接方式？

8-10 FANUC 数控系统有哪些主要特点？

8-11 FANUC 0i 系统主板上有哪些接口？

8-12 FANUC 0i 系统主板的扩展接口有哪些？

8-13 FANUC 0i 系统 I/O 单元与手轮如何连接？需注意哪些事项？

8-14 FANUC 系统存储在 SRAM 中的用户数据备份的步骤有哪些？

8-15 FANUC αi 系列驱动器的主要特点是什么？

8-16 FANUC 伺服装置可分为伺服单元和伺服模块，分类依据是什么？二者各有何特点？

8-17 FANUC α 系列伺服单元端子 TH1、TH2、JV1B、JV2B、JA4 的作用分别是什么？

8-18 FANUC βi 系列伺服单元端子 DCC、DCP、CX19A、COP10B、JX5 的作用分别是什么？

8-19 FANUC α 系列伺服模块端子 STATUS、JX5、JX1A、JS1B/JS2B 的作用分别是什么？

8-20 请画出 FANUC 0i MB 与 αi 系列伺服模块的连接图。

8-21 SINUMERIK 810D 和 840D 的系统在性能上的主要差别是什么？

8-22 NCU 的接口 X102、X111、X112、X121 的作用分别是什么？

8-23 840D 系统 PCU 与 MMC 的区别是什么？

8-24 SIMODRIVE 611A 系列伺服驱动器的主要特点是什么？

8-25 SIMODRIVE 611A 驱动使能与可定义输入连接端 X431 各端子的作用分别是什么？

8-26 SIMODRIVE 611A 主轴驱动器接口 X412、X432 的作用分别是什么？

8-27 SIEMENS 611 系列驱动器主要由哪些部分组成？

8-28 611D 电源模块有哪些作用？

8-29 611D 电源模块端口 X181、63、X121、X351 的作用分别是什么？

8-30 611D 电源模块正常工作的使能条件是什么？

8-31 611D 驱动模块端口 X411/ X412，X421/ X422，X141、X341，X151、X351 的作用分别是什么？

参 考 文 献

[1]　蒋林敏，张吉平. 数控加工设备［M］. 大连：大连理工大学出版社，2004.

[2]　刘力健，牟盛勇. 数控加工编程及操作［M］. 北京：清华大学出版社，2007.

[3]　何全民. 数控原理与典型系统［M］. 济南：山东科学技术出版社，2005.

[4]　汪木兰. 数控原理与系统［M］. 北京：机械工业出版社，2006.

[5]　韩鸿鸾. 数控原理与维修技术［M］. 北京：机械工业出版社，2004.

[6]　罗良玲，刘旭波. 数控技术及应用［M］. 北京：清华大学出版社，2005.

[7]　夏凤芳. 数控机床［M］. 北京：高等教育出版社，2005.

[8]　罗学科. 数控原理与数控机床［M］. 北京：化学工业出版社，2004.

[9]　罗学科，赵玉侠. 典型数控系统及其应用［M］. 北京：化学工业出版社，2005.

[10]　张永飞. 数控机床电气控制［M］. 大连：大连理工大学出版社，2006.

[11]　李郝林，方健. 机床数控技术［M］. 北京：高等教育出版社，2009.

[12]　蒋洪平. 机床数控技术基本常识［M］. 北京：高等教育出版社，2009.

[13]　邹晔. 典型数控系统及应用［M］. 北京：高等教育出版社，2005.

[14]　王宏颖. 数控原理与系统［M］. 北京：机械工业出版社，2013.

[15]　鞠加彬. 数控技术［M］. 北京：中国农业出版社，2004.

[16]　张柱银. 数控原理与数控机床［M］. 北京：化学工业出版社，2006.

[17]　杨琳. 数控机床应用基础［M］. 济南：山东大学出版社，2004.

[18]　李宏胜. 机床数控技术及应用［M］. 北京：高等教育出版社，2008.

[19]　马立克，张丽华. 数控编程与加工技术［M］. 大连：大连理工大学出版社，2004.

[20]　杜国臣，王士军. 机床数控技术［M］. 北京：中国林业出版社，2006.

[21]　赵俊生. 数控机床控制技术基础［M］. 北京：化学工业出版社，2006.

[22]　王凤蕴. 数控原理与典型数控系统［M］. 北京：高等教育出版社，2003.

[23]　岳秋琴. 现代数控原理与技术［M］. 北京：中国林业出版社，2005.

[24]　单忠臣. 数控原理与应用［M］. 北京：中央广播电视大学出版社，2005.

[25]　王睿鹏. 数控机床编程与操作［M］. 北京：机械工业出版社，2009.

[26]　翟瑞波. 数控车床编程与操作实例［M］. 北京：机械工业出版社，2007.

[27]　夏燕兰. 数控机床编程与操作［M］. 北京：机械工业出版社，2012.

[28]　赵玉刚，宋宪春. 数控技术［M］. 北京：机械工业出版社，2006.